高等职业教育机电类专业"十三五"规划教材

电机与电气控制

（第 2 版）

代礼前　主　编

任雪鸿　牛晓玲　副主编

李益民　主　审

中国铁道出版社有限公司

CHINA RAILWAY PUBLISHING HOUSE CO., LTD.

内 容 简 介

本书以"工学结合、项目引导"为编写原则，根据编者多年高职高专教学改革的经验与成果，参照维修电工国家职业标准和机电类专业职业技能中对本课程的教学要求编写。

本书主要内容包括交流电机、典型低压电气控制系统、直流电机、变压器、控制电机五个模块。各模块采用项目式教学，以现场实际工作任务为载体，以三相异步电动机拖动和控制为重点，以典型机床电气控制为实例，阐述了电力拖动的基本知识、低压电气元件及其组成的电气控制系统的相关内容。各个任务或子任务后均配有思考题，每个模块还配有思考与练习，以利于学生加深对所学内容的理解。

全书以培养应用型人才为目标，以培养专业技能和工程应用能力为出发点，着力培养学生分析问题、解决实际问题的能力，为成为一名合格的机电设备维护人员打下基础。

本书适合作为高职高专机电类和电气类专业学生的教材，也可作为相关技术人员的培训教材或参考书。

图书在版编目（CIP）数据

电机与电气控制 / 代礼前主编. — 2 版. — 北京：
中国铁道出版社，2017.6（2022.7 重印）
高等职业教育机电类专业"十三五"规划教材
ISBN 978-7-113-23114-9

Ⅰ. ①电… Ⅱ. ①代… Ⅲ. ①电机学 - 高等职业教育
- 教材②电气控制 - 高等职业教育—教材 Ⅳ. ①TM3
②TM921.5

中国版本图书馆 CIP 数据核字(2017)第 111647 号

书　　名：**电机与电气控制**
作　　者：代礼前

策　　划：何红艳		编辑部电话：(010) 63560043

责任编辑：何红艳
编辑助理：绳　超
封面设计：付　巍
封面制作：白　雪
责任校对：张玉华
责任印制：樊启鹏

出版发行： 中国铁道出版社有限公司（100054，北京市西城区右安门西街 8 号）
网　　址： http://www.tdpress.com/51eds/
印　　刷： 三河市兴博印务有限公司
版　　次： 2012 年 2 月第 1 版　2017 年 6 月第 2 版　2022 年 7 月第 4 次印刷
开　　本： 787mm×1092mm　1/16　**印张：** 18.5　**字数：** 427 千
印　　数： 5 001～6 500 册
书　　号： ISBN 978-7-113-23114-9
定　　价： 42.00 元

前　言（第2版）

本书第1版得到了相关高职院校师生的广泛选用与喜爱。我们根据教学中的实际使用情况并汲取了广大教师与学生的反馈意见，在保持原有教材内容、特点的基础上，对第1版教材进行了修订。

本次修订更加贴合"电机与电气控制"课程的教学特点：

1. 基于工作过程的系统化课程内容

根据典型工作任务的完成过程来安排相关教学内容，将实践内容和理论知识相互整合，使得学习顺序符合工作过程，做到了学习过程和工作过程的相辅相成，构建基于工作过程的课程内容。根据本课程涵盖的知识点和技能点制定了五个模块，分两个阶段完成。第一阶段包括：交流电机、直流电机、变压器、控制电机的相关内容，这为基本知识训练阶段，通过这一阶段的训练让学生掌握电机的基本知识和电机控制技术等基本内容；第二阶段为综合应用能力训练阶段，通过完成典型低压电气控制系统模块下的各工作任务，强化学生对典型机电设备控制电路的故障检查、分析及排除能力的训练。通过完成这两个阶段不同的工作任务，学生的专业技能应得到循序渐进的提高。

2. 课程内容嵌入职业资格标准

将机电类专业职业技能和国家中高级维修电工中所要求的与本课程相关的安全用电知识、常用电工仪器仪表的使用、电机的运行维护、低压电气元件的使用、典型机电设备控制电路的分析与维护等专业知识和相关技能嵌入课程教学内容中，使本书内容更全面、更丰富，更加符合教学要求。

本次改版主要进行了以下工作：

（1）勘误：查阅了最新的相关资料，对保留的内容进行了仔细审核，力求减少错误。

（2）文字、图形调整：根据实际应用情况对部分图形、文字进行了更换、调整，力求语言精练，图形准确无误。

（3）内容调整：在保持项目教学模式下，从教学实际出发，对模块1中刀开关、接触器的型号进行了更新；对三相异步电动机机械特性中的公式进行了细化，明确了各参数的含义。

本次修订由西安铁路职业技术学院机电工程学院院长代礼前总负责，由代礼前任主编，任雪鸿、牛晓玲任副主编。具体修订分工如下：任雪鸿修订了模块1；代礼前修订了模块2和模块3；牛晓玲修订了模块4和模块5。全书由西安铁路职业技术学院牵引动力学院院长李益民教授主审。

本书在编写过程中，参阅了许多同行和专家编著的教材和资料，得到了不少启发和教益，在此表示诚挚的感谢。同时，还要感谢丁万霞、梁新平、刘宏利、李金堂、师利娟等的大力帮助与支持。

由于编者水平有限，书中难免存在疏漏和不足之处，敬请广大读者批评指正。

编　者

2017 年 3 月

前　言（第1版）

　　"电机与电气控制"是机电控制类专业的一门专业基础核心课程，其内容涵盖"电机与拖动"、"高低压电器"、"工厂电器设备"等内容。本教材是编者集多年的高职教育经验和企业实践经验，按项目教学法编写而成的。其项目是经过了大量的现场调研、分析，结合由简单到复杂，由单一到综合的学习认知规律而设计的。通过对一系列典型任务的分析、讨论、实施、评价，达到学习的目的。相关知识点均渗透于各任务中。

　　本教材以培养高级应用型人才为目标，强化了在做中学、学中做的思想，减少了繁杂的公式推导，突出了任务的实用性和可操作性。编写本教材的指导思想就是激发学生思考的积极性和学习的主动性，为培养学生的职业能力和学习能力打下良好的基础。目标是为高等职业院校机电类专业提供一本以培养学生职业能力为主要目标的、基于项目教学的规范教材。

　　本教材以交、直流电机的控制为主线，并以三相异步电机的控制为主，穿插一些控制电机和变压器的相关知识。还对电气控制原理图的设计以及实际运用中常用的电气维护检修、电气接线图等知识也做了适当的介绍。以期培养学生分析问题、解决问题的能力和进行简单电气控制系统设计的能力。本教材在特色和教学方法方面有如下考虑：

　　（1）以做中学、学中做教学模式为出发点，对任务的取舍、难易程度和实际应用等问题进行了细致考虑和精心安排，在内容表述中力求准确、精练；在涉及相关规定中力求采用最新规定。

　　（2）为便于组织教学，本教材对于认识性的内容，如结构认识等采用任务提出、任务目标、任务分析、相关知识、任务实施、任务评价、思考题的构架模式；对于操作性强的任务，由于任务分析时需要用到相关知识，所以采用先学习相关知识，再进行任务分析的模式。

　　（3）为增强高职学生的可持续发展能力，在部分任务中增加了拓宽任务、部分模块中增加了拓展阅读材料，供学有余力的学生选学。为适应各校实训设备的要求，书中增加了一些典型设备电气控制图，便于在教学中根据本校实际情况进行选择性讲解。

　　（4）每个任务后面的思考题主要供学生在完成任务的过程中思考、讨论，并作为该任务的一个考核内容。每个模块后面的练习题，主要用于复习本模块内容时进行练习。

　　全书分为交流电机、典型低压电气控制系统、直流电机、变压器、控制电机五个模块。模块一主要介绍了三相异步电机的基础知识，并通过对三相异步电机动起动、调速、制动、正反转、顺序控制等典型任务的实施，使学生掌握三相异步电动机的结构、原理及控制方法；模块二通过一系列任务的实施，主要介绍了电气原理图、电气接线图的绘制方法，一般低压控制系统的故障诊断维修方法，以及对平面磨床等几种典型的机床电气控制电路的故障诊断与检修方法。同时还介绍了控制系统电气原理图的设计方法；模块三主要介绍了直流电机的基本知识及其机械特性，并对直流电机的起动、调速、制动、正反转控制等任务进行实施；模块四主要介绍了变压器的结构、参数、运行特性以及变压器的绕组联结；模块五主要介绍了交流伺服电动机、直流伺服电动机、步进电动机、交流测速发电机、直流测速发电机等基本结构和特性。

本教材总课时为 90 课时，在实际教学中，可根据所教授的对象对内容做适当增减，合理的授课课时为 60～90 课时，具体课时安排可参照下表。

序　号	授　课　内　容	参 考 课 时
1	三相异步电动机的基础知识	8
2	三相鼠笼式异步电机的全压起动	6
3	三相鼠笼式异步电机的降压起动	4
4	三相绕线式异步电动机的起动控制	4
5	三相异步电动机的制动	4
6	三相异步电动机的调速	4
7	其他交流电机	4
8	低压电气控制系统的分析与维修	6
9	典型电气控制系统分析	10
10	低压电气控制系统设计	4
11	直流电机基础知识	6
12	他励直流电机特性测定	4
13	直流电动机的控制	8
14	认识变压器	6
15	三相变压器的联结	2
16	认识伺服电动机	4
17	认识步进电动机	2
18	认识测速发电机	4
19	合计	90

本教材由西安铁路职业技术学院机电系主任代礼前担任主编，任雪鸿、牛晓玲任副主编。编写具体分工如下：代礼前编写模块二和模块三；任雪鸿编写模块一中的项目二和项目三；牛晓玲编写模块四和模块五；陕西科技大学闫永志编写模块一中的项目一。同时在本书的编写过程中要感谢丁万霞、梁新平、刘宏利、李金堂、师利娟等的大力帮助与支持。

本教材可作为三年制高职及五年制高职高专机电一体化专业、数控加工、数控维护等机电类相关专业的教材，也可作为相关专业教师及工程技术人员的参考书。

本教材在编写过程中，参阅了许多同行和专家编著的教材和资料，得到了不少启发和教益，在此表示诚挚的感谢。

由于编者水平有限，书中难免存在错误和不足之处，敬请读者批评指正。

编　者

2011 年 12 月

CONTENTS | # 目　录

模块1　交流电机..1

项目1　三相异步电动机基础知识..1

任务1　三相异步电动机的结构..1

任务2　三相异步电动机的工作原理分析..8

任务3　从三相异步电动机的铭牌参数了解电机性能........................13

任务4　三相异步电动机定子绕组的拆换..16

任务5　三相异步电动机的机械特性分析及应用................................23

拓展阅读1　生产机械的负载转矩特性..29

拓展阅读2　三相异步电动机的工作特性..31

项目2　三相异步电动机的控制..32

任务1　三相笼形异步电动机的全压起动..32

子任务1　三相笼形异步电动机直接起动控制电路的实现............33

子任务2　三相笼形异步电动机正反转控制电路的实现............45

子任务3　三相笼形异步电动机位置控制电路的实现............52

子任务4　三相笼形异步电动机顺序控制电路的实现............56

任务2　三相笼形异步电动机的降压起动..60

任务3　三相绕线转子异步电动机的起动控制....................................69

子任务1　转子回路串电阻起动线路的实现........................69

子任务2　转子回路串频敏变阻器起动线路的实现............76

任务4　三相异步电动机的制动..81

子任务1　反接制动控制电路的实现................................81

子任务2　能耗制动控制电路的实现................................87

任务5　三相异步电动机的调速..91

子任务1　三相异步电动机调速控制电路的实现............92

子任务2　变频器的认识及使用......................................97

项目3　其他交流电机..107

任务1　单相异步电动机故障分析与排除..107

任务2　同步电动机的认识..113

拓展阅读　三相异步电动机的选择、使用及维护................................117

思考与练习..121

模块2　典型低压电气控制系统..**123**

项目1　低压电气控制系统的分析与维修..123

任务1　低压电气控制系统的分析..123

任务2　根据系统电气原理图设计电气接线图................................127

任务3　低压电气控制系统故障诊断与维修....................................135

项目2　典型电气控制系统分析..142

任务1　卧式车床的电气控制电路故障诊断与维修........................142

任务2　平面磨床的电气控制电路故障诊断与维修........................147

　　　　任务 3　摇臂钻床的电气控制电路故障诊断与维修 ························· 155
　　　　任务 4　铣床的电气控制电路故障诊断与维修 ····························· 161
　　　　任务 5　卧式镗床的电气控制电路故障诊断与维修 ······················· 173
　　项目 3　低压电气控制系统的设计 ·· 181
　　　　任务 1　电气控制系统的原理设计 ··· 181
　　　　任务 2　电气控制系统的保护设置 ··· 189
　　思考与练习 ··· 193

模块 3　直流电机 ··· **194**
　　项目 1　直流电机的基础知识 ·· 194
　　　　任务 1　直流电机的工作原理 ··· 194
　　　　任务 2　直流电机的结构、励磁方式 ······································· 198
　　　　任务 3　从铭牌数据了解直流电机性能 ····································· 202
　　　　任务 4　直流电机的运行原理认识 ··· 205
　　项目 2　他励直流电动机的机械特性 ·· 208
　　　　任务　他励直流电动机的机械特性测定 ····································· 208
　　项目 3　直流电动机的控制 ·· 214
　　　　任务 1　直流电动机的起动控制 ··· 214
　　　　任务 2　直流电动机的正反转控制 ··· 218
　　　　任务 3　直流电动机的调速控制 ··· 220
　　　　任务 4　直流电动机的制动控制 ··· 225
　　思考与练习 ··· 232

模块 4　变压器 ·· **233**
　　项目 1　认识变压器 ·· 233
　　　　任务 1　变压器的拆装 ··· 233
　　　　任务 2　变压器的参数确定 ··· 236
　　　　任务 3　变压器的运行特性 ··· 245
　　项目 2　三相变压器 ·· 249
　　　　任务　三相变压器的绕组连接 ··· 250
　　拓展阅读　其他常用变压器 ·· 259
　　思考与练习 ··· 261

模块 5　控制电机 ·· **263**
　　项目 1　认识伺服电动机 ·· 263
　　　　任务 1　直流伺服电动机的认识及特性 ····································· 264
　　　　任务 2　交流伺服电动机的认识及特性 ····································· 267
　　项目 2　认识步进电动机 ·· 272
　　　　任务　步进电动机的认识及特性 ··· 272
　　项目 3　认识测速发电机 ·· 277
　　　　任务 1　直流测速发电机的认识及特性 ····································· 278
　　　　任务 2　交流测速发电机的认识及特性 ····································· 281
　　拓展阅读　自整角机 ··· 284
　　思考与练习 ··· 285

参考文献 ··· **287**

模块 **1** 交流电机

电机是电动机和发电机的总称,是实现电能和机械能相互转换的装置。将电能转换为机械能,拖动生产机械的电机称为电动机;将机械能转换为电能,作为电源的电机称为发电机。按供电电源不同,电机分为交流电机和直流电机两大类。在交流电机中,根据电机工作原理的不同又分为异步电机和同步电机。

项目 1 三相异步电动机基础知识

异步电动机分为单相异步电动机和三相异步电动机。异步电动机具有结构简单,制造、使用、维护方便,运行可靠,价格便宜等优点,现已广泛应用于现代生产及日常生活中。例如:在工业生产中,各种机床、中小型轧钢设备、轻工机械、矿山机械等;在农业生产中,水泵、脱粒机、粉碎机及其他农副产品的加工设备等;在日常生活中,家用洗衣机、电扇、空调、电冰箱等,这些都是用异步电动机来拖动的。据有关部门统计,在电力拖动系统中,90%左右的设备都是由三相异步电动机拖动的。图 1-1 为三相异步电动机实物图。但它也存在调速、起动性能较差,功率因数低等缺点。

本项目的主要任务是学习三相异步电动机的结构、工作原理、运行特性等基础知识。

（a）三相笼形异步电动机

（b）三相绕线转子异步电动机

图 1-1 三相异步电动机实物图

任务 1 三相异步电动机的结构

任务提出

对电动机进行日常保养、维护和检修时,需要对电动机进行拆装。现需要对一台 Y112M-4 型三相异步电动机进行日常检修。

任务目标

① 掌握三相异步电动机的结构、各部件的名称及作用。

② 能够完成三相异步电动机的检修、拆装任务。

相关知识

三相异步电动机主要由定子和转子两部分组成。转子装在定子腔内，定子和转子之间由气隙分开。图 1-2 为三相异步电动机结构示意图。

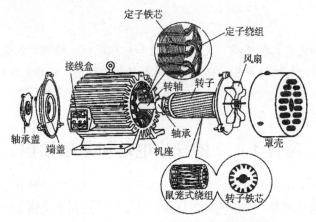

图 1-2　三相异步电动机结构示意图

一、定子部分

定子部分用于产生旋转磁场，主要由定子铁芯、定子绕组、机座三部分组成。

1. 定子铁芯

定子铁芯装在机座内，是电动机磁路的一部分，为了减少在交变磁场中铁芯产生的涡流损耗和磁滞损耗，定子铁芯用厚 0.35～0.5 mm 涂有绝缘漆的硅钢片叠成，铁芯内圆周上有许多均匀分布的槽，用来嵌放三相定子绕组，图 1-3 所示为三相异步电动机的定子铁芯及冲片。

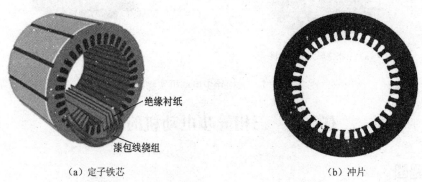

（a）定子铁芯　　　　　　　　　　　　　　　（b）冲片

图 1-3　三相异步电动机的定子铁芯及冲片

2. 定子绕组

定子绕组是电动机的电路部分，它嵌放在定子铁芯的内圆槽内，用于产生旋转磁场。为满足异步电动机的运行要求，三相定子绕组 U1U2、V1V2、W1W2，每相绕组的形状、尺寸、匝数都相同，每个绕组又由若干线圈组成。对于中小型电动机线圈多采用漆包线绕制，大中型电动机多采用绝缘铜导线绕制。三相定子绕组在空间按相位差 120°电角度对称嵌入定子铁芯槽内，当给电动机通入三相交流电时，定子绕组中产生旋转磁场，如图1-4所示。三相定子绕组的连接方式有：星形（丫）连接或三角形（△）连接。三相绕组的六个出线端都引至接线盒上，首端分别为 U1、V1、W1，末端分别为 U2、V2、W2，如图1-5所示。有的电动机用 AX、BY、CZ 表示三相绕组，A、B、C 表示绕组的首端，X、Y、Z 表示绕组的末端。

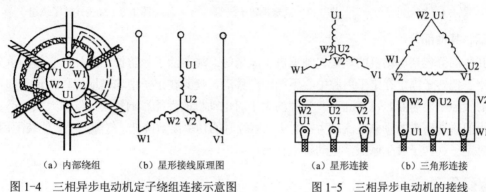

(a) 内部绕组 　　(b) 星形接线原理图	(a) 星形连接 　　(b) 三角形连接
图1-4　三相异步电动机定子绕组连接示意图	图1-5　三相异步电动机的接线

3. 机座

机座的作用是固定和支撑定子铁芯及端盖，因此应有足够的机械强度和刚度。中小型电动机一般采用铸铁机座，大型电动机则多采用钢板焊接而成。为了增加散热面积，一般电动机的机座外表面设计为散热片状。

二、转子部分

转子部分主要用于感应电磁转矩输出机械能。转子由转子铁芯、转子绕组、转轴和风扇等部分组成。

1. 转子铁芯

转子铁芯也是电动机磁路的一部分，用 0.5 mm 厚硅钢片冲成转子冲片叠成圆柱形，压装在转轴上。其外围表面冲有凹槽，用于安放转子绕组，如图1-6所示。

2. 转子绕组

转子绕组是转子的电路部分，用来产生转子电动势和转矩。三相异步电动机按转子绕组的形式不同，可分为鼠笼式和绕线式两种。

① 鼠笼式转子绕组：是在转子铁芯的每个槽内插入一根导条，在铁芯两端再用两个短路环焊接而形成一个自身闭合的对称短路绕组。若把铁芯拿出来，整个转子绕组外形很像一个鼠笼，故称鼠笼式转子绕组，如图1-7所示。对于中小功率的电动机，目前常用铸铝工艺把鼠笼式转子绕组及冷却用的风扇叶片铸在一起，大型电动机则多采用铜导条。

② 绕线式转子绕组：和定子绕组一样，也是三相绕组，绕组的三个末端接在一起（星形），三个首端分别接在转轴上三个彼此绝缘的集电环上，再通过滑环上的电刷与外电路的变阻器相接，以便调节转速或电动机的起动性能，如图1-8所示。

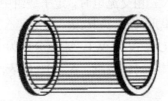

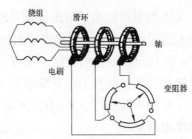

图 1-6　转子冲片　　　　图 1-7　鼠笼式转子绕组　　　　图 1-8　绕线式转子绕组

三、其他部分

其他部分包括电动机的端盖、轴承盖、风扇等。端盖除了起防护作用外，它与轴承盖配合，用于把转子固定在定子内腔中心不能轴向移动，使其在定子中均匀地旋转。转子和定子之间的气隙一般为 0.2～1.5 mm。气隙的大小对电动机的性能影响较大，气隙太大，产生同样大小的磁通所需的励磁电流越大，电动机运行时的功率因数降低；气隙太小，使装配困难，运行时定子、转子发生摩擦，电动机运行不可靠。

🖥 任务分析

对电动机进行定期保养、维护和检修时，首先需要将电动机拆开，问题解决后，再将电动机装好。如果拆装方法不当，就会造成部件损坏，引发新的故障。因此，正确拆装电动机是确保维修质量的前提。要做到正确拆装电动机就需要掌握三相异步电动机结构等。

📖 任务实施

给电动机做个检修，看看电动机的具体结构吧！

一、拆卸电动机

1. 拆卸前的准备

① 切断电源，拆开电动机与电源线，做好与电源线相对应的标记，并把电源线的线头做绝缘处理。

② 备齐拆卸工具，特别是拉具、套筒等专用工具。

③ 熟悉被拆电动机的结构特点及拆装要领。

④ 测量并记录联轴器或带轮与轴台间的距离。

⑤ 标记电源线在接线盒中的相序、电动机的出轴方向及引出线在机座上的出口方向。

2. 拆卸步骤

拆卸步骤如图 1-9 所示。

① 卸下带轮或联轴器，拆电动机尾部风扇罩。

② 卸下定位键或螺钉，并拆下风扇。

③ 旋下前后端盖紧固螺钉，并拆下前轴承外盖。

④ 用木板垫在转轴前端，将转子连同后端盖一起用锤子从电动机中敲出。

⑤ 抽出转子。

⑥ 卸前端盖，最后拆卸前后轴承及轴承内盖。

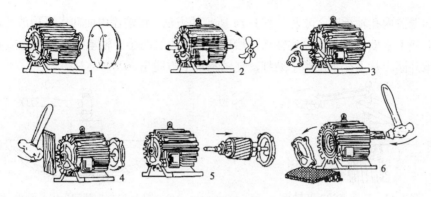

图 1-9　电动机拆卸步骤

3．主要部件的拆卸方法

（1）带轮（或联轴器）的拆卸

先在带轮（或联轴器）的轴伸端（联轴端）做好尺寸标记，然后旋松带轮上的固定螺钉或敲去定位销，给带轮（或联轴器）的内孔和转轴结合处加入煤油，稍等渗透后，使锈蚀的部分松动，再用拉具将带轮（或联轴器）缓慢拉出，如图 1-10 所示。

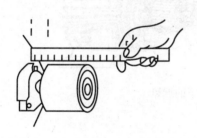
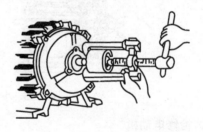

（a）带轮的位置标法　　　　　　　　　　　　　（b）用拉具拆卸带轮

图 1-10　拆卸带轮

（2）轴承的拆卸

轴承的拆卸可采取以下三种方法：

① 用拉具进行拆卸。拆卸时拉具钩爪一定要抓牢轴承内圈，以免损坏轴承，如图 1-11 所示。

② 用铜棒拆卸。将铜棒对准轴承内圈，用锤子敲打铜棒，如图 1-12 所示。用此方法时要注意轮流敲打轴承内圈的相对两侧，不可敲打一边，用力也不要过猛，直到把轴承敲出为止。

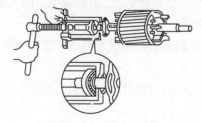
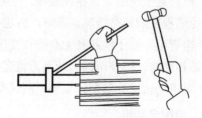

图 1-11　用拉具拆卸轴承　　　　　　　　　　图 1-12　敲打拆卸轴承

③ 用铁板夹住拆卸。用两块厚铁板夹住轴承内圈，铁板的两端用可靠支撑物架起，使转子悬空，如图 1-13 所示，然后在轴上端面垫上厚木板并用锤子敲打，使轴承脱出。

在拆卸端盖内孔轴承时，可采用图 1-14 所示的方法，将端盖内面向上平稳放置，在轴承外圈的下面垫上木板，但不能顶住轴承，然后用一根直径略小于轴承外沿的铜棒或其他金属管抵住轴承外圈，从上往下用锤子敲打，使轴承从下方脱出。

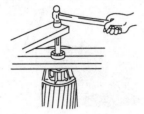

图 1-13　铁板夹住拆卸轴承

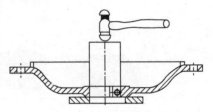

图 1-14　拆卸端盖内孔轴承

（3）抽出转子

在抽出转子之前，应在转子下面气隙和绕组端部垫上厚纸板，以免抽出转子时碰伤铁芯和绕组。对于小型电动机的转子用手取出时，一手握住转轴，把转子拉出一些，随后另一手托住转子铁芯慢慢往外移，如图 1-15 所示。

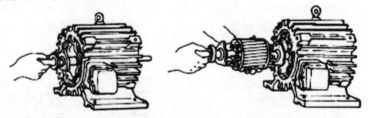

图 1-15　小型电动机转子的拆卸

二、检修电动机

对异步电动机的定期维护和故障分析是异步电动机检修的基本环节，了解并掌握定期维护及故障分析的内容和方法是检修电动机的基本技能。对三相异步电动机的检修通常是一年进行一次，检修内容包括：

① 检查电动机各部件有无机械损伤，若有则进行相应修复或更换。

② 对拆开的电动机进行清理，清除所有油泥、污垢。清理时，注意观察绕组绝缘状况。

③ 拆下轴承，浸在柴油或汽油中彻底清洗后，再用干净汽油清洗一遍。检查清洗后的轴承是否转动灵活，有无异常响声，内外钢圈有无晃动。根据检查结果，确定轴承是否进行更换。

④ 检查定子绕组是否存在故障。使用兆欧表测绕组绝缘电阻，由绝缘电阻的大小可判断出绕组受潮程度或短路情况。若有，应进行相应处理。

⑤ 检查定、转子铁芯有无磨损和变形，若观察到有磨损处或发亮点，说明可能存在定、转子铁芯相摩擦，可使用锉刀或刮刀将亮点刮低。

⑥ 对电动机进行装配、安装，测试空载电流大小及对称性，最后带负载运行。

三、装配电动机

1. 装配前的准备

先备齐装配工具，将可洗的各零部件用汽油冲洗，并用棉布擦拭干净，再彻底清扫定、转子内部表面的尘垢。接着检查槽楔、绑扎带等是否松动，有无高出定子铁芯内表面的地方，并做好相应处理。

2．装配步骤

按拆卸时的逆顺序进行，并注意将各部件按拆卸时所做的标记复位。

3．主要部件的装配方法

（1）轴承的装配

先将轴颈部分揩擦干净，把清洗好的轴承套在轴上，用一段钢管（其内径略大于轴颈直径，外径又略小于轴承内圈的外径）套入轴颈，再用锤子敲打钢管端头，将轴承敲进。也可用硬质木棒或金属棒顶住轴承内圈敲打，为避免轴承歪扭，应在轴承内圈的圆周上均匀敲打，使轴承平衡地行进，如图 1-16 所示。

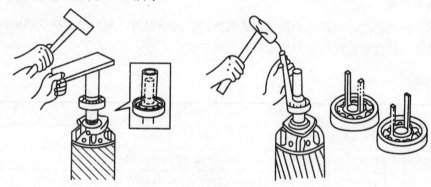

图 1-16　轴承的装配

注意：安装轴承时，标号必须向外，以便下次更换时查对轴承型号。更换的轴承应与损坏的轴承型号相符。另外，在安装好的轴承中要按其总容量的 1/3～2/3 容积加注润滑脂。

（2）后端盖的装配

将轴伸端朝下垂直放置，在其端面上垫上木板，后端盖套在后轴承上，用木锤敲打，如图 1-17 所示。把后端盖敲进去后，装轴承外盖。

（3）前端盖的装配

将前端盖套入转轴，在机座螺孔与前端盖对应的两个对称孔中穿入一个比轴承盖螺栓更长的吊紧螺钉，使内外轴承盖和端盖的对应孔始终拉紧对齐。待端盖到位后，先拧紧其余两个轴承盖螺栓，再用第三个轴承盖螺栓换下开始时用以定位的吊紧螺钉，如图 1-18 所示。

图 1-17　后端盖的装配

图 1-18　前端盖的装配

四、装配后检查

1. 机械检查

① 所有紧固螺钉是否拧紧。

② 用手转动转轴，转子转动是否灵活，无扫膛、无松动，轴承是否有杂音等。

2. 电气性能检查

① 三相绕组是否平衡。

② 电动机绝缘电阻测定：测定内容应包括三相相间绝缘电阻和三相绕组对地绝缘电阻，测得绝缘电阻大于 1 MΩ 为合格，最低限度不能低于 0.5 MΩ。

五、通电检查

按要求接好电源线，在机壳上接好保护接地线，接通电源，观察电动机空载电流值，看是否符合要求。检查电动机运转中有无异常情况。

任务评价

序号	考核内容	考 核 要 求	成绩
1	安全操作	符合安全生产要求，团队合作融洽（10 分）	
2	拆卸电动机	拆卸方法正确，顺序合理，定子绕组无碰伤、部件无损坏（20 分）	
3	装配电动机	装配方法正确，顺序合理，重要及关键部件清洗干净；装配后，电动机转动灵活（40 分）	
4	检修电动机	检修环节齐全、步骤规范，检修记录填写完整（20 分）	
5	安装质量	电动机运行正常（10 分）	

思 考 题

① 三相异步电动机主要由哪几部分组成？各部分的作用是什么？三相异步电动机的转子有几种类型？

② 电动机的拆卸顺序是什么？

③ 电动机检修的主要内容是什么？

任务 2　三相异步电动机的工作原理分析

任务提出

给交流电动机通入三相交流电后，电动机为什么就会旋转起来？电动机的旋转方向和转速的大小与哪些因素有关？请分析它们之间的关系。

任务目标

① 掌握三相异步电动机的工作原理。

② 会分析三相异步电动机的运行过程。

相关知识

怎样产生旋转磁场呢？

一、旋转磁场的产生

当电动机定子绕组通以三相交流电时，绕组中的电流将产生磁场。由于电流随时间的变化而变化，它们产生的磁场也将随时间的变化而变化，三相交流电产生的合成磁场不仅随时间的变化而变化，而且在空间是旋转的，故称为旋转磁场。

三相异步电动机的三相定子绕组 U1U2、V1V2、W1W2，首端用 U1、V1、W1 表示，末端用 U2、V2、W2 表示，它们在空间按相差 120° 电角度，绕组星形连接的规律对称分布，给这三相定子绕组通入对称的三相交流电：

$$i_u = I_m \sin \omega t \qquad i_v = I_m \sin\left(\omega t - \frac{2\pi}{3}\right) \qquad i_w = I_m \sin\left(\omega t - \frac{4\pi}{3}\right)$$

为分析问题方便，取流过 U 相绕组的电流 i_U 作为参考，i_U 的初相位为 0，各相电流的瞬时值表示为 $i_U \to i_V \to i_W$，如图 1-19 所示。

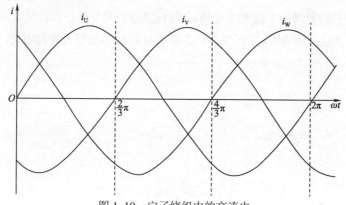

图 1-19　定子绕组中的交流电

下面结合图 1-20 来分析不同时刻电动机的合成磁场情况。

绕组中电流的实际方向，可由对应瞬时电流的正负来确定。规定：当电流为正时，绕组中实际电流方向从首端流入，尾端流出；当电流为负时，绕组中实际电流方向从尾端流入，首端流出。

当 $\omega t = 0$ 时，$i_W = 0$，U1U2 绕组无电流；i_V 为负，电流实际方向与正方向相反，即电流从 V2 端流到 V1 端；i_W 为正，电流实际方向与正方向一致，即电流从 W1 端流到 W2 端。按右手螺旋定则确定三相电流产生的合成磁场，这个合成磁场此刻的方向是自上而下，相当于一个 N 极在上，S 极在下的两极磁场，如图 1-20（a）箭头所示。同理当 $\omega t = 2\pi/3$、$4\pi/3$、2π 时，产生的合成磁场如图 1-20（b）、（c）、（d）所示，合成磁场已从 $\omega t = 0$ 瞬间所在位置顺时针方向旋转了 $2\pi/3$、$4\pi/3$、2π。

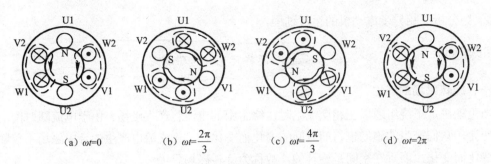

$$(a)\ \omega t=0 \qquad (b)\ \omega t=\frac{2\pi}{3} \qquad (c)\ \omega t=\frac{4\pi}{3} \qquad (d)\ \omega t=2\pi$$

图 1-20　两极旋转磁场

以上分析说明：当正弦交流电变化一周时，合成的旋转磁场在空间正好旋转一周。

二、旋转磁场的旋转速度

以上讨论的旋转磁场，具有一对磁极（磁极对数用 p 表示）即 $p=1$。从上述分析可以看出，电流变化经过一个周期（变化 360° 电角度），旋转磁场在空间也旋转了一圈（转过了 360° 机械角度），若电流的频率为 f，旋转磁场每分钟将旋转 $60f$ 圈，即

$$n_0=60f \tag{1-1}$$

如果把定子铁芯槽数增加 1 倍（12 个槽），每相绕组由两个部分串联组成，如图 1-21 所示。再将三相交流电接到这三相绕组，定子中便产生磁极对数 $p=2$ 的四极旋转磁场，如图 1-22 所示。

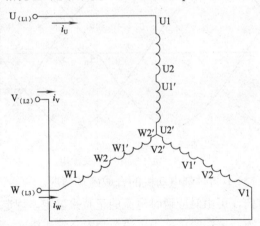

图 1-21　四极旋转磁场的定子绕组示意图

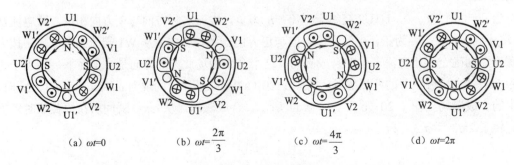

$$(a)\ \omega t=0 \qquad (b)\ \omega t=\frac{2\pi}{3} \qquad (c)\ \omega t=\frac{4\pi}{3} \qquad (d)\ \omega t=2\pi$$

图 1-22　四极旋转磁场

从图 1-22 中可以看出，对应于不同时刻，旋转磁场在空间转到不同位置，此情况下电流变

化半个周期，旋转磁场在空间转过了 1/4 圈，电流变化一个周期，旋转磁场在空间只转了 1/2 圈。

由此可知，当旋转磁场具有两对磁极（$p=2$）时，其旋转速度仅为一对磁极时的一半。以此类推，当有 p 对磁极时，其转速为

$$n_0 = \frac{60f}{p} \qquad (1-2)$$

所以，旋转磁场的旋转速度与电流的频率成正比而与磁极对数成反比。我国的电源标准频率 $f =50$ Hz，因此不同磁极对数的电动机所对应的旋转磁场转速也不同，如表 1-1 所示。旋转磁场的转速 n_0 又称同步转速，转子的旋转速度称为电动机的转速，用 n 表示。

表 1-1　磁极对数与磁场转速

磁极对数 p	1	2	3	4	5
磁场转速 n_0 / (r/min)	3 000	1 500	1 000	750	600

三、旋转磁场的旋转方向

图 1-19 和图 1-20 中，三相交流电的相序为 U→V→W，旋转磁场的旋转方向也为 U→V→W，即向顺时针方向旋转。

如果将接到定子绕组的三根电源线中的任意两根线对调，例如，将 V、W 两根线对调。此时旋转磁场的旋转方向将变为 U→W→V，即向逆时针方向旋转，与未对调前的旋转方向相反。读者可自己分析证明。

四、转差率 s 的计算

异步电动机中，转子和旋转磁场之间的转速差（n_0-n）是保证转子旋转的主要因素，将转速差与旋转磁场的同步转速 n_0 的比值，称为异步电动机的转差率，用 s 表示，即

$$s = \frac{n_0 - n}{n_0} \qquad (1-3)$$

转差率 s 是异步电动机的一个重要的物理量。

在电动机起动瞬间，转子的起动转速 $n=0$，这时转差率 $s=1$。运行时，电动机转速 $n<n_0$，转差率 $s<1$。所以，转差率 s 的变化范围在 0～1 之间。随着转子转速的升高，转差率变小。异步电动机在额定状况运行时，电动机转速与同步转速很接近，转差率很小，转差率一般为 0.01～0.07。

例 1-1　有一台三相异步电动机，其额定转速 $n=1$ 440 r/min，电源频率 $f=50$ Hz，求电动机的磁极对数和额定负载时的转差率 s。

解： 由于电动机的额定转速接近而略小于同步转速，而同步转速对应于不同的磁极对数有一系列固定的数值。显然，与 1 440 r/min 最相近的同步转速 $n_0=1$ 500 r/min，与此相应的磁极对数 p 为

$$p = \frac{60f}{n_0} = \frac{60 \times 50}{1\ 500} = 2$$

额定负载时的转差率为

$$s = \frac{n_0 - n}{n_0} = \frac{1\ 500 - 1\ 440}{1\ 500} = 0.04$$

任务分析

异步电动机转动原理示意图如图 1-23 所示。根据电磁感应原理，鼠笼式转子在磁场 N、S 两极之间（图中只画出两根端部短接的铝导体条），当磁场向顺时针方向以 n_0 的转速转动时，转子中将产生感应电动势、感应电流，按右手定则判定其方向，N 极下的导体电动势方向指出纸面，S 极下的导体电动势方向指向纸内，这样载流导体在磁场中运动，与磁场相互作用产生电磁力 F，电磁转矩 T_e，使转子以转速 n 旋转。可以看出转子的转向和磁极的转向是一致的，但转子转速 n 小于磁场转速 n_0，因此把这种电动机称为异步电动机。结论：欲使异步电动机旋转，必须有旋转的磁场和闭合的转子绕组。

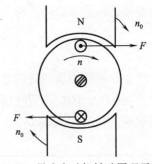

图 1-23　异步电动机转动原理示意图

任务实施

分析三相异步电动机的工作原理

如图 1-24 所示，当电动机接通三相交流电后，定子绕组中产生旋转磁场。在旋转磁场的作用下，转子切割磁感线，产生感应电动势 e、感应电流 i_2，带电转子导体在旋转磁场中受到电磁力 F（其方向用左手定则判定）作用，产生电磁转矩 T_e 使电动机旋转。

要改变三相异步电动机的旋转方向，只要把三根电源线中的任意两根对调，从而改变旋转磁场的方向，电动机的转向也随之发生改变。

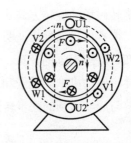

图 1-24　三相异步电动机的工作原理

任务评价

序　号	考核内容	考　核　要　求	成　绩
1	工作原理的理解	理解旋转磁场的原理及特点，会改变电动机的旋转方向（50 分）	
2	计算能力	会计算电动机参数 p、s（30 分）	
3	原理的应用	利用转差率判断电动机的运行状态（20 分）	

思考题

① 三相异步电动机的旋转磁场是如何产生的？如何使三相异步电动机反转？

② 某三相异步电动机的额定转速 n_N=720 r/min，求电动机的磁极对数和额定转差率（f=50 Hz）。

任务 3　从三相异步电动机的铭牌参数了解电机性能

任务提出

现有一台 Y132M-4 型三相异步电动机，其铭牌如图 1-25 所示，请说明各铭牌参数的含义，由铭牌参数计算电动机运行时的相关数据。

三相异步电动机					
型号	Y132M-4	功率	7.5kW	频率	50Hz
电压	380V	电流	15.4A	接法	△
转速	1 440 r/min	绝缘等级	B	工作方式	连续
年　月　编号				××电机厂	

图 1-25　三相异步电动机的铭牌

任务目标

① 认识三相异步电动机的铭牌数据。

② 会根据铭牌参数计算电动机的额定转矩、额定电流等相关参数。

③ 会判别三相异步电动机定子绕组的连接方式。

相关知识

1. 型号

为了适应不同用途和不同工作环境的需要，电动机制成不同的系列，每种系列用各种型号表示。

Y132M-4 型三相异步电动机型号如下所示。

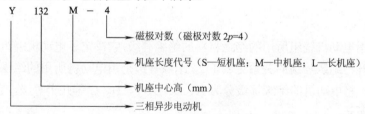

2. 额定电压 U_N

额定电压是指电动机在额定状态下运行时，允许加在定子绕组两端的线电压值，常用 U_N 表示，单位为 V 或 kV。

3. 额定电流 I_N

额定电流是指电动机在额定电压和额定频率下，输出额定功率时，定子绕组中允许通过的线电流值，常用 I_N 表示，单位为 A。

4. 额定效率 η_N

额定效率是指电动机在额定状态下运行时，额定输出功率 P_2 与额定输入功率 P_1 的比值，即

$$\eta_N = \frac{P_2}{P_1} \times 100\% \qquad (1-4)$$

5. 额定功率 P_N

额定功率是指电动机在额定状态下运行时，轴上输出的机械功率（kW）。对于三相异步电动机，其额定功率为

$$P_N = \sqrt{3} U_N I_N \eta_N \cos\varphi_N \qquad (1-5)$$

式中，$\cos\varphi_N$ 是三相异步电动机的额定功率因数。

根据电动机额定功率，电动机的额定转矩为

$$T_N = \frac{P_N}{\omega_N} = \frac{P_N}{\frac{2\pi n_N}{60}} = 9\,550\frac{P_N}{n_N} \qquad (1-6)$$

式中：T_N——额定转矩，N·m；

P_N——额定功率，kW；

n_N——额定转速，r/min。

6. 额定频率 f_N

额定频率是指电动机所接的交流电源的频率，我国规定电网的频率为 50 Hz。

7. 额定转速 n_N

额定转速是指电动机在额定状态下运行时，电动机转子的转速，常用 n_N 表示，单位为 r/min。

8. 连接方式

连接方式指电动机在额定电压下，定子三相绕组应采用的连接方法，一般有星形（Y）和三角形（△）两种连接。具体采用哪种接线方式由电源电压和绕组额定相电压的情况来决定。如果电源电压等于电动机的额定相电压，那么，电动机的绕组应该接成三角形；如果电源电压是电动机额定相电压的 $\sqrt{3}$ 倍，那么，电动机的绕组就应该接成星形，如图 1-5 所示。例如，铭牌上额定电压标有 220 V/380 V，若电源电压为 220 V 则用三角形接法，若电源电压为 380 V 则用星形接法。

9. 绝缘等级

绝缘等级是指电动机绕组所用的绝缘材料的绝缘等级，它决定了电动机绕组的允许温升。电动机的允许温升与绝缘等级的关系见表 1-2。绝缘等级是由电动机所用的绝缘材料决定的。按耐热程度不同，将电动机的绝缘等级分为 A、E、B、F、H、C 等几个等级，它们允许的最高温度如表 1-2 所示。

表 1-2　绝缘材料耐热性能等级

绝缘等级	A	E	B	F	H	C
绝缘材料的允许温度/℃	105	120	130	155	180	>180
电动机的允许温升/℃	60	75	80	100	125	>125

10. 工作方式

工作方式是指电动机的运行状态。根据发热条件可分为三种：S1 表示连续工作方式，允许电动机在额定负载下连续长期运行；S2 表示短时工作方式，在额定负载下只能在规定时间

短时运行；S3 表示断续工作方式，可在额定负载下按规定周期重复短时运行。

11. 温升

温升是指在规定的环境温度下，电动机各部分允许超出的最高温度。通常规定的环境温度是 40 ℃，如果电动机铭牌上的温升为 70 ℃，则允许电动机的最高温度可以是 40 ℃+70 ℃=110 ℃。显然，电动机的温升取决于电动机的绝缘材料的等级。电动机在工作时，所有的损耗都会使电动机发热，温度上升。在正常的额定负载范围内，电动机的温度是不会超出允许温升的，绝缘材料可保证电动机在一定期限内可靠工作。如果超载，尤其是故障运行，则电动机的温升超过允许值，电动机的使用寿命将受到很大的影响。

任务分析

在每台三相异步电动机的机座上都有一块铭牌，铭牌上标注有电动机的额定值，额定值规定了电动机正常运行时的状态和条件，它是我们正确选用、安装、使用、维护电动机的依据。

任务实施

学了这么多，让我来练一练！

① 以 Y132M-4 型电动机为例，说明铭牌上各个参数的含义。

② 现有两台电动机，电源电压为 380 V，其铭牌数据如下，试选择定子绕组的连接方式。

a. Y90S-4，功率为 1.0 kW，连接方法 △/Y，电压为 220 V/380 V，电流为 4.25 A/2.45 A，转速为 1 420 r/min，功率因数为 0.79。

b. Y112M-4，功率为 4.0 kW，连接方法 △/Y，电压为 380 V/660 V，电流为 8.8 A/5.1 A，转速为 1 440 r/min，功率因数为 0.82。

解： Y90S-4 电动机应接成星形（Y），Y112M-4 电动机应接成三角形（△），如图 1-26 所示。

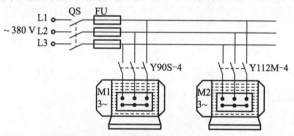

图 1-26　Y90S-4 电动机接成星形，Y112M-4 电动机接成三角形

③ 一台 Y160M-4 三相异步电动机的额定数据如下：P_N=15 kW，U_N=380 V，$\cos\varphi_N$=0.88，η_N=88.2%，n_N=1 480 r/min，定子绕组三角形连接。试求：电动机的额定输出转矩；电动机的额定电流和对应的相电流。

解： 电动机的额定输出转矩为

$$T_N = 9\,550\frac{P_N}{n_N} = 9\,550 \times \frac{15}{1\,480}\ \text{N·m=96.8 N·m}$$

电动机的额定电流为

$$I_N = \frac{P_N}{\sqrt{3}U_N\cos\varphi_N\eta_N} = \frac{15\,000}{\sqrt{3}\times380\times0.88\times0.882}\ \text{A=29.4 A}$$

相电流为

$$I_{N_\Phi} = \frac{I_N}{\sqrt{3}_N} = \frac{29.4}{\sqrt{3}} \text{ A} = 17 \text{ A}$$

从此题看，在数值上有 $I_N \approx 2P_N$ 关系，这也是额定电压为 380 V 的电动机的一般规律。今后在实际中，可以对额定电流进行粗略估算，即 1 kW 按 2 A 电流估算。

任务评价

序 号	考核内容	考 核 要 求	成 绩
1	铭牌数据的理解	知道 Y132M-4 型电动机各铭牌参数的含义，会根据铭牌参数计算额定转矩、额定电流等相关参数（80 分）	
2	定子绕组的连接	会判别三相异步电动机定子绕组的连接方式，并会进行连接（20 分）	

思 考 题

有一台三相异步电动机，其技术数据如下：

型 号	P_N/kW	U_N/V	满 载 时				$\dfrac{I_{st}}{I_N}$	$\dfrac{T_{st}}{T_N}$	$\dfrac{T_{max}}{T_N}$
			n_N/(r/min)	I_N/A	η_N	$\cos\varphi$			
Y132S-6	3	220/380	960	12.8/7.2	83%	0.75	6.5	2.0	2.0

试求：① 电压为 380 V 时，三相定子绕组应如何连接？

② 求 n_0、p、s_N、T_N、T_{st}、T_{max} 和 I_{st}。

③ 额定负载时，电动机的输入功率是多少？

任务 4　三相异步电动机定子绕组的拆换

任务提出

有一台三相异步电动机因机械装置突然出现卡死，电动机堵转，造成定子绕组烧毁。现需要对三相异步电动机定子绕组进行全部更换。

任务目标

① 了解三相异步电动机的绕组结构形式，会绘制三相单层链式绕组的展开图。

② 会根据三相单层链式绕组的展开图更换电动机的定子绕组。

相关知识

一、交流电动机绕组的基础知识

1. 分类

定子绕组的结构形式较多，按槽内导体层数可分为单层绕组和多层绕组，一般小型异步电动机采用单层绕组，大中型异步电动机采用双层绕组；按绕组节距可分为整距绕组和短距绕组；按绕组的结构和形状又分为链式绕组、同心式绕组、交叉式绕组等。

2. 定子绕组的基本要求

① 正确连线形成规定的磁极对数。

② 三相绕组在空间对称分布，匝数、线径、形状相同，在空间相差 120° 电角度。

③ 三相绕组产生的感应电动势按正弦规律变化。

④ 在导体数一定的情况下，力求获得最大的电动势和磁动势。

⑤ 端部连接尽可能短，用铜量少。

⑥ 绕组的绝缘和机械强度可靠，散热条件好。

⑦ 工艺简单，便于制造、安装和检修。

3．定子绕组的基本概念

从三相异步电动机的工作原理可知，定子三相绕组是建立旋转磁场，进行能量转换的核心部件。为了便于掌握绕组的排列和连接规律，先介绍有关交流绕组的一些基本知识与概念。

（1）线圈

组成交流绕组的单元是线圈。它有两个引出线，一个称为首端，另一个称为末端，如图 1-27 所示，在简化实际线圈的描述时，可用一匝线圈来等效多匝线圈，其中，铁芯槽内的直线部分称为有效边，槽外部分称为端部。

图 1-27　交流绕组线圈

（2）电角度与机械角度

电动机圆周在几何上分成 360°，这个角度称为机械角度。从电磁观点来看，若磁场在空间按正弦波分布，则经过 N、S 一对磁极恰好相当于正弦曲线的一个周期。如有导体去切割这种磁场，经过 N、S 一对磁极，导体中所感应产生的正弦电动势的变化也为一个周期，变化一个周期即经过 360° 电角度，因而一对磁极占有的空间是 360° 电角度。若电动机有 p 对磁极，电机圆周期按电角度计算就为 $p×360°$，而机械角度总是 360°，因此，电角度=$p×$机械角度。

（3）绕组及绕组展开图

绕组是由多个线圈按一定方式连接起来构成的。表示绕组的连接规律一般用绕组展开图，即设想把定子沿轴向展开、拉平，将绕组的连接关系画在平面上。

（4）极距 τ

磁场中每个磁极沿定子铁芯内圆所占的范围称为极距。极距 τ 可用磁极所占范围的长度或定子槽数 Z 表示：

$$\tau = \frac{\pi D}{2p} \qquad 或 \qquad \tau = \frac{Z}{2p} \tag{1-7}$$

式中：D——定子铁芯内径；

　　　Z——定子槽数。

（5）线圈节距 y

一个线圈的两个有效边所跨定子内圆上的距离称为节距。一般节距 y 用线圈跨过的槽数表示。为使每个线圈获得尽可能大的电动势或磁动势，节距 y 应等于或接近于极距 τ，把 $y=\tau$ 的绕组称为整距绕组，$y<\tau$ 的绕组称为短距绕组，$y>\tau$ 的绕组称为长距绕组。长距绕组端部较长，费铜料，故较少采用。

（6）槽距角 α

相邻两个槽之间的电角度称为槽距角 α。因为定子槽在定子圆周上是均匀分布的，所以若定子槽数为 Z，电动机磁极对数为 p，则槽距角 α 可表示为

$$\alpha = \frac{p \times 360°}{Z} \tag{1-8}$$

（7）每极每相槽数 q

每一个极下每相所占有的槽数称为每极每相槽数，用 q 表示，即

$$q = \frac{Z}{2mp} \tag{1-9}$$

式中：m——定子绕组的相数。

（8）相带

每个极面下的导体平均分给各相，则每一相绕组在每个极面下所占的范围称为相带，用电角度表示。因为每个磁极占有的电角度是 180°，对于三相绕组，每个磁极下有三个相带，每个相带占有 60° 的电角度，称为 60° 相带。由于三相绕组在空间彼此要相差 120° 电角度，且相邻磁极下导体感应电动势方向相反。两极、四极磁场 60° 相带三相绕组分布图如图 1-28 所示。

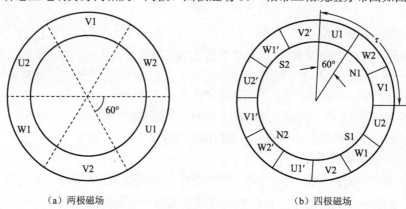

（a）两极磁场　　　　　　　　　　　（b）四极磁场

图 1-28　两极、四极磁场 60° 相带三相绕组分布图

二、三相单层绕组的连接

单层绕组在每一个槽内只安放一个线圈边，所以三相绕组的总线圈数等于槽数的一半。现以 $Z=24$，$2p=4$，$m=3$，$y=5$ 的单层链式绕组为例，说明三相单层链式绕组的排列和连接的规律。

1. 计算绕组数据

极距 τ

$$\tau = \frac{Z}{2p} = \frac{24}{4} = 6$$

每极每相槽数 q

$$q = \frac{Z}{2mp} = \frac{24}{2 \times 3 \times 2} = 2$$

槽距角 α

$$\alpha = \frac{p \times 360°}{Z} = \frac{2 \times 360°}{24} = 30°$$

2. 划分相带

在图 1-29 的平面上画 24 根垂直线，表示定子 $Z=24$ 个槽和槽中的线圈边，并且按 1，2，… 的顺序编号。据 $q=2$，即相邻两个槽组成一个相带，两对磁极共有 12 个相带。每对磁极按 U1、W2、V1（N 极）、U2、W1、V2（S 极）顺序给相带命名，划分相带实际上是给定子上每个槽划分相属，如属于 U 相绕组的槽号有 1、2、7、8、13、14、19、20 这 8 个槽，见表 1-3。

表 1-3 单层 60°相带排列表

相带	U1	W2	V1	U2	W1	V2
槽号	1,2	3,4	5,6	7,8	9,10	11,12
相带	U1′	W2′	V1′	U2′	W1′	V2′
槽号	13,14	15,16	17,18	19,20	21,22	23,24

3. 画绕组展开图

（1）链式绕组

先画 U 相绕组。如图 1-29 所示，从属于 U 相槽的 2 号槽开始，根据 $y=5$，把 2 号槽的线圈边和 7 号槽的线圈边组成一个线圈，8 号和 13 号，14 号和 19 号，20 号和 1 号，共组成四个节距相等的线圈。根据相同磁极下电流方向相同，相邻异性磁极下电流方向相反的原则设定电流方向，即 N↑、S↓。并按电动势相加的原则，将四个线圈按"头接头、尾接尾"的规律串联成一个 U1U2 线圈组，构成 U 相绕组。此种接法称为链式绕组。

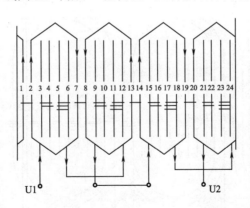

图 1-29 三相单层链式（$2p=4$，$q=2$）U 相绕组展开图

对于三相绕组，同样可以画出分别与 U 相相差 120°电角度的 V 相（从 6 号槽开始）、相差 240°电角度的 W 相（从 10 号槽开始）绕组展开图，从而得到三相对称绕组 U1U2、V1V2、W1W2。绘制绕组展开图时注意三相交流电在任意时刻的电流流向为两正一负。然后根据铭

牌要求，将出线引至接线盒上连接成Y或△。

可见，链式绕组为等距元件，而且每个线圈跨距小、端部短，可以省铜，还有 $q=2$ 的两个线圈各朝两边翻，散热好。

（2）交叉式绕组

设 $q=4$（如 $Z=36$，$2p=4$，$m=3$），其连接规律是把 $q=3$ 的三个线圈分成 $y=\tau-1$ 的两个大线圈和 $y=\tau-2$ 的一个小线圈各朝两边翻，因此一相绕组就按"两大一小"顺序交错排列，故称为交叉式绕组。端部连线较短，散热好，因此，$p\geq2$，$q=3$ 的单层绕组常用交叉式绕组，如图 1-30 所示。

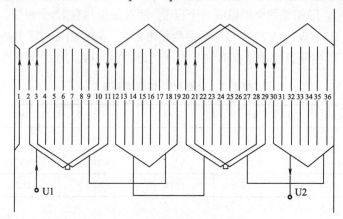

图 1-30　三相单层交叉式绕组 U 相绕组展开图

（3）同心式绕组

设 $q=4$（如 $Z=24$，$2p=2$，$m=3$），在 $p=1$ 时，同心式绕组嵌线较方便，因此，$p=1$ 的单层绕组常采用同心式绕组，如图 1-31 所示。

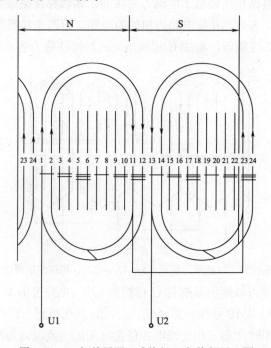

图 1-31　三相单层同心式绕组 U 相绕组展开图

单层绕组的优点是它的线圈数仅为槽数的一半，每槽只有一个线圈边，故绕线及嵌线方便，工艺简单，线圈端部较短，可以省铜，因此被广泛应用于 10 kW 以下的异步电动机。

任务分析

电动机定子绕组是发生电气故障的主要部分，当定子绕组因严重故障而无法局部修复时，就必须拆换定子绕组。更换电动机定子绕组时的要求：更换绕组后的电动机必须与原电动机具有相同的特性。这就要求能够根据电动机的参数设计出与原电动机特性相同的绕组连接形式。

任务实施

> 干活了！电动机定子槽数 Z=24，绕成 $2p$=4，m=3 的单层链式绕组形式。

三相异步电动机定子绕组的拆换

1．记录原始数据

在拆除旧绕组前及拆除过程中，必须记录下列原始数据：

① 电动机铭牌数据。

② 绕组数据：槽数、每槽导线数、导线型号规格及并绕根数、绕组节距、并联路数、绕组形式和尺寸、绕组伸出铁芯长度、绕组接线图、引出线与机座的对应位置、绕组总数量。

2．拆除旧绕组

首先拆除绕组绝缘层，再拆除电动机槽内的旧绕组，旧绕组的拆除步骤是：在查清绕组的并联路数后，翻起一个跨距内的上层边，其高度以不妨碍下层边的拆出为原则。在拆除过程中，应尽量保留一个完整的绕组，以便量取有关数据，作为制作绕线模和绕制新绕组时参考。

3．绕制绕组

绕制绕组一般在手摇绕线机上进行，也可用电动绕线机。对绕组的绕制质量要求是：导线尺寸符合要求，绕组尺寸与匝数正确，导线排列整齐和绝缘良好。

4．绘制绕组展开图

绘制电动机定子槽数 Z=24，$2p$=4，m=3 的单层链式绕组的展开图。

5．嵌线

把绕制好的绕组嵌入定子铁芯槽内，它是电动机修理中的重要工序。嵌线前应修正定子铁芯硅钢片的凹斜和毛刺，清除槽内的杂物，并用压缩空气吹净，涂上清漆，安放槽绝缘纸，准备嵌线工具等。嵌线工具一般有压线板、理线板、剪刀、尖嘴钳及锤子等。

嵌线时，首先确定槽号 1 的位置，再按照顺时针或逆时针的顺序依次定义各槽号的位置，然后根据绕组展开图先下 U 相绕组，U 相绕组下完后，将 U 相绕组的始末端引出到接线盒，用万用表测量 U 相绕组的通断，U 相绕组下完后再依次下 V 相、W 相绕组线圈。绕组嵌线完毕后，需要将三相绕组连接成星形（Y）或三角形（△）。

用绝缘纸进行槽绝缘时，嵌好线后将绝缘纸齐槽口剪平，折合封好，再将绝缘纸在槽内的两端褶边，上面盖上一条倒 U 形垫条封起来，然后将绝缘纸在槽的两端褶边，嵌好线后将引槽纸沿槽口剪齐，折合封好。

6. 绑扎

为了使电动机长期可靠运行，需要将绕组端部绑扎牢固。绑扎时使绕组两端形成喇叭口，其直径大小要适宜。既要有利于通风散热，又不能使端部离机座太近。

7. 检查和测试

（1）外表检查

要求嵌入的线圈直线部分应平直整齐，端部没有严重的交错现象；导线绝缘损伤部位的包扎和接处的包扎应当正规，相间绝缘应当垫好；端部绑扎应当牢固，槽楔不超过铁芯的内圆面，伸出铁芯两端的长度要近似相等，槽楔端部不应破裂，应有一定的紧度。

（2）绕组电阻的测定

测量目的是检验定子绕组在装配过程中是否造成线头断裂、松动、绝缘不良等现象。具体方法是测量三相绕组的电阻是否平衡，要求误差不超过平均值的 4%。根据电动机功率大小、绕组的电阻可分为高电阻（10 Ω 以上）和低电阻。高电阻用万用表测量；低电阻用精度较高的电桥测量，应测量三次，取其平均值。

（3）绝缘电阻的测定

测量目的主要是检验绕组对地绝缘和相间绝缘。

① 绕组是否有接地。拆开三相绕组之间的连接片，使之互不接通。用兆欧表分别测量三相绕组的对地电阻。其方法为用兆欧表的一根引线接机座，另一根引线接绕组的出线头，手摇兆欧表，如果发现绕组对机座的电阻很小或为零，则该相绕组已接地。测得绝缘电阻大于 1 MΩ 为合格，最低限度不能低于 0.5 MΩ。

② 测量相间绝缘电阻。拆开三相绕组的接头，用兆欧表或万用表检测任何两相之间的绝缘电阻。

（4）耐压试验

在专用的试验台上，在绕组各相之间施加一定的 50 Hz 的交流电压，历时 1 min 而无击穿现象为合格。

任务评价

序　号	考核内容	考　核　要　求	成　绩
1	安全操作	符合安全生产要求，团队合作融洽（10 分）	
2	拆旧绕组	拆卸方法正确，顺序合理（10 分）	
3	绕制绕组	导线尺寸符合要求，绕组尺寸与匝数正确；导线排列整齐和绝缘良好（30 分）	
4	嵌线、接线	认真、细致，严格按绕组展开图及工艺要求进行（30 分）	
5	绑扎	端部绑扎牢固，直径大小适宜（10 分）	
6	检查、测试	加交流电压，电动机运行正常（10 分）	

思 考 题

① 在实际生产中，三相异步电动机的出线端子都是如何连接的？

② 一台三相异步电动机进行定子绕组的拆换后，在电动机空载时，电源接通后电动机不起动的原因有哪些？

任务 5 三相异步电动机的机械特性分析及应用

任务提出

一台三相异步电动机的额定功率 P_N=7.5 kW，额定电压 U_N=380 V，额定转速 n_N=945 r/min，过载能力 λ_m=2.8，绘制电动机的机械特性曲线。根据机械特性曲线，分析电动机的起动性能。并分析当负载、电源电压、转子回路串电阻、定子回路串电阻时电动机输出转矩、转速的变化情况。

任务目标

① 掌握三相异步电动机的固有机械特性和人为机械特性。

② 能运用机械特性曲线分析三相异步电动机转速、转矩的变化规律。

相关知识

下面来学习三相异步电动机的机械特性。

三相异步电动机的机械特性是指在一定条件下，电动机的转速 n 与转矩 T_e 之间的关系，即 $n=f(T_e)$。因为异步电动机的转速 n 与转差率 s 之间存在一定的关系，所以异步电动机的机械特性通常也用 $T_e=f(s)$ 的形式表示。

一、电磁转矩

1. 电磁转矩的物理表达式

从异步电动机的工作原理可知，异步电动机的电磁转矩是由于具有转子电流 I_2 的转子绕组在磁场中受力而产生的，因此，电磁转矩的大小与转子电流 I_2 和反映磁场强度的每极磁通 Φ_m 成正比。此外，在讨论工作原理时，曾忽略了转子电路的感抗作用，实际上转子电路是有感抗存在的，因此 I_2 和 E_2 之间有一相位差，既转子电路的功率因素 $\cos\varphi_2<1$。考虑到电动机的电磁转矩对外做机械功，输出有功功率，因此电动机的电磁转矩与转子电流的有功分量成正比。综上所述，可以得到异步电动机电磁转矩的物理表达式为

$$T_e = K_T \Phi_m I_2 \cos\varphi_2 \qquad (1\text{-}10)$$

式中：T_e——电动机的电磁转矩；

$\quad K_T$——异步电动机的转矩常数，与电动机结构有关的常数；

$\quad \Phi_m$——旋转磁场每极磁通，即主磁通；

$\quad I_2$——转子电流；

$\cos\varphi_2$——转子电路功率因数。

2. 电磁转矩的参数表达式

电磁转矩的物理表达式，没有反映电磁转矩的一些外部条件，如电源电压 U_1、转子转速 n 以及转子电路参数之间的关系，实际中，应用式（1-10）不方便。为了直接反映这些因素对电磁转矩的影响，需要对式（1-10）进行推导，从而得出电磁转矩的参数表达式。

$$T_e = K \frac{sR_2 U_1^2}{R_2^2 + (sX_{20})^2} \qquad (1-11)$$

式中：U_1——电动机定子相电压有效值；

$\quad\quad K$——与电动机结构参数、电源频率有关的一个常数；

$\quad\quad R_2$——电动机转子绕组每相电阻值；

$\quad\quad X_{20}$——电动机转子不动时的每相漏感抗；

$\quad\quad s$——转差率。

式（1-11）具体反映了三相异步电动机的电磁转矩 T_e 与电源电压 U_1、K 以及转差率 s 之间的关系。若电源电压 U_1、频率 f_1 为定值，电动机的结构不变时，则 R_2 和 X_{20} 均为常数，电磁转矩 T_e 仅与转差率 s 有关。将不同的 s 值（0~1 之间）代入参数表达式中，用描点法绘制出转矩特性曲线，如图 1-32 所示。转矩特性曲线又称 T_e-s 曲线。

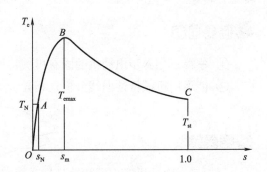

图 1-32　转矩特性曲线

T_e-s 曲线中 B 点为临界点，电动机的最大电磁转矩 T_{emax} 及最大转矩的转差率 s_m 可通过数学求最大值的方法求得，求导数 $dT_e/ds = 0$，可得临界转差率为

$$s_m = \frac{R_2}{X_{20}} \qquad (1-12)$$

一般笼形异步电动机的转子绕组电阻 R_2 很小，绕线式异步电动机的转子电路不外接电阻而自行闭合，其转子绕组的电阻 R_2 也很小，所以 s_m 较小。一般电动机的临界转差率 s_m 为 0.1~0.2。

将式（1-12）代入式（1-11）中，可得最大电磁转矩为

$$T_{emax} = K \frac{U_1^2}{2X_{20}} \qquad (1-13)$$

T_e-s 曲线中 C 点，$s=1$，$n=0$ 即电动机起动时刻。由式（1-11）可得起动转矩为

$$T_{st} = K \frac{R_2 U_1^2}{U_2^2 + X_{20}^2} \qquad (1-14)$$

T_e-s 曲线中 O 点为电动机的理想空载转速点，此时 $T_e=0$，$s=0$，$n=n_0$。

由式（1-12）、式（1-13）、式（1-14）可得：

① 最大转矩 T_{emax} 与电源电压 U_1^2 成正比，与转子绕组电阻 R_2 无关。当电源电压降到额定电压的 70% 时，则转矩只有额定时的 49%。过低的电压会使电动机起动不起来。在运行过程中若电压下降很多，有可能使电磁转矩低于负载转矩。造成电动机转速下降甚至被迫停转。不论转速下降还是停转都会引起电动机电流增大，超过额定电流，如不及时切断电源，电动机就会有烧毁的危险。

② 临界转差率 s_m 与转子绕组电阻 R_2 成正比。若 R_2 增大，则 s_m 增大，T_{emax} 不变，转矩

曲线向右偏移，所以利用这一原理可对绕线式异步电动机进行调速。若 R_2 增大，起动转矩 T_{st} 也逐渐增加，所以在绕线转子异步电动机的转子回路串入适当的起动电阻，不仅转子电流 I_2 减小，而且起动转矩 T_{st} 增大，从而改变电动机的起动性能。

在 T_e-s 曲线中 A 点为额定工作点，OB 为稳定运行区域，$0<s<s_m$。为了使电动机能够适应短时间过载而不停转，电动机必须留有一定的过载能力，额定工作点不宜靠近临界点 B。一般用最大电磁转矩 T_{emax} 与额定电磁转矩 T_N 的比值表征电动机的短时过载能力，称为电动机的过载系数，其表达式为

$$\lambda_m = \frac{T_{emax}}{T_N} \tag{1-15}$$

一般异步电动机的过载系数为 1.8~2.2。

为了反映电动机的起动性能，把它的起动转矩与额定转矩之比称为起动系数，其表达式为

$$\lambda_s = \frac{T_{st}}{T_N} \tag{1-16}$$

显然，当起动转矩 T_{st} 大于负载转矩 T_L 时，电动机才能起动。一般异步电动机的起动系数为 1.1~1.8。

例1-2 有一台三相异步电动机，其铭牌数据如表 1-4 所示。

表 1-4 铭牌数据

P_N/kW	n_N/ (r/min)	U_N/V	η_N	$\cos\varphi_N$	I_{st}/I_N	T_{st}/T_N	T_{max}/T_N	接法
40	1470	380	90%	0.9	6.5	1.2	2.0	△

试求：

① 起动转矩。

② 当负载转矩为 250 N·m 时，试问在 $U=U_N$ 和 $U'=0.8U_N$ 两种情况下电动机能否起动？

解： ① 由已知条件可求额定转矩

$$T_N = 9\,550\,P_N/\,n_N = （9\,550×40/1\,470）N·m = 260\,N·m$$

由 $T_{st}/T_N = 1.2$ 可得起动转矩

$$T_{st} = 312\,N·m$$

② 当 $U=U_N$ 时，$T_{st}=312\,N·m>250\,N·m$，$T_{st}>T_L$，所以电动机能起动；当 $U'=0.8U_N$ 时，$T'_{st}=0.8^2 T_{st}=（0.64×312）N·m=199\,N·m$，$T'_{st}<T_L$，所以电动机不能起动。

3. 电磁转矩的实用表达式

电磁转矩的参数表达式虽然清楚地表达了电磁转矩与转差率、电动机各参数之间的关系，但由于异步电动机的参数必须通过试验求得，因此在实际应用中参数表达式使用起来不方便。而在电力拖动系统中，往往只需要了解稳定运行范围内的机械特性。为此，可导出式（1-17）。

$$T_e = \frac{2T_{max}}{\dfrac{s}{s_m}+\dfrac{s_m}{s}} \tag{1-17}$$

式（1-17）中的 T_{max} 及 s_m 可由电动机产品目录查得的数据求得，故称为实用表达式。T_{max} 及 s_m 的求法如下：

$$T_{max} = \lambda_m T_N \tag{1-18}$$

$$T_N = 9\,550\frac{P_N}{\eta_N} \tag{1-19}$$

$$s_m = s_N\left(\lambda_m + \sqrt{\lambda_m^2 - 1}\right) \tag{1-20}$$

根据产品目录求出 T_{max} 及 s_m 后，在实用表达式中只剩下 T_e 与 s 两个未知数了。给定一系列的 s 值，算出其对应的 T_e 值，就可绘出机械特性 $n=f(T_e)$ 曲线，同时还可利用它进行机械特性的其他计算。

当电动机在额定负载下运行时，转差率 s 很小，可得式（1-17）的线性表达式：

$$T_e = 2T_{max}\frac{s}{s_m}$$

上述三种表达式，用途各异。一般物理表达式用于定性分析 T_e 与 Φ_m、$I_2\cos\varphi_2$ 间的关系；参数表达式可用于分析参数变化时对电动机机械特性的影响；实用表达式适用于进行机械特性的工程计算。

二、三相异步电动机的固有机械特性

在电力拖动系统中，通常需要知道电动机的机械特性 $n=f(T_e)$，电磁转矩与转速之间的关系。因为异步电动机的转速 n 与转差率 s 之间存在一定的关系，若把 T_e-s 曲线中的横坐标 s 换算成转子的转速 n，并按顺时针方向转过 90°，即可得到异步电动机的固有机械特性曲线，如图 1-33 曲线 Aa 所示。

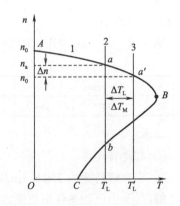

图 1-33　三相异步电动机固有机械特性

根据三相异步电动机固有机械特性曲线分析如下：

1. 稳定运行条件

电力拖动系统的稳定运行是指系统在某种外界扰动下离开原来的平衡状态，在新的条件下获得新的平衡；或当扰动消失后系统能自动恢复到原来的平衡状态的能力。满足上述要求，系统运行就是稳定的，否则就是不稳定的。

现假定三相异步电动机系统受负载转矩波动（负载转矩增加）的干扰。a 点：$T_M-T_L=0$。当负载由 T_L 突然增加到 T'_L 时，由于机械惯性，速度 n 和电动机的输出转矩不能突变，此时有 $T_M-T'_L<0$，即 n 要下降，转矩要增大。当 n_a 下降到 Δn 时，系统在新的平衡点 a' 稳定运行，$T'_M-T'_L=0$。当负载波动消除（由 T'_L 回到 T_L）时，同样由于机械惯性，速度 n 和电动机的输出转矩不能突变，此时有 $T'_M-T_L>0$，即 n 要上升。当 n 上升到 n_a 时，系统又回到平衡点 a 稳定运行。故 a 点为系统的稳定平衡点。b 点：$T_M-T_L=0$。当负载增加时，速度 n 和电动机的输出转矩不能突变，此时有 $T_M-T'_L<0$，系统要减速，即 n 要下降。随着 n 的下降，电动机的输出转矩越来越小，使速度下降到 0。故 b 点不是稳定平衡点。

机电系统稳定运行的条件是：

① 电动机的机械特性曲线与生产机械的负载转矩特性曲线有交点，即 $T_m=T_L$。

② 当转速大于平衡点所对应的转速时，有 $T_m<T_L$；当转速小于平衡点所对应的转速时，

有 $T_m > T_L$。

2. 稳定运行范围

对于恒转矩负载（图 1-33 中的负载转矩特性 2），不难判定它在 a 点能够平衡稳定运行，而在 b 点却只能平衡而不能稳定运行，所以 AB 曲线段对恒转矩负载为稳定运行区，BC 曲线段为不稳定运行区。

对于通风型负载（图 1-103 中的负载转矩特性 2），d 点虽然处于特性曲线的非线性段，但仍满足稳定运行条件，所以整条特性曲线都可以平衡稳定运行。

3. 四个特殊点（见图 1-33）

① 起动运行 C 点：电动机起动瞬间 $n=0$，$s=1$，$T_e=T_{st}$，电动机起动电流 $I_1=（4\sim7）I_N$。

② 最大转矩点 B 点：电动机能够提供的极限转矩，此时 $T_e=T_{max}$，$s=s_m$。电动机所拖动的负载转矩必须小于最大转矩，否则电动机将停转。

③ 额定工作运行 a' 点：电动机额定运行时的工作点，此时 $n=n_N$，$s=s_N$，$T_e=T_N$，$I_1=I_N$。

电动机额定工作点，此时额定转矩和额定转差率为 $T_N = 9\,550\dfrac{P_N}{\eta_N}$，$s_N = \dfrac{n_0 - n_N}{n_0}$。

④ 理想空载运行 A 点：在理想空载运行 A 点转子转速与同步转速相同。此时 $n=n_0$，$s=0$，$T_e=0$，转子电流 $I_2=0$。A 点是电动机电动状态与回馈制动状态的转折点。

三、三相异步电动机的人为机械特性

由式（1-11）可知，将关系式中的参数人为加以改变后所得到的机械特性称为异步电动机的人为机械特性。如改变电源电压 U_1、电源频率 f_1，改变定子、转子回路电阻或电抗等，都可得到异步电动机的人为机械特性。

1. 降低电动机电源电压的人为机械特性

由式（1-11）、式（1-12）、式（1-13）、式（1-14）可以看出，电压 U_1 的变化对理想空载转速 n_0 和临界转差率 s_m 不产生影响，但最大转矩 T_{emax} 和起动转矩 T_{st} 与 U_1^2 成正比，当降低电压时，n_0 和 s_m 不变，而 T_{emax} 和 T_{st} 大大减小。在同一转差率情况下，人为机械特性与固有机械特性的转矩之比等于电压的二次方之比。因此，以固有机械特性曲线为基础，在不同处，取固有机械特性上对应的转矩乘降低电压与额定电压之比的二次方，即可画出人为机械特性曲线，如图 1-34 所示。如当 $U_a=U_N$ 时，$T_a=T_{emax}$；当 $U_b=0.8U_N$ 时，$T_b=0.64\,T_{emax}$；当 $U_c=0.5U_N$ 时，$T_c=0.25\,T_{emax}$。可见，电压越低，人为机械特性曲线越往左移。所以，异步电动机对电网电压的波动非常敏感。

2. 定子回路串电阻或电抗时的人为机械特性

在电动机定子回路中外串电阻或电抗后，定子绕组上相电压降低，这种情况下的人为机械特性与降低电源电压时的相似，如图 1-35 所示，图中实线 1 为降低电源电压的人为机械特性曲线，虚线 2 为定子回路串电阻 R_{1s} 或电抗 X_{1s} 的人为机械特性曲线。从图中可以看出，所不同的是定子回路串电阻 R_{1s} 或电抗 X_{1s} 后的最大转矩要比直接降低电源电压时的最大转矩大一些，这是因为随着转速的上升和起动电流的减小，在 R_{1s} 或 X_{1s} 上的压降减小，加到电动机定子绕组上的端电压自动增大，致使最大转矩大些，而降低电源电压的人为机械特性在整个起动过程中，定子绕组的端电压是恒定不变的。

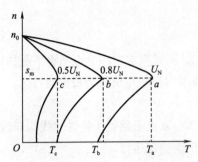

图 1-34　降低电动机电源电压的人为机械特性

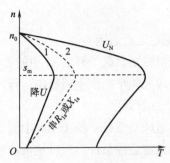

图 1-35　定子回路串电阻或电抗时的人为机械特性

3．转子回路串电阻时的人为机械特性

在绕线转子异步电动机中，通常在转子回路中串入三相对称电阻，此时 n_0 和最大电磁转矩 T_{emax} 不变，s_m 与转子电阻成正比，如图 1-36 所示。转子回路串附加电阻，用于改善绕线转子异步电动机的起动和调速性能。

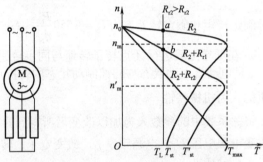

图 1-36　转子回路串电阻的人为机械特性

🔧 **任务分析**

要让电动机能够起动，起动时必须使 $T_{st} > T_L$。电动机稳定运行时要求：电动机的输出转矩 T_e 与负载转矩 T_L 相等。哪些因素决定了电动机的起动性能？电动机带载运行时，当负载、电源电压、转子回路串电阻、定子回路串电阻时电动机转速性能又是怎样变化的？下面来研究三相异步电动机的机械特性。

> 机械特性是对电动机进行起动、调速、制动控制的理论依据！

📖 **任务实施**

三相异步电动机的机械特性分析

① 绘制机械特性曲线。

解：据本任务中"任务提出"的数据，可推知电动机的以下数据。

额定转矩

$$T_N = 9\,550\frac{P_N}{n_N} = 9\,550 \times \frac{7.5}{945}\,N \cdot m = 75.8\,N \cdot m$$

最大转矩

$$T_{max} = \lambda_m T_N = (2.8 \times 75.8)\,N \cdot m = 212\,N \cdot m$$

额定转差率

$$s_N = \frac{n_1 - n_N}{n_1} = \frac{1\,000 - 945}{1\,000} = 0.055$$

临界转差率

$$s_m = s_N(\lambda_m + \sqrt{\lambda_m^2 - 1}) = 0.055 \times (2.8 + \sqrt{2.8^2 - 1}) = 0.3$$

代入实用表达式即式（1-17）得

$$T_e = \frac{2 \times 212}{\dfrac{s}{0.3} + \dfrac{0.3}{s}}$$

把不同 s 值代入上式，求出对应的 T 值，将数据记录于表 1-5 中。

表 1-5　数据记录

s	1	0.8	0.6	0.4	0.35	0.3	0.25	0.15	0.1	0.055	0
T	126	139	170	204	209	212	209	170	127	75	0

按表 1-5 数据可绘制电动机的机械特性曲线。

② 根据机械特性曲线分析电动机的起动性能。

③ 分析当负载、电源电压、转子回路串电阻、定子回路串电阻时电动机转速的变化情况。

任务评价

序　号	考核内容	考 核 要 求	成　绩
1	固有机械特性的理解	掌握三相异步电动机的稳定运行区间、四个特殊工作点（40分）	
2	人为机械特性的理解	电压、定子（转子）回路串入电阻对电动机性能的影响（30分）	
3	机械特性的应用	三相异步电动机起动性能分析（30分）	

思 考 题

① 电网电压过高或过低都容易使三相异步电动机定子绕组过热而烧毁，为什么？

② 三相绕线转子异步电动机转子回路串电阻起动，为什么既能减小起动电流，又能增大起动转矩？串入电阻是否越大越好？

拓展阅读 1　生产机械的负载转矩特性

负载转矩特性是指生产机械工作机构的转矩与转速之间的函数关系，即 $T_L = f(n)$。不同类型的生产机械在运动中所受阻力的性质不同，其负载转矩也不相同。典型的负载转矩特性有恒转矩特性、恒功率特性和通风型特性三种。

一、恒转矩负载转矩特性

恒转矩负载转矩特性就是指负载转矩 T_L 的大小为一定值，而与转速 n 无关的特性。根据负载转矩的方向是否与转向有关又分为反抗性恒转矩负载和位能性恒转矩负载两种。

1. 反抗性恒转矩负载

这种负载转矩是由摩擦阻力产生的。它的特点是 T_L 的大小不变，但作用方向总是与运动方向相反，是阻碍运动的制动转矩。属于这一类负载的生产机械有带式输送机、轧钢机等。

从反抗性恒转矩负载的特点可知，当 n 为正向时，T_L 也为正（规定：以反对正向运动的方向作为 T_L 的正方向）；当 n 为负向时，T_L 也改变方向（阻碍运动），变为负值。因此，反抗性恒转矩负载转矩特性应画在第一和第三象限内，如图 1-37（a）所示。

2. 位能性恒转矩负载

这种负载转矩是由重力作用产生的。它的特点是 T_L 大小不变，而且作用方向也不变。最典型的位能性转矩负载是起重机的提升机构及矿井卷扬机。这类负载无论是提升重物还是下放重物，重力的作用方向不变。如果以提升作为运动的正反向，则 n 为正反向时，T_L 反对运动，也为正值；n 为负向时，T_L 的方向不变，仍为正，表明这时 T_L 是帮助运动的，T_L 称为拖动转矩，其特性应画在第一和第四象限内，如图 1-37（b）所示。

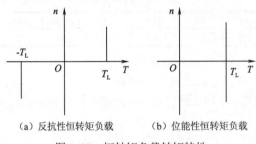

（a）反抗性恒转矩负载　　（b）位能性恒转矩负载

图 1-37　恒转矩负载转矩特性

二、恒功率负载转矩特性

某些生产机械，例如车床，在粗加工时，切削量大，因而切削阻力也大，这时运转速度低；在精加工时，切削量小，因而切削阻力也小，这时运转速度高。因此，在不同转速下，负载转矩 T_L 基本上与转速成反比，即 $T_L = K/n$，切削功率为 $P_L = T_L \omega = T_L \dfrac{2\pi n}{60} = K_1$，可见切削功率基本不变，因此，把这种负载称为恒功率负载。恒功率负载转矩特性 T_L 与 n 成双曲线关系，如图 1-38 所示。

三、通风型负载转矩特性

属于通风型负载的生产机械有：通风机、水泵、液压泵等。这种负载转矩是由周围介质（空气、水、油等）对工作机构产生阻力所引起的阻转矩，转矩基本上与 n^2 成正比，即 $T_L = Kn^2$，式中 K 为比例系数。

通风型负载转矩特性曲线如图 1-39 所示。

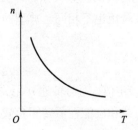

图 1-38　恒功率负载转矩特性

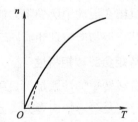

图 1-39　通风型负载转矩特性

以上三类都是很典型的负载转矩特性，实际生产机械的负载转矩特性可能是以上几种典型特性的综合。例如，实际通风机除了主要是通风型负载转矩特性外，由于轴上还有一定的摩擦转矩 T_f，因而实际通风机负载转矩特性应为 $T_L = T_f + Kn^2$，如图 1-39 中虚线所示。

拓展阅读 2　三相异步电动机的工作特性

当负载在一定范围内变化时，异步电动机一般能通过参数的自动调整适应这种变化。在额定电压和额定频率下，电动机的转速 n、定子电流 I_1、功率因数 $\cos\varphi_1$、电磁转矩 T_e、效率 η 与电动机输出的机械功率 P_2 之间的关系可以从不同的侧面反映电动机的工作特性，这就是异步电动机的工作特性，如图 1-40 所示。

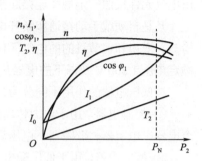

图 1-40　三相异步电动机的工作特性

1. 转速特性 $n = f(P_2)$

空载时，$P_2 = 0$，$n \approx n_0$，$s \approx 0$。随负载增大，电动机转速略下降就可使转子电流明显增大，电磁转矩增大，直至与负载重新平衡。异步电动机转速特性是一条稍微下倾斜的曲线。

2. 定子电流特性 $I_1 = f(P_2)$

空载时，$P_2 = 0$，$I_1 = I_0$，定子电流几乎全部用于励磁。当 $P_2 < P_N$ 时，随负载增加，转子电流增大。为保持磁势平衡，定子电流也上升，定子电流特性是一条过 I_0 点的上升曲线，过载后，受电动机磁路状态影响，电流上升速度加快，曲线上翘。

3. 电磁转矩特性 $T_2 = f(P_2)$

当异步电动机的负载在额定范围之内时，转速和角速度变化很小。由异步电动机的输出转矩公式 $T_2 = \dfrac{P_2}{\omega} = \dfrac{P_2}{2\pi n/60}$ 可知，电动机空载时，$P_2 = 0$，$T_2 = 0$，故 $T_2 = f(P_2)$ 为一条过原点且斜率为 $1/\omega$ 的直线。

4. 功率因数特性 $\cos\varphi_1 = f(P_2)$

空载时损耗较少，电动机由电网获得的功率大部分为无功功率，用以建立和维持主磁通，空载功率因数通常小于 0.3。随负载增加，P_2 增大，转子电路功率因数上升，导致电动机功率因数 $\cos\varphi_1$ 上升。一般设计使电动机在额定状态下功率因数 $\cos\varphi_1$ 最高，过载后 $\cos\varphi_1$ 又开始减小。

5. 效率特性 $\eta = f(P_2)$

异步电动机的输出功率与输入功率的比值称为效率，它反映了电功率的利用率，由式（1-4）$\eta = \dfrac{P_2}{P_1} = 1 - \dfrac{\Delta P}{P_1}$ 可知：损耗功率 ΔP 的大小直接影响电动机的效率。异步电动机从空载状态到满载运行时，主磁通和转速变化不大，铁损耗 P_{Fe} 和机械损耗 P_Ω 近似不变，称为不变损耗；铜损耗 P_{Cu1}、P_{Cu2} 则与相应电流的二次方成正比，变化较大，称为可变损耗。普通异步电动机的额定效率为 0.8～0.9，中小型异步电动机通常约 75% 额定负载时的效率最高，超过这个比例时，效率稍有下降。

项目 2　三相异步电动机的控制

为了让电动机能按生产需要进行工作状态的变换，需要对电动机进行控制，控制电动机最广泛、最基本的电气控制方式就是继电器-接触器控制方式，继电器-接触器控制就是将低压电气元件按照一定规律连接起来实现控制功能的线路。

凡是自动或手动接通和断开电路，以及能实现对电路或非电对象进行切换、控制、保护、检测、变换和调节目的的电气元件统称为电器。工作在交流额定电压 1 200 V 及以下、直流额定电压 1 500 V 及以下的电器称为低压电器。

按低压电器的作用不同分为：

① 控制电器，用于电力传动系统中，主要有起动器、接触器、控制继电器、控制器、主令电器、电阻器、变阻器、电压调整器及电磁铁等。

② 配电电器，用于低压配电系统和动力设备中，主要有刀开关和转换开关、熔断器、断路器等。

任务 1　三相笼形异步电动机的全压起动

电动机接通电源后由静止状态逐渐加速到稳定运行状态的过程称为电动机的起动，对电动机起动的主要要求如下：

① 有足够大的起动转矩，保证生产机械能正常起动。一般场合下，希望起动越快越好，以提高生产效率。即要求电动机的起动转矩大于负载转矩，否则电动机不能起动。

② 在满足起动转矩要求的前提下，起动电流越小越好。因为过大的起动电流的冲击，对于电网和电动机本身都是不利的。对电网而言，它会引起较大的线路压降，特别是电源容量较小时，电压下降太多，会影响接在同一电源上的其他负载；对电动机本身而言，很大的起动电流将在绕组中产生较大的损耗，引起电动机发热，加速电动机绕组绝缘老化，且在大电流冲击下，电动机绕组端部受电动力的作用，有发生位移和变形的可能，容易造成短路事故。

③ 要求起动平滑，即要求起动时加速平滑，以减小对生产机械的冲击。

④ 起动设备安全可靠，力求结构简单，操作方便。

⑤ 起动过程中的功率损耗越小越好。

其中，①和②两条是衡量电动机起动性能的主要技术指标。

异步电动机本身的起动特性为：异步电动机在接入电网起动的瞬时，由于转子处于静止状态，定子旋转磁场以最快的相对速度（即同步转速）切割转子导体，在转子绕组中感应出很大的转子电势和转子电流，从而引起很大的定子电流，一般起动电流 I_{st} 可达（5～7）I_N。起动时 $s=1$，转子功率因数很低，因而起动转矩 $T_e=K_T\varphi_m I_2\cos\varphi_2$ 却不大，一般起动转矩 $T_{st}=$（0.8～1.5）T_N。

显然，异步电动机的这种起动特性和生产机械的要求是相矛盾的，为了解决这些矛盾，必须根据具体情况，采取不同的起动方法。

三相笼形异步电动机可以直接起动，在不允许直接起动时，则采取限制起动电流的降压起动。三相异步电动机的起动方法有：直接起动和降压起动两种。

子任务 1 三相笼形异步电动机直接起动控制电路的实现

任务提出

有一台要求经常起动的笼形异步电动机，其 P_N=20 kW，I_{st}/I_N=6.5 ，如果供电变压器（电源）容量为 560 kV·A，且有照明负载，问可否直接起动？若可以直接起动，设计、安装、调试出电动机单向旋转直接起动控制电路。

任务目标

① 掌握三相异步电动机直接起动方法及实现直接起动控制电路所涉及的低压电气元件——按钮、接触器。

② 设计、安装、调试出三相异步电动机单向旋转控制电路。

相关知识

一、直接起动

直接起动就是将电动机的定子绕组通过刀开关或接触器直接接入电源，在额定电压下进行起动，如图 1-41 所示。由于直接起动的起动电流很大，因此，在什么情况下采用直接起动，有关供电、动力部门都有规定，主要取决于电动机的功率与供电变压器的容量之比值。一般在有独立变压器供电（即变压器供动力用电）的情况下，若电动机起动频繁，电动机功率小于变压器容量的 20% 时允许直接起动；若电动机不经常起动，电动机功率小于变压器容量的 30% 时也允许直接起动。如果没有独立的变压器供电（即与照明共用电源）的情况下，电动机起动比较频繁，则常按经验公式来估算，满足下列关系则可直接起动。

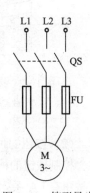

图 1-41　笼形异步电动机直接起动

$$\frac{\text{起动电流}（I_{st}）}{\text{额定电流}（I_N）} \leqslant \frac{3}{4} + \frac{\text{电源总容量}}{4 \times \text{电动机功率}} \tag{1-21}$$

直接起动无须附加起动设备，操作控制简单、可靠，起动过程快，所以在条件允许的情况下应尽量采用。现在大中型厂矿企业中，变压器容量已足够大，因此绝大多数中、小型笼形异步电动机都采用直接起动。

二、低压电气元件

> 学习常用低压电气元件。

1. 按钮

按钮（"按钮开关"的简称）是一种结构简单，用于短时接通或断开小电流电路的控制电器。因此它不直接去控制主电路，而在控制电路中发出指令去控制接触器、继电器、起动器等电器，以此来接通或断开主电路。

（1）结构

按钮一般由按钮帽、复位弹簧、桥式触点和外壳等组成，触点通常做成复合式，具有一对常闭触点和一对常开触点，其外形及结构图如图 1-42 所示。常开触点、常闭触点指的是：在电器没有外力作用或电磁线圈未通电时，即自然状态时，处于断开状态的触点称为常开触点；处于接通状态的触点称为常闭触点。操作后或电磁线圈通电后，常开触点接通，常闭触点断开。

按下按钮时，桥式触点随着推杆一起往下移动，常闭触点断开，桥式触点继续往下移动，直到与下面的一对静触点接触，常开触点接通；松开按钮后，在复位弹簧的作用下，按钮触点自动复位，常开触点恢复为分断状态，常闭触点恢复为接通状态。通常，在无特殊说明的情况下，有触点电器的触点动作顺序均为"先断后合"。

在电器控制电路中，常开按钮常用于起动电动机，又称起动按钮；常闭按钮常用于控制电动机停车，又称停车按钮；复合按钮用于联锁控制电路中。

按钮的图形符号与文字符号如图 1-43 所示。

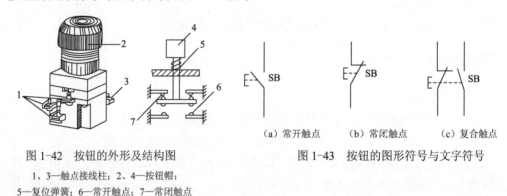

图 1-42 按钮的外形及结构图　　　　　　图 1-43 按钮的图形符号与文字符号

1、3—触点接线柱；2、4—按钮帽；

5—复位弹簧；6—常开触点；7—常闭触点

（2）按钮的种类及型号

控制按钮的种类很多，在结构上有开启式、紧急式、钥匙式、旋钮式、带指示灯式等。常见按钮有 LA 系列和 LAY1 系列。LA 系列按钮的额定电压为交流 500 V、直流 440 V，额定电流为 5 A；LAY1 系列按钮的额定电压为交流 380 V、直流 220 V，额定电流为 5 A。

按钮的型号及含义如下：

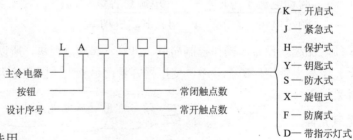

（3）按钮的选用

① 主要根据使用场合来选择按钮的种类。

② 根据工作状态指示和工作情况要求，选择按钮和指示灯的颜色。按钮帽的颜色有红、绿、黄、白等颜色，一般红色作为停止按钮，绿色作为起动按钮。

③ 根据控制回路的需要选择按钮的数量。

2．接触器

接触器是一种用来频繁接通和断开交、直流主电路及大容量控制电路的自动切换电器，并可实现远距离控制。其主要控制对象是电动机，也可用于电热设备、电焊机、电容器组等其他负载。它还具有低电压释放保护功能。接触器具有控制容量大、过载能力强、使用寿命长、设备简单经济等特点，是电力拖动中使用最广泛的电气元件。

按照接触器主触点通过的电流种类，接触器可分为交流接触器和直流接触器。在机床电气控制系统中主要采用交流接触器。

（1）接触器的结构

接触器主要由电磁机构、触点系统、灭弧装置及辅助部件组成。CJ10-20 型交流接触器的结构如图 1-44 所示。

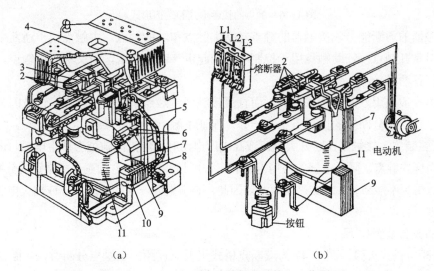

图 1-44　CJ10-20 型交流接触器结构和工作原理

1—反作用弹簧；2—主触点；3—触点压力弹簧；4—灭弧室；5—辅助常闭触点；
6—辅助常开触点；7—衔铁；8—缓冲弹簧；9—静铁芯；10—短路环；11—线圈

① 电磁机构。电磁机构由线圈、动铁芯（衔铁）和静铁芯组成，其作用是利用电磁线圈的通电或断电，使衔铁和静铁芯吸合或释放，从而带动动触点与静触点闭合或分断，实现电路的接通或断开。

电磁机构按衔铁的动作方式分为三类：图 1-45（a）所示的衔铁直线运动的直动式电磁机构多用于额定电流为 40 A 及以下的交流接触器；图 1-45（b）所示的衔铁绕轴转动的拍合式电磁机构多用于额定电流为 60 A 及以下的交流接触器；图 1-45（c）所示的衔铁绕棱角转动的拍合式电磁机构多用于直流接触器。

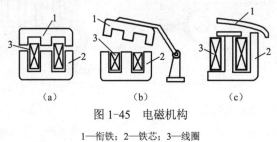

图 1-45　电磁机构

1—衔铁；2—铁芯；3—线圈

② 触点系统。接触器的触点按接触形式可分为点接触、线接触和面接触三种。按触点的结构形式分为双断点桥式触点和指形触点两种，如图 1-46 所示。

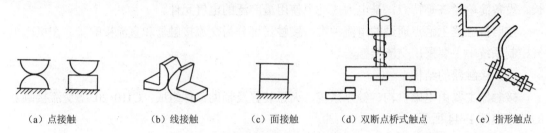

（a）点接触　　　　　（b）线接触　　　　　（c）面接触　　　　（d）双断点桥式触点　　　（e）指形触点

图 1-46　触点的接触形式和结构形式

按接触器的通断能力，接触器的触点包括主触点和辅助触点。主触点用于通断主电路，通常为三对常开触点；辅助触点用于控制电路，起电气联锁作用，故又称联锁触点，一般有常开、常闭各两对。

接触器一般采用双断点桥式触点，而直流接触器主触点采用指形触点，这是因为指形触点的长期工作点和分断时的烧损点不在一处，保证了触点的良好接触。

③ 灭弧装置。接触器在断开大电流或高电压电路时，触点间隙处会产生电弧。电弧的产生，一方面烧灼触点，降低电器的使用寿命和工作可靠性，另一方面延长了电路的分断时间，甚至使触点熔焊不能断开，造成严重事故。因此，必须采取一定的措施减小或熄灭电弧，保证电器的可靠运行。

常用的灭弧装置如下：

a. 双断点桥式灭弧。图 1-47 为双断点桥式灭弧原理图。当触点分断时，在断口中产生电弧，流过两电弧的电流 I 方向相反，电弧受到互相排斥的磁场力 F，在力 F 的作用下，电弧向外运动并被拉长，电弧迅速进入冷却介质，有利于电弧的熄灭。在交流接触器中常采用桥式结构双断点灭弧。这种方法灭弧效果较弱，一般用于小功率交流接触器。

b. 金属栅片灭弧。图 1-48 为金属栅片灭弧原理图。灭弧栅由许多镀铜的薄钢片制成，它们置于灭弧罩内触点的上方，彼此之间相互绝缘，片内距离为 2～5 mm。当触点分断电路时，在触点之间产生电弧，电弧电流产生磁场，由于钢片磁阻比空气磁阻小很多，使灭弧栅上方的磁通非常稀疏，而灭弧栅处的磁通非常密集，这种磁场对电弧产生向上的力，将电弧拉入灭弧罩内，电弧被灭弧栅分割成许多串联的短电弧，当交流电压过零时电弧熄灭。

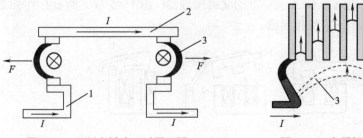

图 1-47　双断点桥式灭弧原理图　　　　　图 1-48　金属栅片灭弧原理图

1—静触点；2—动触点；3—电弧　　　　　1—灭弧栅片；2—动触点；3—长电弧

c. 磁吹灭弧。磁吹灭弧原理如图 1-49 所示。将磁吹线圈与主电路串联，主电路的电流 I 流过磁吹线圈产生磁场，该磁场由导磁夹板引向触点周围，磁吹线圈产生的磁场与电弧电流产生的磁吹相互作用，使电弧受到磁场力 F 的作用，电弧被拉长的同时迅速冷却，使电弧熄灭。这种装置是利用电弧电流本身灭弧的，电弧电流越大，灭弧能力越强，广泛用于直流灭弧装置中。

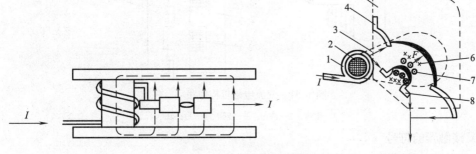

图 1-49　磁吹灭弧原理

1—磁吹线圈；2—铁芯；3—导磁夹板；4—引弧角；5—灭弧罩；6—磁吹线圈磁场；7—电弧电流磁场；8—动触点

④ 辅助部件。包括反作用弹簧、缓冲弹簧、触点压力弹簧、传动机构及外壳等。

（2）电磁式接触器的工作原理

当接触器的线圈通电后，线圈中通过的电流产生磁场，使铁芯产生电磁吸力。此电磁吸力克服反作用弹簧的反作用力使衔铁吸合，通过传动机构带动触点动作，主触点和常开触点闭合，常闭触点打开。当接触器线圈失电或线圈两端电压显著降低时，由于电磁吸力消失或过小，电磁吸力小于反作用弹簧的反作用力，使得衔铁释放，触点机构复位。

常用的交流接触器在 85%～105% 的额定电压下能保证可靠吸合。电压过高，磁路趋于饱和，线圈电流会显著增大；电压过低，在线圈通电而衔铁尚未吸合瞬间，E 形交流电磁机构的电流将达到吸合后额定电流的 10～15 倍。因此，线圈电压过高或过低都会造成线圈过热而烧毁。所以，对于要求可靠性较高或动作频繁的控制系统常采用直流电磁机构或直流线圈。

由于直流电磁机构的通电线圈断电后，磁通急剧变化，在线圈中感应出很大的反电动势，很容易使线圈烧毁，所以在线圈的两端要并联一个放电回路，如图 1-50 所示。放电回路的电阻为线圈电阻的 5～6 倍。

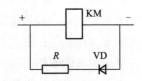

图 1-50　直流线圈的放电回路

交流电磁机构工作时，线圈中通入交变电流，铁芯中产生交变的磁通，因此铁芯与衔铁之间的吸力也是变化的。当交流电过零点时，磁通为零，电磁吸力也为零，吸合后的衔铁在弹簧反力的作用下释放。由于电流过零后，电磁吸力增大，当电磁吸力大于反力时，衔铁又吸合。交流电一个周期两次过零，衔铁一会儿吸合，一会儿释放，周而复始使衔铁产生振动和噪声。振动会降低接触器的使用寿命。为消除这一现象，在交流接触器铁芯和衔铁的两个不同端部 2/3 处各开一个槽，槽内嵌装一个用铜制成的短路环，如图 1-51 所示。铁芯装短路环后，线圈中通入交流电 I_1 时，产生磁通 Φ_1，Φ_1 一部分穿过短路环所包围的截面时在短路环中产生感应电流 I_2，I_2 产生的磁通 Φ_2 在相位上滞后于 Φ_1。Φ_1、Φ_2 在相位上不同时为零，Φ_1、Φ_2 产生的吸力 F_1、F_2 也不会同时为零，则作用于衔铁上的合力 F_1+F_2 大于零。这就保证了铁芯和衔铁在任何时刻都有吸力，衔铁就不会产生机械振动现象。

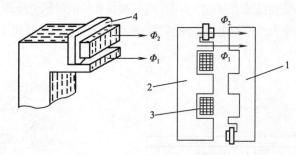

图 1-51　交流电磁机构短路环

1—衔铁；2—铁芯；3—线圈；4—短路环

（3）接触器的符号

接触器的图形符号与文字符号如图 1-52 所示。

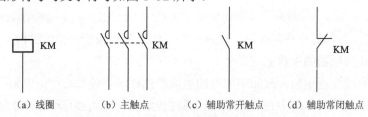

（a）线圈　　　（b）主触点　　　（c）辅助常开触点　　　（d）辅助常闭触点

图 1-52　接触器的图形符号与文字符号

（4）接触器的主要技术参数

① 额定电压。指主触点之间的额定工作电压。交流接触器的额定电压值为 220 V、380 V。直流接触器的额定电压有 110 V、220 V。

② 额定电流。指接触器触点在额定工作条件下的电流值。常用额定电流等级为 5 A、10 A、20 A、40 A、60 A、100 A、150 A、250 A、400 A、600 A 等。

③ 额定通断能力。指接触器主触点在规定条件下能可靠地接通和分断的电流值。额定通断能力可分为最大接通电流和最大分断电流。最大接通电流是指触点闭合时不会造成触点熔焊时的最大电流值；最大分断电流是指触点断开时能可靠灭弧的最大电流。一般最大分断电流是额定电流的 5 倍。

根据接触器的使用类别不同，对主触点的接通和分断能力的要求也不一样，而不同类别的接触器是根据其不同控制对象（负载）的控制方式所规定的。根据低压电器基本标准的规定，其使用类别比较多。但在电力拖动控制系统中，常见的接触器使用类别及其典型用途如表 1-6 所示。

表 1-6　常见接触器使用类别及其典型用途

电流种类	使用类别	典型用途
AC（交流）	AC1	无感或微感负载、电阻炉
	AC2	绕线转子异步电动机的起动、制动
	AC3	笼形异步电动机的起动、运转和分断
	AC4	笼形异步电动机的起动、反接制动、反向和点动

续表

电流种类	使用类别	典 型 用 途
DC（直流）	DC1	无感或微感负载、电阻炉
	DC2	并励直流电动机的起动、反接制动和点动
	DC3	串励直流电动机的起动、反接制动和点动

④ 吸引线圈额定电压。指接触器正常工作时，吸引线圈上所加的电压值。一般该电压数值以及线圈的匝数、线径等数据均标于线包上，而不是标于接触器外壳铭牌上，使用时应加以注意。

⑤ 操作频率。接触器在吸合瞬间，吸引线圈需要消耗比额定电流大 5～7 倍的电流，如果操作频率过高，则会使线圈严重发热，直接影响接触器的正常使用。为此，规定了接触器的允许操作频率，一般为每小时允许操作次数的最大值。

（5）接触器的型号

接触器的型号说明如下：

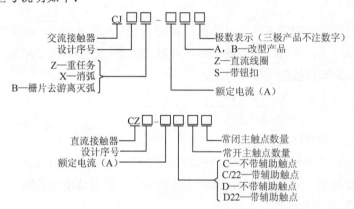

我国生产的交流接触器主要有 CJ10，CJ12，CJX，CJ20 等系列及其派生系列产品，CJ10 系列及其改型产品已逐步被 CJ20、CJX 系列产品取代。上述系列产品一般具有三对常开主触点，常开、常闭辅助触点各两对。CJ20 系列交流接触器技术数据见表 1-7。直流接触器常用的有 CZ0 系列，分单极和双极两大类，常开、常闭辅助触点各不超过两对。

表 1-7 CJ20 系列交流接触器技术数据

型 号	额定绝缘电压/V	约定发热电流 I_{th}/A	AC-3 使用类别下可控制的三相笼形电动机的最大功率/kW			线圈电压 U_s	辅助触点					
			220 V	380 V	660 V		型号	触点种类	额定电压/V		额定电流/A	
									AC	DC	AC	DC
CJ20-10	690	10	2.2	4	4	交流（50Hz）110V 127V 220V 380V 直流 110V 220V	CJ20-10～CJ20-40	两常开两常闭	380	220	0.26	0.14
CJ20-16		16	4.5	7.5	11							
CJ20-25		32	5.5	11	13				220	110	0.45	0.27
CJ20-40		55	11	22	22							
CJ20-63		80	18	30	35		CJ20-63～CJ20-160		380	220	0.80	0.27
CJ20-100		125	28	50	50							
CJ20-160		200	48	85	85				220	110	1.4	0.6

（6）接触器的选用

接触器使用广泛，但随使用场合及控制对象不同，接触器的操作条件与工作任务的繁重程度也不同。接触器的选用应按如下原则：

① 根据主触点所控制电路的电流类型来选择直流或交流接触器。

② 根据被控负载的工作状态和其工作性质来选择相应使用类别的接触器。如对于笼形异步电动机的起动、运转和分断等一般任务则选用 AC-3 使用类别的接触器；对于笼形异步电动机的起动、反接制动与反向、点动等重任务则选用 AC-4 使用类别的接触器。

③ 接触器的额定电压应大于或等于被控负载电路的额定电压。

④ 主触点的额定电流应大于或等于负载的额定电流。

⑤ 接触器吸引线圈的额定电压应与控制电路的电压一致。

⑥ 接触器触点数和种类应满足主电路和控制电路的要求。

⚙ 任务分析

有一台要求经常起动的笼形异步电动机，其 $P_N=20\ kW, I_{st}/I_N=6.5$，如果供电变压器（电源）容量为 560 kV·A，且有照明负载，问可否直接起动？若可以直接起动，设计、安装、调试出电动机单向旋转直接起动控制电路。

解：根据经验公式算出 $\dfrac{3}{4}+\dfrac{560\ kV\cdot A}{4\times20\ kW}=7.75\geqslant\dfrac{I_{st}}{I_N}=6.5$

满足上述关系，故允许直接起动。

电动机直接起动的控制要求：将电动机的定子绕组通过刀开关或接触器直接接入电源，在额定电压下进行起动。直接起动时，起动电流很大，一般可达电动机额定电流的 4～7 倍。

1. 手动控制电路分析

用刀开关或铁壳开关直接控制电动机的起动和停止，是最简单的单向旋转手动控制电路，如图 1-41 所示。

手动控制操作方法：手动合上 QS，电动机 M 工作；手动切断 QS，电动机 M 停止工作。电路保护措施：用 FU 做短路保护。

手动控制电路简单，对容量较小、起动不频繁的小型异步电动是经济方便的起动方法，但在要求起动、停车频繁或容量较大的电动机，使用这种方法既不方便也不安全，还不能进行自动控制，因此目前广泛采用按钮、接触器等电气元件来控制电动机的运转。

2. 点动控制电路分析

为了读图和设计线路的方便，控制电路常根据其作用原理画出，把控制电路和主电路分开绘制。这样的图称为电气控制原理图。在电气控制原理图中，各种电器都要用国家标准规定的图形符号来表示。同一电器的各部件是分散绘制的，为了识别起见，它们用同一图形符号表示。在电气原理图中，规定所有电器触点均表示在起始情况下的位置，即在没有通电或没有发生机械动作时的位置。

点动控制要求：按下按钮时电动机转动，松开按钮时电动机停转。

点动控制电动机的电气原理图如图 1-53 所示，原理图分为主电路和控制电路两大部分。

主电路是从电源 L1、L2、L3 经刀开关 QS、熔断器 FU1、接触器 KM 的主触点到电动机 M 的电路，主电路流过的电流较大。由熔断器 FU2、按钮 SB 和接触器 KM 的线圈组成控制电路，它流过的电流较小。

电动机点动工作过程：首先合上刀开关 QS，电气系统得电，等待控制信号。按下点动按钮 SB，接触器线圈 KM 通电，衔铁吸合带动三对动合主触点 KM 闭合，电动机 M 接通电源起动运行；松开按钮 SB 后，接触器线圈 KM 失电，衔铁释放带动三对动合主触点 KM 断开，电动机停止转动。

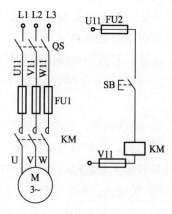

主电路中刀开关 QS 起电源隔离作用，熔断器 FU1 对主电路进行过载保护，FU2 对控制电路进行过载保护，接触器 KM 控制电动机的起动、运行、停止。点动控制时电动机只做短时间运行，一般不用热继电器 FR 做过载保护。

图 1-53 点动控制电动机的电气原理图

这种电路是最简单的电气控制电路，在机床等多种机械设备上应用广泛。

3．电动机单向连续运行控制电路分析

电动机单向连续运行控制要求：按下起动按钮后电动机起动运行，按下停止按钮后电动机停转。设计必要的保护环节。

要使图 1-53 的点动控制电路实现电动机的长期运行，起动按钮 SB 必须始终用手按住，操作不便。实际使用中，可将接触器的一个辅助常开触点并联在起动按钮 SB2 的两端实现电动机的连续运行，在控制电路中再串联一个停止按钮 SB1 实现电动机的停止，如图 1-54 所示。并联在起动按钮 SB2 两端的 KM 的辅助常开触点称为自锁触点，其作用是当 SB2 闭合电动机起动后，松开 SB2，接触器 KM 线圈的通电状态保持不变，称为通电状态的自锁。

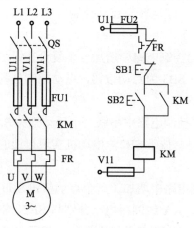

图 1-54 单向连续运行控制电路

连续运行控制电路动作原理如下：

首先合上刀开关 QS。

起动：按下起动按钮 SB2，接触器 KM 线圈得电吸合，KM 主触点闭合，电动机 M 运转。KM 线圈得电的同时，KM 常开辅助触点闭合进行自锁，实现电动机 M 的连续运行。松开起动按钮 SB2，与 SB2 并联的自锁触点闭合，接触器 KM 继续得电，电动机 M 保持连续运行。

停止：按下停止按钮 SB1，接触器 KM 线圈断电释放，接触器的自锁触点断开，解除自锁，同时 KM 的主触点断开，电动机 M 断电停止工作。

连续运行控制电路的保护环节：

① 短路保护：熔断器 FU1 用于主电路的短路保护，熔断器 FU2 用于控制电路的短路保护。

② 过载保护：热继电器 FR 起过载保护作用。当过载时，热继电器的常闭触点断开，切断控制电路，接触器 KM 失电，串联在电动机主电路的主触点 KM 断开，电动机停转。故障排除后若要重新起动，需按下 FR 的复位按钮，使 FR 的常闭触点复位。

③ 欠电压、失电压保护：接触器本身的电磁机构可实现欠电压、失电压保护。当遇到临时停电，再恢复供电时，要求不重新按起动按钮，电动机就不能起动工作，否则很容易造成设备及人身事故。采用接触器自锁控制时，由于接触器线圈失电，衔铁释放，自锁触点和主触点在停电时已断开，在恢复供电时，控制电路和主电路不会自行接通，必须按下起动按钮后电动机才会运行。另外，当电网电压降低，电动机在低压下运行时，电动机的电流就会增大，电流增大对电网和电动机本身都是不利的。当电源电压降到接触器的释放电压时，接触器线圈的磁通变得很弱，接触器的吸力不足，衔铁释放，自锁触点和主触点同时断开，电动机停转，实现欠电压保护。

4. 电动机单向连续点动控制电路分析

机械设备的运动是由电动机来拖动的，机械设备通常需要单向连续运转，有的还需要单向点动做设备的短时间调整，这就要求电动机既能单向连续运转又能单向点动运转。点动运转与连续运转的区别在于自锁触点是否起了作用。

图 1-55 所示为电动机单向连续运转与点动控制电路。它们的主电路相同，控制电路的工作原理如下：

图 1-55（a）所示为在自锁控制电路中增加一个复合按钮 SB3。SB2 为连续运转按钮，SB1 为连续运转时的停止按钮，SB3 为点动按钮，点动控制是利用按钮 SB3 的常闭触点断开自锁保持电路来实现的。

图 1-55（b）所示为在自锁控制电路中串联一个手动开关 SA。当 SA 打开时，按下 SB2，电动机点动运行；当 SA 合上时，按下 SB2，电动机实现自锁的连续运行，按下 SB1 电动机连续运行停止。

图 1-55（c）所示为在控制电路中增加了一个点动按钮 SB3 和一个中间继电器 KA。SB2 为连续运转按钮，当按下 SB2，KA 线圈得电，分别与 SB2、SB3 并联的 KA 常开触点闭合实现自锁，KM 线圈得电，电动机 M 起动连续运行。按下 SB1，KM、KA 线圈断电，电动机停转。按下 SB3，电动机点动运行。

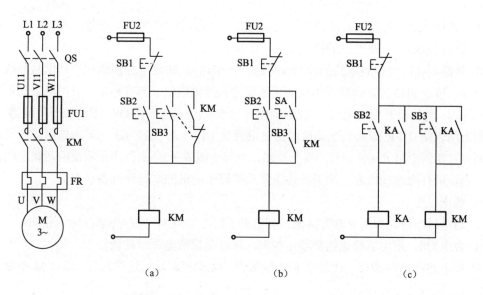

图 1-55　电动机单向连续运转与点动控制电路

任务实施

> 学了这么多,现在我来试一试!

单向连续运行控制电路的安装、调试

1. 所需工具、仪表、器材（见表 1-8）

① 工具:螺丝刀、尖嘴钳、平口钳、斜口钳、剥线钳、测电笔、电工刀等。

② 仪表:万用表、兆欧表。

③ 器材:控制板一块,连接导线和元器件。

表 1-8　所需工具、仪表、器材

序　号	元器件名称	序　号	元器件名称
1	三相笼形异步电动机 M（△/380 V）	5	起动按钮 SB2
2	刀开关 QS	6	停止按钮 SB1
3	熔断器 FU1、FU2	7	接触器 KM
4	热继电器 FR	8	端子板 XT

2. 安装步骤

① 识读单向连续控制电路图,如图 1-54 所示,明确电路所用电气元件及作用,熟悉电路的工作原理。配齐所用电气元件,并检查电气元件的质量是否合格。

② 控制电路的接线。将刀开关 QS、熔断器 FU1、接触器 KM、热继电器 FR 排成一列并布置于左侧,按钮 SB1、SB2 放置于布线网的右上角,方便走线。根据电气原理图完成线路的接线。接线时先接主电路,再接控制电路。连接控制电路时,则应先接串联支路,在串联支路接完后,检查无误,再连接并联支路,如并联连接接触器的自锁触点 KM。

3. 检查

① 接完线后,首先按照原理图仔细检查线路的接线情况,确保各端子接线是否正确,有

无漏接、错接之处。各端子接触应良好，以免带负载运行时产生闪弧现象。重点检查按钮盒内的接线和接触器的自锁触点的接线位置，防止错接。

② 线路测试：对控制电路的检查（可断开主电路），将表笔分别搭在控制电路两端，读数应为∞。按下 SB2 时，读数应为接触器线圈的直流电阻值。若有异常，可用电阻测量法排查故障原因；然后断开控制电路，检查主电路有无短路现象；断开 QS，手动按下接触器 KM1 后，用万用表测量 FR 后端到电动机的三根电源线 L1、L2，L2、L3 之间的电阻，结果均应该为断路，相间电阻 $R \to \infty$。若结果为短路，相间电阻 $R \to 0$，则说明所测量的两相之间的接线有问题，应仔细逐线检查。测量线路正常后接好电动机的电源线准备试车。

4．通电试车

① 通电试车前，由指导教师接通三相电源 L1、L2、L3，同时要求在现场监护。

② 合上 QS，用电笔检查熔断器出线端，氖管亮说明电源已接通。

③ 按下起动按钮 SB2，接触器 KM 应吸合，电动机起动后连续运行；若 KM 不吸合，切断电源，检查线路故障。

④ 松开起动按钮 SB2，接触器 KM 继续吸合，电动机单向旋转。按下停止按钮 SB1，KM 断电松开，电动机缓慢停车。

⑤ 通电试车完毕，先断开刀开关 QS，拆除三相电源线，再拆除电动机接线。

试车过程中，如出现接触器振动、主触点燃弧、电动机嗡嗡响但不起动，运行中过热等现象，应立即停车断电检查，排查故障后再重新试车。

5．注意事项

① 电动机及元器件的金属外壳必须可靠接地。

② 用万用表进行检查时，应选用电阻挡的适当倍率，测量前必须进行校零。

任务评价

序　号	考核内容	考　核　要　求	成　绩
1	安全操作	符合安全生产要求，团队合作融洽（10 分）	
2	电气元件选用	根据线路能正确、合理地选用电气元件（10 分）	
3	安装线路	线路的布线、安装符合工艺标准（50 分）	
4	调试	根据线路的故障现象分析、判断故障点，并排除故障（20 分）	
5	操作演示	能够正确操作演示、线路分析正确（10 分）	

思 考 题

① 三相笼形异步电动机在什么情况下可以全压起动？在什么情况下必须降压起动？

② 电动机的点动控制与长期连续运行控制电路的区别是什么？

③ 什么是短路、过载和欠电压、失电压保护？设计出笼形异步电动机连续运转电路。说明电路中各个元件的作用。

子任务 2　三相笼形异步电动机正反转控制电路的实现

任务提出

前面学习的全压起动控制电路只能使电动机单向旋转，但在生产实际中，有的生产机械要求电动机能实现正反两个方向运动，如机床工作台的前进与后退、机床主轴的正转与反转、起重机吊钩的上升与下降等。现要求设计、安装、调试出三相笼形异步电动机正反转控制电路。

任务目标

① 掌握低压电气元件——熔断器、热继电器。
② 设计、安装、调试出三相笼形异步电动机正反转控制电路。

相关知识

1. 熔断器

熔断器是低压配电系统和电力拖动系统中主要用作短路或严重过载的保护电器。在使用时，熔断器串联在被保护的电路中，当电路发生短路或严重过载时，通过熔断器的电流超过某一规定值时，其自身产生的热量使熔体熔断，从而自动分断电路，起到保护作用，避免过电流对电网和用电设备的损坏，防止事故蔓延。

由于熔断器具有结构简单、体积小、重量轻、使用维护方便、价格低廉、可靠性高等特点，因此获得了广泛的应用。常用的熔断器有管式熔断器 R1 系列、螺旋式熔断器 RL1 系列、无填料密封管式熔断器 RM10 系列、有填料封闭管式熔断器 RT0 系列等。

（1）熔断器的结构

熔断器主要由熔断体（简称熔体，有的熔体装在具有灭弧作用的绝缘管中）、触点插座和绝缘底板组成。熔体是熔断器的核心部分，常做成丝状或片状，制造熔体的金属材料有两类：一类是由铅锡合金、铅或锌等低熔点材料制成的，多用于小电流电路；另一类是由银、铜、铝等高熔点的金属制成的，多用于大电流电路。熔断器的图形符号与文字符号如图 1-56 所示。

图 1-56　熔断器的图形符号与文字符号

（2）常用熔断器

如图 1-57（a）所示，它常用于 380 V 及以下电压等级的线路末端或分支电路中，作为配电支路或电气设备的短路保护用。

如图 1-57（b）所示，RL1 系列螺旋式熔断器的熔管内，在熔丝的周围填充着石英砂以增强灭弧性能。熔体的上端盖有一熔断指示器，一旦熔体熔断，指示器马上弹出，可透过瓷帽上的玻璃孔观察到，它常用于机床电气控制设备中。螺旋式熔断器分断电流较大，可用于电压等级 500 V 及其以下、电流等级 200 A 以下的电路中，作为短路保护器件。RL1 系列螺旋式熔断器的主要技术数据见表 1-9。

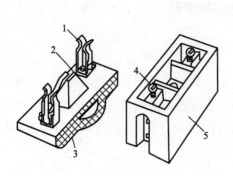
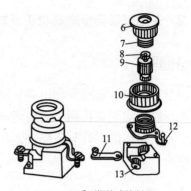

（a）RC1 系列插入式熔断器　　　　　　（b）RL1 系列螺旋式熔断器

图 1-57　常用熔断器结构

1—动触点；2—熔体；3—瓷盖；4—静触点；5—瓷座；6—瓷帽；7—金属螺管；8—指示器；
9—熔管；10—瓷套；11—下接线端；12—上接线端；13—瓷座

表 1-9　RL1 系列螺旋式熔断器的主要技术数据

型　　号	熔断器额定电压/V	熔断器额定电流/A	熔体额定电流/A	极限分断能力（交流）/kA
RL1-15	380	15	2、4、6、10、15	2
RL1-60	380	60	20、25、30、35、40、50、60	5

（3）熔断器的主要技术参数

① 额定电压。熔断器的额定电压是从灭弧的角度出发，是指熔断器能长期工作的电压。熔断器的额定电压是指它各个部件（熔断器支持件、熔体）的额定电压最低值。

② 额定电流。熔断器额定电流是指熔断器长期工作，各部分温升不超过允许值时，所允许通过的最大电流。熔断器的额定电流包括熔体的额定电流和熔管的额定电流，一般熔体的额定电流是从熔管的额定电流系列中选取，但熔体的额定电流不能超过熔断器的额定电流。

③ 极限分断能力。是指熔断器在额定电压下工作时，能可靠分断的最大电流值。它取决于熔断器的灭弧能力，与熔体的额定电流无关。

④ 安秒特性。是指在规定的工作条件下，流过熔体的电流与熔体熔断时间的关系曲线，又称保护特性或熔断特性，如图 1-58 所示。

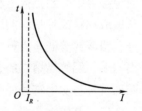

图 1-58　熔断器的安秒特性

从安秒特性可以看出，熔断器的熔断时间随着电流的增大而减小，即熔断器通过的电流越大，熔断时间越短。一般熔断器的熔断时间与熔断电流的关系如表 1-10 所示。（表中 I_{FU} 为熔体的额定电流值）

表 1-10　一般熔断器的熔断时间与熔断电流的关系

熔断电流/A	$1.25I_{FU}$	$1.6I_{FU}$	$2.0I_{FU}$	$2.5I_{FU}$	$3.0I_{FU}$	$4.0I_{FU}$	$8.0I_{FU}$	$10.0I_{FU}$
额定时间/s	∞	3 600	40	8	4.5	2.5	1	0.4

从表 1-7 中可以看出，熔断器对过载反应不灵敏，当电气设备发生轻度过载时，熔断器将持续很长时间才熔断，有时甚至不熔断。因此，熔断器主要做短路保护。

（4）熔断器的型号及含义

熔断器的型号及含义如下：

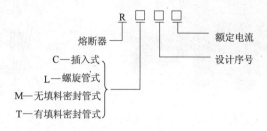

（5）熔断器的选择

在选用熔断器时，应根据被保护电路的需要，首先确定熔断器的类型，然后选择熔体的规格，再根据熔体确定熔断器的规格。

① 熔断器类型的选择：对于容量小的电动机和照明支路，常采用熔断器作为过载及短路保护，因而希望熔体的熔化系数适当小些。通常选用铅锡合金熔体的 RQA 系列熔断器。对于较大容量的电动机和照明干路，则应着重考虑短路保护和分断能力。通常选用具有较高分断能力的 RM10 和 RL1 系列的熔断器；当短路电流很大时，宜采用具有限流作用的 RT0 和 RT12 系列的熔断器。

② 熔体的额定电流可按以下方法选择：

保护起动过程平稳的阻性负载，如照明线路、电阻元件、电炉等时，熔体额定电流略大于或等于负荷电路中的额定电流。

保护单台长期工作的电动机，其熔体额定电流按 $I_{FU} \geqslant$（1.5～2.5）I_N 选取。其中，I_{FU} 为熔体额定电流；I_N 为电动机额定电流。

保护多台长期工作的电动机，熔体额定电流按 $I_{FU} \geqslant$（1.5～2.5）$I_{Nmax}+\Sigma I_N$ 选取。其中，I_{Nmax} 为容量最大单台电动机的额定电流，ΣI_N 为其余电动机额定电流之和。

③ 熔断器额定电压和额定电流的选择。熔断器的额定电压必须等于或大于线路的额定电压，熔断器的额定电流必须等于或大于所装熔体的额定电流。

④ 熔断器的级间配合。为防止发生越级熔断，扩大事故范围，上、下级（即供电干、支路）线路的熔断器间应有良好配合。选用时，应使上级（供电干路）熔断器的熔体额定电流比下级（供电支路）的大一两个级差。

2. 热继电器

热继电器是依靠电流通过发热元件所产生的热量，使金属片受热弯曲而推动机构工作的一种电器。主要用于电动机的过载保护、断相保护及三相电流不平衡运行的保护。

（1）双金属片热继电器的结构和工作原理

双金属片热继电器的外形和结构如图 1-59 所示。热继电器由热元件、触点、导板、杠杆、手动复位机构和调节凸轮等组成。

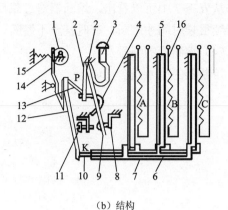

（a）外形　　　　　　　　　　　　　　　（b）结构

图 1-59　热继电器的外形和结构

1—调节凸轮；2—簧片；3—手动复位机构；4—弓簧；5—双金属片；6—外导板；7—内导板；8—常闭静触点；
9—动触点；10—杠杆；11—复位调节螺钉；12—补偿双金属片；13—推杆；14—连杆；15—压簧；16—热元件

　　热元件由主双金属片及环绕其上的电阻丝组成，主双金属片是由膨胀系数不同的两种金属片叠加而成的。工作时，热继电器的热元件与被保护电动机的主电路串联，热继电器的触点串联在接触器线圈所在的控制回路中。当电动机正常运行时，电流流过热元件加热双金属片，由于双金属片上层金属膨胀系数小，下层金属膨胀系数大而向上弯曲，但此时电流较小，热元件产生的热量虽能使双金属片发生弯曲变形，但不足以使热继电器的触点动作。一旦线路过载，过载电流流过热元件，热元件产生的热量增多，使双金属片弯曲增大，推动导板使继电器触点动作，从而切断接在控制回路的常闭触点，使主电路断开，从而实现过载保护功能。

　　热继电器整定电流的大小可通过调节凸轮的转动角度来改变，以实现对不同容量电动机的过载保护。旋转凸轮能够改变补偿双金属片与导板间的距离，改变了热继电器动作时主双金属片的弯曲位移，从而改变了热继电器的整定电流。热继电器的整定电流是指热继电器连续工作而不动作的最大电流，超过整定电流，热继电器将动作。热继电器动作后一般不能立即复位，需待故障排除后，双金属片复原再按手动复位按钮，才能使之回到正常状态。

　　温度补偿双金属片可在规定范围内补偿环境温度对热继电器的影响。如果周围环境温度升高，主双金属片向右弯曲程度加大，此时温度补偿双金属片也向右弯曲，使导板与温度补偿双金属片的距离保持不变。这样以消除环境温度变化对热继电器动作电流的影响。

　　热继电器的图形符号与文字符号如图 1-60 所示。

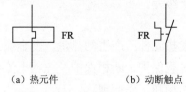

（a）热元件　　　　　　　　（b）动断触点

图 1-60　热继电器的图形符号与文字符号

（2）带断相保护的热继电器的工作原理

带断相保护的热继电器导板采用差动机构实现对三相异步电动机的断相保护，如图 1-61 所示。

差动机构由上导板 1、下导板 2、顶头 4 和杠杆 3 组成，它们之间用转轴连接。图 1-61（a）所示为通电前机构各部件的位置。图 1-61（b）所示为热继电器正常工作时三相双金属片均匀受热而同时向左弯曲，上下导板同时向左平行移动一小段距离，顶头尚未碰到补偿双金属片，热继电器触点不动作。图 1-61（c）所示为三相双金属片同时均匀过载，三相双金属片同时向左弯曲，推动上下导板向左运动，顶头碰到补偿双金属片端部，热继电器动作，过载保护。图 1-61（d）所示为一相发生断路的情况，此时断路相的双金属片逐渐冷却，其端部向右移动，推动上导板向右移动而另外两相的双金属片在电流加热下端部仍向左移动，产生差动作用，通过杠杆的放大作用，迅速推动补偿双金属片，热继电器动作。

热继电器由于主双金属片受热膨胀的热惯性及动作机构传递信号的延后作用，热继电器从电动机过载到触点动作需要一定的时间，电动机出现严重过载或短路时，热继电器不会瞬时动作，因此热继电器不能做短路保护。也正是热继电器的热惯性和机械机构动作的延后性，保证了热继电器在电动机在起动时或短时过载时不会动作，从而满足电动机的运行要求。

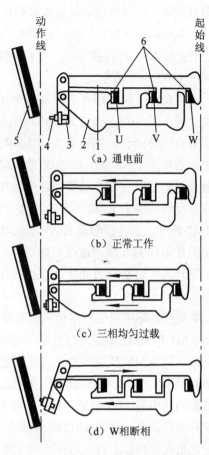

图 1-61　对三相异步电动机的断相保护

1—上导板；2—下导板；3—杠杆；4—顶头；
5—补偿双金属片；6—主双金属片

（3）热继电器的型号

JR20 - 10/3D。其中 J 表示继电器；R 表示"热"；20 为设计序号；10 表示额定电流；D 表示带有断相保护。

（4）热继电器的选用

① 热继电器有两相、三相和三相带断相保护等形式。对于定子绕组采用Y连接的电动机，由于电源对称性较好，可选用两相或三相热继电器。定子绕组采用△连接的电动机，可选用三相带断相保护的热继电器。

② 热继电器的额定电流应根据电动机的额定电流来选择。一般热继电器额定电流的整定值为电动机额定电流的 1.05～1.1 倍。

在使用热继电器时，应将热继电器的整定电流旋钮调至整定电流值，否则起不到过载保护作用。

怎样才能实现电动机的正反转控制电路？

任务分析

由三相异步电动机的工作原理可知，只要将接入电动机的三根电源进线中的任意两根对调，改变电源的相序，旋转磁场反向，电动机即可反转。所以，在控制电路中使用两个接触器来控制三相异步电动机的电源相序，就可实现电动机的正反转。

主电路中 KM1 主触点接通时，三相电源 L1、L2、L3 按 UVW 相序接入电动机，电动机正转；KM2 主触点接通时，三相电源 L1、L2、L3 按 WVU 相序接入电动机，电动机反转。如图 1-62（a）所示。

正反转控制电路可理解为两个相反的单向控制电路，如图 1-62（b）所示。线路工作中，如果按下了 SB2，再按下 SB3，使正转接触器 KM1 和反转接触器 KM2 同时得电，它们的主触点同时闭合，将造成 L1、L3 两相电源短路。因此，接触器 KM1 和 KM2 不能同时得电，需将图 1-62（b）改进成图 1-62（c）。将正转接触器 KM1、反转接触器 KM2 的常闭触点分别串联在对方线圈回路中，使得正转接触器 KM1 得电工作时，其常闭触点 KM1 断开，反转接触器 KM2 不能通电工作；同理，当反转接触器 KM2 得电工作时，其常闭触点 KM2 断开，正转接触器 KM1 不能得电工作。这时 KM1、KM2 两辅助常闭触点在线路中所起的作用称为互锁，这两对触点称为互锁触点。此电路要使异步电动机由正转到反转，或由反转到正转必须首先按下停止按钮 SB1，然后反向起动。电动机的操作顺序只能是正—停—反。

生产实际中常要求电动机能直接实现正反转控制，即操作顺序为正—反—停。由于接触器 KM1 和 KM2 不能同时得电，电动机正转时，如需反转的话，必须先断开正转接触器线圈回路，让 KM1 释放后再接通反转接触器，可利用复合按钮的常开、常闭触点的机械联动形成互锁来实现，如图 1-62（d）所示。当电动机正转需要反转时，直接按下 SB3，串联在 KM1 线圈回路中的 SB3 的常闭触点首先断开，KM1 线圈失电，电动机停止正转，随后，SB3 的常开触点闭合，接通 KM2 线圈回路，电动机反向转动。同样，当电动机反转时，按下 SB2，电动机先停转后正转。这种控制电路的优点是具有接触器和按钮的双重互锁，可靠性高，操作方便，广泛用于电气控制系统中。

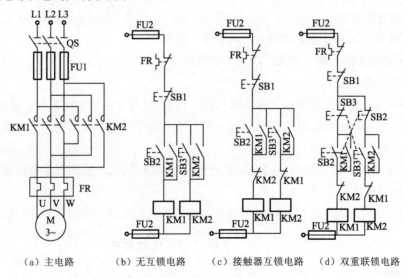

（a）主电路　　　（b）无互锁电路　　　（c）接触器互锁电路　　　（d）双重联锁电路

图 1-62　三相异步电动机正反转控制电路

任务实施

双重联锁正反转控制电路的安装、调试

1. 所需工具、仪表、器材（见表 1-11）

① 工具：螺丝刀、尖嘴钳、平口钳、斜口钳、剥线钳、测电笔、电工刀等。

② 仪表：万用表、兆欧表。

③ 器材：控制板一块，连接导线和元器件。

表 1-11　所需工具、仪表、器材

序　号	元 器 件 名 称	序　号	元 器 件 名 称
1	三相笼形异步电动机 M（△/380 V）	6	反转起动按钮 SB3
2	刀开关 QS	7	停止按钮 SB1
3	熔断器 FU1、FU2	8	接触器 KM1、KM2
4	热继电器 FR	9	端子板 XT
5	正转起动按钮 SB2		

2. 安装接线

配齐所用电气元件，检查各电气元件是否动作可靠，并将所用元件合理布置于布线网上。根据图 1-62（a）、图 1-62（b）完成接线，接线时先接主电路，再接控制电路的接线。接线时应注意主电路上 KM1 和 KM2 主触点上的电源相序，防止接错。控制电路接线时先接两个接触器的自保线路，核查无误后再接联锁线路。

3. 检查

重点检查主电路两只接触器之间的换相线，辅助电路的自锁、按钮互锁及接触器辅助触点的互锁线路，特别注意自锁触点用接触器自身的常开触点，互锁触点是将自身的常闭触点串入对方的线圈回路。同时检查各端子处接线是否牢靠，排除虚接故障。接着在断电的情况下，用万用表电阻挡检查控制电路通断情况和主电路有无短路现象。

4. 通电试车

接通三相电源线，合上刀开关 QS，按下正转起动按钮 SB2 后，电动机正转，按下反转起动按钮 SB3，电动机正转停止，反转运行，按下停止按钮 SB1，电动机自然停车。在此过程中注意观察电动机的运行、接触器的吸合情况，若出现异常应立即停车断电检查，排查故障后再重新试车。检查反—正—停的操作。

任务评价

序　号	考核内容	考核要求	成　绩
1	安全操作	符合安全生产要求，团队合作融洽（10 分）	
2	电气元件选择	根据线路能正确、合理地选用电气元件（10 分）	
3	安装线路	线路的布线、安装符合工艺标准（50 分）	
4	调试	根据线路的故障现象分析、判断故障点，并排除故障（20 分）	
5	操作演示	能够正确操作演示、线路分析正确（10 分）	

思考题

在双重联锁正反转控制电路试车时：

① 若电动机正转时，很快按下反转起动按钮，电动机停止运转，为什么？

② 若按下 SB2 或 SB3 时，电动机均能运转，但松开按钮时，电动机停止运转，为什么？

子任务3　三相笼形异步电动机位置控制电路的实现

任务提出

在生产实践中，有些生产机械，例如工厂车间里的行车需要在规定的轨道上运行；有些生产机械的工作台需要在一定距离内自动往复运行，如导轨磨床、龙门刨床等，从而使工件能连续加工。这些设备都要求能对电动机的运行位置实现控制。现要求设计、安装、调试出三相异步电动机自动往复循环控制电路。

任务目标

掌握低压电气元件——行程开关并设计、安装、调试出三相异步电动机自动往复循环控制电路。

相关知识

行程开关又称限位开关、位置开关，用于控制机械设备的行程及限位保护。在实际生产中，将行程开关安装在预先安排的位置，当装于生产机械运动部件上的挡块撞击行程开关时，行程开关的触点动作，实现电路的切换。因此，行程开关是一种根据运动部件的行程位置而切换电路的电器，它的作用原理与按钮类似。行程开关广泛用于各类机床和起重机械，用以控制其行程，进行终端限位保护。在电梯的控制电路中，还利用行程开关来控制开关轿门的速度、自动开关门的限位，轿厢的上、下限位保护。

行程开关的结构分为三部分：操作机构、触点系统和外壳。行程开关分为直动式、滚轮式及微动式行程开关。

① 直动式行程开关。如图 1-63（a）所示，其动作原理与按钮开关相同，但其触点的分合速度取决于生产机械的运行速度，不宜用于速度低于 0.4 m/min 的场所。

② 滚轮式行程开关。滚轮式行程开关又分为单滚轮式和双滚轮式。如图 1-63（b）中，当被控机械上的挡块撞击单滚轮行程开关的撞杆时，撞杆转向右边，带动凸轮转动，顶下推杆，使微动开关中的触点迅速动作；当运动机械返回时，在复位弹簧的作用下，各部分动作部件复位。其触点接通和断开与挡块的移动速度无关，而是由弹簧的弹性决定的。双滚轮式行程开关不能自动复位，如图 1-63（c）所示。

③ 微动式行程开关采用具有弯片状弹簧的瞬动机构，使开关触点的接触速度不受推杆压下速度的影响，这样能提高触点动作的准确性，如图 1-63（d）所示。微动开关的体积小、动作灵敏、适合在小型机构中使用。

行程开关在电路中的图形符号如图 1-63（e）所示。

（a）直动式　　（b）单滚轮式　　（c）双滚轮式　　（d）微动式　　（e）图形符号

图 1-63　行程开关及图形符号

行程开关的型号及含义如下：

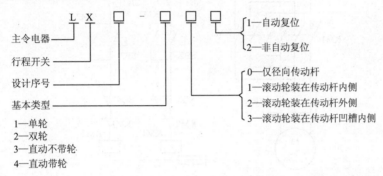

在选用行程开关时，主要根据机械位置对开关形式的要求，控制电路对触点数量和触点性质的要求，闭合类型（限位保护或行程控制）和可靠性及电压、电流等级确定其型号。

任务分析

> 根据正反转控制电路，来设计控制电路吧！

1. 行车的行程控制

行车的前进或后退可用电动机的正反转电路控制，要使行车在规定的轨道上运行时，行程开关可实现行程的限位保护。在设计该电路时，在行程的两个终端处各安装一个行程开关，并将这两个行程开关的常闭触点串联在控制电路中。当行车前进碰撞前行程开关时，行程开关的动断触点断开，使拖动行车前进的电动机停转，达到限位保护的目的。其控制电路如图 1-64 所示。

合上刀开关 QS，按下 SB2，KM1 线圈得电自锁，互锁断开，同时主触点闭合，电动机正转，行车前进。行车前进到限位位置时，行车挡块使 SQ3 触点断开，KM1 线圈失电，互锁触点闭合，自锁触点及主触点断开，电动机停转，行车停止前进。行车后退过程相似。

2. 自动往复行程控制

机床工作台上装有撞块 A 和 B，床身上装有带常开、常闭触点的行程开关 SQ1 和 SQ2，将其装在工作台两端需要反向的位置，发出换向信号，控制电动机换向。工作台的行程可通过移动工作台上撞块的位置来调节，以适应加工零件的不同要求。为保证设备的安全，在床身的极限位置安装有用来做限位保护的行程开关。工作台示意图及控制电路原理图，如图 1-65 所示。

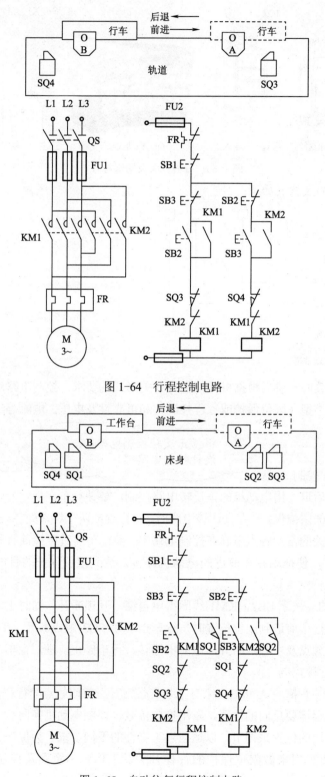

图 1-64　行程控制电路

图 1-65　自动往复行程控制电路

行程开关 SQ2 为控制工作台前进换后退的行程开关，SQ1 为控制工作台后退换前进的行程开关。合上刀开关 QS，按下正转起动按钮 SB2，接触器 KM1 得电并自锁，电动机正向旋转并拖动工作台前进，当工作台前进到行程开关 SQ2 位置时，撞块压下 SQ2，SQ2 常闭触点断开，KM1 失电，电动机停转，同时 SQ2 常开触点闭合，接触器 KM2 得电并自锁，电动机反向旋转并拖动工作台后退，当工作台后退到行程开关 SQ1 位置时，撞块压下 SQ1，SQ1 常闭触点断开，KM2 失电，电动机停转，同时 SQ1 常开触点闭合，接触器 KM1 得电并自锁，电动机正向旋转并拖动工作台前进，工作台如此周而复始地自动往复循环运动，当按下 SB1 时，电动机停止运转，工作台停止前进或后退。

SQ3 和 SQ4 用来做前进、后退的限位保护，控制工作台的极限位置，防止行程开关 SQ1、SQ2 失灵，工作台超出极限位置而发生事故。

任务实施

自动往复控制电路的安装、调试

1. 线路的安装、检查

所需工具、仪表、器材及元件在布线网上的布局与双重联锁正反转电路基本相同，只是增加了四个行程开关 SQ1、SQ2、SQ3、SQ4。安装前，检查各电气元件的动作情况，注意检查行程开关触点的通断情况，行程开关的滚轮与挡块的相对位置，使挡块在运动中能可靠地操作行程开关上的滚轮使触点动作，保证控制动作准确可靠。

接线时应注意区别两组行程开关 SQ1、SQ4 和 SQ2、SQ3 在电路中的作用，不可接错。接好线后检查控制电路通断情况和主电路有无短路现象，注意线路不能影响机械设备在两个方向的运动。

2. 通电试车

电动机的转向检查：接通三相电源线，合上刀开关 QS，按下 SB2 后，电动机起动，工作台运动，如运动反向指向 SQ2 则符合要求。若方向相反，则应立即停车，将电源进线的任意两根对调，再接通电源试车。按下 SB3，电动机反向工作台反向运行。

检查行程开关 SQ1、SQ2：按下 SB2 后，电动机起动，工作台前进，注意观察挡块与行程开关 SQ2 滚轮的相对位置，SQ2 被挡块撞到后，工作台应反向运行，如不能反向应立即停车检查。工作台后退到 SQ1 被挡块撞到后，工作台变换为前进运行。

检查行程开关 SQ3、SQ4：首先在断电情况下，调整挡块与行程开关 SQ3、SQ4 滚轮的相对位置。移动工作台使之前进，当挡块撞击行程开关 SQ3 时，根据 SQ3 触点的通断情况调整挡块与行程开关 SQ3 之间的相对位置。行程开关 SQ4 的调整方法类似。接通三相电源线，合上刀开关 QS，按下 SB2 后，工作台前进，人为按下 SQ3 后，电动机应立即停车。按下 SB3 后，工作台后退，人为按下 SQ4 后，电动机也应立即停车。如出现电动机不受控的情况，应立即停车检查。

任务评价

序　号	考　核　内　容	考　核　要　求	成　绩
1	安全操作	符合安全生产要求，团队合作融洽（10 分）	
2	电气元件选择	根据线路能正确、合理地选用电气元件（10 分）	
3	安装线路	线路的布线、安装符合工艺标准（50 分）	
4	调试	根据线路的故障现象分析、判断故障点，并排除故障（20 分）	
5	操作演示	能够正确操作演示、线路分析正确（10 分）	

思考题

① 在自动往复控制电路中，限位开关 SQ1、SQ2、SQ3、SQ4 的作用分别是什么？

② 在自动往复控制电路试车过程中发现正方向行程控制动作正常，而反方向无行程控制作用。检查接线未见错误，而挡块碰到 SQ1 时电动机不停车，试分析为什么？

子任务 4　三相笼形异步电动机顺序控制电路的实现

任务提出

在装有多台电动机的生产机械上，常常要求电动机的起动和停止按照一定的顺序进行，这样才能保证生产工作的安全可靠。例如，在铣床上就要求先起动主轴电动机，然后才能起动进给电动机。带有液压系统的设备起动时都要求先起动液压泵电动机，然后才能起动其他电动机，停止时要求其他电动机都停止后，才能停止液压泵电动机。

现要求设计、安装、调试出车床主轴电动机和油泵电动机的控制电路，要求具有短路、过载、欠电压和失电压保护。车床的主轴电动机 M2、油泵电动机 M1 的工作顺序要求：

① 油泵电动机 M1 起动后，主轴电动机 M2 才允许起动；

② 主轴电动机 M2 停止后，油泵电动机 M1 才允许停止。

任务目标

掌握顺序控制电路的实现方法，设计、安装调试出两台电动机的顺起、逆停控制电路。

相关知识

怎么做呢？

普通刀开关是一种结构最简单且应用最广泛的手控低压电器，主要用作隔离电源，也可用来非频繁地接通和断开容量较小的低压配电线路。图 1-66 所示为刀开关的结构与图形符号，推动手柄实现触刀（动触点）与静插座的控制，以达到接通、断开电路的目的。

刀开关的主要类型有负荷开关、板形刀开关。电力拖动控制电路中最常用的是由刀开关和熔断器组合而成的开启式负荷开关，简称刀开关。HK2 系列负荷开关结构及图形符号如图 1-67 所示。刀开关广泛用于照明电路和小容量（5.5 kW）电动机的控制电路中，也可作为分支电路的配电开关。

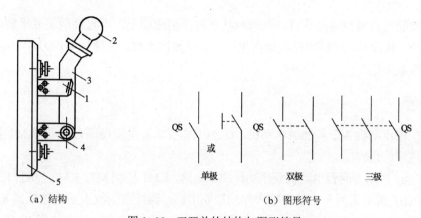

（a）结构 （b）图形符号

图 1-66 刀开关的结构与图形符号

1—静插座；2—手柄；3—触刀；4—铰链支座；5—绝缘底板

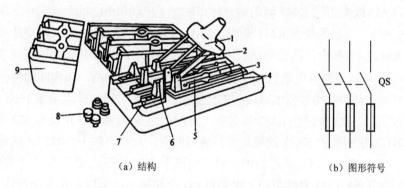

（a）结构 （b）图形符号

图 1-67 HK2 系列负荷开关结构及图形符号

1—瓷柄；2—动触点；3—出线座；4—底座；5—熔丝；6—静触点；7—进线座；8—胶盖紧固螺钉；9—胶盖

刀开关的型号及含义如下：

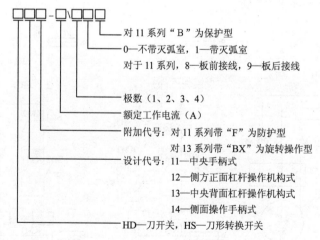

选择开启式负荷开关时，开关的额定电压、额定电流应大于或等于控制回路的额定电压、额定电流，对于电动机负载，刀开关额定电流可取电动机额定电流的 3 倍；对于照明等阻性负载，额定电流不小于电路所有负载额定电流之和，此外，还应根据控制回路电流性质选择开关极数。

刀开关安装时必须与地面垂直，且合闸状态时手柄应朝上，不允许倒装或平装，以防发生误合闸事故。接线时，应将电源线接在上端，负载接在下端，这样拉闸后刀片与电源隔离，可防止意外事故发生。

任务分析

车床的主轴电动机 M2 和油泵电动机 M1 的工作要求就是实现两台电动机 M1 和 M2 的顺序起动和逆序停止控制。

图 1-68（a）所示为两台电动机顺序动作的主电路，KM1 控制 M1，KM2 控制 M2 的运行。

图 1-68（b）所示为两台电动机顺序起动控制电路，该线路的特点是将接触器 KM1 的常开触点串接在接触器 KM2 的线圈电路实现顺序起动。在此电路中，只有线圈 KM1 通电后，串入 KM2 线圈电路中的 KM1 的常开触点闭合，这时按下 SB4 按钮后，接触器 KM2 才能通电。因此串在 KM2 线圈中的 KM1 辅助常开触点限定了电动机 M2 的起动实现了顺序起动。当按下 SB1 按钮时，接触器线圈 KM1 断电，KM2 控制电路中 KM1 常开触点断开，保证了线圈 KM1 和 KM2 同时断电，两台电动机同时停止。按钮 SB3 控制电动机 M2 单独停车。

图 1-68（c）所示为两台电动机顺序起动、逆序停止控制电路，该线路的特点是将接触器 KM2 的常开触点并联在接触器 KM1 的停止按钮上。电路的起动过程与图 1-68（b）相同。停止时，必须先按下 SB3 按钮使 KM2 线圈断电，KM2 主触点断开，电动机 M2 停止工作。同时并联在 SB1 按钮两端的 KM2 的辅助常开触点断开，此时再按下 SB1，才能使接触器线圈 KM1 断电，电动机 M1 停止运行。停止时若先按下 SB1 按钮，由于 SB1 上并联的 KM2 的辅助常开触点闭合使 KM1 继续得电，电动机 M1 无法停止。所以，并联在 SB1 上的 KM2 的辅助常开触点实现了电动机的逆序停止功能。

图 1-68 所示电路设计了 FR1、FR2 的过载保护、FU1、FU2 的短路保护和接触器 KM1、KM2 的欠电压、失电压保护。

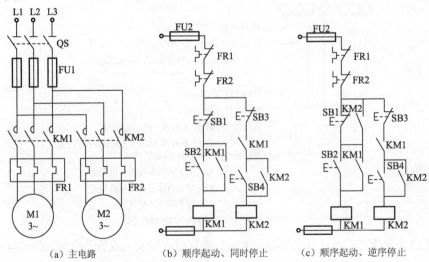

图 1-68 两台电动机顺序动作的控制电路

结论：

① 要求甲接触器动作后乙接触器才能动作，则将甲接触器的常开触点串联在乙接触器的线圈电路中。

② 要求甲接触器停止后乙接触器才能停止，则将甲接触器的常开触点并联在乙接触器的停止按钮两端。

任务实施

两台电动机顺序起动、逆序停止控制电路的安装、调试

1. 所需工具、仪表及元器件

所需工具、仪表与前面任务相同，所用元器件见表 1-12。

表 1-12　所用元器件

序　号	元器件名称	序　号	元器件名称
1	两台三相笼形异步电动机 M1、M2（△/380V）	5	起动按钮 SB2、SB4
2	刀开关 QS	6	停止按钮 SB1、SB3
3	熔断器 FU1、FU2	7	接触器 KM1、KM2
4	热继电器 FR1、FR2	8	端子板 XT

2. 安装、线路检查

线路的安装与三相异步电动机单向连续运行控制电路相类似。接线完成后，先进行常规检查。对照原理图逐线核查。用手拨动各接线端子处接线，排除虚接故障。接着在断电的情况下，用万用表电阻挡检查。重点检查控制电路中顺序起动控制的触点：将万用表的一只表笔放在 SB3 的上端，另一只表笔放在 KM2 线圈的下端，按下 SB4，此时应为断开。按下接触器 KM1 的触点支架，再按下 SB4，此时应测得 KM2 线圈的电阻值，即电路为接通状态，松开 KM1 的触点支架，电路断开。逆序停止控制触点的检查：将万用表的两只表笔放在 SB1 的两端，电阻值为零，按下 SB1，电阻值为∞，这时同时按下接触器 KM2 的触点支架，SB1 两端电阻值为零。

3. 通电试车

切断电源后，接好电动机，合上 QS，按下 SB2，电动机 M1 应立即得电，起动后进入运行；松开 SB2，电动机继续运转；按下 SB1 时电动机 M1 停车。若按下 SB4，电动机 M2 不动作。先按下按钮 SB2，电动机 M1 起动并保持，再按下按钮 SB4，电动机 M2 起动并保持，按下按钮 SB1，电动机 M1 不停止，停止时首先按下按钮 SB3，电动机 M2 停止，再按下按钮 SB1，电动机 M1 才停止工作。

在通电试车后，若出现故障或没有达到控制要求，应立即停车检查，排除故障，重新试车。

任务评价

序　号	考核内容	考　核　要　求	成　绩
1	安全操作	符合安全生产要求，团队合作融洽（10分）	
2	电气元件选择	根据线路能正确、合理地选用电气元件（10分）	

续表

序　　号	考核内容	考核要求	成　绩
3	安装线路	线路的布线、安装符合工艺标准（50 分）	
4	调试	根据线路的故障现象分析、判断故障点，并排除故障（20 分）	
5	操作演示	能够正确操作演示、线路分析正确（10 分）	

思考题

① 实现顺序起动、逆序停止电路的控制要点是什么？

② 试设计两台三相交流异步电动机的顺序控制电路，要求电动机 M1 起动后 M2 才能起动，M1 和 M2 可以单独停止的控制电路。

任务 2　三相笼形异步电动机的降压起动

任务提出

有台拖动空气压缩机的三相笼形异步电动机，P_N=40 kW，n_N=1 465 r/min，起动电流 I_{st}=5.5I_N，起动转矩 T_{st}=1.6T_N，运行条件要求起动转矩必须大于 0.5 T_N，电网容量为 560 kV·A，电网允许电动机的起动电流不得超过 3.5 I_N。试问应选用何种起动方法？设计、安装、调试出空气压缩机三相笼形异步电动机的起动电路。

任务目标

设计、安装、调试出空气压缩机三相笼形异步电动机起动控制电路。

相关知识

一、低压电气元件

1. 延时继电器

在自动控制系统中，有时需要继电器得到信号后不立即动作，而是要顺延一段时间后再动作并输出控制信号，以达到按时间顺序进行控制的目的。延时继电器（可称时间继电器）就可以满足这种要求。时间继电器现广泛用于需要按时间顺序进行控制的电气控制电路中。

时间继电器按工作原理可分为：直流电磁式、空气阻尼式（气囊式）、晶体管式、电子式等几种；按延时方式分可分为：通电延时型和断电延时型。

（1）空气阻尼式时间继电器

空气阻尼式时间继电器利用空气通过小孔时产生阻尼的原理获得延时。其结构由电磁系统、延时结构和触点三部分组成，如图 1-69 所示。电磁机构为双 E 直动式，触点系统为微动开关，延时机构采用气囊式阻尼器。

空气阻尼式时间继电器既有通电延时型，也有断电延时型。只要改变电磁机构的安装方向，便可实现不同的延时方式：当衔铁位于铁芯和延时机构之间时为通电延时，如图 1-69（a）所示；当铁芯位于衔铁和延时机构之间时为断电延时，如图 1-69（b）所示。

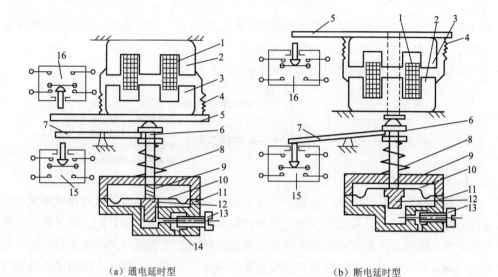

（a）通电延时型　　　　　　　　（b）断电延时型

图 1-69　空气阻尼式时间继电器的动作原理

1—线圈；2—铁芯；3—衔铁；4—恢复弹簧；5—推板；6—活塞杆；7—杠杆；
8—塔形弹簧；9—弹簧；10—橡皮膜；11—气室；12—活塞；13—调节螺钉；14—进气孔；15、16—触头

　　图 1-69（a）所示为通电延时型时间继电器，当线圈 1 通电后，铁芯 2 将衔铁 3 吸合，活塞杆 6 在塔形弹簧的作用下，带动活塞 12 及橡皮膜 10 向上移动，由于橡皮膜下方气室空气稀薄，形成负压，因此活塞杆 6 不能上移。当空气由进气孔 14 进入时，活塞杆 6 才逐渐上移。移到最上端时，杠杆 7 才使微动开关动作。延时时间即为自电磁铁吸引线圈通电时刻起到微动开关动作时为止的这段时间。通过调节螺钉 13 调节进气口的大小，就可以调节延时时间。当线圈 1 断电时，衔铁 3 在恢复弹簧 4 的作用下将活塞 12 推向最下端。因活塞被往下推时，橡皮膜下方气孔内的空气，都通过橡皮膜 10、弹簧 9 和活塞 12 肩部所形成的单向阀，经上气室缝隙顺利排掉，因此延时与不延时的 15 与 16 触点都迅速复位。因此 15 的两对触点分别称为延时闭合瞬时断开的常开触点和延时断开瞬时闭合的常闭触点。16 的两对触点均为瞬动触点。图 1-69（b）为断电延时型时间继电器的原理图。时间继电器的图形符号如图 1-70 所示。

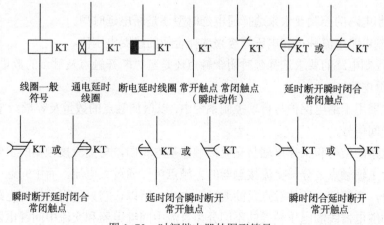

图 1-70　时间继电器的图形符号

空气阻尼式时间继电器的优点是结构简单、使用寿命长、价格低廉；缺点是准确度低、延时误差大，在延时精度要求高的场合不宜采用。

空气阻尼式时间继电器的型号及含义如下：

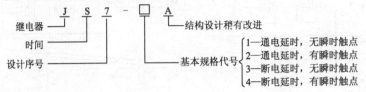

（2）电子式时间继电器

电子式时间继电器是利用 RC 电路中电容电压不能跃变，只能按指数规律逐渐变化的原理来获得延时的。所以，只要改变充电回路的时间常数即可改变延时时间。由于调节电容比调节电阻困难，所以多用调节电阻的方式来改变延时时间。电子式时间继电器具有延时范围广（可达 3 600 s）、体积小、精度高、使用方便及寿命长等优点。现已广泛用于各种电气控制电路中。图 1-71 所示为电子式时间继电器的外形、底座和接线示意图。

（a）外形　　　　　　（b）底座　　　　　　（c）接线示意图

图 1-71　电子式时间继电器的外形、底座和接线示意图

时间继电器在选用时应根据控制要求选择其延时方式，根据延时范围和精度选择继电器的类型。具体选用时，按如下考虑：

① 根据使用场合、工作环境、延时范围和精度要求选择时间继电器类型。对于延时要求不高的场合，一般选用空气阻尼式时间继电器；对延时要求较高的场合，可选用电子式时间继电器。

② 按控制电路的控制要求来选择通电延时型还是断电延时型。

③ 按控制电路电流种类和电压等级来选择合适的线圈电压值。

④ 根据控制电路的要求选择延时闭合触点还是延时断开触点及触点的数量等。

2．中间继电器

中间继电器用于继电保护与自动控制系统中，以增加触点的数量及容量。它用于在控制电路中传递中间信号。

中间继电器的结构和工作原理与交流接触器基本相同，与交流接触器的主要区别在于：交流接触器有主辅触点之分，交流接触器的主触点可以通过大电流，而中间继电器触点没有主辅触点之分，中间继电器的触点只能通过小电流。所以，它只能用于控制电路中。

根据中间继电器线圈电压种类的不同分为直流中间继电器和交流中间继电器两种。中间继电器的图形符号与文字符号如图 1-72 所示。

中间继电器的型号及含义：

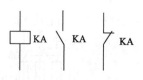

图 1-72　中间继电器的
图形符号与文字符号

JZ7-62。其中，J 表示继电器，Z 表示中间，7 表示设计序号，6 表示常开触点数量，2 表示常闭触点数量。

中间继电器主要依据控制电路的电压类型、电压等级，所需触点数量、容量等要求进行选用。常用 JZ7 系列中间继电器可用于 500 V 以下控制电路中。

二、降压起动

对于三相笼形异步电动机而言，不满足式（1-21）全压起动的条件时，必须采取措施进行降压起动。降压起动是将电源电压适当降低后加到电动机的定子绕组上进行起动，以减小起动电流，当电动机起动后，再将电源电压恢复到额定值使电动机全压运行。常用的降压起动方法有：定子绕组串电阻降压起动、星形-三角形降压起动、自耦变压器降压起动。

1. 定子绕组串电阻降压起动

定子绕组串电阻降压起动是指在定子电路中串联电阻，通过电阻的分压作用降低电动机定子绕组上的电压实现降压起动的目的。

设全压起动时定子绕组两端电压为 U_N，起动电流为 I_{st}，起动转矩为 T_{st}，电动机每相绕组的等效阻抗为 Z，即 $I_{st} = U_N/Z$。

串入电阻降压起动时，定子绕组两端电压为 U_{st}，起动电流为 I_{st2}，起动转矩为 T_{st2}，即 $I_{st2} = U_{st}/Z$，所以 $\dfrac{I_{st2}}{I_{st}} = \dfrac{U_{st}}{U_N} = K_U < 1$。

由于电动机的起动转矩与电压的二次方成正比，所以 $\dfrac{T_{st2}}{T_{st}} = \left(\dfrac{U_{st}}{U_N}\right)^2 = K_U^2$。

由以上分析可知，定子绕组串电阻降压起动时的起动电流降为全压起动时的 K_U（$K_U<1$），起到了减小起动电流的目的，但是降压起动时的起动转矩也将为全压起动时的 K_U^2。

图 1-73 所示为定子绕组串电阻降压起动控制电路。控制要求：起动时，接触器 KM2 断开，接触器 KM1 闭合。此时，起动电阻接入定子电路降压起动。起动结束后，接触器 KM2 闭合，电动机全压正常运行。由此可见，起动过程中接触器 KM1 和 KM2 是按顺序工作的，可用时间继电器来自动完成。

工作过程：先合上刀开关 QS，按下起动按钮 SB1，接触器 KM1 和时间继电器的电磁线圈 KT 是同时得电的，KM1 的主触点闭合，电动机的定子绕组串入电阻 R 降压起动，电动机旋转，转速上升，待转速上升到一定程度后，时间继电器 KT 的延时闭合的常开触点闭合，KM2 线圈得电，其主触点闭合，短接电阻 R，电动机 M 全压运行。

图 1-73 电路在电动机运行时，接触器 KM1、KM2 和时间继电器 KT 的线圈都通有电流，消耗功率。为了避免这一缺点，可将电路改进为图 1-74 所示电路，这样电动机全压运行时只有接触器 KM2 得电，KM1 和 KT 线圈都断电，既节约电能又能实现控制要求。

这种起动方法的优点是起动设备简单，缺点是起动过程中，电阻上消耗能量大，不适用于经常起动的电动机。

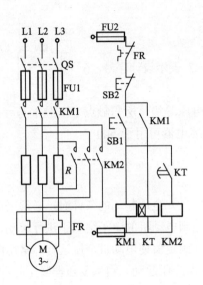

图 1-73　定子绕组串电阻降压起动控制电路

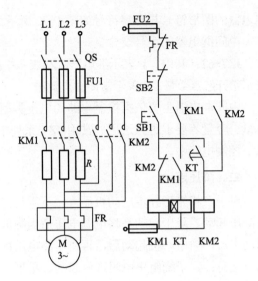

图 1-74　改进型串电阻降压起动控制电路

2. 星形-三角形降压起动

起动时，电动机定子绕组做星形连接，待转速上升接近额定转速时，将定子绕组接成三角形接法，电动机全压运行，所以，此方法只适合于电动机正常运行时定子绕组为三角形连接的情况。

设电网电压为 U_N，丫接法时起动电流为 I_Y，起动转矩为 T_Y，电动机每相绕组的等效阻抗为 Z，即 $I_Y = I_{Y相} = \dfrac{U_{Y相}}{Z} = \dfrac{U_N}{\sqrt{3}Z}$。

△接法时起动电流为 $I_\triangle$，起动转矩为 $T_\triangle$，即 $I_\triangle = \sqrt{3}I_{\triangle相} = \sqrt{3}\dfrac{U_{\triangle相}}{Z} = \sqrt{3}\dfrac{U_N}{Z}$。

所以
$$\frac{I_Y}{I_\triangle} = \frac{1}{3} \qquad \frac{T_Y}{T_\triangle} = \left(\frac{U_N}{\sqrt{3}U_N}\right)^2 = \frac{1}{3}$$

这样，在起动时采用丫接法，起动电流降为正常起动时的 1/3，实现了降压起动的目的，但是起动转矩也降为全压起动时的 1/3。

这种起动方法的优点是起动设备简单，起动电流小；缺点是起动转矩小，且起动电压不能按实际需要调节，故只适用于空载或轻载起动的场合，并只适用于正常运行时定子绕组按三角形连接的异步电动机。由于这种方法应用广泛，我国规定 4 kW 及以上的三相异步电动机，其额定电压为 380 V，连接方法为三角形连接。

图 1-75 为丫-△降压起动的控制电路。控制要求：电动机丫降压起动时接触器 KM 和 KM丫闭合，待转速上升接近额定转速时，KM丫断开，KM△闭合，电动机△接法全压运行。接触器 KM丫和 KM△实现互锁，以防电源短路。

工作过程：先合上刀开关 QS，按下起动按钮 SB1，接触器 KM、KM丫和时间继电器的电磁线圈 KT 同时得电，KM丫主触点闭合，电动机绕组丫连接，KM 主触点闭合，给电动机提供电源，此时电动机丫连接降压起动，待转速上升到一定程度后，时间继电器 KT 延时时间到，先断开 KM丫回路里的 KT 触点，接触器 KM丫失电，主触点打开，然后接通 KM△回路里的 KT 触点，接触器 KM△ 得电，主触点闭合，实现电动机绕组的 △ 连接，电动机全压运行。由于电动机正常工作时，只需接触器 KM 和 KM△ 得电，KT 无须得电，所以使用 KM△ 的互锁触点断开 KT 线圈回路，KM△ 的自锁触点保证电动机的连续运行。接触器 KMY 和 KM△ 的互锁触点，也可防止电动机同时采用 Y 连接和 △ 连接而造成电源短路。

3. 自耦变压器降压起动

自耦变压器降压起动又称自耦补偿器降压起动，它是通过三相自耦变压器把电压降低后加到电动机定子绕组上，以减小起动电流的起动方法。

图 1-76 所示为自耦变压器降压起动原理示意图。起动时，自耦变压器的高压侧接电网，电动机的定子绕组接到自耦变压器的低压侧上；起动结束（正常运行）时，将电动机直接接到电网（额定电压）上运行，同时将自耦变压器从电网上切除。

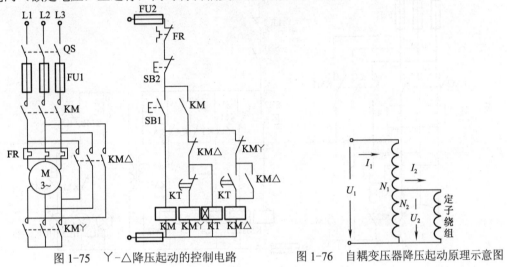

图 1-75　Y-△ 降压起动的控制电路　　　图 1-76　自耦变压器降压起动原理示意图

由变压器的工作原理可知，此时，二次电压与一次电压之比为 $K = \dfrac{U_2}{U_1} = \dfrac{N_2}{N_1} < 1$（$K$ 为变比），起动时加在电动机定子每相绕组的电压 U_2 是全压起动时电压 U_1 的 K 倍，因为电动机的阻抗不变，所以 $Z = \dfrac{U_1}{I_{st}} = \dfrac{U_2}{I_2}$，降压起动时电动机的起动电流 I_2 是全压起动时电动机电流 I_{st} 的 K 倍，即 $I_2 = KI_{st}$；而变压器输入功率等于输出功率，即 $U_1 I_1 = U_2 I_2$，$I_1 = \dfrac{U_2}{U_1} I_2 = KI_2 = K^2 I_{st}$，即自耦变压器降压起动的电网电流 I_1 是全压起动时电网电流 I_{st} 的 K^2 倍。电动机的起动转矩和电压的二次方成正比，则 $\dfrac{T_{st2}}{T_{st}} = \left(\dfrac{U_2}{U_1}\right)^2 = K^2$，所以自耦变压器降压起动的起动转矩 T_{st2} 为全压起动转矩 T_{st} 的 K^2 倍。自耦变压器的电压比 K 是可调节的，这就是此种起动方法优于 Y-△ 降压起动方法之处，当然它的起动转矩也是全压起动时的 K^2 倍，而且与定子绕组串电阻降压起动相比较，在限制起动电流相同的情况下可以获得比较大的起动转矩。这种起动方法的缺点是变压器的体积大、质量大、价格高、维修麻烦，且起动时自耦变压器处于过电流（超过额定电流）状态下运行，因此不适合起动频繁的电动机。适用于起动不太频繁，要求起动

转矩较大、容量较大的异步电动机。通常把自耦变压器的输出端做成固定的抽头（一般有 K=80%、65%和50%三种，可根据需要选择输出电压）、连同转换开关和保护用的继电器等组合成一个设备，称为起动补偿器。

图1-77所示为利用自耦变压器实现降压起动的控制电路。控制要求：接触器 KM1 闭合时电动机通过自耦变压器 ZOB 实现降压起动，待转速接近于额定转速时，接触器 KM1 首先断开，KM2 再闭合。接触器 KM1 和 KM2 之间必须实现互锁，不能同时通电，否则会使自耦变压器一次［侧］和二次［侧］短路而烧毁变压器。

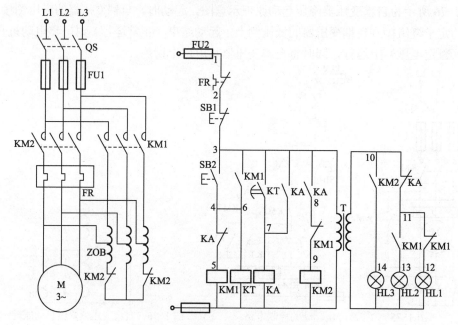

图1-77　自耦变压器降压起动控制电路

工作过程：首先合上刀开关 QS，指示灯 HL1 亮，表示电源电压正常。按下起动按钮 SB2，接触器 KM1、时间继电器 KT 的线圈同时得电并自锁。主触点 KM1 将自耦变压器的一次［侧］接通电源，自耦变压器的二次电压加在电动机的定子绕组上，电动机降压起动；同时指示灯 HL1 灭，指示灯 HL2 亮，表示电动机正处于降压起动状态。当电动机的转速迅速上升并趋于稳定时，KT 接通，延时闭合触点 KT（3-7）闭合，使中间继电器 KA 的线圈得电并自锁，常闭触点 KA（4-5）断开，接触器线圈 KM1 断电释放，将自耦变压器从电源断开；另一常闭触点 KA（10-11）断开，指示灯 HL2 灭。中间继电器常开触点 KA（3-8）闭合，接触器线圈 KM2 得电吸合，接触器主触点 KM2 闭合，电动机的三相定子绕组加上全部电源电压，电动机在额定电压下运行；同时常开触点 KM2（10-14）闭合，指示灯 HL3 亮，表示电动机在额定电压下运行。

4．三种降压起动方法的比较

为了便于根据实际要求选择合理的起动方法，现将笼形异步电动机几种常用的起动方法的起动电压、起动电流和起动转矩加以比较列于表1-13中。

表 1-13 笼形异步电动机几种常用的起动方法的比较

起 动 方 法	起动电压相对值 $K_U = \dfrac{U_{st}}{U_N}$	起动电流相对值 $K_I = \dfrac{I_{st2}}{I_{st}}$	起动转矩相对值 $K_T = \dfrac{T_{st2}}{T_{st}}$	适 用 范 围	特 点
直接起动	1	1	1	适用于功率小于10 kW 的电动机	操作简单，起动设备简单
定子绕组串电阻降压起动	0.80	0.80	0.64	适用于起动不频繁，电动机容量不大的场合	电路简单，电阻消耗功率大，起动转矩较小
	0.65	0.65	0.42		
	0.50	0.50	0.25		
Y-△降压起动	0.57	0.33	0.33	适用于正常运行时为△接法的电动机	轻载或空载下起动
自耦变压器降压起动	0.80	0.64	0.64	适用于较大容量的电动机	价格较高，体积大，起动转矩较大，电动机不能频繁起动
	0.65	0.42	0.42		
	0.50	0.25	0.25		

表中，U_N、I_{st}、T_{st} 分别为电动机的额定电压、全压起动时的起动电流和起动转矩，其数值可从电动机的产品目录中查到；U_{st}、I_{st2}、T_{st2} 分别为按各种方法起动时实际加在电动机上的线电压、实际起动电流（对电网的冲击电流）和实际起动转矩。

任务分析

通过分析计算，确定起动方案：

① 采用直接起动：

$$\frac{3}{4} + \frac{560 \text{kV} \cdot \text{A}}{4 \times 40 \text{kW}} = 4.25 \qquad \frac{I_{st}}{I_N} = 5.5$$

不满足式（1-21）直接起动的条件，所以不允许直接起动。

② 降压起动。按要求，起动转矩的相对值应保证为

$$K_T = \frac{T'_{st}}{T_{st}} \geqslant \frac{0.5 T_N}{1.6 T_N} = 0.31$$

起动电流的相对值应保证为

$$K_I = \frac{I'_{st}}{I_{st}} \leqslant \frac{3.5 I_N}{3.5 I_N} = 0.64$$

降压起动时，要求 $K_T \geqslant 0.31$，$K_I \leqslant 0.64$。

由表 1-8 可知：

① 定子绕组串电阻降压起动：当 $U_{st} = 0.6 U_N$ 时，$K_I = 0.6 \leqslant 0.64$，$K_T = 0.36 \geqslant 0.31$，满足起动要求。

② Y-△降压起动：$K_I = 0.33 \leqslant 0.64$，$K_T = 0.33 \geqslant 0.31$，满足起动要求。

③ 自耦变压器降压起动：当电压比 $K = 0.65$ 时，$K_I = 0.42 \leqslant 0.64$，$K_T = 0.42 \geqslant 0.31$，满足起动要求。

三种降压起动方法都可以使拖动空气压缩机的三相笼形异步电动机起动，但是当采用定子绕组串电阻降压起动时，要求 $U_{st}=0.6U_N$，起动时所串电阻阻值较大，能耗严重；采用自耦变压器降压起动时，所需起动设备价格较高；而采用丫-△降压起动时，起动设备简单、经济，所以，起动方法采用丫-△降压起动。

任务实施

下面来安装、调试空气压缩机的起动线路！

空气压缩机笼形异步电动机丫-△降压起动控制电路的安装、调试

1. 所需工具、仪表、器材（见表 1-14）

① 工具：螺丝刀、尖嘴钳、平口钳、斜口钳、剥线钳、测电笔、电工刀等。

② 仪表：万用表、兆欧表。

③ 器材：控制板一块，连接导线和元器件。

表 1-14　所需工具、仪表、器材

序　号	元器件名称	序　号	元器件名称
1	三相笼形异步电动机 M（△/380V）	6	停止按钮 SB1
2	刀开关 QS	7	接触器 KM、KM△、KM丫
3	熔断器 FU1、FU2	8	电子式时间继电器 KT
4	热继电器 FR	9	端子板 XT
5	起动按钮 SB2		

2. 安装接线

（1）线路的安装、检查

将刀开关 QS、熔断器 FU1、接触器 KM、热继电器 FR、接触器 KM△按照从上到下的顺序排成一列并布置于布线网的左侧，KM△和 KM丫并列放置并对齐，按钮 SB1、SB2 并列放置于布线网的右上角，方便走线。

安装前检查各电气元件的动作情况。根据电气原理图完成接线，接线时认真核对线路不能接错，主电路各端子要压紧可靠，防止接触不良引起发热。接线时应注意区分时间继电器的延时触点和瞬时触点，设定时间继电器的延时时间约 5 s。接完线后应检查控制电路通断情况和主电路有无短路现象。

（2）通电试车

合上刀开关 QS，接通电源。按下起动按钮 SB1，接触器 KM、KM丫和时间继电器的电磁线圈 KT 同时得电，电动机应得电起动，约 5 s 后，线路自动切换，KM丫和 KT 断电释放，接触器 KM△闭合，电动机转速在此上升进入全压运行。试车中如发现电动机运转异常，应立即停车检查。

任务评价

序　号	考核内容	考核要求	成　绩
1	安全操作	符合安全生产要求，团队合作融洽（10 分）	
2	电气元件选择	根据线路能正确、合理地选用电气元件（10 分）	

序 号	考核内容	考 核 要 求	成 绩
3	安装线路	线路的布线、安装符合工艺标准（50分）	
4	调试	根据线路的故障现象分析、判断故障点，并排除故障（20分）	
5	操作演示	能够正确操作演示、线路、结果分析正确（10分）	

思考题

① 降压起动的目的是控制什么物理量？为什么？

② 三相异步电动机的起动方式有哪些？各有什么特点？

任务3 三相绕线转子异步电动机的起动控制

笼形异步电动机的起动转矩小，起动电流大，因此不能满足某些生产机械需要高起动转矩、低起动电流的要求，例如起重机、卷扬机等。而绕线转子异步电动机由于能在转子电路中串电阻或频敏变阻器，因此可以获得较大的起动转矩和较小的起动电流，具有较好的起动特性。绕线转子异步电动机的起动方法有：转子回路串电阻起动法和转子回路串频敏变阻器起动法。

子任务1 转子回路串电阻起动线路的实现

任务提出

起重机带载起动时要求具有较大的起动转矩和较小的起动电流，而绕线转子异步电动机起动时在转子回路串入适当的电阻，就可满足起重机的重载起动要求。因而在一般要求起动转矩较高的场合，绕线转子异步电动机得到了广泛的应用。现要求设计、安装、调试出绕线转子异步电动机转子回路串电阻起动控制电路。

任务目标

① 掌握转子回路串电阻起动的原理。

② 实现三相绕线转子异步电动机转子回路串电阻起动控制电路。

相关知识

一、转子回路串电阻法起动原理

由三相异步电动机的机械特性可知，在转子回路中串联一定阻值的电阻，可以增加起动转矩，减小起动电流，如果串入的电阻适当可以使起动转矩等于最大转矩，以获得较好的起动性能。

起动前，转子回路中串入多级对称电阻限制起动电流，起动过程中，随着电动机转速的提高，转矩的下降，为了使整个起动过程中电动机能保持较大的加速转矩，将起动电阻逐级短接，至起动完成时，全部电阻短接，电动机在全压下运行。绕线转子异步电动机转子回路串电阻起动原理图和起动特性如图 1-78 所示。起动过程如下：

① 起动时接触器 KM1、KM2、KM3 全部断开，QS 闭合。起动电阻 R_{st1}、R_{st2}、R_{st3} 全部

串入转子回路。起动瞬间，转速 $n=0$，$T_m =T_{st1}$，T_{st1} 大于负载转矩 T_L，于是电动机从 a 点开始沿曲线 4 加速。

② 随着 n 的增大，电磁转矩 T_m 逐渐减小，当电动机加速到 b 点时，$T_m =T_{st2}$，接触器 KM1 闭合，切除电阻 R_{st1}，由于转速不能突变，因此，工作点水平过渡到 c 点。

③ 由于 $T_{st1}>T_L$，电动机在 c 点沿曲线 3 继续加速，到达 d 点时，接触器 KM2 闭合切除电阻 R_{st2}，由于转速不能突变，因此，工作点水平过渡到 e 点。

④ 同样，由于 $T_{st1}>T_L$，电动机在 e 点沿曲线 2 继续加速，到达 f 点时，接触器 KM3 闭合切除电阻 R_{st3}，这时所有的电阻全部短接，电动机加速到稳定点 i 点运行，起动过程结束，电动机稳定运行。

为保证起动过程稳定快速，一般取 $T_{st1}=$（$1.5\sim2$）T_N，$T_{st2}=$（$1.1\sim1.2$）T_N。

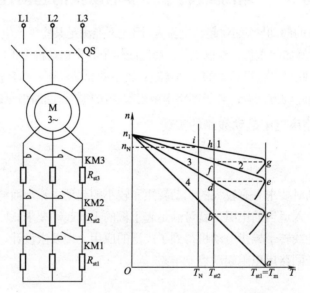

（a）转子回路串电阻起动原理图　　（b）转子回路串电阻起动特性

图 1-78　绕线转子异步电动机转子回路串电阻起动原理图和起动特性

二、低压电气元件——电磁式继电器

继电器是一种根据电量（电流、电压）或非电量（时间、速度、温度、压力等）的变化自动接通或断开控制电路，实现自动控制和保护的电器。

虽然继电器和接触器都是用来自动接通或断开电路的，但它们仍有许多不同之处。继电器可以对各种电量或非电量的变化做出反应，而接触器只能在一定的电压信号下动作；继电器用于切换小电流的控制电路和保护电路，而接触器用来控制大电流电路，因此，继电器触点的容量较小（不大于 5 A），无灭弧装置，触点无主辅触点之分。

继电器的种类繁多，用途广泛。按其工作原理分为电磁式、感应式、磁电式、电动式、电子式、光电式等；按输入信号的性质可分为电压继电器、电流继电器、热继电器、时间继电器、速度继电器、压力继电器等。

继电器的输入-输出特性称为继电器的继电特性。当改变继电器输入量（电流或电压）

的大小时，则对应继电器输出量的触点动作。触点只有"闭合"或"断开"两种状态。

由图 1-79 可以看出，当继电器输入量 x 由零开始增加时，在 $x<x_2$ 以前，继电器输出量 y 为零；当输入量 $x=x_2$ 时，继电器的衔铁吸合，触点输出量由零突变为 y_1；若 x 继续增大，输出量保持不变。当输入量 x 减小时，在 $x>x_1$ 以前，继电器的输出量 y 仍保持 y_1 值不变；当 x 继续减小到 $x=x_1$ 时，继电器的衔铁释放，继电器的输出量由 y_1 突降为零；若 x 继续减小，输出量保持为零。x_1 称为继电器释放值，x_2 称为继电器吸合值，它们都是继电器的动作参数。

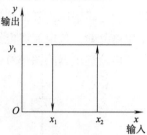

图 1-79　继电器的输入—输出特性曲线

由以上分析可知，欲使继电器的衔铁吸合，输入量 $x \geq x_2$；欲使继电器的衔铁释放，输入量 $x \leq x_1$。

常用的电磁式继电器有电流继电器、电压继电器、中间继电器。

1. 电流继电器

电流继电器的输入量是电流，它是根据输入电流的大小而动作的继电器。主要用于电力拖动系统的电流保护和控制。使用时，电流继电器的线圈串联在被测电路中。为了使串入电流继电器线圈后不影响电路正常工作，电流继电器线圈的匝数要少、导线要粗、阻抗小。

常用的电流继电器有过电流继电器和欠电流继电器两种。

（1）过电流继电器

图 1-80 所示为电磁式过电流继电器结构示意图。它主要由线圈，圆柱形静铁芯、衔铁、触点系统和反作用弹簧等组成。

当线圈通过的电流为额定值时，它所产生的电磁吸力不足以克服反力弹簧的反作用力，此时衔铁不动作。当线圈通过的电流超过整定值时，电磁吸力大于弹簧的反作用力，铁芯吸引衔铁动作，带动常闭触点断开，使控制电路失电，从而控制接触器及时分断电路，对电路起过电流保护作用。用调节螺母调整反作用弹簧的作用力，可整定继电器的动作电流值。JT4 系列过电流继电器的整定范围通常为电动机额定电流的 1.7～2 倍。

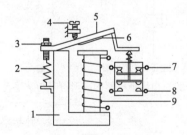

图 1-80　电磁式过电流继电器结构示意图

1—铁轭；2—反力弹簧；3—调节螺母；4—调节螺钉；
5—衔铁；6—非磁性垫片；7—常闭触点；8—常开触点；9—线圈

（2）欠电流继电器

欠电流继电器的动作电流为线圈额定电流的 30%～65%，释放电流为额定电流的 10%～

20%。在电路正常工作时，线圈中通过额定电流大于动作电流，衔铁吸合，常开触点闭合，只有当电路中电流降低到释放值时，继电器释放复位，闭合的常开触点复位，控制电路失电，主电路分断。欠电流继电器主要用于直流电动机励磁电路和电磁吸盘的弱磁保护。

电流继电器的图形符号与文字符号如图 1-81 所示。

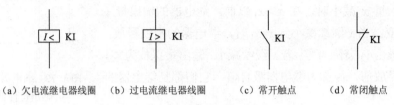

（a）欠电流继电器线圈　（b）过电流继电器线圈　（c）常开触点　　（d）常闭触点

图 1-81　电流继电器的图形符号与文字符号

电流继电器主要依据继电器线圈的额定电流、触点种类及数量进行选择。

2. 电压继电器

电压继电器根据电路中电压的大小来控制电路的接通或断开。主要用于电路的过电压或欠电压保护。使用时，将吸引线圈并联在被测电路中，这种继电器线圈的导线细、匝数多、阻抗大。

电压继电器分为过电压继电器和欠电压继电器。

过电压继电器是当电压大于其整定值时动作的电压继电器，主要用于对电路或设备进行过电压保护，常用的过电压继电器 JT4-A 系列，其动作电压可在 105%～120%额定电压范围内调整。欠电压继电器是当电压降至某一规定范围时动作的电压继电器，在线路正常工作时，铁芯和衔铁是吸合的，当电压降至低于整定值时，衔铁释放，触点复位，对电路实现欠电压保护。常用的欠电压继电器有 JT4-P 系列，继电器的释放电压可在 40%～70%额定电压范围内整定。在电气控制电路中只有少数线路专门设计了欠电压继电器，这是因为在大多数控制电路中，接触器已兼有欠电压保护功能，当电网电压降低到额定电压 85%以下时，接触器触点会释放。

电压继电器的图形符号与文字符号如图 1-82 所示。

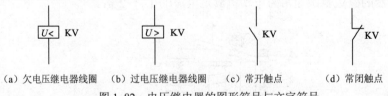

（a）欠电压继电器线圈　（b）过电压继电器线圈　（c）常开触点　（d）常闭触点

图 1-82　电压继电器的图形符号与文字符号

任务分析

设计控制电路吧！

三相绕线转子异步电动机转子回路串电阻起动控制电路。

控制要求：起动前，转子回路中串入多级对称电阻限制起动电流，起动过程中，将起动电阻逐级短接，至起动完成时，全部电阻全部被切除，电动机在额定转速下运行。实现这种切换可以采用时间继电器控制，也可采用电流继电器控制。

1．按时间原则控制的起动电路

图 1-83 所示为时间继电器控制的转子串电阻减压起动电路。三组起动电阻由 KM1、KM2、KM3 在时间继电器 KT1、KT2、KT3 的控制下顺序被短接，正常运行时，只有 KM 和 KM3 的主触点闭合。

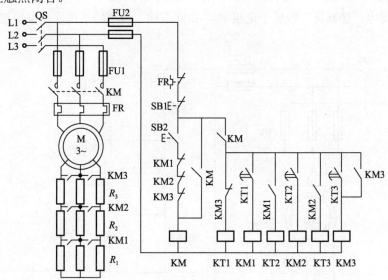

图 1-83　时间继电器控制的转子串电阻减压起动电路

电路工作过程：合上刀开关 QS，按下起动按钮 SB2，接触器 KM 线圈得电并自锁，KT1 同时得电，KT1 常开触点延时闭合，接触器 KM1 得电动作，使转子回路中 KM1 常开触点闭合，切除第一级起动电阻 R_1，同时使 KT2 得电，KT2 常开触点延时闭合，KM2 得电动作，切除第二级起动电阻 R_2，同时使 KT3 得电，KT3 常开触点延时闭合，KM3 得电并自锁，切除第三级起动电阻 R_3，KM3 的另一副常闭触点断开，使 KT1 线圈失电，进而 KT1 的常开触点瞬时断开，使 KM1、KT2、KM2、KT3 依次失电释放，恢复原位。只有接触器 KM3 保持工作状态，电动机的起动过程结束，进行正常运转。

2．按电流原则控制的起动电路

上述电路是根据时间继电器 KT1、KT2、KT3 来顺序短接起动电阻的，也可根据电动机起动过程中转子回路中电流的大小来逐级切除电阻。

图 1-84 所示为电流原则控制转子回路串电阻起动控制电路。图中 KI1～KI3 为欠电流继电器，它们的线圈串联在电动机转子回路中，这三个欠电流继电器的选择原则：其吸合电流值都一样，但释放电流值不一样，其中 KI1 的释放电流最大、KI2 次之、KI3 的释放电流值最小。KM1～KM3 为短接转子电阻接触器，R_1～R_3 为转子电阻，KM4 为电源接触器，KA 为中间继电器。

电路工作过程：合上刀开关 QS，按下起动按钮 SB2，KM4 线圈得电并自锁，电动机定子绕组接通三相电源，转子串入全部电阻起动，同时 KA 得电，为 KM1～KM3 得电做好准备。由于刚起动时电流很大，KI1～KI3 吸合电流相同，故同时吸合动作，其常闭触点都断开，使 KM1～KM3 处于失电状态，转子回路串电阻起动。在起动过程中，随着电动机转速升高，起动电流逐渐减小，而 KI1～KI3 释放电流值不同，其中，KI1 释放电流最大、KI2 次之、KI3 释放电流最小，所以，当起动电流减小到 KI1 释放电流整定值时，KI1 首先释放，其常闭触点返回闭合，KM1 得电，短接一段转子电阻 R_1，由于电阻短接，转子电流增加，起动转矩增大，致使转速又加快上升，这又使电流下降，当降低到 KI2 释放电流时，KI2 常闭触点返回，使 KM2 得电，切断第二段转子电阻 R_2，如此继续，直至转子电阻全部短接，电动机起动过程结束。

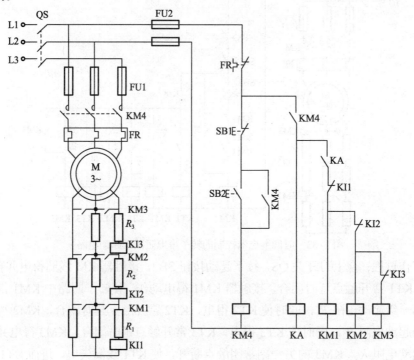

图 1-84   电流原则控制转子回路串电阻起动控制电路

为了保证电动机转子回路串入全部电阻起动，设置了中间继电器 KA，若无 KA，当起动电流由零上升在尚未到达吸合值时，KI1～KI3 未吸合，将使 KM1～KM3 同时得电，将转子回路中电阻全部短接，电动机进行直接起动。而设置了 KA 后，在 KM4 得电后才使 KA 得电，在这之前，电动机起动电流已到达电流继电器吸合动作值，使 KI1～KI3 常闭触点断开，接触器 KM1～KM3 不吸合，确保电动机起动时转子回路串电阻起动。

📖任务实施

按时间原则控制的三相绕线转子异步电动机转子回路串电阻起动线路的安装、调试

1．所需工具、仪表、器材（见表 1-15）

① 工具：螺丝刀、尖嘴钳、平口钳、斜口钳、剥线钳、测电笔、电工刀等。

② 仪表：万用表、兆欧表。

③ 器材：控制板一块，连接导线和元器件。

表 1-15 所需工具、仪表、器材

序　号	元器件名称	序　号	元器件名称
1	绕线转子异步电动机 M（380 V）	7	停止按钮 SB1
2	刀开关 QS	8	可调电阻箱
3	熔断器 FU1	9	电源接触器 KM
4	熔断器 FU2	10	控制起动电阻接触器 KM1、KM2、KM3
5	热继电器 FR	11	时间继电器 KT1、KT2、KT3
6	正转起动按钮 SB2	12	端子板 XT

2. 安装接线

配齐所用电气元件，检查各电气元件是否动作可靠，并将所用元件合理布置于布线网上。根据图 1-83 完成接线，接线时先接主电路，再接控制电路。接线时注意将接触器 KM1、KM2、KM3 的常闭触点与起动按钮串联后再与 KM 的自锁触点并联，以保证起动时所有的起动电阻全部接入后电动机再起动。起动时串入主电路的起动电阻必须对称，保证三相起动电流的平衡。

3. 检查

检查线路的接线情况，确保各端子接线正确。检查控制电路通断情况和主电路有无短路现象。

4. 通电试车

接通三相电源线，合上刀开关 QS，按下起动按钮 SB2 后，绕线转子异步电动机通电后串入全部电阻起动，起动过程中接触器 KM1、KM2、KM3 逐步吸合，短接起动电阻后电动机稳定运行。按下停止按钮 SB1，电动机自然停车。在此过程中注意观察电动机的运行、接触器的吸合情况，若出现异常应立即停车断电检查，排查故障后再重新试车。

任务评价

序　号	考核内容	考核要求	成　绩
1	安全操作	符合安全生产要求，团队合作融洽（10 分）	
2	电气元件选择	根据线路能正确、合理地选用电气元件（10 分）	
3	安装线路	线路的布线、安装符合工艺标准（50 分）	
4	调试	根据线路的故障现象分析、判断故障点，并排除故障（20 分）	
5	操作演示	能够正确操作演示、线路分析正确（10 分）	

思 考 题

① 在绕线转子异步电动机转子回路串电阻线路中，电动机起动电流超过规定值的故障原因是什么？

② 三相绕线转子异步电动机转子串电阻除了可以减小起动电流、提高功率因数、增加起动转矩，还可以做什么？

子任务 2　转子回路串频敏变阻器起动线路的实现

任务提出

三相绕线转子异步电动机转子回路串接电阻的起动方法，在电动机起动过程中，由于逐段减小电阻，电流和转矩突然增大，产生一定的机械冲击力。当电动机功率较大时，转子电流很大。若想在起动过程中保持有较大的起动转矩且起动平稳，则必须串入较多的电阻，导致设备的结构复杂。如果采用频敏变阻器代替起动电阻，则可克服上述缺点。现要求设计、安装、调试出三相绕线转子异步电动机转子回路串频敏变阻器起动控制电路。

任务目标

① 掌握三相绕线转子异步电动机转子回路串频敏变阻器起动原理。

② 设计、安装、调试出三相绕线转子异步电动机转子回路串频敏变阻器起动控制电路。

相关知识

一、频敏变阻器

频敏变阻器 R_{BP} 是一个铁损耗很大的三相电抗器，其铁芯由一定厚度的几块实心铁板或钢板叠成，其结构像一个没有二次绕组的三相心式变压器铁芯，三个绕组分别绕在三个铁芯柱上并做星形连接，然后接到绕线转子异步电动机的转子电路中，如图 1-85 所示。

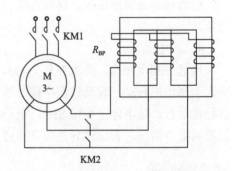

频敏变阻器工作原理如下：频敏变阻器的线圈中通过转子电流，它在铁芯中产生交变磁通，在交变磁通的作用下，铁芯中就会产生涡流，涡流使铁

图 1-85　转子回路串频敏变阻器起动接线图

芯发热，从电能损失的观点来看，这和电流通过电阻发热而损失电能一样，所以，可以把涡流的存在看成是一个电阻 R。另外，铁芯中交变的磁通又在线圈中产生感应电势，阻碍电流流通，因而有感抗 X（即电抗）存在。所以，频敏变阻器相当于电阻 R 和电抗 X 的并联电路。起动过程中频敏变阻器内的实际电磁过程如下：

起动开始时，$n=0$，$s=1$，转子电流的频率（$f_2 = s f_1$）高、铁损大（铁损与 f_2^2 成正比），相当于 R 大，且 $X \propto f_2$，所以，X 也很大，即等效阻抗大，从而限制了起动电流。随着转速的逐步上升，转子频率 f_2 逐渐下降，从而使铁损减少，感应电势也减少，即由 R 和 X 组成的等效阻抗逐渐减少，这就相当于起动过程中自动逐渐切除电阻和电抗。当转速 $n = n_N$ 时，f_2 很小，R 和 X 近似为零，这相当于转子被短路。频敏变阻器是一种无触点的电磁元件，因其等效电阻与频率成正比变化，故称为频敏变阻器。

二、低压断路器

低压断路器又称自动空气开关，既能用于手动不频繁地起动电动机或接通、分断电路，又能在电路发生过载、短路和欠电压等不正常情况时，自动跳闸，分断电路的电器。它是低压交、直流配电系统中的重要保护电器之一。

低压断路器具有操作安全、安装使用方便、工作可靠、分断能力强、实现多种保护，动作后不需要更换元件等优点，因此得到广泛应用。

断路器按结构形式可分为框架式（又称万能式）和塑料外壳式（又称装置式）两种。塑料外壳式低压断路器用作配电线路、电动机、照明电路及电热器等设备的控制开关及保护。

1. 低压断路器的结构和工作原理

各种低压断路器在结构上都具有主触点、灭弧装置、各种脱扣器、自由脱扣机构和操作机构。

低压断路器的外形、工作原理及图形符号如图 1-86 所示。使用时，低压断路器的三副主触点串联在被控制的三相电路中，按下接通按钮时，外力是锁扣克服的反作用弹簧力，将固定在锁扣上面的动触点与静触点闭合，并由锁扣锁住使三对主触点保持闭合，开关处于接通状态。

当电路处于正常运行时，过电流脱扣的电磁线圈虽然串在主回路中，但是所产生的吸力不能使衔铁动作，而只有当电路发生短路或过载时，衔铁才被迅速吸合，同时撞击杠杆，使锁扣脱扣，主触点被弹簧迅速拉开分断主电路。

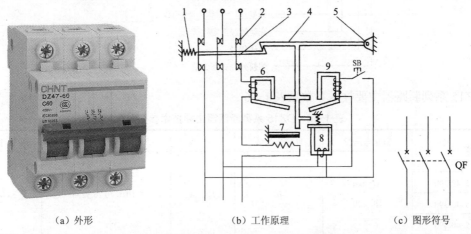

（a）外形　　　　　　　　（b）工作原理　　　　　　（c）图形符号

图 1-86　低压断路器的外形、工作原理及图形符号

1—分闸弹簧；2—主触点；3—传动杆；4—锁扣；5—轴；
6—过电流脱扣器；7—过载脱扣器；8—失电压、欠电压脱扣器；9—分励脱扣器

在正常运行时，欠电压脱扣器的电磁线圈并联在主电路中，在规定的正常电压范围内使衔铁吸合，同时克服弹簧的拉力。当电路出现故障，电压降低时（通常为额定电压的 70% 以下）吸力减小，衔铁被弹簧拉开并撞击杠杆，使锁扣脱口，主触点在弹簧的作用下迅速分断电路。

当线路发生过载时，过载电流流过热元件产生一定的热量，使双金属片受热向上弯曲，通过杠杆使锁扣脱开，在反作用弹簧的作用下，动静触点分开，从而切断电路，实现用电设备的过载保护。

分励脱扣器用于远距离使断路器断开电路，工作时按照操作人员的命令或继电保护信号使电磁线圈得电，衔铁动作，使断路器切断电路。分励脱扣器断开电路后，分励电磁线圈断

电，所以分励脱扣器是短时工作的。

2. 低压断路器的主要技术参数

① 额定电压：低压断路器的额定电压是低压断路器长期正常工作所能承受的最大电压。

② 壳架等级额定电流：低压断路器的壳架等级额定电流是每一塑壳或框架中所装脱扣器的最大额定电流。

③ 断路器额定电流：低压断路器的额定电流是脱扣器允许长期通过的最大电流。例如 DZ10-100/330 型低压断路器壳架等级额定电流为 100 A，断路器额定电流等级有 15 A、20 A、25 A、30 A、40 A、50 A、60 A、80 A、100 A 等九种。其中，最大的额定电流 100 A 与壳架等级额定电流一致。

④ 动作时间：动作时间是指出现短路的瞬间开始，到触点分离、电弧熄灭、电路被完全断开所需的全部时间。一般断路器的动作时间为 30~60 ms。

⑤ 通断能力：在规定操作条件下，断路器能分断的最大短路电流值。

3. 低压断路器的型号含义

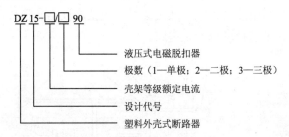

DZ15 系列断路器主要技术参数见表 1-16。

表 1-16　DZ15 系列断路器主要技术参数

型　号	额定电压/V	额定电流/A	极　数	断路器额定电流/A	通 断 能 力
DZ15-40/190	AC 380 DC 220	40	1,2,3,4	6,10,16,20,25,32,40	3 000
DZ15-40/290					
DZ15-40/390					
DZ15-40/490					
DZ15-63/190	AC 380 DC 220	63	1,2,3,4	10,15,20,25,32,40,50,63	5 000
DZ15-63/290					
DZ15-63/390					
DZ15-63/490					

4. 低压断路器的选用原则

① 低压断路器额定电压等于或大于线路的额定电压。

② 低压断路器额定电流等于或大于线路或设备的额定电流。

③ 热脱扣器的整定电流不大于所控制负载的额定电流的 1.05 倍。

④ 电磁脱扣器的瞬时整定电流应大于负载正常工作时可能出现的峰值电流。用于控制电动机时，电磁脱扣器整定电流是电动机起动电流的 1.5~1.7 倍。

⑤ 欠电压脱扣器、分励脱扣器额定电压等于线路的额定电压。

⑥ 低压断路器通断能力等于或大于线路中可能出现的最大短路电流。

📌 任务分析

设计转子回路串频敏变阻器起动控制电路。

根据频敏变阻器的工作原理，转子串频敏变阻器起动线路的控制要求为：起动时，断开接触器 KM2，转子接入频敏变阻器。当 KM1 触点闭合时，电动机开始串频敏变阻器起动，起动过程结束后，KM2 触点闭合，切除频敏变阻器即可。

图 1-87 所示为 TG1-K21 型频敏变阻器起动控制电路，可用于控制低压 45～280 kW 绕线转子异步电动机的起动。图 1-87 中 KM1 为电源接触器，KM2 为短接频敏变阻器的接触器，KT1 为起动时间继电器，KT2 为防止 KI 在起动时误动作的时间继电器，KA1 为起动中间继电器，KA2 为短接 KI 的中间继电器，KI 为过电流继电器，HL1 为电源指示信号灯，HL2 为起动结束进入正常运行指示灯，QF 为断路器，TA 为电流互感器。

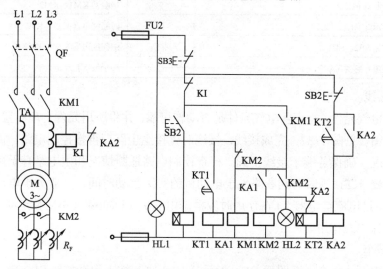

图 1-87　电动机转子串频敏变阻器自动控制电路

电路工作情况：合上断路器 QF，HL1 亮，电路电压正常。

按下起动按钮 SB2，KT1、KM1 线圈同时通电并自锁，电动机串入频敏变阻器 R_F 起动，随着转速上升，转子电流频率减小，频敏变阻器 R_F 阻抗随之下降。当转速接近额定时，起动时间继电器 KT1 动作，其常开延时闭合触点接通，KA1 得电吸合，使 KM2 得电并自锁，HL2 亮，KM2 主触点将频敏变阻器 R_F 短接，起动过程结束；同时 KT2 线圈得电吸合，经一段延时，KT2 延时常开触点动作，使 KA2 得电自锁，主电路中 KA2 常闭触点断开，使串入电动机定子电路电流互感器 TA 输出端的过电流继电器 KI 线圈串入定子回路，进行过电流保护。同时控制电路中 KA2 常闭触点也断开，KT2 线圈失电断开。

电动机起动过程中，过电流继电器 KI 线圈是被 KA2 常闭触点短接的，不会因电动机起动电流过大而使过电流继电器 KI 在起动时发生误动作。

和转子回路串电阻起动相比，串频敏变阻器起动的主要优点是：具有自动平滑调节起动电流和起动转矩的良好起动特性，且结构简单，运行可靠，无须经常维修；主要缺点是：功率因数低（一般为 0.3～0.8），因而起动转矩的增大受到限制，且不能用作调速电阻。因此，频敏变阻器用于对调速没有过多要求、起动转矩要求不大、经常正反向运转的绕线转子异步电动机的起动较合适。它广泛应用于冶金、化工等传动设备上。

任务实施

绕线转子异步电动机转子串频敏变阻器起动线路的安装、调试

1. 所需工具、材料、器材（见有 1-17）

表 1-17　所需工具、材料、器材

序 号	元器件名称	序 号	元器件名称
1	绕线转子异步电动机 M（380V）	7	频敏变阻器 R_F
2	空气开关 QF	8	过电流继电器 KI
3	熔断器 FU2	9	接触器 KM1、KM2
4	指示灯 HL1、HL2	10	时间继电器 KT1、KT2
5	按钮 SB2、SB1	11	中间继电器 KA1、KA2
6	电流互感器 TA	12	端子板 XT

2. 安装接线

配齐所用电气元件，检查各电气元件是否动作可靠，并将所用元件合理布置于布线网上。根据电气原理图（见图 1-87）完成接线，接线时先接主电路，再接控制电路。接完线后检查线路的接线情况，确保各端子接线正确。检查控制电路通断情况和主电路有无短路现象。

时间继电器 KT1 延时时间要略大于电动机的实际起动时间，一般大于电动机起动时间 2～3 s 为最佳。过电流继电器 KI 在使用时应根据电动机实际负载大小来整定动作电流值，以便起到过电流保护的作用。

3. 通电试车

接通三相电源线，合上断路器 QF，指示灯 HL1 亮，按下起动按钮 SB2 后，绕线转子异步电动机串频敏变阻器起动。在此过程中注意观察电动机的运行、接触器的吸合情况，若出现异常应立即停车断电检查，排查故障后再重新试车。电动机运行中，应根据负载大小整定过电流继电器的动作值。

任务评价

序 号	考核内容	考 核 要 求	成 绩
1	安全操作	符合安全生产要求，团队合作融洽（10 分）	
2	电气元件选择	根据线路能正确、合理地选用电气元件（10 分）	
3	安装线路	线路的布线、安装符合工艺标准（50 分）	
4	调试	根据线路的故障现象分析、判断故障点，并排除故障（20 分）	
5	操作演示	能够正确操作演示、线路分析正确（10 分）	

思考题

① 三相绕线转子异步电动机的起动方法有哪几种？

② 什么叫频敏变阻器？它有何特点？

任务4 三相异步电动机的制动

前面所学的控制电路，当电动机断电后都不是立刻停止转动，而是由于机械惯性的存在，电动机总要经过一段时间后才停止转动。实际生产中，为了提高生产效率，很多机械设备都要求电动机在断电后能够实现快速、准确地停车。所以就需要采取一些措施使电动机在切断电源后能够迅速停车，这些措施就称为电动机的制动。三相异步电动机的制动措施有机械制动和电气制动两类。

机械制动是利用制动装置在电动机断电后迫使电动机迅速停车的方法。常用的机械制动装置是电磁抱闸装置，它有断电制动型和通电制动型两种。安装时将电磁抱闸装置与电动机装在同一根轴上。断电制动型电磁抱闸在电磁线圈失电时，利用闸瓦抱住电动机转轴进行制动，而电磁线圈得电时，松开闸瓦，电动机可以自由转动。这种制动方式普遍用于起重机、卷扬机等设备的制动，可防止因突然停电而使重物落下，从而发生危险。通电制动型电磁抱闸在电磁铁得电时制动，失电时电动机自由转动。主要用于机床等设备中，在电动未通电时，可以用手扳动主轴进行调整和对刀。

电气制动是在电动机停车时，产生一个与原来转动方向相反的制动转矩，迫使电动机转速迅速下降。常见的电气制动方法有反接制动、能耗制动等。

子任务1 反接制动控制电路的实现

任务提出

在铣床、镗床、中型车床等主轴的制动控制系统中，常采用电源反接制动停车，达到迅速制动并反转的目的。要求设计、安装、调试出三相笼形异步电动机电源反接制动控制电路。

任务目标

① 掌握三相异步电动机反接制动原理。

② 能实现三相笼形异步电动机电源反接制动控制电路的设计、安装、调试任务。

相关知识

一、倒拉反接制动

倒拉反接制动适用于绕线转子异步电动机拖动重力负载的低速下放，主要应用于起重机低速下放物体。倒拉反接制动的机械特性如图 1-88 所示。

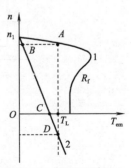

图 1-88 倒拉反接制动
机械特性

设电动机原来工作在曲线 1 上的 A 点，处于稳定运行状态。如果在转子回路中串入大电阻，其机械特性曲线变为图中曲线 2。在转子回路串入电阻的瞬间，由于转速不能突变，电动机工作点由 A 点平移到 B 点，此时电动机的转子电流和电磁转矩减小，电磁转矩 $T_{em}<T_L$。电动机开始减速，工作点由 B 点向 C 点移动。当电动机转速减小到零时，电磁转矩 $T_{em}<T_L$。此时，由于重力负载的作用，电动机将反转，直至电动机的 $T_{em}=T_L$，电动机稳定运行于图中 D 点。整个过程实现起重机的低速下放物体。

二、电源反接制动

电源反接制动就是将运行中的电动机电源反接（将电源线中的任意两根对调），由于机械惯性，电动机转速不能突变，而产生的旋转磁场、电磁转矩与电动机的转向相反，转子受到此制动转矩的作用迅速停转。如图 1-89（a）所示，电动机连续工作时 KM1 闭合，电源反接制动时，断开 KM1，闭合 KM2。

电源反接制动的机械特性曲线如图 1-89（b）所示，在电动机电源线反接的瞬间，电源相序改变，产生的旋转磁场反向，电磁转矩也随之反向，由于机械惯性，转速不能突变，工作点由曲线 1 上的 a 点平移到曲线 2 上的 b 点，此时由于电磁转矩反向，电动机开始沿着曲线 2 减速下降，当到达 c 点转速为零时，如果是反抗性负载，当 $T_e \leq T_L$ 时，电动机停止旋转；当 $T_e \geq T_L$ 时，在反向电磁转矩的作用下，电动机将反向旋转。为避免电动机反转，必须在 $n \approx 0$ 瞬间切断电源，保证电动机准确停车。反接制动时，转子与旋转磁场的相对速度接近于同步转速的两倍，产生较大的感应电动势、感应电流，此时反接制动电流可达电动机额定电流的 10 倍左右，所以定子回路（笼形异步电动机）中须串接反接制动电阻以限制反接制动电流。

绕线转子异步电动机在制动时常在转子回路中串入制动电阻 R_{2b} 以限制制动过程中的电流和增大制动转矩。绕线转子异步电动机反接制动时的机械特性如图 1-89 中曲线 3 所示。

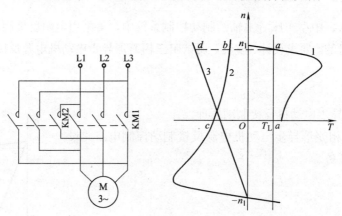

（a）电源反接制动原理　　　　　　（b）电源反接制动的机械特性曲线

图 1-89　电源反接制动原理及机械特性曲线

三相异步电动机电源反接制动的特点如下：

① 即使在电动机转速降至很低时制动转矩仍较大，优点是制动速度快，制动力矩大且制

动设备简单；缺点是制动强度过大，易造成机械损伤。

② 在制动时若负载转矩小于电动机阻转矩，能够使负载快速实现正反转。若要停车，需要在制动到转速为零时立即切断电源，所以电源反接制动控制的停车准确性较差。

因此，在实现反接制动控制中必须采取一定的措施，保证当转速接近于零时迅速切断电源，防止电动机反向起动。在实际生产中常用速度继电器来检测电动机的转速，实现制动过程中速度接近于零时自动切断电动机电源。

三、低压电气元件——速度继电器

速度继电器是反应电动机转速和转向的继电器，其作用是以电动机旋转速度的快慢为指令信号，与接触器配合实现电动机的反接制动控制，故又称反接制动继电器。

JY1 型速度继电器的外形、结构及图形符号如图 1-90 所示，其结构主要包括：定子、转子和触点系统，定子是一个鼠笼式空心圆环，由硅钢片叠压而成，并嵌有鼠笼式导体，能做小范围偏转；转子是一个圆柱形永久磁铁；触点系统包括正向动作的触点的和反向动作的触点各一组。每组触点包括一对常开触点和一对常闭触点。

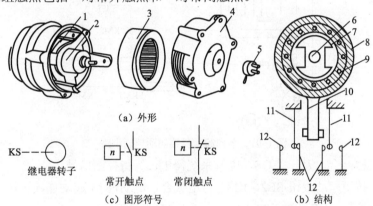

图 1-90　JY1 型速度继电器的外形、结构及图形符号

1—可动支架；2—转子；3—定子；4—端盖；5—连接头；6—电动机轴；7—转子（永久磁铁）；
8—定子；9—定子绕组；10—胶木摆杆；11—簧片（动触点）；12—静触点

速度继电器的转轴与电动机输出轴相连接，当电动机转动时速度继电器的转子随着一起转动，使永久磁铁的磁场变为旋转磁场。定子内的鼠笼式导体切割磁感线而产生感应电动势和感应电流，定子内的带电导体在旋转磁场中受到力的作用，产生电磁转矩，产生的电磁转矩使定子向转子旋转的方向偏转一个角度，转子的转速越高，定子偏转的角度也就越大。当电动机转速达到一定速度时，与定子相连的胶木摆杆推动簧片，使继电器的触点动作。当电动机的转速下降时，速度继电器转子的转速也随之下降，定子导体产生的电流也相应减小，定子所受的电磁转矩减小。当速度继电器转子转速低于某一值时，电磁转矩小于簧片的反作用力，胶木摆杆恢复到原状态，触点恢复到原来状态。常用的 JY1 型速度继电器的动作转速一般为 120 r/min，复位转速一般为 100 r/min，也就是当转速大于 120 r/min 时，速度继电器触点动作，当转速小于 100 r/min 时，速度继电器触点恢复原位。

速度继电器的文字符号为 KS，图形符号如图 1-90（c）所示。

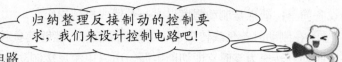

任务分析

归纳整理反接制动的控制要求，我们来设计控制电路吧！

1. 单向起动反接制动控制电路

图 1-91 为单向起动反接制动控制电路。主电路与正反转电路的主电路基本相同，在反接制动时加入三个限流电阻 R。KM1 为连续工作接触器，KM2 为反接制动接触器，速度继电器 KS 与电机同轴连接。

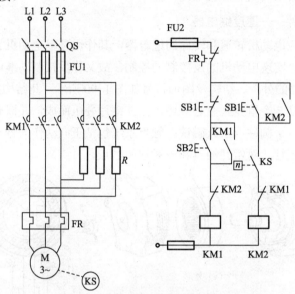

图 1-91 单向起动反接制动控制电路

电路工作过程：合上刀开关 QS，电气系统得电，等待控制信号。

单向起动：按下起动按钮 SB2，KM1 得电吸合，电动机 M 起动连续运转，转速升至速度继电器的动作值后，KS 的常开触点闭合，为反接制动做准备。

反接制动：按下停止按钮 SB1，KM1 失电，电动机定子绕组脱离三相电源，电动机因惯性仍以很高速度旋转，KS 常开触点仍保持闭合，将 SB1 按到底，使 SB1 常开触点闭合，KM2 得电并自锁，电动机定子回路串联电阻接上反相序电源，进入反接制动状态。电动机转速迅速下降，当电动机转速接近于速度继电器复位值 100 r/min 时，KS 的常开触点复位，KM2 失电，电动机失电，反接制动结束。

电路设计要有过载保护、短路保护和欠电压、失电压保护。

制动电路中每相串入电阻 R 的目的是限制反接制动电流不大于起动电流。在电动机定子绕组正常工作时的相电压为 380 V 时，则三相电路每相应串入的电阻值可根据经验公式，即式（1-22）估算：

$$R \approx 1.5 \times 220/I_q \tag{1-22}$$

式中：I_q——电动机全压起动的起动电流，A。

如果反接制动只在两相中串联电阻，则电阻应取上述估算值的 1.5 倍，当电动机容量较小时，也可不串联限流电阻。

2. 可逆起动反接制动控制电路

图 1-92 所示为电动机可逆起动反接制动控制电路。图中 QS 为刀开关，SB1 为停止按钮，SB2 为正转起动按钮，SB3 为反转起动按钮，KM1 为电动机正转接触器，KM2 为反转接触器，KM3 为短接制动电阻接触器，K1、K2、K3 为中间继电器，KS 为速度继电器，其中 KS-R 为正转闭合触点，KS-L 为反转闭合触点。R 电阻起动时起定子串电阻减压起动用，停车时，电阻 R 又作为反接制动电阻。

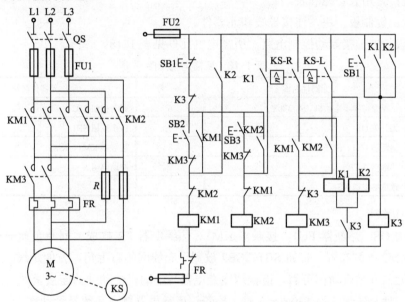

图 1-92　可逆起动反接制动控制电路

电路工作过程如下：

电动机停止—正转起动过程：合上刀开关 QS，接下正转起动按钮 SB2，接触器 KM1 线圈通电并自锁，KM1 主触点闭合使电动机定子绕组串电阻 R 接通正相序三相交流电源，电动机 M 开始正转降压起动。当电动机转速 $n > 130$ r/min 时，速度继电器正转常开触点 KS-R 闭合，接触器 KM3 线圈得电，短接电阻 R，电动机在额定电压下运行。所以，电动机转速从零上升到速度继电器 KS-R 常开触点闭合这一区间时定子串电阻降压起动。

电动机正转—停止过程：按下停止按钮 SB1，则 KM1、KM3 线圈相继失电释放，KM1、KM3 触点复位，电动机正转电压被切断。中间继电器 K3 得电，常闭触点断开，接触器 KM3 失电，主电路接入制动电阻 R，同时 K3 常开触点闭合，此时由于惯性作用，电动机转子仍高速旋转，使 KS-R 仍维持闭合状态，这样使中间继电器 K1 得电，与 SB1 并联的 K1 的一个常开触点闭合，使 K3 自锁，K1 的另外一个常开触点闭合使接触器 KM2 得电，KM2 主触点闭合，使电动机经电阻 R 获得相反相序的三相交流电源，对电动机进行反接制动，电动机转速迅速下降，当电动机转速低于速度继电器释放值，一般转速 $n < 100$ r/min 时，速度继电器常开触点 KS-R 复位，K1、K3、KM2 全部失电，反接制动结束，电动机停止。

电动机反向起动和反接制动停车控制电路工作情况与上述相似，不同的是速度继电器起作用的是反向触点 KS-L，中间继电器 K2 替代了 K1，其余情况相同，在此不再赘述。

🐭任务实施

单向电源反接制动控制电路的安装、调试

1．所需工具、仪表、器材

① 工具：螺丝刀、尖嘴钳、平口钳、斜口钳、剥线钳、测电笔、电工刀等。

② 仪表：万用表、兆欧表。

③ 器材：控制板一块，连接导线和元器件。

根据所设计的反接制动控制电路，所需电气元件见表 1-18。

表 1-18　所需电气元件

序　号	元器件名称	序　号	元器件名称
1	三相笼形异步电动机（△/380V）	6	起动按钮 SB2
2	刀开关 QS	7	停止按钮 SB1
3	熔断器 FU1、FU2	8	接触器 KM1、KM2
4	热继电器 FR	9	制动电阻 R
5	速度继电器 KS		

2．安装接线

将刀开关 QS、熔断器 FU1、接触器 KM1、热继电器 FR 排成一列并布置于左侧，接触器 KM1 和 KM2 并列布置，按钮 SB1、SB2 放置于布线网的右上角，方便走线。

检查各元器件是否动作可靠。检查速度继电器与电动机传动轴的连接紧固情况，用手转动电动机轴，使其转速约为 130 r/min 时，检查速度继电器触点系统是否动作。

按照图 1-91 所示的电气原理图，完成线路的接线。接线时应注意主电路上 KM1 和 KM2 主触点上的电源相序，防止接错。JY1 型速度继电器有两组触点，每组都有常开、常闭触点，使用公共动触点，接线时接一对常开触点。

3．线路的检查

① 接完线后，首先按照原理图仔细检查线路的接线情况，确保各端子接线正确，无漏接、错接之处。各端子接触应良好，以免带负载运行时产生闪弧现象。

② 线路测试：对控制电路的检查（可断开主电路），将表笔分别搭在控制电路两端，读数应为∞。按下 SB2 时，读数应为接触器线圈的直流电阻值。若有异常，可用电阻测量法排查故障原因。然后断开控制电路，检查主电路有无短路现象。断开 QS，手动按下接触器 KM1 后，用万用表测量 FR 后端到电动机的三根电源线 L1、L2 和 L2、L3 之间的电阻，结果均应该为断路，相间电阻 $R→∞$。若结果为短路，相间电阻 $R→0$，则说明所测量的两相之间的接线有问题，应仔细逐线检查。测量线路正常后，接好电动机的电源线准备试车。

4．通电试车

合上刀开关 QS，按下 SB2，电动机应起动后连续运行，轻按停止按钮 SB1，电动机失电后缓慢停车，在此过程中注意观察电动机转向和速度继电器触点动作情况，若电动机起动后速度超过 130 r/min 后，触点不动作，应当调整速度继电器复位弹簧压力；若电动机连续运行后，速度继电器的动作触点与接入控制电路中的常开触点不一致，应在断电后将控制电路改接入另一组的常开触点，重新试车。

按下起动按钮 SB2 后，电动机连续运行，将停止按钮 SB1 按到底，电动机应实现反接制动，电动机在 1~2 s 内停转。

任务评价

序　号	考 核 内 容	考 核 要 求	成 绩
1	安全操作	符合安全生产要求，团队合作融洽（10 分）	
2	电气元件选择	根据线路能正确、合理地选用电气元件（10 分）	
3	安装线路	线路的布线、安装符合工艺标准（50 分）	
4	调试	根据线路的故障现象分析、判断故障点，并排除故障（20 分）	
5	操作演示	能够正确操作演示、线路分析正确（10 分）	

思考题

① 速度继电器在反接制动中的作用是什么？

② 电动机起动正常，但按下 SB1 时电动机失电但继续惯性转动直至停止，电动机不受制动作用，试分析故障原因是什么？

③ 按下 SB1 时电动机制动，KM2 失电后电动机缓慢反转后再停转的故障原因是什么？

子任务 2　能耗制动控制电路的实现

任务提出

电源反接制动的制动力强，制动迅速，但制动准确性差，制动过程中冲击力强，易损坏传动部件，在要求制动平稳准确的场合则需要采用能耗制动。要求设计、安装、调试出三相异步电动机单向旋转能耗制动控制电路。

任务目标

① 掌握三相异步电动机能耗制动控制原理。

② 实现三相异步电动机单向旋转能耗制动控制电路的设计、安装、调试任务。

相关知识

所谓能耗制动就是在电动机脱离三相电源后，在定子绕组上加一个直流电压，通入直流电流，产生静止的磁场，利用转子感应电流与该静止磁场的作用达到制动的目的，如图 1-93 所示。

制动时，将运行着的异步电动机的定子绕组从三相交流电源上断开，然后立即接到直流电源上。用断开 KM1，闭合 KM2 来实现。

当三相异步电动机的定子绕组断开三相交流电源而接入直流电时，定子绕组便产生一个恒定的磁场。而转子由于惯性会继续旋转，从而切割恒定磁场产生感应电动势和感应电流，其方向可用右手定则判断。同时，由于转子铁芯电流与磁场相互作用而产生同旋转方向相反的电磁制动转矩，使电动机迅速停车。当电动机的转速下降到零时，转子感应电动势和感应电流均为零，此时制动过程结束。由于这种方法是用消耗转子的动能（转换成电能）来进行制动的，所以称为能耗制动，其机械特性曲线如图 1-94 所示。

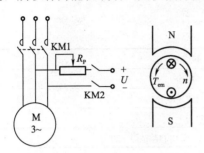

图 1-93　能耗制动原理图　　　　图 1-94　三相异步电动机能耗制动机械特性曲线

能耗制动时制动转矩的大小与通入定子绕组的直流电流的大小有关。电流越大，静止磁场越强，产生的制动转矩就越大。电流可用 R_P 调节，但通入的直流电流不能太大，一般情况，直流电流可调节为电动机额定电流的 50%～100%，否则会烧坏电动机。

任务分析　设计能耗制动的控制电路。

能耗制动的控制要求：能耗制动时断开 KM1 切断电动机电源，迅速闭合 KM2 给电动机两相绕组接通直流电，进行能耗制动，制动结束，断开 KM2。

1．单向旋转能耗制动控制电路的设计

能耗制动时的直流电一般用半波整流电路或全波整流电路获得。

（1）半波整流能耗制动控制电路

容量 10 kW 以下的电动机，能耗制动时所需的直流电可采用二极管组成的单相半波整流电路获得，其能耗制动的控制电路如图 1-95 所示。接触器 KM1 实现电动机的起动控制，KM2 实现电动机的能耗制动，KT 用于制动结束时断开直流电，SB2 为起动按钮，SB1 为停止按钮。电路中 KM1 和 KM2 必须实现互锁，否则电源相间短路。电路工作过程如下：

起动：合上 QS，按下 SB2，接触器 KM1 通电并自锁，电动机起动运转。

制动：按下 SB1，KM1 线圈失电，主触点、自锁触点断开，KM1 互锁触点闭合，切断电动机电源，电动机惯性运转。SB1 常开触点闭合，线圈 KM2、KT 得电并自锁，KM2 主触点闭合，电动机通入直流电进入能耗制动状态，转速迅速下降，直至转速为 0。这时 KT 延时时间到，KM2 回路中的 KT 延时断开常闭触点断开，KM2、KT 相继失电，触点复位，制动过程结束。

（2）全波整流能耗制动控制电路

10 kW 以上的电动机能耗制动时一般采用全波整流电路得到直流电源，其能耗制动的控制电路如图 1-96 所示。这个控制电路的控制电路部分与半波整流能耗制动时相同，不同的是主电路中直流电是由整流变压器 T 降压后再经单相桥式整流器 UR 整流后获得的，可通过调节电阻 R 的大小调节直流电流的大小，从而控制制动强度。

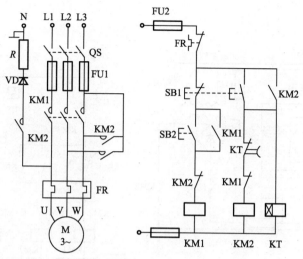

图 1-95　半波整流能耗制动控制电路

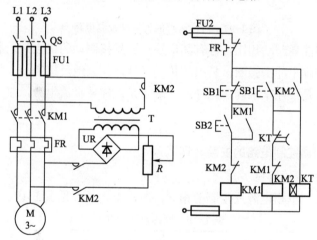

图 1-96　全波整流能耗制动控制电路

2. 可逆运行能耗制动控制电路的分析

图 1-97 所示为可逆运行能耗制动控制电路。利用接触器 KM1 和 KM2 控制电动机的正反转运行，接触器 KM3 实现能耗制动控制，KS 为速度继电器。

正向起动：当正向起动时，按下正转起动按钮 SB2，接触器 KM1 得电并自锁，主触点闭合，接通三相交流电，电动机起动运行。当电动机的转速 $n>130$ r /min 时，速度继电器 KS-R 闭合，为实现能耗制动做准备。

停车：按停止按钮 SB1，接触器 KM1 失电，主触点断开，切断电动机三相交流电，同时接触器 KM3 得电，经整流变压器 T 及桥式整流器 UR，电动机定子两相通入直流电，电动机进入能耗制动状态，转速迅速下降。当转速降至 $n<100$ r /min 时，速度继电器复位，KS-R 触点断开，KM3 失电，主触点断开，能耗制动结束，电动机自然停车。

电动机反向起动与能耗制动过程相同。以上电路是按照速度原则控制的可逆运行能耗制动控制电路，也可用时间继电器按照时间原则来控制，读者可自行分析、设计。

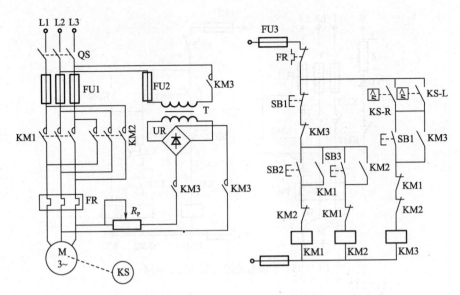

图 1-97　可逆运行能耗制动控制电路

电源反接制动和能耗制动相比，各有其优缺点。反接制动的优点是：制动力大，制动迅速；缺点是：制动过程中冲击强烈，易损坏传动部件，频繁地反接制动会使电动机过热而损坏。能耗制动的优点是：停车准确，无冲击；缺点是：需要直流电源，制动转矩相对较小。

任务实施

单向旋转能耗制动控制电路的安装、调试

1. 所需工具、仪表、器材

所需工具、仪表与单相电源反接制动相同，所需电气元件见表 1-19。

表 1-19　所需电气元件

序　号	名　　称	序　号	名　　称
1	三相笼形异步电动机（△/380 V）	6	按钮 SB1、SB2
2	刀开关 QS	7	接触器 KM1、KM2
3	熔断器 FU1、FU2	8	整流变压器 T
4	热继电器 FR	9	桥式整流器 UR
5	时间继电器 KT	10	调节电阻 R

2. 控制电路的接线

将刀开关 QS、熔断器 FU1、接触器 KM1、热继电器 FR 排成一列并布置于左侧，接触器 KM1、KM2 并列布置，FU1、整流变压器、FU2、KT 并列布置，按钮 SB1、SB2 放置于布线网的右上角，方便走线。

检查各元器件是否动作可靠。特别检查整流变压器 T 及桥式整流器 UR 的额定电压和额定电流。初步设定时间继电器延时时间为 5 s。

按照图 1-96 所示的电气原理图，完成线路的接线。主电路接线可参照单向起动控制电路，接线时应注意主电路上 KM2 的接线，防止接错造成短路。桥式整流器 UR 接线时注意区分

交流输入端和直流输出端，以防接错，烧坏桥式整流器。

3. 线路的检查

① 接完线后，首先按照原理图仔细检查线路的接线情况，确保各端子接线正确，无漏接、错接之处。各端子接触应良好，以免带负载运行时产生闪弧现象。

② 线路测试：

控制电路的检查：可断开主电路，将万用表表笔分别搭在控制电路两端，读数应为∞。按下 SB2 时，读数应为 KM1 接触器线圈的直流电阻值。松开 SB2，电路断开，读数应为∞；再按下 SB1 后读数为 KM2 和 KT 并联的直流电阻值。若有异常，可用电阻测量法排查故障原因。

主电路的检查：与前面任务一样，主要检查主电路有无短路现象。测量线路正常后接好电动机的电源线准备试车。

4. 通电试车

① 合上刀开关 QS，按下起动按钮 SB2，电动机应起动后连续运行。按停止按钮 SB1 后，接触器 KM1 失电，KM2 吸合动作电动机能耗制动，KT 延时约 5 s 后动作，KM2、KT 释放。

② 整定 KT 延时时间：将 KT 线圈一端与 KM2 自锁触点相连的引线断开，即将时间继电器线圈回路从控制电路中去掉。电动机起动后，按下 SB1，电动机从制动到停车，观察并记录电动机的制动时间；断开 QS，按测定的时间调整 KT 的延时时间；然后恢复 KT 线圈回路，重新通电试车。

▶ 任务评价

序 号	考 核 内 容	考 核 要 求	成 绩
1	安全操作	符合安全生产要求，团队合作融洽（10 分）	
2	电气元件选择	根据线路能正确，合理地选用电气元件（10 分）	
3	安装线路	线路的布线、安装符合工艺标准（50 分）	
4	调试	根据线路的故障现象分析、判断故障点，并排除故障（20 分）	
5	操作演示	能够正确操作演示、线路分析正确（10 分）	

思考题

① 能耗制动的制动原理是什么？

② 三相异步电动机的制动方法有哪些？它们各自的特点是什么？分别适用于什么场合？

任务 5　三相异步电动机的调速

有些生产机械工作中需要改变电动机的转速，例如金属切削机床在加工工件时需要按被加工金属的种类、切削工具的性质等来改变电动机的转速；起重运输机械在快要停车时，应降低转速，保证工作的安全；电梯在起动、停止时需要低速运行，保证运行的平稳、安全。生产中用人为的方法，在同一负载下使电动机的转速发生改变以满足工作的需要就称为调速。

子任务 1　三相异步电动机调速控制电路的实现

任务提出

在金属切削机床、升降机、起重设备、风机、水泵等不需要无级调速的生产机械中，常采用变极调速实现生产设备的转速变化。要求实现一台三相异步电动机的变极调速控制电路。

任务目标

① 掌握三相异步电动机的调速方法。
② 掌握三相异步电动机的调速原理。
③ 完成双速异步电动机控制电路的安装、调试。

相关知识

一、变极调速

由电动机的工作原理可知，在电源频率 f 不变的条件下，改变电动机的磁极对数，电动机的同步转速就会发生变化，从而可改变电动机的转速。若磁极对数减少一半，同步转速就提高一倍，电动机转速也几乎提高一倍。

通常用改变定子绕组的接法来改变磁极对数，这种电动机称为多速电动机。变极调速方法一般适于笼形异步电动机，因为笼形异步电动机转子绕组本身没有固定的磁极对数，能自动地与定子绕组相适应。这种电动机在制造时，从定子绕组中抽出一些接线头，以便使用时变换磁极对数。

1．变极原理

下面以单绕组双速电动机为例，对变极调速的原理进行分析，如图 1-98 所示。为简便起见，将一个线圈组集中起来用一个线圈代表。单绕组双速电动机的定子每相绕组由两个相等圈数的"半绕组"a1x1 与 a2x2 组成，并设相电流是从首 U1 进，尾 U2 出，用"×"表示电流流入，用"·"表示电流流出。当两个"半绕组"串联时，根据绕组内的电流方向，用右手螺旋定则可以判断出磁场的方向，这时电动机所形成的是一个 $2p=4$ 的磁场。

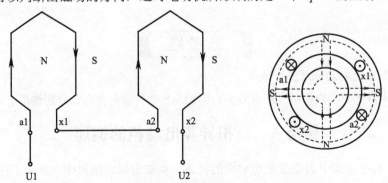

图 1-98　三相四极异步电动机定子 U 相绕组连接原理

如果将两个"半绕组"a1x1 与 a2x2 尾尾相串联或首尾相串联时，就形成一个 $2p=2$ 的磁场，如图 1-99 所示。

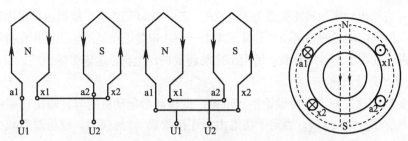

图 1-99 三相二极异步电动机定子 U 相绕组连接原理

可见，改变磁极对数的关键在于使每相定子绕组中一半绕组内的电流改变方向，可用改变定子绕组的接线方式来实现。若在定子上装两套独立绕组，各自具有所需的磁极对数，两套独立绕组中每套又可以有不同的连接。这样就可以分别得到双速、三速或四速电动机，通称为多速电动机。在变极调速中使用广泛的是双速异步电动机。

绕线转子异步电动机转子磁极对数不能自动随定子磁极对数变化，如果同时改变定、转子绕组磁极对数又比较麻烦，因此绕线转子异步电动机不采用变极调速。

2. 变极调速方法

目前，我国多极电动机定子绕组连接方式常用的有两种：一种是从星形改成双星形，记作丫/丫丫，丫是低速，丫丫是高速，如图 1-100 所示；另一种是从三角形改成双星形，记作△/丫丫，△是低速，丫丫是高速，如图 1-101 所示。由图可见，这两种接法都可使每相绕组的半相绕组内电流改变方向，从而电动机磁极对数减少一半。

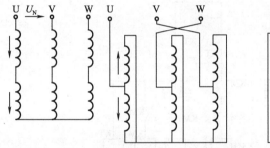

图 1-100 异步电动机丫/丫丫变极调速接线

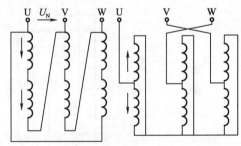

图 1-101 异步电动机△/丫丫变极调速接线

在改变定子绕组接线时，必须同时改变定子绕组的相序（对调任意两相绕组出现端），以保证调速前后电动机的转向不变。这是因为在电动机定子圆周上，电角度= $p\times$机械角度，当电动机绕组采用丫丫接线时 $p=1$，U、V、W 三相绕组在空间分布的电角度依次为 0°、120°、240°；而当电动机绕组采用丫丫或△接线时 $p=2$，U、V、W 三相绕组在空间分布的电角度依次变为 0°、120°×2=240°、240°×2=480°。可见，变极前后三相绕组的相序发生了变化，因此变极后只有对调定子绕组的两相出线端，才能保证电动机的转向不变。

3. 变极调速的性质

（1）丫/丫丫变极调速

丫/丫丫变极调速过程中，绕组自身（除接法外）及电动机结构并未改变。假设变极前后电动机的功率因数和效率保持不变，线圈组均通过额定的绕组电流 I_N，经理论推导可得，变极前后电动机的容许输出功率和转矩关系为 $P_{YY}=2P_Y$，$T_{YY}=T_Y$ 可知当定子绕组由单星形连接改成双星形连接时，虽然电动机的输出功率和转速增大一倍，但是电动机的输出转矩保持不变，所以 Y/YY 变极调速使用于恒转矩负载，适用于拖动起重机、电梯、运输带等恒转矩负载的调速。

（2）△/YY 变极调速

△/YY 变极调速过程中，经理论推导可得，变极前后电动机的容许输出功率和转矩关系为 $P_{YY}=1.15P_{\triangle}$，$T_{YY}\approx0.58T_{\triangle}$。当定子绕组由△连接改成 YY 连接后，磁极对数减少一半，速度增加一倍，功率近似不变，输出转矩减小一半，这种变极调速属于恒功率调速方式，适用于车床切削等恒功率负载，如粗车时，进给量大、转速低；精车时，进给量小，转速高，但两者的功率近似不变。

变极调速的优点是：操作简单、运行可靠，既可适用于恒功率负载，又可适用于恒转矩负载；缺点是：转速只能成倍地变化，因此调速的平滑性差。该方法比较广泛地应用于不需要无级调速的生产机械，如金属切削机床、通风机等。

4. 三相异步电动机变极调速控制电路

图 1-102 所示为△/YY 方式的 4/2 极双速异步电动机的控制电路。选择开关 SA 选择低速运行或高速运行。

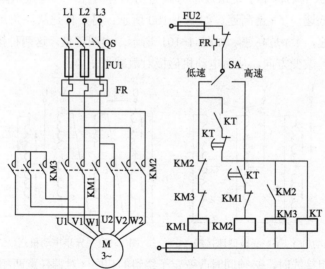

图 1-102　△/YY 方式的 4/2 极双速异步电动机的控制电路

选择高速运行时，首先接通 KM1 低速起动，然后由 KT 切断 KM1 的线圈，同时接通 KM2 和 KM3 的线圈，电动机的转速自动由低速切换到高速。具体工作原理如下：当把 SA 接到低速挡时，接触器线圈 KM1 得电，主触点 KM1 闭合，将定子三相绕组接到电源上，此时定子三相绕组为三角形连接，电动机低速运行；当把 SA 接到高速挡时，时间继电器线圈 KT 先得电，瞬动触点 KT 闭合，接触器线圈 KM1 得电，主触点 KM1 闭合，三相异步电动机低速起动。到达延时时间后，延时断开常闭触点 KT 断开，线圈 KM1 失电，触点 KM1 复位，延时闭合常开触点 KT 闭合，接触器线圈 KM2 得电，主触点 KM2 闭合，常开触点 KM2 闭合，使线圈 KM3 得电，主触点 KM3 闭合，异步电动机的三相绕组连接成双星形，做高速运行，从而实现了电动机的双速控制。

二、变转差率调速

1. 调压调速

由图 1-103 可见，电压改变时，T_{max} 变化，而 n_0 和 s_m 不变。对于恒转矩性负载 T_L，负载转矩特性曲线 1 与不同电压下电动机的机械特性的交点为 a、b、c，由图可以看出：当电压变化时，速度的变化很小，即调速范围很小。对于离心式通风机型负载，负载转矩特性曲线 2 与不同电压下机械特性的交点为 d、e、f，此时的调速范围稍大。在定子回路中串电阻（或电抗）和用晶闸管调压调速都是属于这种调速方法。

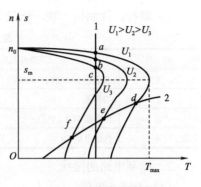

图 1-103　变转差率调速原理图

2. 转子回路串电阻调速

转子回路串电阻调速原理接线图和机械特性与图 1-36 相同，从图中可看出，随着外加电阻的增大，电动机的转速降低，只适用于绕线转子异步电动机。

三、变频调速

改变三相异步电动机的电源频率，可以改变旋转磁场的同步转速，达到调速的目的。电源频率提高，电动机转速提高；电源频率下降，电动机转速下降。若电源频率可以做到匀速调节，则电动机的转速就能平滑改变。这种调速方法具有较宽的调速范围、较高的精度和较好的动态、静态特性。在工农业生产中，用变频器改变电源频率以驱动三相异步电动机来实现变频调速已得到广泛应用。

下面来分析一下。

任务分析

三相异步电动机的转速公式：

$$n = (1-s)n_0 = (1-s)\frac{60f}{p}$$

三相异步电动机的调速方法有：

① 变频调速。改变异步电动机电源频率 f 来改变电动机同步转速 n_0 进行调速。

② 变极调速。改变异步电动机的磁极对数 p 来改变电动机同步转速 n_0 进行调速。

③ 变转差率调速。调速过程中保持电动机同步转速 n_0 不变，改变转差率 s 来进行调速。其中，有降低定子电压、在绕线转子异步电动机转子回路中串电阻调速。

变频调速的调速性能好，可以实现无级调速，调速范围大，一般用于对调速要求较高的场合。常用的简单方法是采用改变电动机定子绕组磁极对数的变极调速。

任务实施

双速异步电动机控制电路的实现

1. 所需工具、仪表、器材（见表 1-20）

① 工具：螺丝刀、尖嘴钳、平口钳、斜口钳、剥线钳、测电笔、电工刀等。

② 仪表：万用表、兆欧表。

③ 器材：控制板一块，连接导线和元器件。

表 1-20 所需工具、仪表、器材

序 号	元器件名称	序 号	元器件名称
1	双速异步电动机（380 V）	5	选择开关 SA
2	刀开关	6	接触器 KM1、KM2、KM3
3	熔断器 FU1、FU2	7	时间继电器 KT
4	热继电器 FR	8	端子排 XT

2．控制电路的接线

（1）检查元器件

检查各元器件的质量，熟悉 4/2 极双速电动机定子绕组的连接方法。三相双速异步电动机的定子绕组有两种接法：△接法和丫丫接法，如图 1-104 所示。

图 1-104（a）所示为双速异步电动定子绕组的△接法，三相绕组的接线端子 U1、V1、W1 与电源线连接，U2、V2、W2 三个接线端悬空，三相定子绕组接成三角形。图 1-104（b）所示为双速异步电动机定子绕组的丫丫接法，接线端子 U1、V1、W1 连接在一起，U2、V2、W2 三个接线端与电源线连接。

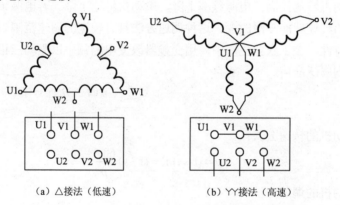

（a）△接法（低速）　　　　　（b）丫丫接法（高速）

图 1-104 三相双速异步电动机定子绕组接线图

（2）电路连接

分清双速异步电动机定子绕组 U1、V1、W1 和 U2、V2、W2 六个接线端子，遵循一般接线规律，按图 1-102 所示电路接线。电动机在接线时的相序不能接错，要按原理图接线；否则，在高速（丫丫接）时电动机将会反转，产生很大的冲击电流。

3．线路的检查

根据电路图，自行检查接线是否正确，用万用表的电阻挡检查接线有无错接、漏接和短接，并排除故障。检查完毕，再经指导教师检查确认后，通电试车。

4．通电试车

① 选择开关 SA 扳至低速挡，电动机按△接法起动，记录电动机转速 $n_\triangle$。

② 经过一段时间后，电动机按丫丫接法运行，记录电动机转速 $n_{\curlyvee\curlyvee}$。

③ 按下 SB1，电动机停止运转。

通电试车中观察电动机的低速运转和高速运转的情况，改变选择开关 SA 的操作顺序，比较电动机的运转情况。

通电试车时，如发现电路不能正常工作或出现异常现象，应立即切断电源，查找原因，故障排除后再通电试车。

任务评价

序　号	考核内容	考　核　要　求	成　绩
1	安全操作	符合安全生产要求，团队合作融洽（10 分）	
2	电气元件选择	根据线路能正确、合理地选用电气元件（10 分）	
3	安装线路	线路的布线、安装符合工艺标准（50 分）	
4	调试	根据线路的故障现象分析、判断故障点，并排除故障（20 分）	
5	操作演示	能够正确操作演示、线路分析正确（10 分）	

思 考 题

① 两种转速下电动机的转向相反，换向时将产生很大的冲击电流的故障原因是什么？

② 在YY接法的接触器 KM2 运行时造成电源短路事故的原因是什么？

③ 电动机有哪几种调速方法？各种调速方法有何优缺点？

子任务2　变频器的认识及使用

任务提出

由于电力电子元件的快速发展，多采用由晶闸管或自关断功率晶体管器件组成的变频调速装置——变频器，已经在很多领域获得广泛应用。变频器调速已成为电力拖动系统的一个重要发展方向。现要求用西门子 MM440 变频器实现对电动机的调速控制。

任务目标

① 认识变频器的作用、功能、结构。

② 会用变频器操作面板实现电动机的起动、正反转、点动、调速控制。

③ 会用变频器的外部运行功能实现电动机的正反转控制。

相关知识

学习新知识！

一、变频器基础知识

变频器是应用变频技术制造的一种静止的频率变换器，是利用半导体器件的通断作用将固定频率（通常为工频 50 Hz）的交流电（三相或单相）变换成频率连续可调的交流电的电能控制装置。变频器现主要应用于传动调速。

1．变频器的种类

变频器的种类很多，分类方法多种多样，主要有以下几种：

（1）按变换环节分类

按变换环节可分为交-交变频器和交-直-交变频器。

① 交-交变频器。交-交变频器是把频率固定的交流电直接变换成频率和电压连续可调的交流电。其主要优点是没有中间环节，变换效率高，但连续可调频率范围较窄，通常为额定频率的 1/2 以下，主要适用于电力牵引等容量较大的低速拖动系统中。

② 交-直-交变频器。交-直-交变频器是先把频率固定的交流电整流成直流电，再把直流电逆变成频率连续可调的交流电。由于把直流电逆变成交流电的环节较易控制，在频率的调节范围以及对改善变频后的电动机的特性等方面，都有明显的优势，是目前广泛采用的变频方式。

（2）按工作原理分类

按工作原理可分为 U/f 控制变频器、转差率控制变频器和矢量控制变频器。

① U/f 控制变频器。三相异步电动机的每相电压 U 为 $U_1 \approx E_1 = 4.44 f_1 N_1 \Phi_m k_{W1}$，若电源电压 U_1 不变，当降低电源频率 f_1 调速时，则磁通 Φ_m 将增加，使铁芯饱和，从而导致励磁电流和铁损耗的大量增加，电动机温升过高等，因此在变频调速的同时，为保持磁通 Φ_m 不变，就必须降低电源电压，使 U_1/f_1 或 E_1/f_1 为常数，对变频器输出的电压和频率同时进行控制。因为在 U/f 系统中，由于电机绕组及连线的电压降引起有效电压的衰落而使电机的转矩不足，尤其在低速运行时更为明显。一般采用的方法是预估电压降并增加电压，以补偿低速时转矩的不足。采用 V/f 控制的变频器控制电路结构简单、成本低，大多用于对精度要求不高的通用变频器。

② 转差率控制变频器。转差频率控制方式是对 V/f 控制的一种改进，这种控制需要由安装在电动机上的速度传感器检测出电动机的转速，构成速度闭环，速度调节器的输出为转差频率，而变频器的输出频率则由电动机的实际转速与所需转差频率之和决定。由于通过控制转差频率来控制转矩和电流，与 V/f 控制相比，转差频率控制变频器的加减速特性和限制过电流的能力均得到了提高。

③ 矢量控制变频器。矢量控制是一种高性能异步电动机控制方式。它的基本控制方法是：将异步电动机的定子电流分为产生磁场的电流分量（励磁电流）和与其垂直的产生转矩的电流分量（转矩电流），并分别加以控制。由于在这种控制方式中必须同时控制异步电动机的定子电流的幅值和相位，即定子电流的矢量，因此，这种控制方式被称为矢量控制方式。

（3）按用途分类

按用途可分为通用变频器和高性能专用变频器。

① 通用变频器。通用变频器是指能与普通的笼形异步电动机配套使用，能适应各种不同性质的负载，并具有多种可供选择功能的变频器。

② 高性能专用变频器。高性能专用变频器主要应用于对电动机的控制要求较高的系统。与通用变频器相比，高性能专用变频器大多采用矢量控制方式，驱动对象通常是变频器生产厂家指定的专用电动机。

2．变频器的构成

通用变频器把工频电变换成各种频率的交流电，以实现电动机的变速运行。变频器由主电路和控制电路构成，通用变频器的结构原理如图 1-105 所示。主电路包括整流电路和逆变电路两部分。整流电路是把交流电转换为直流电；逆变电路是把直流电再逆变成交流电。控制电路主要用来完成对主电路的控制。

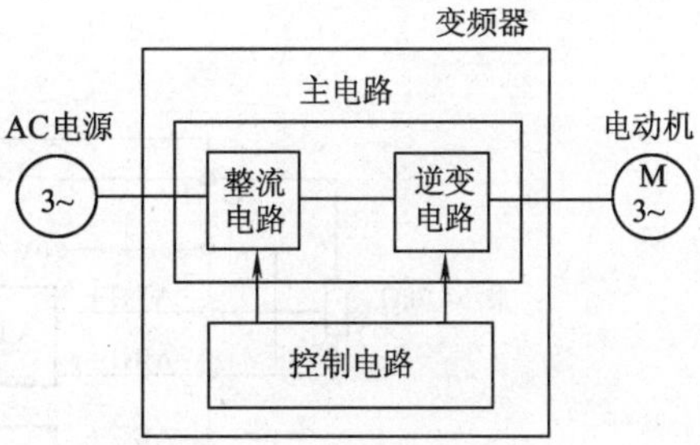

图 1-105　通用变频器的结构原理

二、西门子 MM440 变频器使用

变频器 MM440（Micro Master 440）系列是德国西门子公司广泛应用于工业场合的多功能标准变频器。它采用高性能的矢量控制技术，提供低速高转矩输出和良好的动态特性，同时具备超强的过载能力，并可通过数字操作面板或通过远程操作器方式，修改其内置参数。变频器广泛应用于各种需要电动机调速的场合。

1．MM440 变频器的控制方式

变频器运行控制方式，即变频器输出电压与频率的控制关系。控制方式的选择，可通过变频器相应的参数设置选择。主要有以下七种控制方式：

① 线性 U/f 控制。变频器输出电压与频率为线性关系，用于恒转矩负载。

② 带磁通电流控制（FCC）的线性 U/f 控制。变频器根据电动机特性实时计算所需要的输出电压，以此来保持电动机的磁通处于最佳状态。此方式可提高电动机效率和改善电动机动态响应特性。

③ 平方 U/f 控制。变频器输出电压二次方与频率为线性关系，用于变转矩负载，如风机和泵。

④ 特性曲线可编程的 U/f 控制。变频器输出电压与频率为分段线性关系，此种控制方式可应用于在某一特定频率下为电动机提供特定的转矩。

⑤ 带"能量优化控制（ECO）"的线性 U/f 控制。此方式的特点是变频器自动增加或降低电动机电压，搜寻并使电动机运行在损耗最小的工作点。

⑥ 无传感器矢量控制。用固有的滑差补偿对电动机的速度进行控制。采用这一控制方式时，可以得到大的转矩、改善瞬态响应特性和具有优良的速度稳定性，而且在低频时可提高电动机的转矩。

⑦ 无传感器的矢量转矩控制。变频器可以直接控制电动机的转矩。当负载要求具有恒定的转矩时，变频器通过改变向电动机输出的电流，使转矩维持在设定的数值。

2．保护特性

过电压及欠电压保护、变频器过热保护、接地故障保护、短路保护、电动机过载保护、用 PTC（温度传感器）为电动机过热保护。

3．MM440 变频器的电路图

图 1-106 为 MM440 变频器的电路图。MM440 变频器共有 20 多个控制端子，分为四类：输入信号端子、频率模拟设定输入端子、监视信号输出端子和通信端子。

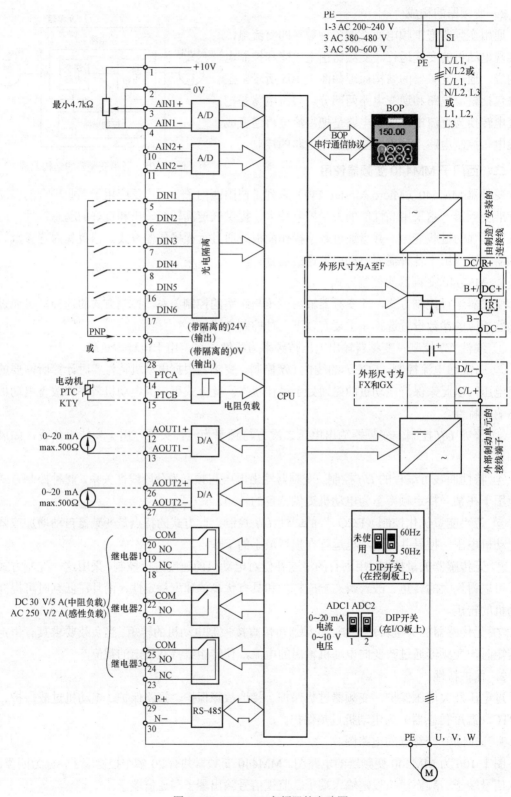

图 1-106 MM440 变频器的电路图

DIN1～DIN6 为数字信号输入端子，一般用于变频器外部控制，其具体功能由相应设置决定。例如，出厂时设置 DIN1 为正向运行、DIN2 为反向运行等，根据需要通过修改参数可改变功能。使用输入信号端子可以完成对电动机的正反转控制、复位、多级速度设定、自由停车、点动等控制操作。PTC 端子用于电动机内置 PTC 测温保护，为 PTC 传感器输入端。

AIN1、AIN2 为模拟信号输入端子，分别作为频率给定信号和闭环时反馈信号输入。变频器提供了三种频率模拟设定方式：外接电位器设定、0～10 V 电压设定和 4～20 mA 电流设定。当用电压或电流设定时，最大的电压或电流对应变频器输出频率设定的最大值。变频器有两路频率设定通道，开环控制时只用 AIN1 通道，闭环控制时使用 AIN2 通道作为反馈输入，两路模拟设定进行叠加。

输出信号的作用是对变频器运行状态的指示，或向上位机提供这些信息。

KA1、KA2、KA3 为继电器输出端子，其功能也是可编程的，如故障报警、状态指示等。AOUT1、AOUT2 端子为模拟量输出 0～20 mA 信号，其功能也是可编程的，用于输出指示运行频率、电流等。

P+、N- 为通信接口端子，是一个标准的 RS-485 接口。通过此通信接口，可以实现对变频器的远程控制，包括运行/停止及频率设定控制，也可以与端子控制进行组合完成对变频器的控制。变频器可使用数字操作面板控制，还可使用端子控制，还可使用 RS-485 通信接口对其进行远程控制。

图 1-107　MM440 变频器 BOP
操作面板示意图

4．变频器 BOP 操作面板的使用

（1）变频器 BOP 操作面板的名称和功能

图 1-107 所示为 MM440 变频器 BOP 操作面板示意图。表 1-21 所示为 MM440 变频器 BOP 操作面板按键功能。

表 1-21　MM440 变频器 BOP 操作面板按键功能

显示/按钮	功　能	功　能　说　明
r0000	状态显示	LCD 显示变频器当前的设定值
I	起动变频器	按此键起动变频器。默认值运行时此键是被封锁的。为了使此键的操应有效，设定 P0700=1
0	停止变频器	OFF1：按此键，变频器将按选定的斜坡下降速率减速停车。默认值运行时此键被封锁；为了允许此键操作，应设定 P0700=1。OFF2：按此键两次（或一次，但时间较长），电动机将在惯性作用下自由停车，此功能总是"使能"的
	改变电动机的转动方向	按此键可以改变电动机的转动方向。电动机的反向用负号（－）表示或用闪烁的小数点表示。默认值运行时此键是被封锁的，为了使此键的操作有效，应设定 P0700=1
jog	电动机点动	在变频器无输出的情况下按此键，将使电动机起动，并按预设定的点动频率运行。释放此键时，变频器停车。如果变频器/电动机正在运行，按此键将不起作用

续表

显示/按钮	功 能	功 能 说 明
(Fn)	功能	此键用于浏览辅助信息。 变频器运行过程中，在显示任何一个参数时按下此键并保持不动 2 s，将显示以下参数值（在变频器运行中，从任何一个参数开始）： 1. 直流回路电压（用 d 表示，单位为 V）。 2. 输出电流（A）。 3. 输出频率（Hz）。 4. 输出电压（用 o 表示，单位为 V）。 5. 由 P0005 选定的数值［如果 P0005 选择显示上述参数中的任何一个（3、4 或 5），这里将不再显示］。 连续多次按下此键，将轮流显示以上参数。 跳转功能。在显示任何一个参数（r×××× 或 P××××）时短时间按下此键，将立即跳转到 r0000，如果需要，可以接着修改其他参数。跳转到 r0000 后，按此键将返回原来的显示点
(P)	访问参数	按此键即可访问参数
(▲)	增加数值	按此键即可增加面板上显示的参数数值
(▼)	减少数值	按此键即可减少面板上显示的参数数值

（2）BOP 操作面板修改设置参数的方法

MM440 在默认设置时，用 BOP 控制电动机的功能是被禁止的。如果要用 BOP 进行控制，参数 P0700 应设置为 1，参数 P1000 也应设置为 1。用基本操作面板（BOP）可以修改任何一个参数。修改参数的数值时，BOP 有时会显示 busy，表明变频器正忙于处理优先级更高的任务。下面就以设置 P1000=1 的过程为例，来介绍通过基本操作面板（BOP）修改设置参数的流程，见表 1-22。

表 1-22　基本操作面板（BOP）修改设置参数流程

序　号	操 作 步 骤	BOP 显示结果
1	按(P)键，访问参数	r0000
2	按(▲)键，直到显示 P1000	P1000
3	按(P)键，直到显示 in000，即 P1000 的第 0 组值	in000
4	按(P)键，显示当前值 2	2
5	按(▼)键，达到所要求的值 1	1
6	按(P)键，存储当前设置	P1000
7	按(Fn)键，显示 r0000	r0000
8	按(P)键，显示频率	50.00

任务分析

要用西门子 MM440 变频器实现对电动机的调速控制，就需要掌握西门子 MM440 变频器、变频器操作面板的相关知识。

任务实施

一、用变频器操作面板实现电动机的起动、正反转、点动、调速控制

1. 训练工具、材料和设备

西门子 MM440 变频器、小型三相异步电动机、电气控制柜、电工工具（一套）、连接导线若干等。

2. 操作方法和步骤

（1）按要求接线

按图 1-108 完成系统硬件接线，检查电路正确无误后，合上刀开关 QS。

（2）参数设置

① 设定 P0010＝30 和 P0970＝1，按下 键，开始复位，复位过程大约 3 min，这样就可保证变频器的参数恢复到工厂默认值。

② 设置电动机参数。为了使电动机与变频器相匹配，需要设置电动机参数。电动机参数设置见表 1-23。电动机参数设置完成后，设 P0010＝0，变频器当前处于准备状态，可正常运行。

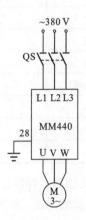

图 1-108　操作面板控制电机转速接线图

表 1-23　电动机参数设置

参 数 号	出 厂 值	设 置 值	说　　明
P0003	1	1	设定用户访问级为标准级
P0010	0	1	快速调试
P0100	0	0	功率以 kW 表示，频率为 50Hz
P0304	230	380	电动机额定电压（V）
P0305	3.25	1.05	电动机额定电流（A）
P0307	0.75	0.37	电动机额定功率（kW）
P0310	50	50	电动机额定频率（Hz）
P0311	0	1400	电动机额定转速（r/min）

③ 设置面板基本操作控制参数，见表 1-24。

表 1-24　面板基本操作控制参数

参 数 号	出 厂 值	设 置 值	说 明
P0003	1	1	设用户访问级为标准级
P0010	0	0	正确地进行运行命令的初始化
P0004	0	7	命令和数字 I/O
P0700	2	1	由键盘输入设定值（选择命令源）
P0003	1	1	设用户访问级为标准级
P0004	0	10	设定值通道和斜坡函数发生器
P1000	2	1	由键盘（电动电位计）输入设定值
P1080	0	0	电动机运行的最低频率（Hz）
P1082	50	50	电动机运行的最高频率（Hz）
P0003	1	2	设用户访问级为扩展级
P0004	0	10	设定值通道和斜坡函数发生器
P1040	5	20	设定键盘控制的频率值（Hz）
P1058	5	10	正向点动频率（Hz）
P1059	5	10	反向点动频率（Hz）
P1060	10	5	点动斜坡上升时间（s）
P1061	10	5	点动斜坡下降时间（s）

（3）变频器运行操作

① 变频器起动：在变频器的前操作面板上按运行键⬤，变频器将驱动电动机升速，并运行在由 P1040 所设定的 20 Hz 频率对应的 560 r/min 的转速上。

② 正反转及加减速运行：电动机的转速（运行频率）及旋转方向可直接通过按前操作面板上的增加键 / 减少键（▲/▼）来改变。

③ 点动运行：按下变频器前操作面板上的点动键⬤，则变频器驱动电动机升速，并运行在由 P1058 所设置的正向点动 10 Hz 频率值上。当松开变频器前操作面板上的点动键，则变频器将驱动电动机降速至零。这时，如果按变频器前操作面板上的换向键⬤，再重复上述的点动运行操作，电动机可在变频器的驱动下反向点动运行。

④ 电动机停车：在变频器的前操作面板上按停止键⬤，则变频器驱动电动机降速至零。

二、用变频器的外部运行功能实现电动机的正反转控制

控制要求：用按钮 SB1 和 SB2 控制 MM440 变频器的运行，实现电动机正转和反转控制。其中，端口"5"（DIN1）设为正转控制，端口"6"（DIN1）设为反转控制。对应的功能分别由 P0701 和 P0702 的参数值设置。

1．训练工具、材料和设备

西门子 MM440 变频器一台、三相异步电动机一台、断路器一个、熔断器三个、自锁按钮两个、导线若干、通用电工工具一套等。

2．操作方法和步骤

（1）按要求接线

变频器外部运行操作接线图如图 1-109
所示。

（2）参数设置

MM440 变频器有六个数字输入端口，具
体如图 1-106 所示。MM440 变频器的六个数
字输入端口（DIN1~DIN6），即端口"5"、"6"、
"7"、"8"、"16" 和 "17"，每一个数字输入端
口功能很多，用户可根据需要进行设置。参数
号 P0701~P0706 为与端口数字输入 1 功能至
数字输入 6 功能，每一个数字输入功能设置参
数值范围均为 0~99，出厂默认值均为 1。以
下列出其中几个常用的参数值，各数值的具体
含义见表 1-25。

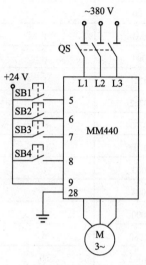

图 1-109　变频器外部运行操作接线图

表 1-25　MM440 数字输入端口功能设置表

参 数 值	功 能 说 明
0	禁止数字输入
1	ON/OFF1（接通正转、停车命令 1）
2	ON/OFF1（接通反转、停车命令 1）
3	OFF2（停车命令 2），按惯性自由停车
4	OFF3（停车命令 3），按斜坡函数曲线快速降速
9	故障确认
10	正向点动
11	反向点动
12	反转
13	MOP（电动电位计）升速（增加频率）
14	MOP 降速（减少频率）
15	固定频率设定值（直接选择）
16	固定频率设定值（直接选择+ON 命令）
17	固定频率设定值（二进制编码选择+ON 命令）
25	直流注入制动

接通断路器 QS，在变频器得电的情况下，完成相关参数设置，具体设置见表 1-26。

表 1-26　变频器参数设置

参 数 号	出 厂 值	设 置 值	说 明
P0003	1	1	设用户访问级为标准级
P0004	0	7	命令和数字 I/O

续表

参 数 号	出 厂 值	设 置 值	说　　明
P0700	2	2	命令源选择"由端子排输入"
P0003	1	2	设用户访问级为扩展级
P0004	0	7	命令和数字 I/O
*P0701	1	1	ON 接通正转，OFF 停止
*P0702	1	2	ON 接通反转，OFF 停止
*P0703	9	10	正转点动
*P0704	15	11	反转点动
P0003	1	1	设用户访问级为标准级
P0004	0	10	设定值通道和斜坡函数发生器
P1000	2	1	由键盘（电动电位计）输入设定值
*P1080	0	0	电动机运行的最低频率（Hz）
*P1082	50	50	电动机运行的最高频率（Hz）
*P1120	10	5	斜坡上升时间（s）
*P1121	10	5	斜坡下降时间（s）
P0003	1	2	设用户访问级为扩展级
P0004	0	10	设定值通道和斜坡函数发生器
*P1040	5	20	设定键盘控制的频率值
*P1058	5	10	正向点动频率（Hz）
*P1059	5	10	反向点动频率（Hz）
*P1060	10	5	点动斜坡上升时间（s）
*P1061	10	5	点动斜坡下降时间（s）

（3）变频器运行操作

① 正向运行：当按下带锁按钮 SB1 时，变频器数字端口"5"为 ON，电动机按 P1120 所设置的 5 s 斜坡上升时间正向起动运行，经 5 s 后稳定运行在 560 r/min 的转速上，此转速与 P1040 所设置的 20 Hz 对应。放开按钮 SB1，变频器数字端口"5"为 OFF，电动机按 P1121 所设置的 5 s 斜坡下降时间停止运行。

② 反向运行：当按下带锁按钮 SB2 时，变频器数字端口"6"为 ON，电动机按 P1120 所设置的 5 s 斜坡上升时间反向起动运行，经 5 s 后稳定运行在 560 r/min 的转速上，此转速与 P1040 所设置的 20 Hz 对应。放开按钮 SB2，变频器数字端口"6"为 OFF，电动机按 P1121 所设置的 5 s 斜坡下降时间停止运行。

③ 电动机的点动运行：

a. 正向点动运行：当按下带锁按钮 SB3 时，变频器数字端口"7"为 ON，电动机按 P1060 所设置的 5 s 点动斜坡上升时间正向起动运行，经 5 s 后稳定运行在 280 r/min 的转速上，此转速与 P1058 所设置的 10 Hz 对应。放开按钮 SB3，变频器数字端口"7"为 OFF，电动机按 P1061 所设置的 5 s 点动斜坡下降时间停止运行。

b. 反向点动运行：当按下带锁按钮 SB4 时，变频器数字端口"8"为 ON，电动机按 P1060 所设置的 5 s 点动斜坡上升时间反向起动运行，经 5 s 后稳定运行在 280 r/min 的转速上，此转速与 P1059 所设置的 10 Hz 对应。放开按钮 SB4，变频器数字端口"8"为 OFF，电动机按 P1061 所设置的 5 s 点动斜坡下降时间停止运行。

④ 电动机的速度调节。分别更改 P1040、P1058、P1059 的值，按上述操作过程，就可以改变电动机正常运行速度和正、反向点动运行速度。

⑤ 电动机实际转速测定。电动机运行过程中，利用激光测速仪或者转速测试表，可以直接测量电动机实际运行速度，当电动机处在空载、轻载或者重载时，实际运行速度会根据负载的轻重略有变化。

任务评价

序　号	考核内容	考核要求	成　绩
1	接线	能正确使用工具和仪表，按照电路图正确接线（30 分）	
2	参数设置	能根据任务要求正确设置变频器参数（40 分）	
3	操作调试	操作调试过程正确（20 分）	
4	安全文明生产	操作安全、规范，环境整洁（10 分）	

思考题

① 怎样利用变频器操作面板对电动机进行预定时间的起动和停止？

② 怎样设置变频器的最大和最小运行频率？

③ 电动机正转运行控制，要求稳定运行频率为 40 Hz，DIN3 端口设为正转控制。画出变频器外部接线图，并进行参数设置、操作调试。

④ 利用变频器外部端子实现电动机正转、反转和点动的功能，电动机加减速时间为 4 s，点动频率为 10 Hz。DIN5 端口设为正转控制，DIN6 端口设为反转控制，进行参数设置、操作调试。

项目 3　其他交流电机

交流电机中除了在生产中广泛使用的三相异步电动机外，还有采用单相交流电源供电的单相异步电动机和三相同步电动机。

任务 1　单相异步电动机故障分析与排除

单相异步电动机是指用单相交流电源供电的异步电动机。单相异步电动机具有结构简单、成本低、噪声小、运行可靠等优点，因此，广泛应用在家用电器、医疗器械、电动工具、自动控制系统等领域。单相异步电动机与同容量的三相异步电动机比较，其体积较大，运行性能较差。因此，一般只制成小容量的电动机。我国现有单相异步电动机产品的功率从几瓦到几千瓦都有。

任务提出

一台新吊扇，安装好之后，通电时转速很低，可能是何种原因造成的？查找故障原因并排除。

任务目标

① 掌握单相异步电动机的工作原理及起动、调速方法。

② 能正确排除单相异步电动机的故障。

相关知识

一、单相异步电动机的结构

单相异步电动机在结构上与三相笼形异步电动机类似，转子绕组也为鼠笼式转子。定子上有一个单相工作绕组和一个起动绕组，为了能产生旋转磁场，在起动绕组中还串联了一个电容元件，其结构图如图 1-110 所示。

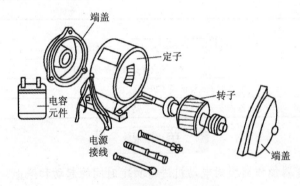

图 1-110　单相异步电动机结构图

二、单相异步电动机的基本工作原理

1．单相定子绕组通电的异步电动机

单相定子绕组通电的异步电动机就是指单相异步电动机定子上的主绕组（工作绕组）是一个单相绕组。当主绕组外加单相交流电后，在定子气隙中就产生一个脉振磁场（脉动磁场），该磁场振幅位置在空间固定不变，在同一轴线上，大小随时间按正弦规律变化，如图 1-111 所示。

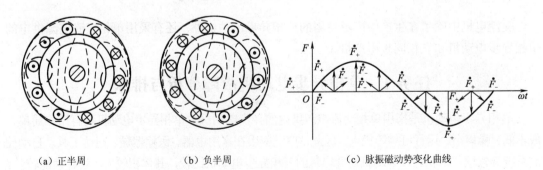

（a）正半周　　　　　　（b）负半周　　　　　　（c）脉振磁动势变化曲线

图 1-111　单相定子绕组通电时的脉振磁场

为了便于分析，本节利用已经学过的三相异步电动机的知识来研究单相异步电动机，首先研究脉振磁动势的特性。

通过对图 1-111 的分析可知，一个脉振磁动势可由一个正向旋转的磁动势 $\dot{F}_+$ 和一个反向

旋转的磁动势 $\dot{F}_-$ 组成，它们的幅值大小相等（大小为脉振磁动势的一半）、转速相同、转向相反，由磁动势产生的磁场分别为正向旋转磁场和反向旋转磁场。同理，正、反向旋转磁场能合成一个脉振磁场。

2. 单相异步电动机的机械特性

单相异步电动机的单相绕组通电后产生的脉振磁场，可以分解为正、反向旋转的两个旋转磁场。因此，电动机的电磁转矩是由两个旋转磁场产生的电磁转矩的合成。当电动机旋转后，正、反向旋转磁场产生电磁转矩 T_+、T_-，它的机械特性变化与三相异步电动机相同。图 1-112 中的曲线 1 和曲线 2 分别表示 $T_+ = f(s)$，$T_- = f(s)$ 的特性曲线，它们的转差率为 $s_+ = \dfrac{n_1 - n}{n_1}$，

$s_- = \dfrac{n_1 - n}{n_1} = 2 - s$。

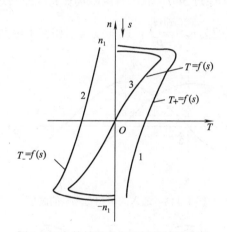

图 1-112 单相异步电动机的特性曲线

图 1-112 中的曲线 3 表示单相单绕组异步电动机的机械特性。当 T_+ 为拖动转矩，T_- 为制动转矩时，其机械特性具有下列特点：

① 当转子静止时，正、反向旋转磁场均以 n_1 速度和相反方向切割转子绕组，在转子绕组中感应出大小相等而相序相反的电动势和电流，它们分别产生大小相等而方向相反的两个电磁转矩，使其合成的电磁转矩为零。即起动瞬间，$n=0$，$s=1$，$T = T_+ + T_- = 0$，说明单相异步电动机无起动转矩，如不采取措施，电动机将不能起动。由此可知，三相异步电动机电源线断一相时，相当于一台单相异步电动机，故不能起动。

② 当 $s \neq 1$ 时，$T \neq 1$，且 T 无固定的方向，则 T 取决于 s 的正负。若用外力使电动机转动起来，s_+ 或 s_- 不为 1 时，合成转矩不为零，这时若合成转矩大于负载转矩，则即使去掉外力，电动机也可以旋转起来。因此，单相异步电动机虽无起动转矩，但一经起动，便可达到某一稳定转速工作，而旋转方向则取决于起动瞬间外力矩作用于转子的方向。

由此可知，三相异步电动机运行中断一相，电动机仍能继续运转，但由于存在反向转矩，使合成转矩减小，当负载转矩 T_L 不变时，使电动机转速下降，转差率上升，定、转子电流增加，从而使得电动机温升增加。

③ 由于反向转矩的作用，使合成转矩减小，最大转矩也随之减小，故单向异步电动机的

过载能力较低。

三、单相异步电动机的起动方法

单相异步电动机不能自行起动，如果在定子上安放具有空间相位相差 90°的两套绕组，然后通入相位相差 90°的正弦交流电，那么就能产生一个像三相异步电动机那样的旋转磁场，实现自行起动。

单相分相式异步电动机结构特点是定子上有两套绕组，一相称为主绕组 U1U2（工作绕组），另一相称为副绕组 V1V2（辅助绕组），它们的参数基本相同，在空间相位相差 90°的电角度，如果通入两相对称、相位相差 90°的电流（见图 1-113），即

$$i_v = I_m \sin \omega t \qquad i_u = I_m \sin(\omega t + 90°)$$

图 1-114 反映了两相对称绕组合成磁场的形成过程，分析方法同三相交流电动机。由图 1-114 中可以看出，当 ωt 经过 360°后，合成磁场在空间也转过了 360°，即合成旋转磁场旋转一周。其磁场旋转速度为 $n_1 = \dfrac{60 f_1}{p}$，此速度与三相异步电动机旋转磁场速度相同。

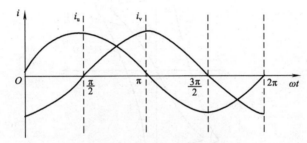

图 1-113　通入的两相交流电的波形

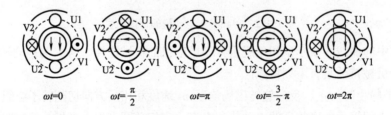

图 1-114　两相对称绕组合成磁场的形成过程

从上面分析中可看出，单相分相式异步电动机起动的必要条件为：定子具有空间相位不同的两套绕组，并且两套绕组中通入不同相位的交流电流。

根据上面的起动要求，单相分相式异步电动机按起动方法分为以下几类。

1. 单相电阻分相起动异步电动机

单相电阻分相起动异步电动机的定子上嵌放两椭圆磁动势单相异步绕组，如图 1-115 所示。两个绕组接在同一单相电源上，副绕组中串一个离心开关。开关的作用是当转速上升到 80%的同步转速时，断开副绕组使电动机运行在只有主绕组工作的情况下。

为了使起动时产生起动转矩，通常可采取如下两种方法：

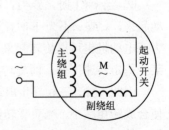

图 1-115　单相电阻分相起动

① 副绕组中串入适当电阻。

② 副绕组采用的导线比主绕组截面细，匝数比主绕组少。

这样使得两相绕组阻抗不同，促使通入两相绕组的电流相位不同，达到起动目的。

异步电动机由于电阻分相起动时，电流的相位移较小，小于 90°电角度，起动时，电动机的气隙中建立椭圆形旋转磁场，因此电阻分相起动异步电动机起动转矩较小。

2．单相电容分相起动异步电动机

单相电容分相起动异步电动机的电路，如图 1-116 所示。从图 1-116 中可以看出，当副绕组中串联一个电容和一个开关时，如果电容容量选择适当，则可以在起动时使通过副绕组的电流在时间和相位上超前主绕组电流 90°电角度，这样在起动时就可以得到一个接近圆形的旋转磁场，从而有较大的起动转矩。电动机起动后转速为 75%～85%同步转速时，副绕组通过开关自动断开，主绕组进入单独稳定运行状态。只要把主绕组或副绕组中任何一个绕组电源接线对调，就能改变气隙磁场，达到改变转向的目的。

3．单相电容运转异步电动机

若单相异步电动机辅助绕组不仅在起动时起作用，而且在电动机运转中也长期工作，则这种电动机称为单相电容运转异步电动机，其电路如图 1-117 所示。

单相电容运转异步电动机实际上是一台两相异步电动机，其定子绕组产生的气隙磁场较接近圆形旋转磁场。因此，其运行性能较好，功率因数、过载能力比普通单相分相式异步电动机好。电容容量选择较重要，对起动性能影响较大。如果电容大，则起动转矩大，而运行性能下降；反之，则起动转矩小，运行性能好。综合以上因素，为了保证有较好的运行性能，单相电容运转异步电动机的电容比同功率单相电容分相起动异步电动机电容容量要小，但起动性能不如单相电容分相起动异步电动机。

4．单相电容起动及运转异步电动机

如果想要单相异步电动机在起动和运行时都能得到较好的性能，则可以采用将两个电容并联后再与副绕组串联的接线方式，这种异步电动机称为单相电容起动及运转异步电动机，其电路如图 1-118 所示。图中起动电容 C_1 容量较大，C_2 为运转电容，电容量较小。起动时，C_1 和 C_2 并联，总电容容量大，所以有较大的起动转矩，起动后，C_1 断开，只有 C_2 运行，因此电动机具有较好的运行性能。对于电容分相式异步电动机，如果要改变电动机转向，只要使主绕组或副绕组的接线端对调即可，对调接线端后旋转磁场方向改变，因而电动机转向也随之改变。

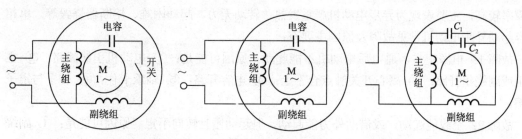

图 1-116　单相电容分相起动
异步电动机的电路

图 1-117　单相电容运转
异步电动机的电路

图 1-118　单相电容起动及运转
异步电动机的电路

四、单相异步电动机的调速方法

单相异步电动机的调速方法主要有变频调速、晶闸管调速、串电抗器调速和抽头法调速等。变频调速设备复杂、成本高，故很少采用。下面简单介绍目前较多采用的串电抗器调速和抽头法调速。

1. 串电抗器调速

在电动机的电源线路中串联起分压作用的电抗器，通过调速开关选择电抗器绕组的匝数来调节电抗值，从而改变电动机两端的电压，达到调速的目的，如图 1-119 所示。串电抗器调速，其优点是结构简单，容易调整调速比，但消耗的材料多，调速器体积大。

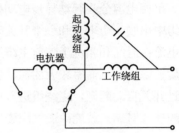

图 1-119　串电抗器调速接线图

2. 抽头法调速

如果将电抗器和电动机结合在一起，在电动机定子铁芯上嵌入一个中间绕组（又称调速绕组），通过调速开关改变电动机气隙磁场的大小及椭圆度，可达到调速的目的。根据中间绕组与工作绕组和起动绕组的接线不同，常用的有 T 形接法和 L 形接法，如图 1-120 所示。

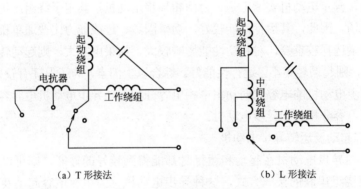

（a）T 形接法　　　　　　　　　（b）L 形接法

图 1-120　抽头法调速接线图

五、单相异步电动机的常见故障及维修

单相异步电动机根据起动方法或运转方式的不同主要分为单相电阻起动、单相电容起动、单相电容运转、单相电容起动和运转、单相罩极式等几种类型，而以单相电容起动和运转异步电动机为最常用。在农村，由于电网的供电质量较差、使用不当等原因，单相异步电动机故障率较高，主要表现为异步电动机严重发热、转动无力、起动困难、熔断器烧毁等。单相电容起动异步电动机常见故障及原因主要有：

故障 1：电源正常，通电后电动机不能起动。原因可能是：① 电动机引线断路；② 主绕组或副绕组开路；③ 离心开关触点合不上；④ 电容开路；⑤ 轴承卡住；⑥ 转子与定子碰擦。

故障 2：空载能起动，或借助外力能起动，但起动慢且转向不定。原因可能是：① 副绕组开路；② 离心开关触点接触不良；③ 起动电容开路或损坏。

故障 3：电动机起动后很快发热甚至烧毁绕组。原因可能是：① 主绕组匝间短路或接地；

② 主、副绕组之间短路；③ 起动后离心开关触点断不开；④ 主、副绕组相互接错；⑤ 定子与转子摩擦。

故障 4：电动机转速低，运转无力。原因可能是：① 主绕组匝间轻微短路；② 运转电容开路或容量降低；③ 轴承太紧；④ 电源电压低。

故障 5：熔断器烧毁。原因可能是：① 绕组严重短路或接地；② 引出线接地或相碰；③ 电容击穿短路。

故障 6：电动机运转时噪声太大。原因可能是：① 绕组漏电；② 离心开关损坏；③ 轴承损坏或间隙太大；④ 电动机内进入异物。

任务分析

单相异步电动机是指一相定子绕组通电的异步电动机。它的调速方法包括串电抗器调速、抽头法调速和晶闸管调速等。单相异步电动机速度出现了问题，就需要从单相异步电动机的结构、工作原理、机械特性等着手分析才能够正确排除单相异步电动机的故障。

任务实施

单相异步电动机的故障分析与排除

① 拆开电动机，观察内部结构。

② 故障检查与排除：检查定子绕组，经检查发现定子绕组连接正确，不存在短路问题，然后检查电源电压，发现电源电压较低，调整电源电压到额定值，从而排除故障。

任务评价

序号	考核内容	考核要求	成绩
1	单相异步电动机的拆装	正确拆装单相异步电动机（30 分）	
2	单相异步电动机起动、调速	掌握单相异步电动机的起动、调速方法（40 分）	
3	故障的分析与排除	会根据现象分析故障原因并能正确排除故障（30 分）	

思考题

① 在单相异步电动机的零部件中，最关键的是哪两个？它们的作用是什么？

② 简述单相异步电动机通入单相电流后是怎样发生转动的？

③ 单相异步电动机是否可以用调换电源的两根线端来使电动机反转？为什么？

任务 2　同步电动机的认识

任务提出

同步电机既可作发电机运行，亦可作电动机运行。同步电动机也是一种三相交流电动机，它广泛用于需要恒速运行的机械设备中，例如：大流量低水流的泵，面粉厂的主转动轴、破碎机、切碎机，造纸工业中的纸浆研磨机、匀浆机、压缩机，直流发电机，轧钢机等。请分析同步电动机的起动过程。

任务目标

掌握同步电动机的结构、工作原理及起动方法。

相关知识

一、同步电动机的基本结构

同步电动机的基本结构与异步电动机一样，同步电动机也分定子和转子两大基本部分。定子：由铁芯、定子绕组（又称电枢绕组，通常是三相对称绕组，并通有对称三相交流电流）、机座以及端盖等主要部件组成。转子：包括主磁极、装在主磁极上的直流励磁绕组、特别设置的鼠笼式起动绕组、电刷以及集电环等主要部件。

同步电动机按转子主磁极的形状分为隐极式和凸极式两种，它们的结构如图 1-121 所示。隐极式转子的优点是转子圆周的气隙比较均匀，适用于高速电动机；凸极式转子呈圆柱形，转子有可见的磁极，气隙不均匀，但制造较简单，适用于低速运行（转速低于 1 000 r/min）。

由于同步电动机中作为旋转部分的转子只通以较小的直流励磁功率（为电动机额定功率的 0.3%～2%），故同步电动机特别适用于大功率、高电压的场合。

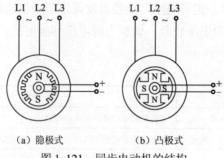

（a）隐极式　　　　（b）凸极式

图 1-121　同步电动机的结构

二、同步电动机的工作原理和运行特性

1．工作原理

同步电动机的基本工作原理可用图 1-122 来说明。电枢绕组通以对称三相交流电流后，气隙中便产生一电枢旋转磁场，其旋转速度为同步转速，即

$$n_0 = \frac{60f}{p}$$

式中：f——三相交流电源的频率；

　　　p——定子旋转磁场的磁极对数。

在转子励磁绕组中通以直流电流后，同一空气隙中，又出现一个大小和极性固定、磁极对数与电枢旋转磁场相同的直流励磁磁场。这两个磁场的相互作用，使转子被电枢旋转磁场拖着以同步转速一起旋转，即 $n = n_0$，"同步"电动机也由此而得名。

2．机械特性

在电源频率 f 与电动机转子磁极对数 p 为一定的情况下，转子的转速 $n=n_0$ 为一常数，因此同步电动机具有恒定转速的特性，它的运转速度是不随负载转矩而变化的。同步电动机的机械特性如图 1-123 所示。

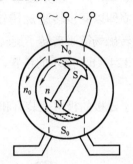

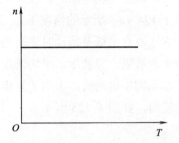

图 1-122　同步电动机工作原理示意图　　　　图 1-123　同步电动机的机械特性

因为异步电动机的转子没有直流电流励磁，它所需要的全部磁动势均由定子电流产生，所以，异步电动机必须从三相交流电源吸取滞后电流来建立电动机运行时所需要的旋转磁场。异步电动机的运行状态就相当于电源的电感性负载了，它的功率因数总是小于 1。

同步电动机与异步电动机不相同，同步电动机所需要的磁动势是由定子与转子共同产生的。同步电动机转子励磁电流 I_f 产生磁通 Φ_f，而定子电流 I 产生磁通 Φ_0，总的磁通 Φ 为两者的合成。当外加三相交流电源的电压 U 为一定时，总的磁通 Φ 也应该为一定，这一点是和感应电动机的情况相似的。因此，当改变同步电动机转子的直流励磁电流 I_f 使 Φ_f 改变时，如果要保持总磁通 Φ 不变，那么，Φ_0 就要改变，故产生 Φ_0 的定子电流 I 必然随着改变。当负载转矩 T_L 不变时，同步电动机输出的功率 $P_2=T_n/9\,550$ 也是恒定的，若略去电动机的内部损耗，则输入的功率 $P_1=3UI\cos\varphi$ 也是不变的。所以，改变转子励磁电流 I_f 而影响定子电流 I 改变时，功率因数 $\cos\varphi$ 也是随着改变的。因此，可以利用调节励磁电流 I_f 使 $\cos\varphi$ 刚好等于 1，这时，电动机的全部磁动势都是由直流产生的，交流方面无须供给励磁电流，在这种情况下，定子电流 I 与外加电压 U 同相，这时的励磁状态称为正常励磁。当直流励磁电流 I_f 小于正常励磁电流时，称为欠励，直流励磁的磁动势不足，定子电流将要增加一个励磁分量，即交流电源需要供给电动机一部分励磁电流，以保证总磁通不变。当定子电流出现励磁分量时，定子电路便成为电感性电路了，输入电流滞后于电压，$\cos\varphi$ 小于 1，定子电流比正常励磁时要大一些。另一方面，如果使直流励磁电流 I_f 大于正常励磁电流时，称为过励，直流励磁过剩，在交流方面不仅无须电源供给励磁电流，而且还向电网发出电感性电流与电感性无功功率，正好补偿了电网附近电感性负载的需要，使整个电网的功率因数提高。过励的同步电动机与电容有类似的作用，这时，同步电动机相当于从电源吸取电容性电流与电容性无功功率，成为电源的电容性负载，输入电流超前于电压，$\cos\varphi$ 也小于 1，定子电流也要加大。

根据上面的分析可以看出，调节同步电动机转子的直流励磁电流 I_f 便能控制 $\cos\varphi$ 的大小和性质（容性或感性），这是同步电动机最突出的优点。同步电动机有时在过励下空载运行，在这种情况下电动机仅用于补偿电网滞后的功率因数，这种专用的同步电动机称为同步补偿机。

三、同步电动机的起动

同步电动机虽然具有功率因数可以调节的优点，但却没有像异步电动机那样得到广泛应用，这不仅是由于它的结构复杂、价格高，而且它的起动困难。其原因如下：

如图 1-124 所示，如果转子尚未转动时，加以直流励磁，产生固定磁场 N-S；当定子接上三相电源，流过三相电流时，就产生了旋转磁场，并立即以同步转速 n_0 旋转。

在图 1-124（a）所示的情况下，二者相吸，定子旋转磁场欲吸着转子旋转，但由于转子的惯性，它还没有来得及转动时旋转磁场却已转到图 1-124（b）所示的位置，二者又相斥，这样，转子忽被吸，忽被斥，平均转矩为零，不能起动。

为了起动同步电动机，采用了异步起动法，即在转子磁极的极掌上装有和鼠笼式绕组相似的起动绕组，如图 1-125 所示。

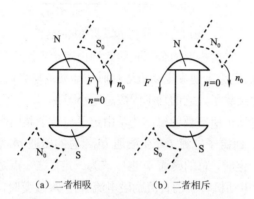

（a）二者相吸　　　　（b）二者相斥

图 1-124　同步电动机的起动转矩为零　　图 1-125　同步电动机的起动绕组

起动时先不加入直流磁场，只在定子上加上三相对称电压以产生旋转磁场，鼠笼式绕组中产生感应电势，即产生感应电流，从而使转子转动起来，等转速接近同步转速时，再在励磁绕组中通入直流励磁电流，产生固定磁极的磁场，在定子旋转磁场与转子磁场的相互作用下，便可把转子拉入同步。转子达到同步转速后，起动绕组与旋转磁场同步旋转，即无相对运动，这时，起动绕组中便不产生电势和电流。

综上所述，由于同步电动机是双重励磁和异步起动的，故它的结构复杂；由于需要直流电源、起动以及控制设备昂贵，故它的一次性投入要比异步电动机高得多。因同步电动机具有运行速度恒定、功率因数可调、运行效率高等特点，故在低速和大功率的场合都是采用同步电动机来传动的。

🔧 任务分析

要掌握同步电动机的起动，就要掌握同步电动机的结构、基本运行原理、运行特性及其起动原理等。

📖 任务实施

同步电动机异步起动法的起动过程

试分析图 1-126 所示同步电动机异步起动法的起动过程。

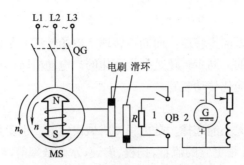

图 1-126 同步电动机异步起动法的接线图

① 励磁电路的转换开关 QB 投合到 1 的位置，使励磁绕组与直流电源断开，直接通过变阻器构成闭合回路以免起动时励磁绕组受旋转磁场的作用产生较高的感应电势，发生危险。

② 按笼形异步电动机的方法起动，给同步电动机的定子绕组加上额定电压时，转子转速升高到接近同步转速，必要时可采用降压起动。

③ 励磁电路的转换开关 QB 投合到 2 的位置，使励磁绕组与直流电源接通，转子上形成固定磁极，并很快被旋转磁场拖入同步。

④ 用变阻器调节励磁电流，使同步电动机的功率因数调节到要求的数值。

任务评价

序 号	考 核 内 容	考 核 要 求	成 绩
1	同步电动机的结构	掌握同步电动机的结构组成（40 分）	
2	同步电动机的起动	掌握同步电动机的起动方法，会分析同步电动机的起动过程（60 分）	

思考题

① 同步电动机的工作原理与异步电动机的工作原理有何不同？

② 一般情况下，同步电动机为什么要采用异步起动法？

③ 同步电动机在采用异步起动法起动时，是如何产生异步起动转矩的？试说明起动过程。

拓展阅读　三相异步电动机的选择、使用及维护

一、三相异步电动机的选择

三相异步电动机的选择，应该从实用、经济、安全等原则出发，根据生产的要求，正确选择其容量、种类、结构形式，以保证生产的顺利进行。

1. 类型的选择

三相异步电动机有鼠笼形异步电动机和绕线转子异步电动机两种。笼形异步电动机结构简单、维修容易、价格低廉，但起动性能较差，一般空载或轻载起动的生产机械方可选用。绕线转子异步电动机起动转矩大，起动电流小，但结构复杂，起动和维护较麻烦，只用于需要大起动转矩的场合，如起重设备等，此外还可以用于需要适当调速的机械设备。

2．转速的选择

异步电动机的转速接近同步转速，而同步转速（磁场转速）是以磁极对数 p 来分挡的，在两挡之间的转速是没有的，同步转速是有极变化的。电动机转速选择的原则是使其尽可能接近生产机械的转速，以简化传动装置。

3．容量的选择

电动机容量（功率）大小的选择，是由生产机械决定的，也就是说，由负载所需的功率决定的。例如，某台离心泵，根据它的流量、扬程、转速、水泵效率等，计算它的容量为 39.2 kW，根据计算功率，在产品目录中找一台转速与生产机械相同的 40 kW 电动机即可。

二、三相异步电动机的使用

1．起动前的准备

对新安装或久未运行的电动机，在通电使用之前必须先进行下列四项检查，以验证电动机能否通电运行。

（1）安装检查

要求电动机装配灵活、螺钉拧紧、轴承运行无阻、联轴器中心无偏移等。

（2）绝缘电阻检查

要求用兆欧表检查电动机的绝缘电阻，包括三相相间绝缘电阻和三相绕组对地绝缘电阻，测得的数值一般不小于 10 MΩ。

（3）电源检查

一般当电源电压波动超出额定值+10%或-5%时，应改善电源条件后投运。

（4）起动、保护措施检查

要求起动设备接线正确（直接起动的中小型异步电动机除外）；电动机所配熔丝的型号合适；外壳接地良好。

在以上各项检查无误后，方可合闸起动。

2．起动时的注意事项

① 合闸后，若电动机不转，应迅速、果断地拉闸，以免烧毁电动机。

② 电动机起动后，应注意观察电动机，若有异常情况，应立即停机。待查明故障并排除后，才能重新合闸起动。

③ 笼形异步电动机采用全压起动时，次数不宜过于频繁，一般不超过五次。对于功率较大的电动机要随时注意电动机的温升。

④ 绕线转子异步电动机起动前，应注意检查起动电阻是否接入。接通电源后，随着电动机转速的提高而逐渐切除起动电阻。

⑤ 几台电动机由同一台变压器供电时，不能同时起动，应由大到小逐台起动。

3．运行中的监视

对运行中的电动机应经常检查它的外壳有无裂纹，螺钉是否有脱落或松动，电动机有无异响或振动等。监视时，要特别注意电动机有无冒烟和异味出现，若嗅到焦煳味或看到冒烟，必须立即停机检查处理。

对轴承部位，要注意它的温度和响度。温度升高，响声异常则可能是轴承缺油或磨损。

用联轴器传动的电动机，若中心校正不好，会在运行中发出响声，并伴随着电动机振动和联轴节螺栓胶垫的迅速磨损。这时应重新校正中心线。用带传动的电动机，应注意传动带不应过松而导致打滑，但也不能过紧而使电动机轴承过热。

在发生以下严重故障情况时，应立即断电停机处理：

① 人身触电事故；

② 电动机冒烟；

③ 电动机剧烈振动；

④ 电动机轴承剧烈发热；

⑤ 电动机转速迅速下降，温度迅速升高。

三、电动机的定期维修

异步电动机定期维修是消除故障隐患、防止故障发生的重要措施。电动机维修分月维修和年维修，俗称小修和大修。前者不拆开电动机，后者需把电动机全部拆开进行维修。

1. 定期小修主要内容

定期小修是对电动机的一般清理和检查，应经常进行。小修内容包括：

① 清擦电动机外壳，除掉运行中积累的污垢。

② 测量电动机绝缘电阻，测后注意重新接好线，拧紧接线头螺钉。

③ 检查电动机端盖、地脚螺钉是否紧固。

④ 检查电动机接地线是否可靠。

⑤ 检查电动机与负载机械间的传动装置是否良好。

⑥ 拆下轴承盖，检查润滑介质是否变脏、变干，及时加油或换油。处理完毕后，注意上好端盖及紧固螺钉。

⑦ 检查电动机附属起动和保护设备是否完好。

2. 定期大修主要内容

异步电动机的定期大修应结合负载机械的大修进行。大修时，拆开电动机进行以下项目的检查修理。

① 检查电动机各部件有无机械损伤，若有，应进行相应修复。

② 对拆开的电动机和起动设备，进行清理，清除所有油泥、污垢。清理中注意观察绕组绝缘状况。若绝缘为暗褐色，说明绝缘已经老化，对这种绝缘要特别注意不要碰撞使它脱落。若发现有脱落就应进行局部绝缘修复和刷漆。

③ 拆下轴承，浸在柴油或汽油中彻底清洗。把轴承架与钢珠间残留的油脂及脏污洗掉后，用干净柴（汽）油清洗一遍。清洗后的轴承应转动灵活，不松动。若轴承表面粗糙，说明油脂不合格；若轴承表面变色（发蓝），则它已经退火。根据检查结果，对油脂或轴承进行更换，并消除故障原因（如清除油中砂、铁屑等杂物，正确安装电动机等）；轴承新安装时，加油应从一侧加入。油脂占轴承内容积的 1/3～2/3 即可。油加得太满会发热流出。润滑油可采用钙基润滑脂或钠基润滑脂。

④ 检查定子绕组是否存在故障。使用兆欧表测绕组电阻可判断绕组绝缘性能是否因受潮而下降，是否有短路。若有，应进行相应处理。

⑤ 检查定、转子铁芯有无磨损和变形。若观察到有磨损处或发亮点，说明可能存在定、转子铁芯相擦，应使用锉刀或刮刀把亮点刮低，若有变形应做相应修复。

⑥ 在进行以上各项修理、检查后，对电动机进行装配、安装。

⑦ 安装完毕的电动机，应进行修理后检查，符合要求后，方可带负载运行。

四、常见故障原因及解决方法

1. 电源接通后电动机不起动的可能原因及解决方法

① 定子绕组接线错误。检查接线，纠正错误。

② 定子绕组断路、短路或接地，绕线转子异步电动机转子绕组断路。找出故障点，排除故障。

③ 负载过重或传动机构被卡住。检查传动机构及负载。

④ 绕线转子异步电动机转子回路断线（电刷与滑环接触不良，变阻器断路，引线接触不良等）。找出断路点，并加以修复。

⑤ 电源电压过低。检查原因并排除。

2. 电动机温升过高或冒烟的可能原因及解决方法

① 负载过重或起动过于频繁。减轻负载、减少起动次数。

② 三相异步电动机断相运行。检查原因，排除故障。

③ 定子绕组接线错误。检查定子绕组接线，并加以纠正。

④ 定子绕组接地或匝间、相间短路。查出接地或短路部位，加以修复。

⑤ 笼形异步电动机转子断条。铸铝转子必须更换，铜条转子可修理或更换。

⑥ 绕线转子异步电动机转子绕组断相运行。找出故障点，并加以修复。

⑦ 定子、转子相擦。检查轴承、转子是否变形，进行修理或更换。

⑧ 通风不良。检查通风道是否畅通，对不可反转的电动机检查其转向。

⑨ 电源电压过高或过低。检查原因并排除。

3. 电动机振动的可能原因及解决方法

① 转子不平衡。校正平衡。

② 带轮不平稳或轴弯曲。检查并校正。

③ 电动机与负载轴线不对。检查、调整机组的轴线。

④ 电动机安装不良。检查安装情况及地脚螺栓。

⑤ 负载突然过重。减轻负载。

4. 运行时有异响的可能原因及解决方法

① 定子、转子相擦。检查轴承、转子是否变形，进行修理或更换。

② 轴承损坏或润滑不良。更换轴承，清洗轴承。

③ 电动机两相运行。查出故障点并加以修复。

④ 风扇叶碰机壳等。检查并消除故障。

5. 电动机带负载时转速过低的可能原因及解决方法

① 电源电压过低。检查电源电压。

② 负载过大。核对负载。

③ 笼形异步电动机转子断条。铸铝转子必须更换，铜条转子可修理或更换。

④ 绕线转子异步电动机转子绕组一相接触不良或断开。检查电刷压力，电刷与滑环接触情况及转子绕组。

6. 电动机外壳带电的可能原因及解决方法

① 接地不良或接地电阻太大。按规定接好地线，消除接地不良处。

② 绕组受潮。进行烘干处理。

③ 绝缘有损坏、有脏污或引出线碰壳。修理，并进行浸漆处理，消除脏污，重接引出线。

思考与练习

1-1 有一台四极三相异步电动机，电源电压的频率为 50 Hz，满载时电动机的转差率为 0.02，试求：电动机的同步转速、转子转速。

1-2 有一台异步电动机，额定功率 P_N=55 kW，电网频率为 50 Hz，额定电压 U_N =380 V，额定效率 η_N =0.79，额定功率因数 $\cos\varphi_N$=0.89，额定转速 n_N=570 r/min，试求：同步转速 n_0、极对数 p、额定电流 I_N、额定转差率 s_N。

1-3 三相异步电动机正在运行时，转子突然被卡住，这时电动机的电流会如何变化？对电动机有何影响？

1-4 三相异步电动机缺相时能否起动？为什么？如果在运行中断了一根相线，能否继续运行？为什么？这两种情况对电动机有何影响？

1-5 某异步电动机的 T_{st}/T_N=1.3，若把电动机的电源电压降为其额定电压的 70%，若起动时 T_L=0.5T_N，电动机能否起动，为什么？

1-6 有一台三相异步电动机，其铭牌数据如下：

P_N/kW	n_N/（r/min）	U_N/V	η_N	$\cos\varphi_N$	I_{st}/I_N	T_{st}/T_N	T_{max}/T_N	接法
40	1 470	380	90%	0.9	6.5	1.2	2.0	△

① 当负载转矩为 250 N·m 时，试问在 $U=U_N$ 和 U'=0.8U_N 两种情况下电动机能否起动？

② 欲采用丫-△换接起动，当负载转矩为 0.45 T_N 和 0.35 T_N 两种情况下，电动机能否起动？

③ 若采用自耦变压器降压起动，设降压比为 0.64，求电源线路中通过的起动电流和电动机的起动转矩。

1-7 线圈电压为 220 V 的交流接触器，误接到 380 V 电源上会发生什么问题？为什么？

1-8 既然在电动机的主电路中装有熔断器，为什么还要装热继电器？装有热继电器是否就可以不装熔断器？为什么？

1-9 常用的低压电器有哪些？写出常用低压电气元件的名称、各自的作用及它们的图形符号和文字符号。

1-10 某机床电动机的额定功率为 5.5 kW，额定电压为 380 V，额定电流为 11.6 A，起动电流为额定电流的 7 倍，现用按钮进行控制，要有短路保护和过载保护。问选用哪种型号的接触器、按钮、熔断器和热继电器。

1-11 有两台三相笼形异步电动机，一台为主轴电动机，另一台为油泵电动机。其控制要求如下：①主轴电动机必须在油泵电动机起动后才能起动；②若油泵电动机停车，主轴电动机应同时停车；③主轴电动机能单独停车；④有短路和过载保护。试设计出符合上述控制要求的电气控制电路。

1-12 设计一个可对一台运料小车进行控制的电气控制电路。运料小车由一台三相异步电动机拖动，其控制要求如下：①按下起动按钮后，小车由甲地向乙地前进，当小车到达乙地后自动停止；②小车在乙地停 30 s 后，自动由乙地后退到甲地停止。

1-13 用两台异步电动机设计一个控制电路，其控制要求如下：①两台电动机互不影响，独立操作；②能同时控制两台电动机的起动和停止；③当一台电动机发生过载时，两台电动机均停止。

1-14 试设计 1M 和 2M 两台电动机顺序起、停的控制电路。其控制要求如下：①1M 起动后，2M 立即自动起动；②1M 停止后，延时一段时间，2M 才自动停止；③2M 能点动调整工作；④两台电动机均有短路、长期过载保护。

1-15 试设计一条自动运输线，有两台电动机，1M 拖动运输机，2M 拖动卸料机。其控制要求如下：①1M 先起动后，才允许 2M 起动；②1M 先停止，经一段时间后，2M 才自动停止，且 2M 可以单独停止；③两台电动机均有短路、长期过载保护。

项目1 低压电气控制系统的分析与维修

电气控制设备种类繁多，随着拖动控制方式和要求的不同，控制电路也各不相同，在阅读电气控制图时，重要的是要学会电气控制电路分析的基本方法，提高阅读电气控制图的能力。本项目重点对低压电气控制电路的读图方法、分析内容和分析步骤进行学习。然后在读懂电气控制图的基础上，分析当出现某种故障后，应该是哪一部分电路的故障；再利用断电法、排除法、逻辑分析法和测量等方法逐步排除故障，达到检修的目的。

任务1 低压电气控制系统的分析

任务提出

一个大型的控制系统，有很多电气回路，现需要对大型控制系统原理图的分析方法进行总结，并掌握其具体的分析步骤。

任务目标

① 了解电气控制图的种类及符号的意义。
② 掌握电气控制电路分析的主要内容。
③ 熟悉电气控制原理图的读图方法。

相关知识

用电气图形符号绘制的图称为电气图，电气图的种类较多，一般包括电气原理图、位置图、接线图等。分别介绍如下：

1. 电气原理图

电气原理图一般分主电路和辅助电路两部分，是用来表示各个电气元件之间的连接关系和电路工作原理的电路图，如图2-1所示。图中1-4区是主电路，5-9区为辅助电路。主电路是电源向负载输送电能的电路，是大电流回路，又称一次回路；辅助电路为监视、测量、控制以及保护主电路的电路，是小电流回路，又称二次回路。

在电气原理图中，不需要考虑电气元件的外形、实际安装位置以及实际如何连线等，只是把各元件按照原理图接线顺序、功能布局用电气图形符号绘制在平面上，用直线将个元件连接起来。

电气原理图是电气技术中使用最为广泛的电气图，电气原理图对于分析电气线路，排除设备电气故障是十分有益的。

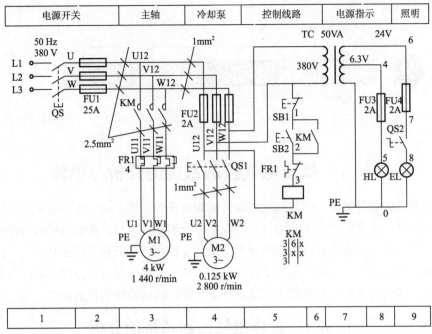

图 2-1 CW6132 车床电气原理图

2. 位置图

位置图又称电气元件布置图，是表示成套装置、设备或装置中各个项目位置的一种图。它表示出了各个电气元件的实际位置，如图 2-2 所示。

3. 接线图

接线图表示各电气元件之间或成套装置之间的实际连接关系，用于安装接线、电路检查、电路维修和故障处理等。在实际中，接线图通常与原理图和位置图一起使用。接线图分为单元接线图、互连接线图、端子接线图和电缆配置图等，如图 2-3 所示。

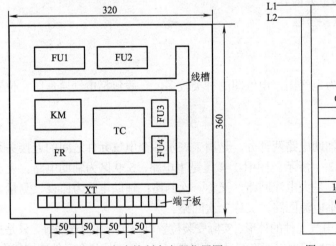

图 2-2 CW6132 车床控制盘电器位置图

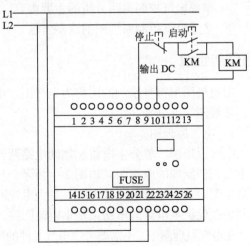

图 2-3 FS-MD Ⅱ/E 380 V 接线图

任务分析

让我们一起来学会如何分析控制电路吧!

1. 低压电气控制电路分析的内容

分析设备电气控制电路的依据是设备本身的基本结构、运动情况、加工工艺要求和对电力拖动的要求，以及对电气控制的要求。也就是要熟悉控制对象，掌握控制要求，这样分析起来才有针对性。这些依据主要来自设备的有关技术资料，如设备说明书、电气原理图、电气安装接线图及电气元件一览表等。通过这些资料的分析，掌握电气控制电路的工作原理，操作方法，检测、调试和维修要求等。

（1）设备说明书

设备说明书由机械、液压与电气两部分组成，通过分析说明书重点了解以下内容：

① 设备的构造，机械、液压、气动部分的传动方式和工作原理。

② 电气传动方式，电动机及执行电器的数目、型号规格、安装位置、用途与控制要求。

③ 设备的操作方法，尤其是操作手柄、开关、按钮、指示信号灯等装置在控制电路中的作用。

④ 掌握与机械、液压部分相关联的电器，如行程开关、电磁阀、电磁离合器、传感器、压力继电器、微动开关等元器件的安装位置、工作状态以及与机械、液压之间的关系。特别要弄清机械操作手柄与电气开关元件之间的相互关系和液压系统与电气控制系统之间的关系。

（2）电气控制原理图

这是电气控制电路分析的中心内容。电气控制原理图由主电路、控制电路、辅助电路、保护及联锁环节及特殊控制电路等部分组成。在分析电气控制原理图时，应与阅读其他技术资料结合起来，根据电动机及执行元件的控制方式、位置、作用及各种与机械有关的行程开关、主令电器的状态等来分析电气工作原理。

在分析原理图时，还可通过所选用元器件的参数，分析出控制电路的主要参数和指标，以便调试和检修中合理使用仪表及有效判断故障。

（3）电气设备总装接线图

阅读分析电气设备总装接线图，可以了解系统的组成分布情况，各部分的连接方式，主要电气部件的布置、安装要求，导线和导线管的规格型号等。阅读分析电气设备总装接线图应与电气控制原理图、设备说明书结合起来进行。

（4）电气元件布置图与接线图

这是制造、安装、调试和维护电气设备所必需的技术资料。在测试、维修中可通过电气元件布置图和接线图迅速方便地找到各电气元件的测试点，从而使必要的检测、调试和维护修理工作得以顺利进行。

2. 分析电气原理图的一般方法

分析电气原理图的基本方法为"先机后电、先主后辅、化整为零、集零为整、统观全局、总结特点"。即以某一电机或电气元件线圈为对象，从电源开始，由上而下，自左至右，逐一分析其接通断开关系，并区分出主令信号、联锁条件、保护环节等。根据图区坐标所标注的检索和控制流程的方法分析出各种控制条件与输出结果之间的因果关系，弄清电路的工作原理。

（1）先机后电

首先了解设备的基本结构、运动情况、工艺要求和操作方法。以期对设备有总体了解，进而明确该设备对电力拖动自动控制的要求，为分析电路做好前期准备。

（2）先主后辅

先阅读主电路图，看有几台电动机，各电动机有何作用。结合加工工艺要求弄清各台电动机的起动、转向、调速、制动等各方面的控制要求及其保护环节。而主电路各控制要求是由控制电路来实现的。

（3）化整为零

在分析控制电路时，将控制电路按照功能划分成若干个局部控制回路，然后从电源和主令信号开始，经过逻辑分析，写出控制流程，用简单明了的方式表达出电路的自动工作过程。

最后分析辅助电路。辅助电路包括信号电路、检测电路与照明电路等。这部分电路具有相对独立性，仅起辅助作用并不影响主要功能，但是它们又都是由控制电路中的元件来控制的，因此应结合控制电路一并分析。

（4）集零为整、统观全局

经过化整为零分析了每一局部电路工作原理之后，应进一步集零为整看全部，弄清各局部电路之间的控制关系、联锁关系，以及机、电、液之间的配合情况，各种保护的设置等。以便对整个电路有一个清晰的理解，并对电路如何实现工艺全过程有个明确的认识。进而了解、掌握电路中的每一个电器和每个电器中的每一对触点所起的作用。

（5）总结特点

各种设备的电气控制虽然都是由各种基本控制环节组合而成的。但其整机的电气控制都各有特点，这些特点也是各种设备电气控制的区别所在，应认真总结。通过总结各自的特点，也就加深了对电气控制的理解。

任务实施

低压电气控制系统的分析

要分析一个大的控制系统，原则上按如下步骤进行分析。

1．分析主电路

根据每台电动机和执行电器的控制要求，分析各电动机和执行电器的控制内容。

2．分析控制电路

根据主电路中各电动机和执行电器的控制要求，逐一找出电器中的控制环节，将控制电路化整为零，按照功能不同分成若干局部控制电路来进行分析。如果控制电路比较复杂，则可先排除照明、显示等与控制关系不密切的电路，最后再来分析它。控制电路一定要分析透彻，分析控制电路的最基本方法是查线读图法。

3．分析辅助电路

辅助电路包括执行元件的工作状态指示、电源指示、参数测定、照明和故障报警等部分。辅助电路中很多部分是由控制电路中的控制元件来控制的，所以分析时还要对照控制电路来进行分析。

4．分析联锁与保护环节

生产机械对于安全性、可靠性要求很高，为实现这些要求，除了合理选择拖动、控制方案外，在电路中还设置了一系列的电气保护和必要的电气联锁。

5．分析特殊控制环节

在某些控制电路中，设置了一些与主电路、控制电路关系不密切，相对独立的某些特殊环节，如产品计数装置、自动检测装置、自动调温装置等，这些部分往往自成一个系统。其读图方法可参照上述分析过程，并灵活应用电子技术、变流技术、自控系统、检测与转换等知识逐一分析。

6．总体检查

经过化整为零，逐步分析了每一局部电路的工作原理及各部分之间的控制关系后，还必须用集零为整的方法，检查整个控制电路，看是否有遗漏。特别要从整体角度去进一步检查和理解各控制环节之间的关系。清楚地理解原理图中每个元器件的作用、工作过程及主要参数。

任务评价

序　号	考核内容	考核要求	成　绩
1	了解电气图	能正确区分电气原理图、位置图、接线图（20分）	
2	熟悉分析内容	能收集分析电路所需要的相关资料，熟悉相关内容（20分）	
3	掌握分析方法	知道从哪里入手分析，正确使用分析方法（30分）	
4	能按步骤分析	能按步骤分析较为简单的控制电路（30分）	

思考题

化整为零的分析方法是什么意思？

任务2　根据系统电气原理图设计电气接线图

任务提出

图 2-4 是一个用双按钮控制一个灯泡的简单的控制电路原理图，要求外接 220 V 交流电源从端子排接入。请分别用连续线和中断线的方法设计接线图。

任务目标

① 掌握电气接线图的一般设计绘制方法。

② 能根据电气原理图设计绘制出电气接线图。

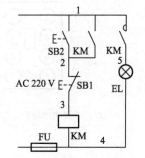

图 2-4　双按钮控制灯泡原理图

相关知识

关于电气接线图的设计，目前执行的国家标准是 GB/T 6988.1—2008，该标准执行后，原标准 GB/T 6988.3—1997 被替代。下面来了解一些接线图绘制的基本知识。

1. 电气元件、接线端子、线号标注的基本方法

首先来看图 2-5，这就是一个最简单的接线图。L1、L2、L3 表示三相进线，N 为中性线（俗称"零线"），PE 是保护线，用于外壳接地保护。图的最下端是三相用电设备的接线端子，U、V、W 是三根相线。图的中部是端子排或某过渡设备（如断路器等）进出线端子排。

对于稍微复杂的图来说，需要注意以下的一些原则：

① 对于单个的电气元件，如电阻、继电器、模拟和数字硬件等的端子代号应标注在其图形符号的轮廓外面；元器件的功能和注解表标注在其图形符号轮廓线内，如图2-6（a）所示。

② 在画有围框的功能单元或结构单元中，端子代号必须标注在围框内，如图 2-6（b）所示。

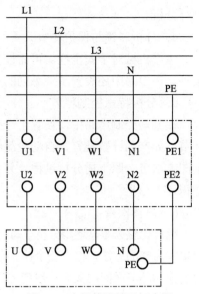

图 2-5　电器接线端子标志图

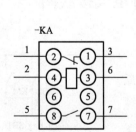

（a）中间继电器端子代号及接线号标识

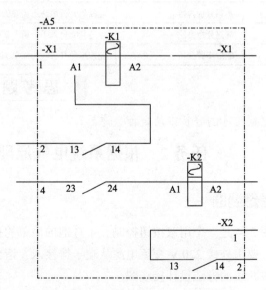

（b）A5 功能单元端子代号及接线号标识

图 2-6　元器件、功能单元的端子标注方法图

2. GB/T 6988.1—2008 对于电气接线图的相关规定

GB/T 6988.1—2008 对于电气接线图主要有如下一些规定：

（1）一般规定

接线图应提供如下信息：单元或组件的元器件之间的物理连接（内部），即单元接线图；

组件及不同单元之间的物理连接（外部），即互连接线图；到一个单元的物理连接（外部），即端子接线图。

（2）器件、单元或组件的表示方法

器件、单元或组件的连接，应用正方形、矩形或圆形等简单的外形或简化图形表示。也可采用 GB/T 4728 的图形符号。表达器件、单元或组件的布置，应方便简图按预定的目的使用（指不必对应示出器件、单元或组件的物理位置）。

（3）端子的表示方法

应示出表示每个端子的标识，端子表示的顺序应便于表示简图的预定用途（不必示出端子的实际物理位置）。

（4）电缆及其组成线芯的表示方法

如果用单条连接线表示多芯电缆，而且要示出其组成线芯连接到物理端子，表示电缆的连接线应在交叉线处终止，并且表示线芯的连接线应从该交叉线直至物理端子。电缆及其线芯应清楚地标识，如图 2-7 所示。

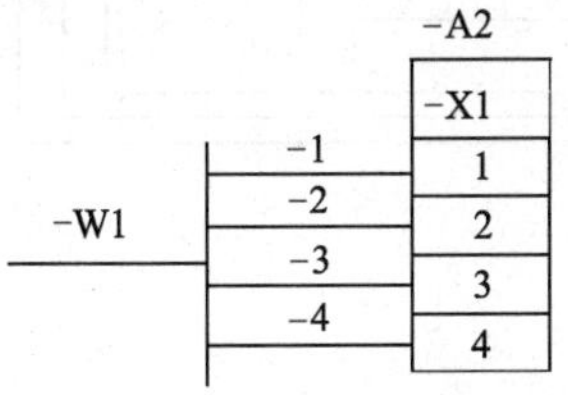

参照代号 电缆线芯	端子代号
-W1-1	-A2 X 1:1
-W1-2	-A2 X 1:2
-W1-3	-A2 X 1:3
-W1-4	-A2 X 1:4

图 2-7　多芯电缆终端表示方法示例

这些规定，对于较为熟练的电气工作者来说，一看就懂。但是对于初学者来说，却比较难理解，甚至可以说是一头雾水。因此，下面就这些规定进行分析并举例说明，以便于初学者理解。

让我们一起来理解电气接线图吧！

任务分析

从前面的国家标准中我们基本了解到，要设计出接线图主要要从单元接线图、端子接线图和互连接线图三个方面考虑，然后综合运用。下面分别分析各种接线图的设计方法。

1. 单元接线图

单元接线图提供了一个结构单元或单元组内部各元器件的全部信息，不包括各单元之间的连接信息。但要提供相应互连接线图或互连接线表的检索标记。在实际应用中，最常用的方法主要有用连续线表示和用中断线表示两种方法。具体介绍如下：

图 2-8 中 X1 是端子排，K11～K16 是单个的元器件，元器件方框内的数字或字母是该元器件的端子号（元器件接线端子的编号，一般元器件出厂时就标有该号），连接线上的数字是连接线线号（与原理图中的线号一致）。这种表示方法一般适用于单元内元器件数量少，接线比较简单的情况。如果单元内设备较多，一般采用中断线表示方法。

图 2-9 与图 2-8 中相同的地方不再介绍，中断线终端的标号采用的是相对编号法。例如：31 号线是连接 K11 的 1 号端子和 K12 的 1 号端子的，因此在 K11 设备的 1 号端子中断处标

-K12:1（表示该线接 K12 号设备的 1 号端子），同理在 K12 设备的 1 号端子标-K11:1。再如，36 号线是连接 K11 设备 6 号端子与端子排 X1 的 1 号端子的，则在 K11 设备 6 号端子标-X1:1，在 X1 的 1 号端子标-K11:6。

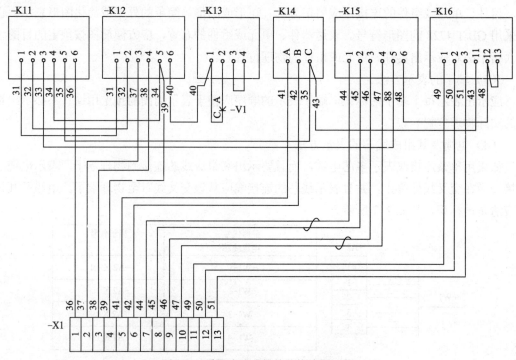

图 2-8　采用连续线的单元接线图示例

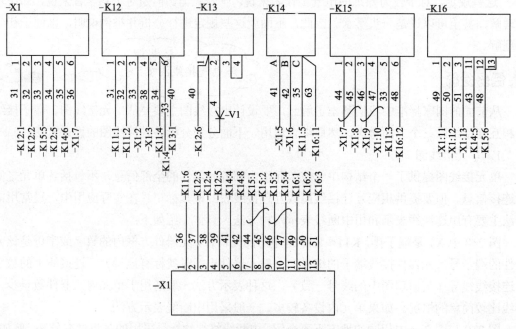

图 2-9　采用中断线单元接线图示例

还有一种较为复杂的连续线导线分为不同电缆束的单元接线图，这里不再介绍。具体可查国家标准。

根据原理图设计单元接线图时应注意的几个问题：

① 采用中断接线时，设备的位置尽量与实际安装位置一致，在原理图中一个线号对应多根线时，采用端子排进行过渡，一般一个端子接线为一两根，困难情况下可考虑三根。接线设计时注意尽量使走线最短。

② 图 2-8 中的 K11、K12 等是设备号，当单元设备较少时不必另行编号，直接采用原理图中的设备号即可，如 SB1、SB2、KM1、KM2 等，但当设备较多时，一般另行编号，编号时一般采用按回路编号的原则进行，也可把所有设备统一编号。

③ 接线图也可配合接线表一起使用。关于接线表的相关知识，请参见国家标准。

2．端子接线图和端子接线表

（1）一般规定

端子接线图和端子接线表应提供一个结构单元或一个设备外部连接所需的信息。这些信息应包含与同样单元之间的连接关系的互连接线图或互连接线表的同一形式的相同信息。绘制规则亦适用于端子接线图和端子接线表。

（2）示例

图 2-10 所示为结构单元+A4 和结构单元+B5 的两个端子接线图示例，图中每一条电缆末端均标以项目代号，每一芯线均标以芯线号，有连接或无连接的备用端子均标明"备用"。图 2-11 与图 2-10 含义是一样的，只是补充标记了远端（该电缆需要连接的单元）的端子代号。

3．互连接线图

（1）一般规定

互连接线图应提供设备或装置不同结构单元之间连接所需的信息。无须包括单元内部连接的信息，但可提供适当的检索标记，如与之有关的电路图或单元接线图的图号。

（2）示例（见图 2-10～图 2-17）

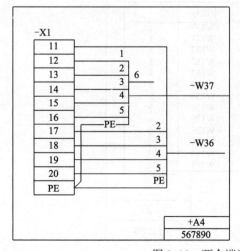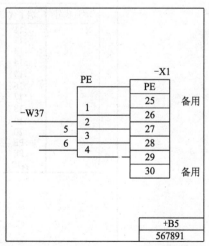

图 2-10　两个端子接线图示例

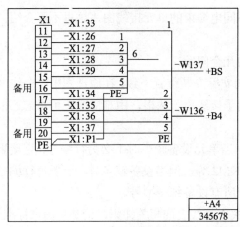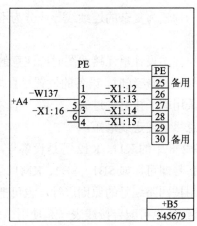

图 2-11　有远端标记的两个端子接线图示例

电缆号	总线号	端子代号	输出标记	备注
-W136			+B4	
	PE	-X1:PE	-X1:PE	
	1	-X1:11	-X1:33	
	2	-X1:17	-X1:34	
	3	-X1:18	-X1:35	
	4	-X1:19	-X1:36	
	5	-X1:20	-X1:37	备用
-W137			+B5	
	PE	-X1:PE	-X1:PE	
	1	-X1:12	-X1:26	
	2	-X1:13	-X1:27	
	3	-X1:14	-X1:28	
	4	-X1:15	-X1:29	
	5	-X1:16		备用
	6			备用

+A4

234567

电缆号	总线号	端子代号	输出标记	备注
-W137				
	PE	-X1:PE	-X1:PE	
	1	-X1:26	-X1:12	
	2	-X1:27	-X1:13	
	3	-X1:28	-X1:14	
	4	-X1:29	-X1:15	
	5		-X1:16	备用
	6			备用

+B5

234568

图 2-12　有远端标记的以连接线为主的两个端子接线表示例

项目代号	端子代号	电缆号	
-X1	:11	-W136	1
	:12	-W137	1
	:13	-W137	2
	:14	-W137	3
	:15	-W137	4
	:16	-W137	5
	:17	-W136	2
	:18	-W136	3
	:19	-W136	4
	:20	-W136	5
	:PE	-W136	PE
	:PE	-W137	PE
	备用	-W137	6

+A4

345778

图 2-13　以端子为主的端子接线表示例

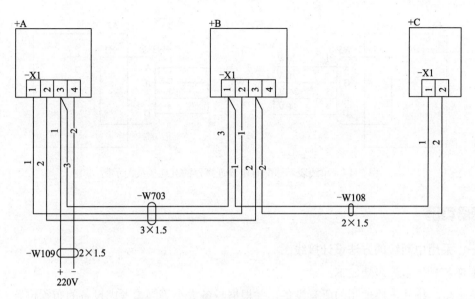

图 2-14　多线表示法的互连接线图示例

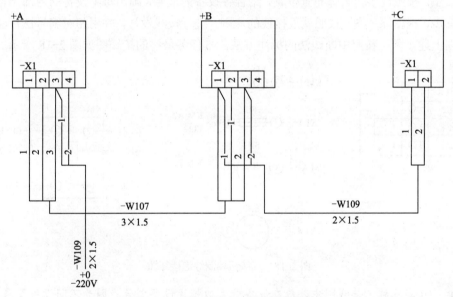

图 2-15　单线表示法的互连接线图示例

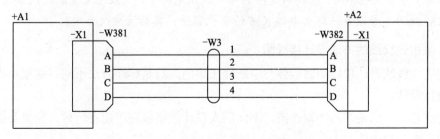

图 2-16　配有电缆连接器的互连接线图示例

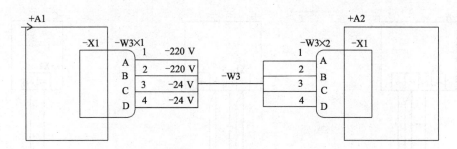

图 2-17　单线表示法配有电缆连接器的互连接线图示例

任务实施

一、采用中断线的方法设计接线图

本任务具体实施步骤如下：

第一步，统计该原理图的所有设备，并根据设备大小等因素考虑设备的布置位置。

第二步，按照设备的具体布置位置，结合各设备的型号，画出每个设备的内部结构简图。

第三步，根据原理图，按照就近接线的原则，进行接线设计，并用相对编号法标注出来。

根据上述步骤，按照中断线法的标注方法，本任务最终的接线图如图 2-18 所示。

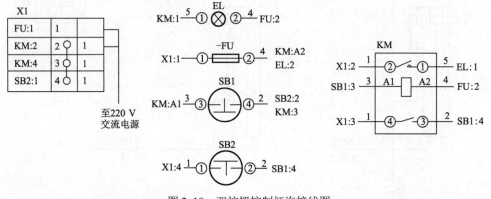

图 2-18　双按钮控制灯泡接线图

说明：在实际施工接线图中，应在设备号旁边标注设备型号，因为不同设备型号内部结构不同，端子号含义也不同。在稍微复杂的电气控制电路中，一般还要重新对设备进行编号。比如把 KM 编为 1 号设备，那么要接 KM 的 2 号端子，其标注应改为 1:2。

二、采用连续线的方法设计接线图

采用连续线法设计接线图的步骤与中断线法相同，只是标注方法不同，这里不再介绍，请读者自行设计。

值得注意的一点是，同一原理图，不同的人设计的接线图可能不一样，只要是按照规定去设计的，都是正确的。

任务评价

序　号	考核内容	考核要求	成　绩
1	认识元器件	了解元器件的型号，接线图、元器件端子表示法（20分）	
2	会连续线法	能看懂连续线表示法绘制的接线图（20分）	
3	懂中断线法	能根据原理图和设备型号，用中断线法设计出接线图（30分）	
4	会互连表示	能根据互连图将各单元连接起来（30分）	

思 考 题

原理图和接线图有何区别与联系？

任务3　低压电气控制系统故障诊断与维修

任务提出

一个大型的、较为复杂的控制系统，现发生了一些故障，需要对该控制系统进行故障诊断，然后进行检修。

任务目标

①　掌握检修电气控制电路故障的常用方法。

②　掌握电气控制电路的检修程序。

③　能综合运用试电笔检查法、电压表法、欧姆表法、短接法等方法，检修电气控制电路断路、短路、接地、接线错误和电源损坏等常见故障。

相关知识

电气控制电路的常见故障有断路、短路、接地、接线错误和电源损坏故障五种。针对不同的故障特点，可灵活运用多种方法予以诊断与检修。

1．断路故障的检查

（1）试电笔检查法

①　用试电笔检查交流电路断路故障的方法如图 2-19 所示。例如在检查图 2-20 所示电路时，按下控制按钮 SB2，用试电笔依次测试 1、2、3、4、5、6 各个点，测到哪点时试电笔不亮，即表示该点为断路处。

②　用试电笔检查直流电路断路故障的方法如图 2-21 所示。检查时先用试电笔检测直流电源的正、负极，氖管后端（手持端）明亮时为正极，氖管前端明亮时为负极。也可根据亮度判断，正极比负极亮一些。

图 2-19　用试电笔检查交流电路断路故障的方法

确定了正、负极后，根据直流电路中正、负电压的分界点在耗能元件两端的原理，按下按钮 SB，用试电笔先测量耗能元件直流接触器 KM 线圈的两端。若在正极一侧（或负极一侧）测到负电压（或正电压），则说明故障点在正极一侧（或负极一侧）。再逐一对故障段上的元件两端进行测试，若在非耗能元件两端分别测得正、负电压，则说明断路点就在该元件内。例如测量 QF1 的左端为正电压（较亮），而右端为负电压（较暗），则表明 QF1 的辅助触点断路。

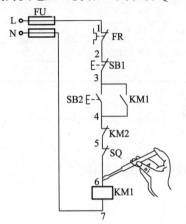

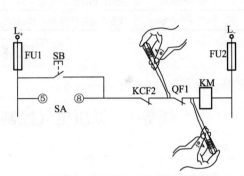

图 2-20　用试电笔检查断路故障　　　　图 2-21　用试电笔检查直流电路断路故障的方法

在用试电笔测直流接触器 KM 的正、负两端时，如果测出两端分别是正、负电压，而 KM 不吸合，则一般为 KM 线圈断路。

③ 用试电笔检查主电路断路故障的方法如图 2-22 所示。用试电笔测量 QF 的上接线柱有无电压，若无电压，则应检查供电线路；若有电压，则可把 QF 合上，测下接线柱。若某相无电压，则要断开电源，检查该相触点的接触情况。用电子式感应试电笔查找控制电路的断路故障非常方便。手触感应断点检测按钮，用笔头沿着线路在绝缘层上移动，若在某一点显示窗上显示的符号消失，则该点就是断点位置。

（2）电压法

在图 2-23 所示的电路中，按下起动按钮 SB2，将万用表置于 500 V 交流电压挡，把黑表笔作固定笔固定在相线的 L2 端，以醒目的红表笔作移动笔，并触及控制电路中间位置任一触点的任意一端进行测量。有电压，则说明该点正常；无电压，则说明该点处已经断路。

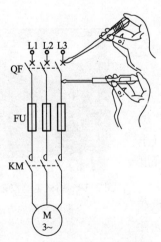

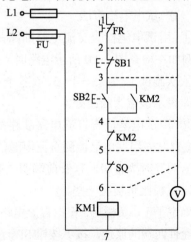

图 2-22　用试电笔检查主电路断路故障的方法　　　　图 2-23　用电压法查找断路故障

（3）电阻法

如图 2-24 所示，可用万用表的电阻挡测量线路的通断情况。在图 2-25 所示的电路中，按下起动按钮 SB2，接触器 KM1 不吸合，说明该电气回路有断路故障。在查找故障点前，首先把控制电路两端从控制电源上断开，然后将万用表置于 $R \times 1$ 挡去测量。

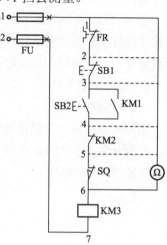

图 2-24　用万用表测量线路的通断　　图 2-25　用电阻法查找断路故障

在测量时应注意以下事项：

① 用电阻法检查故障时，应先断开电源。

② 如果被测电路与其他电路并联，必须将该电路与其他电路断开，否则所测得的电阻值是不准确的。

③ 测量高电阻值的电气元件时，要选择合适的电阻挡。

（4）短接法

短接法就是用一根绝缘良好的导线，把所怀疑断路的部位短接，如果在短接过程中电路被接通，则说明该处断路。

如图 2-26 所示，电路中的 SB 是装在绝缘盒里的试验按钮，按钮型号为 LA18-22，电压为交流 550 V、直流 440 V，电流为 5 A。它有两根引线，引线端头分别用黑色与红色鱼嘴夹引出。

用短接法检查故障时应注意以下三点：

① 短接法是用手拿绝缘导线带电操作的，因此一定要注意安全，避免发生触电事故。

② 短接法只适用于检查压降极小的导线和触点之间的断路故障；对于压降较大的电器，如电阻、线圈、绕组等断路故障，不能采用短接法，否则会出现短路故障。

③ 对于机床的某些要害部位，必须在保障电气设备或机械部位不会出现事故的情况下才能采用短接法。

断路故障产生的原因：

① 电接触材料的改变、接触压力的减小。比如：新的开关触点上一般镀有一层银，经过长时间的磨损，镀层会消失，有的还会在接触面上堆积灰尘、油污、氧化物，使接触电阻增大，同时弹簧变形、压力降低都会造成接触不良。

② 接触形式的改变。如果长期使用或修理工艺不正确，则会使接触面不平整或发生位

移。比如从面接触变为了点接触，也会使电接触性能变差。

③ 腐蚀。铜、铝导体直接连接引起电化学腐蚀；环境潮湿，有腐蚀性气体，又会导致或加剧电接触材料的化学腐蚀和电化学腐蚀，使接触电阻增大，有的还会破坏电接触材料的正常导电，产生断路故障。

④ 安装工艺不合格。对不同的电接触类型有不同的安装工艺要求，如导线铰接、压接、螺栓连接时不按工艺要求操作，压接不紧，也会产生接触不良。导线受力点（如导线转弯、导线穿管、导线变截面等部位）在外力的作用下也容易发生断路故障。

2．短路故障的检查

（1）电源间短路

电源间短路故障一般是通过电器的触点或连接导线将电源短路而造成的，如图 2-27 所示。行程开关 SQ 中的 3 点与 0 点因某种原因形成连接将电源短路时，其故障现象为接通电源，熔断器 FU 就熔断。

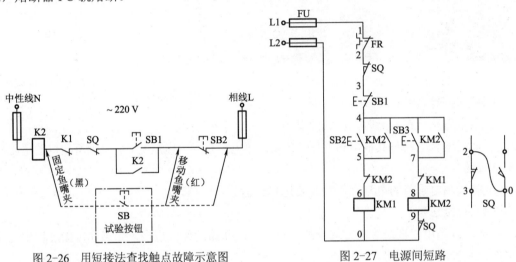

图 2-26　用短接法查找触点故障示意图　　　　图 2-27　电源间短路

（2）电器触点之间短路

图 2-28 中接触器 KM1 的辅助触点 KM1（3-4）因某种原因短路，其故障现象为当接通电源时，接触器 KM1 立即吸合。

（3）触点本身短路

通常，回路只有接通和断开两种状态。只有当回路中所有的触点都正常时，电路才能正常工作。所以，对于较简单的电路，通过分析回路故障时的状态即可查出故障点。图 2-29 所示为两个按钮同时按下才能使接触器吸合、释放的控制电路，下面以此电路为例介绍触点本身短路故障的检查方法。

在该电路中，若按钮 SB3（或 SB4）的触点短路，则只要按下起动按钮 SB4（或 SB3），接触器 KM 就吸合。若 SB3、SB4 触点同时短路，则接通电源后，接触器 KM 就吸合。若停止按钮 SB1（或 SB2）的触点短路，则同时按下停止按钮 SB1 和 SB2，接触器 KM 也不能释放。

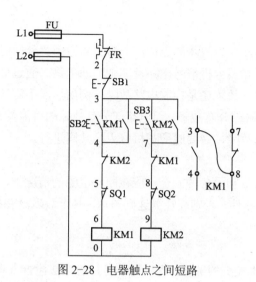

图 2-28 电器触点之间短路

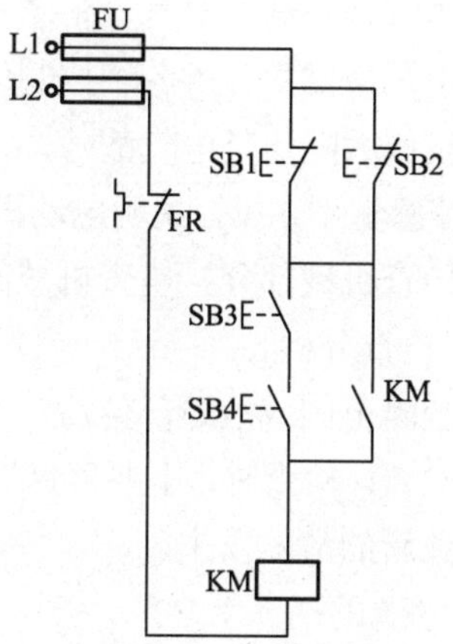

图 2-29 触点本身短路

任务分析

电气控制电路的形式很多，复杂程度不一，其故障又常常和机械、液压等系统的故障交错在一起，难以分辨。每一个电气控制电路往往由若干电气基本控制环节组成，每个电气基本控制环节是由若干电气元件组成的，而每个电气元件又由若干零件组成。但故障常常只是由于某个或某几个电气元件、部件或接线有问题而造成的。因此，需要熟悉诊断故障的一些基本方法，善于总结经验，找出规律，再按照一定的检修步骤去实施，就一定能迅速、准确地排除故障。

任务实施

低压电气控制系统故障诊断与检修

在实际进行故障诊断和检修时，可按下列步骤实施。

1. 故障调查

电路出现故障后切忌盲目乱动，在检修前首先要对故障发生的情况进行尽可能详细的调查。通常采用的故障调查法有：问、听、看、摸、闻等。

① 问：询问操作人员故障发生前后电路和设备的运行状况以及发生故障时的迹象，如有无异响、异味、冒烟、火花及异常震动；询问故障发生前有无频繁起动、制动、正反转、过载等现象。

② 听：在电路和设备还能勉强运转而又不致扩大故障的前提下，可通电起动运行，倾听有无异响，如果有异响，应尽快判断发出异响的部位，然后迅速停车。

③ 看：如图 2-30 所示，看触点是否烧蚀、熔毁，线头是否松动、脱落，线圈是否发热、烧焦，熔体是否熔断，脱扣器是否脱扣，其他电气元件有无烧坏、发热、断线现象，导线连接螺钉是否松动，电动机的转速是否正常。

图 2-30 直观检查线路

④ 摸：刚切断电源后，尽快触摸线圈、触点等容易发热的部分，看温升是否正常。

⑤ 闻：用嗅觉器官检查有无电气元件过热和烧焦的异味。

2．初步分析诊断

通过故障调查，结合电气设备图初步判断发生故障的部位，分析故障原因。分析时，先从主电路入手，再依次分析各个控制电路，然后分析信号电路及其余辅助电路。通过分析可初步诊断是机械故障还是电气故障，是主电路故障还是控制电路故障。例如，用手旋转电动机带轮时，若感觉不正常，说明电动机的机械部分有故障，而电路部分有故障的可能性很小，这时应主要检查机械部分。检查机械部分的故障，必要时应与机修人员共同进行。

3．断电检查分析

确定了故障范围或故障部位后，为了人身和设备的安全，应在断开电源的情况下，按照一定的顺序检查。检查时，不要盲目拆卸元器件，否则往往欲速则不达，甚至故障没有找到，慌乱中又导致新的故障发生。

（1）检查顺序

① 先检查容易检查的部位，后检查较难检查的部位；先用简单易行的方法检查直观、简单、常见的故障，后用复杂、精确的方法检查难度较高、没有见过和听说过的疑难故障。

② 先查重点怀疑的部位和元器件，后查一般的部位和元器件。

③ 先检查电源，后检查负载。因电源侧故障会影响到负载，而负载侧故障未必影响到电源。

④ 先检查控制回路，后检查主回路；先检查交流回路，后检查直流回路；先检查起停电路，后检查可逆运行、调速、制动电路。

⑤ 先检查电气设备的活动部分，再检查静止部分，因活动部分比静止部分发生故障的概率要高得多。

（2）故障分析

如果测得绕组的电阻值不正常，肯定是绕组有短路或断路现象。可对测得的电阻值进行分析：若电阻值为无限大，则可能是定子绕组断路或绕组连接线断开；若电阻值比正常值大，则一般是多支路并联绕组（中等容量以上的电动机）的某支路断路或绕组回路接触不良；若电阻值比额定值小，则说明绕组有短路现象；若电阻值接近于零，则一般为相绕组头尾相连或严重短路。

电气控制电路断电检查的内容：

① 检查熔断器的熔体是否熔断、是否合适以及接触是否良好。

② 检查开关、刀闸、触点、接头是否接触良好。

③ 用万用表欧姆挡测量有关部位的电阻，用兆欧表测量电气元件和线路对地的绝缘电阻以及相间绝缘电阻（低压电器的绝缘电阻不得小于 0.5 MΩ），以判断电路是否有开路、短路和接地现象。

④ 检查改过的线路或修理过的元器件是否正确。

⑤ 检查热继电器是否动作，中间继电器、交流接触器是否卡阻或烧坏。

⑥ 检查转动部分是否灵活。

4．通电检查分析

通过直接观察无法找到故障点，断电检查仍未找到故障时，可对电气设备进行通电检查。将整个电路划分为几部分，配上合适的熔断器，选用万用表的交流电压挡、校验灯等工具，对各部分分别通电。通电时动作要迅速，尽量减少通电测量和观察的时间。

① 通电检查前要先切断主电路，让电动机停转，尽量使电动机和其所传动的机械部分脱

开，将控制器和转换开关置于零位，行程开关还原到正常位置。

② 观察有关继电器和接触器是否按照控制顺序动作。

③ 检查各部分的工作情况，看是否有拒动、接触不良、元器件冒烟、熔断器熔体熔断等现象。

④ 测量电源电压、接触器和继电器线圈的电压及各控制回路的电流等数据，从而将故障范围进一步缩小或查出故障。

结合通电检查进行故障分析。如果检查时发现某一接触器不吸合，则说明该接触器所在回路或相关回路有故障，再对该回路做进一步检查，便可发现故障原因和故障点。

5．机械故障的检查

在电气控制电路中，有些动作是由电信号发出指令，由机械机构执行驱动的。如果机械部分的联锁机构、传动装置及其他动作部分发生故障，即使电路完全正常，设备也不能正常运行。在检修中，要注意机械故障的特征和表现，探索故障发生的规律，找出故障点，并排除故障。图 2-31 为调整行程开关的位置示意图。检修机械故障一般由机械维修工操作，但需要电工配合。

图 2-31　调整行程开关的位置示意图

6．综合分析检查

对于较复杂的故障，若经过通电检查仍没能查到故障点，则可结合故障调查、断电检查、通电检查的结果进行综合分析。在分析故障时，考虑电气装置中各组成部分的内在联系，应将各故障现象联系在一起，广开思路，找出故障现象中更隐蔽的方面，最终找到较隐蔽的故障。

用电工仪表检查电气故障的内容：

① 用万用表相应的电阻挡检查线路的通断、电动机绕组和电磁线圈的直流电阻以及触点的接触电阻等是否正常。

② 用钳形电流表或其他电流表检查电动机的三相空载电流、负载电流是否平衡，大小是否正常。

③ 用万用表检查三相电源电压是否正常、是否一致，以及检查电器的有关工作电压、线路部分的电压等。

④ 用兆欧表检查线路、绕组的有关绝缘电阻。

任务评价

序　号	考核内容	考核要求	成　绩
1	安全操作	符合安全生产要求，团队合作融洽（20分）	
2	工具仪表使用	正确使用相关工具和测量仪表（20分）	
3	故障分析能力	能对控制电路进行正确分析（30分）	
4	故障排除能力	能根据判断，逐步检查、排除典型故障（30分）	

思考题

检查电气控制电路故障的程序是什么？

项目 2　典型电气控制系统分析

通过异步电动机相关知识及其控制的学习，我们了解了异步电动机的主要性能，同时能对其进行起动、调速、正反转及制动等的控制。然而在实际的机电设备中，往往是多台电动机同时工作，各自完成相应的任务，而各台电动机之间既相互协作，又相互制约。实际上是前面所学知识的综合运用。本项目将通过一系列任务的实施，利用前面所学知识，来分析日常生产实际的一些典型的机床控制电路。了解它们的控制要求，掌握其控制原理，熟悉相关控制电路的接线、安装、调试以及维护与检修。

任务 1　卧式车床的电气控制电路故障诊断与维修

任务提出

现有一台 CA6140 型卧式车床主轴电动机控制回路发生了故障，需要进行检修，请分析故障原因，并完成维修调试。

任务目标

① 了解卧式车床的主要结构，主要部件的运动形式及控制要求。
② 掌握卧式车床的电气控制原理。
③ 能实现卧式车床控制电路的测试、调试与检修。

相关知识

1．卧式车床的主要结构

卧式车床的外形结构图如图 2-32 所示。它主要由床身、主轴变速器、挂轮箱、进给箱、溜板箱、溜板与刀架、尾座、光杠和丝杠等部分组成。

2．卧式车床的主要运动形式

车床主要是用来加工旋转工件表面的，加工的方法是将被加工件通过卡盘固定在主轴上并随主轴旋转，然后用固定在刀架上的刀具对工件进行切削。因此，主轴需要做连续旋转的运动，而

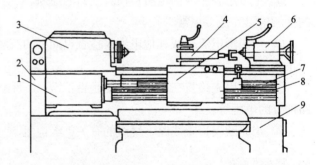

图 2-32　卧式车床的外形结构图
1—进给箱；2—挂轮箱；3—主轴变速器；4—溜板与刀架；
5—溜板箱；6—尾座；7—丝杠；8—光杠；9—床身

刀架在加工时需要做进给运动。另外，对工件夹紧，以及刀架的快速移动和尾座移动等运动，统称为辅助运动。可见卧式车床的主要运动形式为：主运动、进给运动和辅助运动。

3．卧式车床的控制要求及实现方法

为了实现卧式车床的上述三种运动，一般采用三个电动机来分工完成，根据各种运动的要求不同，选择电动机的类型及其控制方式也不同，具体如下：

（1）主轴电动机

① 主运动一般要根据被加工的工件材料性质、加工方式等条件来选择不同的切削速度，因此要求主轴具有一定的调速范围。要求的调速范围一般大于 70。同时，在切削时，要求主运动与进给运动之间有严格的比例。为了满足这一要求，一般主运动和切削运动采用同一台三相异步电动机来驱动，而且对该电动机的调速不采用电气调速，而采用齿轮箱进行机械调速，由车床主轴箱通过变速器与主轴电动机的连接来完成（为减小振动，主轴电动机通过几条传动带将动力传到主轴箱）。

② 为了切削螺纹，要求主轴能够正反转。对于小型机床，主轴的正反转由主轴电动机通过电气控制来完成。当主轴电动机容量较大时，主轴的正反转运行靠摩擦离合器来实现，电动机只做单向旋转。

③ 要求主轴电动机的起动、停止能实现自动控制。一般中小型车床的主轴电动机均采用直接起动。当电动机容量较大时，通常采用Y-△降压起动。为实现快速停车，一般采用机械或电气制动。

（2）冷却泵电动机

① 车削加工时，为了防止刀具与工件温度过高，需要冷却液对其进行冷却。因此设置一台冷却泵电动机。冷却泵电动机只需要单向旋转，不需要调速。

② 要求冷却泵电动机应在主轴电动机起动后才能起动，主轴电动机停车时冷却泵电动机也立即停车。因此，主轴电动机和冷却泵电动机之间要设置电气联锁关系。

（3）刀架快速移动电动机

为实现溜板箱的快速移动，应由单独的刀架快速移动电动机来完成，一般也采用三相异步电机，并采用点动控制。

（4）其他要求

主电路、控制电路均应具有必要的短路、过载、欠电压和零电压等保护环节，并有安全可靠的局部照明灯和信号指示。

让我们一起来分析卧式车床的控制电路吧！

任务分析

根据上述相关知识的学习，针对卧式车床的控制要求，下面以 CA6140 型卧式车床的电气控制电路为例进行分析。CA6140 的含义如下：

C——类代号（C 表示车床）；

A——结构特性代号；

6——组代号（落地及卧式车床组）；

1——系代号（卧式车床系）；

40——能车削的加工件的最大直径（40 mm）。

CA6140 型卧式车床的电气控制电路如图 2-33 所示。

1. 主电路分析

主电路共有三台三相异步电动机，其中 M1 为主轴电动机，主要担负主轴旋转和刀架进给运动，功率最大；M2 为冷却泵电动机，用来输送冷却液；M3 为刀架快速移动电动机，由于采用点动控制，属于短时运行，所以没采取过载保护措施，M1、M2 采用热继电器作为过载保护。FU、FU1 为短路保护。三台三相异步电动机容量都低于 10 kW，均采取全压直接起动，均用接触器进行控制，而且都是单方向运行。三相交流电源通过转换开关 QF 引入。接触器 KM1、KM2、KM3 分别控制三台三相异步电动机 M1、M2、M3 的起动和停止。

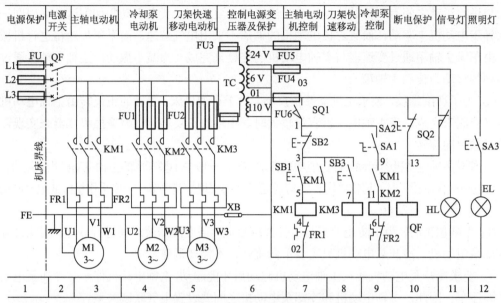

图 2-33　CA6140 型卧式车床的电气控制电路

2. 控制电路分析

该控制电路为由控制变压器 TC 二次侧输出的电源供电的回路。

（1）主轴电动机 M1 的控制

采用了具有过载保护的全压起动控制的典型电路。按下按钮 SB1，接触器 M1 线圈受电，其常开辅助触点（3-5）闭合形成自锁，主触点闭合使主轴电动机 M1 起动；同时其常开辅助触点（9-11）闭合，为起动 M2 做好准备。主轴电动机正在旋转时按下 SB2，KM1 失电使其主触点断开，M1 停止。

（2）冷却泵电动机 M2 的控制

采用了两台电动机 M1、M2 顺序联锁控制的典型电路。使主轴电动机 M1 起动后，冷却泵电动机 M2 才能起动。主轴电动机停止时，冷却泵电动机也自动停止。如果 M1 没起动，其辅助触点（9-11）是断开的，这时，KM2 不能得电，所以 M2 无法起动。

（3）刀架快速移动电动机 M3 的控制

采用典型的点动控制电路。按住 SB3，电动机 M3 经传动系统、驱动溜板带动刀架快速移动，移动到预定位置时松开 SB3，电动机 M3 停止运行。

（4）照明和信号电路

控制变压器二次侧还分别输出了 24 V 和 6 V 的电压，6 V 输出为电源信号灯 HL 所使用；24 V 输出通过开关 SA3 控制，为机床照明灯 EL 所使用。

由于生产厂家不同，CA6140 型卧式车床电路图有所不同。图 2-34 也是一种常用的 CA6140 型卧式车床电路图，仅供教学时参考。

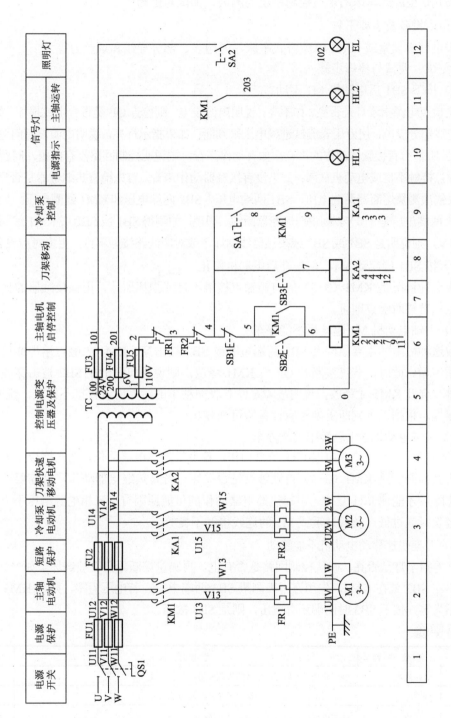

图 2-34 CA6140 型卧式车床电路图

任务实施

CA6140 型卧式车床的电气控制系统的测试、调试与检修

1．使用设备及主要工具

机床电气实训室或 CA6140 型卧式车床、万用表、部分导线和螺丝刀等。

2．测试、调试与检修步骤

（1）按下 SB1 后电动机 M1 不动

首先检查电源指示灯是否亮，如不亮，说明电源没电，则检查 QF 是否合上或损坏。如良好，则可能进线部分没电，用万用表测试进线电压来判断；如果指示灯亮，说明电源没有问题，此时再按 SB2 听是否有接触器动作的声音，如有动作声音，则说明控制回路没有问题，问题出在接触器主触点接触不良或电动机故障；如果没有接触器动作声音，首先检查热继电器是否复位，再用万用表依次测量熔断器两端电压、SB1 两端电压、SB2 两端电压和 KM1 线圈电压。如测得熔断器 FU2 两端电压是 110 V，则说明熔断器断线。同理，如测得 SB1 或 SB2 或 KM1 线圈两端电压是 110 V，则说明是 SB1 或 SB2 或接触器线圈坏了或对应线路接触不良，更换对应设备即可。

（2）按 SB1 能起动 M1，但松开后电动机停止

造成这种情况是 KM1（3-5）的自锁触点接触不良或损坏所致，用该接触器的另外一对常开触点代替该对触点即可。

（3）主轴电动机 M1 起动后不能停车

造成这种故障的主要原因有 SB2 两端短路或 SB2 被击穿、KM1 主触点熔焊或接触器铁芯表面粘污垢。此时，若直接断开 QF 后 KM1 释放，则说明问题出在 SB2 被击穿或两端短路；若过一会儿 KM1 才释放，说明故障是铁芯表面粘牢的污垢；若直接不释放，说明 KM1 主触点熔焊。根据以上判断更换对应设备即可恢复。

（4）主轴电动机 M1 运转中突然停车

这种情况首先检查热继电器 FR1 是否动作，若不是热继电器动作，则先检查主电路是否断线；再查控制回路 KM1（3-5）自锁触点是否损坏。若是热继电器动作，则需要查明动作原因，排除后才能使 FR1 复位。引起热继电器动作的可能原因有：三相电源电压不平衡、电源电压较长时间过低、负载过重或 M1 的连线接触不良等。

（5）刀架快速移动电动机不能起动

首先看指示灯是否亮，确认控制回路是否有电，再测量熔断器是否被烧坏。如一切正常，则故障不在 SB3 就在 KM3，先用万用表测量 SB3 两端电压，若电压为零，则是 KM3 故障；若电压不为零，按下 SB3 时两端还有电压，则是 SB3 故障。

任务评价

序　号	考核内容	考核要求	成　绩
1	线路测量	能正确使用万用表测量线路以判断故障位置（30 分）	
2	判断能力	能根据原理图制定出最简单的事故判断方法（30 分）	
3	操作能力	能正确拆卸和更换故障设备（30 分）	
4	总结能力	写出总结报告（10 分）	

思考题

① 为什么进给运动不单独采用一个电动机来拖动?

② 为什么主轴电动机的调速不采用电气调速?

任务2　平面磨床的电气控制电路故障诊断与维修

任务提出

现有一台 M7120 型平面磨床控制回路发生了故障,需要进行检修,请分析故障原因,并完成维修调试。

任务目标

① 了解平面磨床的主要结构、主要部件的运动形式及控制要求。

② 掌握平面磨床的电气控制原理。

③ 能实现平面磨床控制电路的测试、调试与检修。

相关知识

一、平面磨床的主要结构、运动形式

1.平面磨床的主要结构

平面磨床的主要结构如图 2-35 所示,由床身、工作台、电磁吸盘、砂轮箱、滑座、立柱等部分组成。

如图 2-35 所示,在箱形床身 1 中装有液压传动装置,以使矩形工作台 2 在床身导轨上,通过压力油推动活塞杆 10 做往复运动(纵向)。而工作台往复运动的换向是通过工作后换向撞块 8 碰撞床身上的工作台往复运动换向手柄 9 来改变油路实现的。工作台往返运动的行程长度可通过调节装在工作台正面槽中的撞块 8 的位置来改变。工作台的表面是 T 形槽,用来安装电磁吸盘以吸持工件或直接安装大型工件。在床身上固定有立柱 7,沿立柱 7 的导轨上装有滑座 6,滑座可在立柱导轨上做上下移动,并可由砂轮箱垂直进刀手轮 11 操纵,砂轮箱 4 能沿滑座水平导轨做横向移动,它可由砂轮箱横向移动手轮 5 操纵,也可由液压传动做连续或间断移动,连续移动用于调节砂轮位置或整修砂轮,间断移动用于进给。

2.平面磨床的运动形式

矩形工作台平面磨床的工作示意图如图 2-36 所示。

主运动是砂轮的旋转运动;进给运动有垂直进给(滑座在立柱上的上下运动)、横向进给(砂轮箱在滑座上的水平运动)和纵向进给(工作台沿床身的往复运动)。工作台每完成一次往复运动时,砂轮箱便做一次间断性横向进给。当加工完整个平面后,砂轮箱做一次间断性垂直进给。辅助运动是砂轮箱在滑座水平导轨上做快速横向移动,滑座沿立柱上的直导轨做快速垂直移动,以及工作台往复运动速度的调整等。

二、平面磨床电力拖动的控制要求

平面磨床采用多电动机拖动,其中砂轮电动机拖动砂轮旋转;液压电动机驱动油泵,供

出压力油，经液压传动机械来完成工作台往复运动并实现砂轮的横向自动进给；冷却泵电动机拖动冷却泵，供给磨削加工时需要的冷却液。

平面磨床电力拖动的控制要求如下：

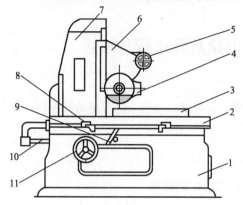 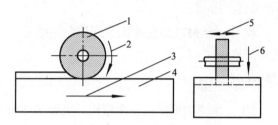

图 2-35　平面磨床的主要结构

1—床身；2—工作台；3—电磁吸盘；4—砂轮箱；
5—砂轮箱横向移动手轮；　6—滑座；7—立柱；
8—工作台换向撞块；9—工作台往复运动换向手柄；
10—活塞杆；11—砂轮箱垂直进刀手轮

图 2-36　矩形工作台平面磨床的工作示意图

1—砂轮；2—主运动；3—纵向进给运动；4—工作台；
5—横向进给运动；6—垂直进给运动

① 砂轮、液压泵、冷却泵三台电动机都只要求单方向旋转。砂轮升降电动机需要双向旋转。

② 冷却泵电动机应随砂轮电动机的起动而起动，若加工中不需要冷却液时，可单独关断冷却泵电动机。

③ 在正常加工中，若电磁吸盘吸力不足或消失时，砂轮电动机与液压泵电动机应立即停止工作，以防止工件被砂轮切向力打飞而发生人身和设备事故。不加工时，即电磁吸盘不工作的情况下，允许砂轮电动机与液压泵电动机起动，机床做调整运动。

④ 电磁吸盘励磁线圈具有吸牢工件的正向励磁、松开工件的断开励磁，以及抵消剩磁便于取下工件的反向励磁控制环节。

⑤ 具有完善的保护环节。各电路的短路保护，各电动机的长期过载保护，零电压、欠电压保护，电磁吸盘吸力不足的欠电流保护，以及线圈断开时产生高电压而危及电路中其他电气设备的过电压保护等。

⑥ 具有机床安全照明电路与工件去磁的控制环节。

任务分析

> 让我们一起来分析平面磨床的控制电路吧！

M7120 型平面磨床电气控制电路分析。

M7120 型平面磨床型号的意义：

M——磨床类；

7——平面磨床；

1——矩形工作台（矩形电磁吸盘）；

20——工作台的工作面宽为 200 mm。

M7120 型平面磨床电气控制电路如图 2-37 所示。

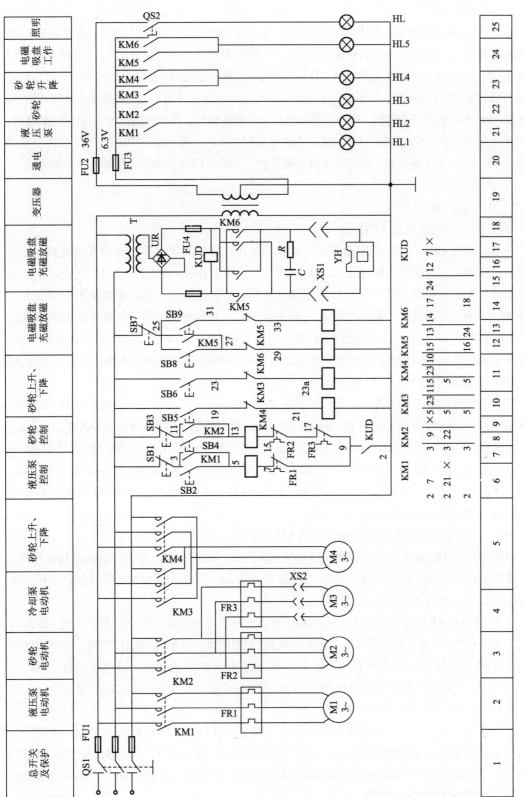

图 2-37 M7120 型平面磨床电气控制图

1．主电路分析

主电路共有四台电动机。其中，M1 为液压泵电动机，实现工作台的往复运动，由接触器 KM1 的主触点控制，单向旋转。M2 为砂轮电动机，带动砂轮转动来完成磨削加工工作。M3 为冷却泵电动机，M2 和 M3 共同由接触器 KM2 的主触点控制，单向旋转，冷却泵电动机 M3 只有在砂轮电动机 M2 起动后才能运转。由于冷却泵电动机和机床床身是分开的，因此通过插头插座 XS2 接通电源。M4 为砂轮升降电动机，用于在磨削过程中调整砂轮与工件之间的位置，由接触器 KM3、KM4 的主触点控制，双向旋转。M1、M2、M3 是长期工作的，因此装有 FR1、FR2、FR3 分别对其进行过载保护；M4 是短期工作的，不设过载保护。熔断器 FU1 作为整个控制电路的短路保护。

2．控制电路分析

1）电动机控制电路分析

（1）液压泵电动机 M1 的控制

合上总开关 QS1，整流变压器 T 的二次绕组输出 135 V 交流电压，经桥式整流器 UR 整流得到直流电压，使欠电压继电器 KUD 得电吸合，其常开触点 KUD（2-9）闭合，使液压泵电动机 M1 和砂轮电动机 M2 的控制电路具有得电的前提条件，为起动电动机做好准备。如果 KUD 不能可靠动作，则各电动机均无法运行。由于平面磨床的工件靠直流电磁吸盘的吸力将工件吸牢在工作台上，因此只有具备可靠的直流电压后，才允许起动砂轮和液压系统，以保证安全，可见 KUD 起欠电压保护作用。液压泵电动机 M1 由 KM1 控制，SB1 是停止按钮，SB2 是起动按钮。

当欠电压继电器 KUD 吸合，其常开触点 KUD（2-9）闭合后，按下 SB2→KM1 得电吸合→主触点闭合→液压泵电动机 M1 起动运转 →KM1（3-5）闭合，自锁 →KM1 [21]闭合，指示灯 HL2[21]亮 。按下 SB1→KM1 失电释放→主触点断开→液压泵电动机 M1 停止运转 →KM1（3-5）[7]复位断开，解除自锁 →KM1 [21]复位断开，指示灯 HL2[21]熄灭 。在运转过程中，若 M1 过载，则热继电器 FR1 的常闭触点 FR1（7-9）断开，使 KM1 失电释放→主触点断开→M1 停转，起到过载保护作用。

（2）砂轮电动机 M2 和冷却泵电动机 M3 的控制

砂轮电动机 M2 和冷却泵电动机 M3 由 KM2 控制，SB3 是停止按钮，SB4 是起动按钮。由于冷却泵电动机 M3 通过连接器 XS1 与 M2 联动控制，因此 M3 和 M2 同时起动运转。若不需要冷却时，可将插头拔出。

按下 SB4[8]→KM2[8]得电吸合→主触点闭合→砂轮电动机 M2 和冷却泵电动机 M3 同时起动运转 →KM2（11-13）[9]闭合，自锁 →KM2 [22]闭合，指示灯 HL3[22]亮；按下 SB3[8]→KM2[8]失电释放→主触点断开→砂轮电动机 M2 和冷却泵电动机 M3 同时停止运转 →KM2（11-13）[9]复位断开，解除自锁 →KM2 [22]复位断开，指示灯 HL3[22]灭。

（3）砂轮升降电动机 M4 的控制

砂轮升降电动机只有在调整工件和砂轮之间位置时才使用，因此用点动控制。砂轮升降电动机 M4 由 KM3、KM4 控制其正、反转，SB5 为上升（正转）按钮，SB6 为下降（反转）按钮。为了防止电动机 M4 的正、反转电路同时被接通，在 KM3、KM4 的对方电路中串 KM4、KM3 的常闭触点进行联锁控制。

按下 SB5→KM3 得电吸合→主触点闭合→砂轮升降电动机 M4 正转，砂轮上升 →KM3（23-23a）[11]断开，使 KM4 不能得电，形成互锁 →KM3 [23]闭合，指示灯 HL4[23]亮；松开 SB5→KM3 失电释放→主触点断开→砂轮升降电动机 M4 停止运转，砂轮停止上升 →KM3（23-23a）[11]复位闭合，解除互锁 →KM3[23]复位断开，指示灯 HL4[23]灭。下降过程与上升过程原理相同，这里就不再分析了。

2）电磁吸盘控制电路分析

电磁吸盘又称电磁工作台，也是安装工件的一种夹具，与机械夹具相比，具有夹紧迅速、不损伤工件且一次能吸牢若干个工件，工作效率高，加工精度高等优点。但它的夹紧程度不可调整，电磁吸盘要用直流电源，且不能用于加工非磁性材料的工件。

电磁吸盘控制电路由整流电路、控制电路和保护电路等组成。整流电路由整流变压器 T、单相桥式整流器 UR 组成，供给 110 V 直流电源，控制电路由按钮 SB7、SB8、SB9 和接触器 KM5、KM6 组成。

① 充磁过程。电磁吸盘的充磁由接触器 KM5 控制，SB8 为充磁按钮，SB7 为充磁停止按钮。按下 SB8[12]→KM5[12]得电吸合→主触点[16]闭合→110 V 电源对吸盘线圈 YH 充磁，将工件吸牢 →KM5（25-27）[13]闭合，自锁 →KM5（31-33）[14]断开，使 KM6 不能得电，互锁 →KM5[24]闭合，指示灯 HL5[24]亮；按下 SB7[12]→KM5[12]失电释放→主触点[16]断开→停止充磁 →KM5（25-27）[13]复位断开，解除自锁 →KM5（31-33）[14]复位闭合，解除互锁 →KM5[24]复位断开，指示灯 HL5 灭。

② 去磁过程。磨削加工完毕，在取下加工好的工件时，先按下 SB7，切断电磁吸盘 YH 上的直流电源。由于吸盘和工件都有剩磁，因此需要对吸盘和工件进行去磁。去磁操作由 KM6 控制，给吸盘线圈通以一个反方向电流，SB9 为去磁按钮。为防止反向磁化，采用点动控制。

按下 SB9→KM6 得电吸合→主触点[18]闭合→110 V 电源给吸盘线圈 YH 一个反向去磁电流→KM6（27-29）[12]断开，使 KM5 不能得电，互锁 →KM6[24]闭合，指示灯 HL5[24]亮；松开 SB9→KM6 失电释放→主触点[18]断开→停止去磁 →KM6（27-29）[12]复位闭合，解除互锁 →KM6[24]复位断开，指示灯 HL5 灭。

③ 保护装置。保护装置由放电电阻 R 和电容 C 以及欠压继电器 KUD 组成。电阻 R 和电容 C 的作用：电磁吸盘是一个大电感，在充磁吸牢工件时，存储了大量磁场能量，当它脱离电源的一瞬间，吸盘 YH 的两端产生较大的自感电动势，会使线圈和其他电气元件损坏，因此用电阻和电容组成放电回路。利用电容 C 两端的电压不能突变的特点，使电磁吸盘线圈两端电压变化趋于缓慢；利用电阻 R 消耗电磁能量。如果参数选配得当，此时 RLC 电路可以组成一个衰减振荡电路，对去磁将是十分有利的。欠电压继电器 KUD 的作用：在加工过程中，若电源电压不足，则电磁吸盘将不能吸牢工件，导致工件被砂轮打出，造成严重事故。因此，在电路中设置了欠电压继电器 KUD，将其线圈并联在直流电源上，其常开触点 KUD（2-9）[7]串联在液压泵电动机和砂轮电动机的控制电路中，若电磁吸盘不能吸牢工件，KUD 就会释放，使液压泵电动机和砂轮电动机停转，保证了安全。

3）照明和指示灯电路

EL 为照明灯，其工作电压为 36 V，由变压器 TC 供电。QS2 为照明负荷隔离开关。HL1～

HL5 为指示灯，其工作电压为 6 V，也由变压器 TC 供给，其作用是：HL1 为控制电路电源指示灯，HL2 为 M1 运转指示灯，HL3 为 M3 及 M2 运转指示灯，HL4 为 M4 工作指示灯，HL5 为电磁吸盘工作（充磁或去磁）指示灯。

由于各校实训设备不同，M7120 型平面磨床电气控制图有所差异，图 2-38 是机床电器实训室中 M7120 型平面磨床电路图，仅供参考。

任务实施

M7120 型平面磨床电气控制系统的测试、调试与检修

1. 使用设备及主要工具

机床电气实训室或 M7120 型平面磨床、万用表、部分导线和螺丝刀等。

2. M7120 型平面磨床电气控制电路电气元件明细（见表 2-1）

表 2-1　M7120 平面磨床控制电路电气元件明细

符　号	名称及用途	符　号	名称及用途
M1	液压泵电动机 1.1 kW，1 410 r/min	T	整流变压器
M2	砂轮电动机 3 kW，2 860 r/min	TC	照明变压器
M3	冷却泵电动机 0.12 kW	SB1	液压泵停止按钮
M4	砂轮升降电动机 0.75kW，1 410 r/min	SB2	液压泵起动按钮
QS1	电源开关	SB3	砂轮停止按钮
QS2	照明灯开关	SB4	砂轮起动按钮
KM1	液压泵电动机用接触器	SB5、SB6	砂轮升降按钮
KM2	砂轮电动机、冷却泵电动机接触器	SB7～SB9	电磁吸盘控制按钮
KM3、KM4	砂轮升降电动机接触器	XS1	电磁吸盘插头插座
KM5、KM6	电磁吸盘用接触器	XS2	冷却泵电动机插头插座
FR1～FR3	热继电器	R、C	保护用电阻、电容
FU1～FU4	熔断器	HL1	电源指示灯
UR	硅整流器	HL2～HL5	电动机、电磁吸盘工作指示灯
YH	电磁吸盘	EL	照明灯
KUD	欠电压继电器		

3. 测试、调试与检修步骤

（1）M1、M2、M3 三台电动机都不能起动

造成三台电动机都不能起动的主要原因是欠电压继电器 KUD 的常开触点接触不良、接线松脱或有油垢，使电动机的控制电路处于失电状态。检查时，先观察电源指示灯，若电源指示灯不亮，则说明电源故障，此时主要检查 QS1、FU1、FU4；若电源指示灯亮，则用万用表测量 KUD（2-9）[7]触点两端电压，如电压为 110V，则说明此处故障，换一对常开触点即可修复故障。

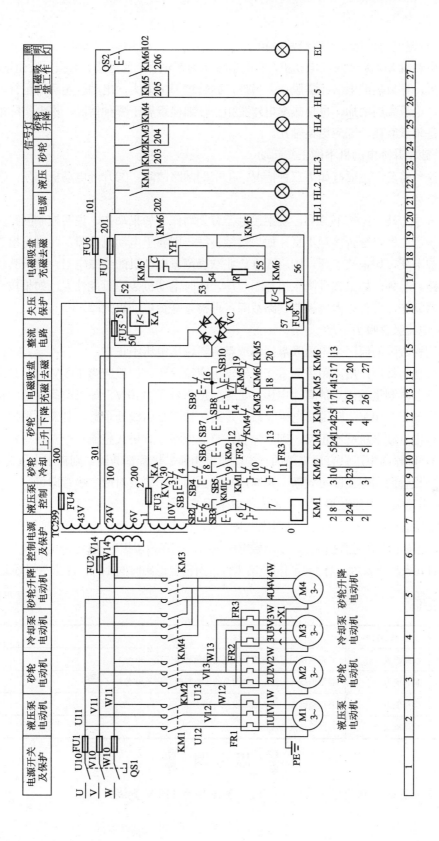

图 2-38　机床电气实训室中 M7120 型平面磨床电路图

（2）砂轮电动机热继电器经常脱扣

砂轮电动机 M2 为装入式电动机，它的前轴承为铜轴瓦，易磨损，磨损后发生堵转现象，使电流增大，导致热继电器经常脱扣；另外，砂轮进刀量太大，电动机超负荷运行，造成电动机堵转，电流急剧增加，也使热继电器脱扣。仔细检查属于哪种情况，根据实际情况进行处理。若是轴承磨耗，则应更换轴瓦。

（3）砂轮升降电动机不能正常起动

出现这种情况，主要有如下三种情况：①控制回路故障；②升降电动机卡死；③升降电动机线圈烧坏。

检修方法与技巧：按下 SB5，观察接触器有无动作。如果动作，说明控制回路正常，此时检查接触器主触点是否接触不良，如果接触良好，则属于电动机故障，此时先检查升降电动机有无被卡死，如未被卡死，则用 500 V 兆欧表测量电动机的绝缘电阻，检查其线圈是否接地或断路。另外，如果按升降按钮都不起动，此时电动机故障可能性大，如果按升降按钮时无接触器动作，可首先考虑控制回路故障，再检查是否电动机故障。

（4）电磁吸盘吸力不足

引起这种故障的原因是电磁吸盘损坏或整流器输出电压不正常。

检修方法与技巧：用万用表测量变压器输出交流电压，一般应为 135 V，在 130～140 V 时均为正常，再测量整流后的直流电压，工作时应不低于 110 V。如果空载时电压正常，带负载时电压低于 110 V，则说明电磁吸盘有短路，若不是引线处短路，则需要更换电磁吸盘线圈。若输出空载电压就不正常，则故障出在整流电路。若桥式整流一个支路短路（一个二极管击穿），则输出电压只有原电压的一半。如果相邻二极管都断路，则输出电压为 0，用万用表测量二极管两端电压即可判断。判断出故障原因后，更换对应二极管即可。

（5）电磁吸盘退磁效果不好，使工件取下困难

电磁吸盘退磁不好的原因，一是退磁电路断路，根本没有退磁，应检查转换开关 QS2 接触是否良好，退磁电阻 R 是否损坏；二是退磁电压过高，应调整电阻 R_2，使退磁电压调至 5～10 V；三是退磁时间太长或太短，对于不同材质的工件，所需要退磁时间不同，注意掌握好退磁时间。

任务评价

序　号	考核内容	考核要求	成　绩
1	线路测量	能正确使用万用表测量线路以判断故障位置（30分）	
2	判断能力	能根据原理图制定出最简单的事故判断方法（30分）	
3	操作能力	能正确拆卸和更换故障设备（30分）	
4	总结能力	写出总结报告（10分）	

思考题

为什么变压器 T 输出端为 135 V 交流，整流后为 110 V 直流？

任务 3　摇臂钻床的电气控制电路故障诊断与维修

任务提出

现有一台 Z3050 摇臂钻床控制回路发生了故障，需要进行检修，请分析故障原因，并完成维修调试。

任务目标

① 了解摇臂钻床的主要结构、主要部件的运动形式及控制要求。
② 掌握摇臂钻床的电气控制原理。
③ 能实现摇臂钻床控制电路的测试、调试与检修。

相关知识

1. 摇臂钻床的主要结构

摇臂钻床主要由底座、内外立柱、摇臂、主轴箱及工作台等部分组成，如图2-39所示。

内立柱固定在底座的一端，在它的外面套有外立柱，外立柱可绕内立柱回转360°。摇臂的一端为套筒，它套装在外立柱上做上下移动。由于丝杠与外立柱连成一体，而升降螺母固定在摇臂上，因此摇臂不能绕外立柱转动，只能与外立柱一起绕内立柱回转。主轴箱是一个复合部件，由主传动电动机、主轴和主轴传动机构、进给和变速机构、机床的操作机构等部分组成。主轴箱安装在摇臂的水平导轨上，可以通过手轮操作，使其在水平导轨上沿摇臂移动。

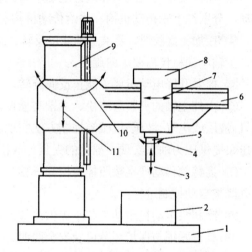

图 2-39　Z3050 型摇臂钻床外型图
1—底座；2—工作台；3—主轴纵向进给；4—主轴旋转主运动；
5—主轴；6—摇臂；7—主轴箱沿摇臂径向运动；8—主轴箱；
9—内外立柱；10—摇臂回转运动；11—摇臂垂直移动

2. 摇臂钻床主要部件拆卸顺序

① 切断电源，拆下所有电动机及有关电气元件；
② 从摇臂右端卸下主轴箱；
③ 将摇臂支撑好或吊稳，卸下升降机构；
④ 吊出摇臂；
⑤ 吊出外立柱；
⑥ 从底座上拆下内立柱；
⑦ 拆下底座（如在原地修理或无须表面刨削加工时，可以不必拆离基础）。

3. 摇臂钻床的运动形式

当进行加工时，由特殊的加紧装置将主轴箱紧固在摇臂导轨上，而外立柱紧固在内立柱上，摇臂紧固在外立柱上，然后进行钻削加工。钻削加工时，钻头一边进行旋转切削，一边进行纵向进给，其运动形式如下：

① 摇臂钻床的主运动为主轴的旋转运动；

② 进给运动为主轴的纵向进给；

③ 辅助运动——摇臂沿外立柱垂直移动，主轴箱沿摇臂长度方向的移动，摇臂与外立柱一起绕内立柱的回转运动。

4. 摇臂钻床电气拖动的特点及控制要求

① 摇臂钻床运动部件较多，为了简化传动装置，采用多台电动机拖动。例如 Z3040 型摇臂钻床采用四台电动机拖动，分别是主轴电动机、摇臂升降电动机、液压泵电动机和冷却泵电动机，这些电动机都采用直接起动方式。

② 为了适应多种形式的加工要求，摇臂钻床主轴的旋转及进给运动有较大的调速范围，一般情况下多由机械变速机构实现。主轴变速机构与进给变速机构均装在主轴箱内。

③ 摇臂钻床的主运动和进给运动均为主轴的运动，为此，这两项运动由一台主轴电动机拖动，分别经主轴传动机构、进给传动机构实现主轴的旋转和进给。

④ 在加工螺纹时，要求主轴能正反转。摇臂钻床主轴正反转一般采用机械方法实现。因此，主轴电动机仅需要单向旋转。

⑤ 摇臂升降电动机要求能正反向旋转。

⑥ 内外主轴的夹紧与放松、主轴与摇臂的夹紧与放松可用机械操作、电气-机械装置、电气-液压或电气-液压-机械等控制方法实现。若采用液压装置，则备有液压泵电动机，拖动液压泵提供压力油来实现。摇臂的夹紧与放松要求采用点动控制。

⑦ 摇臂的移动严格按照摇臂松开→移动→摇臂夹紧的顺序进行。因此，摇臂的夹紧与摇臂升降按自动控制进行。

⑧ 冷却泵电动机带动冷却泵提供冷却液，只要求单向旋转。

⑨ 具有联锁与保护环节以及安全照明、信号指示电路。

任务分析

让我们一起来分析摇臂钻床的控制电路吧！

Z3050 型摇臂钻床电气控制电路分析。

Z3050 型摇臂钻床型号的意义如下：

Z ——钻床；

3 ——摇臂钻床组；

0 ——摇臂钻床型；

50——最大钻孔直径为 50 mm。

1. Z3050 液压系统简介

该摇臂钻床具有两套液压控制系统，一个是操纵机构液压系统；另一个是夹紧机构液压系统。前者安装在主轴箱内，用以实现主轴正反转、停车制动、空挡、预选及变速；后者安装在摇臂背后的电器盒下部，用以夹紧松开主轴箱、摇臂及立柱。

（1）操纵机构液压系统

该系统压力油由主轴电动机拖动齿轮泵供给。主轴电动机转动后，由操作手柄控制，使压力油作不同的分配，获得不同的动作。操作手柄有五个位置："空挡"、"变速"、"正转"、"反转"和"停车"。

（2）夹紧机构液压系统

夹紧机构液压系统压力油由液压泵电动机拖动液压泵供给，实现主轴箱、立柱和摇臂的松开与夹紧。其中，主轴箱和立柱的松开与夹紧由一个油路控制，摇臂的松开与夹紧由另一个油路控制，这两个油路均由电磁阀操纵，主轴箱和立柱的夹紧与松开由启动夹紧电动机，油泵供油后，通过分配阀进入夹紧油缸，推动活塞和菱形块实现夹紧（或松开）。摇臂的夹紧与松开与摇臂的升降控制有关。

2. 电气控制电路分析

Z3050 型摇臂钻床电气控制电路图如图 2-40 所示。图中 M1 为主轴电动机，M2 为摇臂升降电动机，M3 为液压泵电动机，M4 为冷却电动机。

（1）主电路分析

Z0350 型摇臂钻床共有四台电动机，除 M4 采用开关直接起动外，其他三台电动机均采用接触器直接起动。M1 为单方向旋转，由接触器 KM1 控制，主轴的正反转则由机床液压系统操纵机构配合正反转摩擦离合器实现，并由热继电器 FR1 作为电动机长期过载保护。

M2 由正、反转接触器 KM2、KM3 控制实现正反转。控制电路保证在操纵摇臂升降时，首先使液压泵电动机起动旋转，供出压力油，经液压系统将摇臂松开，然后才使电动机 M2 起动，拖动摇臂上升或下降。当移动到位后，保证 M2 先停下，再自动通过液压系统将摇臂夹紧，最后液压泵电动机才停下。M2 为短时工作，不设长期过载保护。

M3 由接触器 KM4、KM5 控制实现正反转，并有热继电器 FR2 作为长期过载保护。

M4 电动机容量小，仅为 0.125 kW，由开关 QS2 控制。

（2）控制电路分析

由变压器 TC 将 380 V 交流电压降为 110 V，作为控制电源。指示灯电源为 6.3 V。

① 主轴电动机的控制。按下起动按钮 SB2，接触器 KM1 吸合并自锁，主轴电动机 M1 起动并运转。按下停止按钮 SB1，接触器 KM1 释放，主轴电动机 M1 停转。

② 摇臂升降电动机的控制。控制电路要保证在摇臂升降时，先使液压泵电动机起动运转，供出压力油，经液压系统将摇臂松开，然后才使摇臂升降电动机 M2 起动，拖动摇臂上升或下降。当移动到位后，又要保证 M2 先停下，再通过液压系统将摇臂夹紧，最后液压泵电动机 M3 停转。

以上升为例，按下 SB3，时间继电器 KT 得电，其瞬时触点 KT（14-15）[18]闭合，接触器 KM4 得电。液压泵电动机起动，压力油进入"松开油腔"使摇臂松开，同时活塞杆推动 SQ2 动作，使 KM4 失电，SQ2（7-9）[16]闭合，KM2 得电，摇臂升降电动机起动，使摇臂上升。当上升到要求位置后，松开 SB3，此时 KT、KM2 同时失电。摇臂停止上升，延时 1～3 s 后，时间继电器延时触点 KT（17-18）[19]闭合，使液压泵起动而将摇臂夹紧。

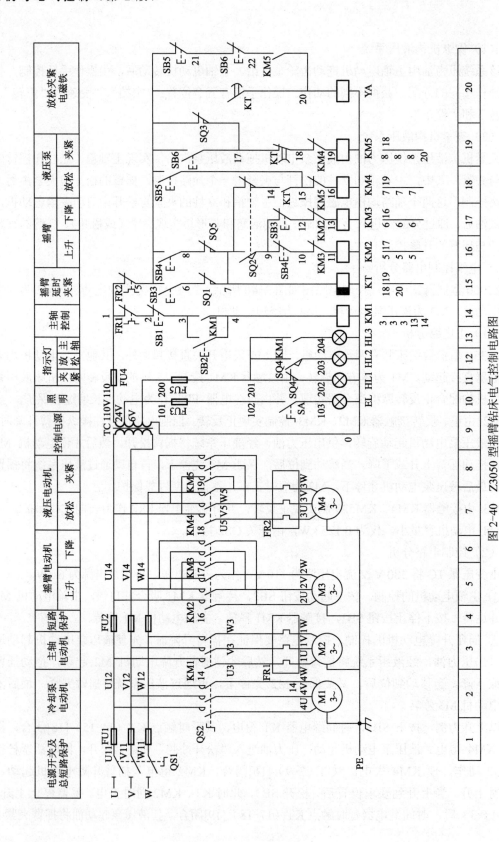

图 2-40　Z3050 型摇臂钻床电气控制电路图

③ 主轴箱和立柱松开与夹紧的控制。主轴箱和立柱的松开与夹紧是同时进行的。按松开按钮 SB5，接触器 KM4 得电，液压泵电动机 M3 正转。与摇臂松开不同，这时电磁阀 YV 并不得电，压力油进入主轴箱松开油缸和立柱松开油缸，推动松紧机构使主轴箱和立柱松开。行程开关 SQ4 不受压，其常闭触点闭合，指示灯 HL1 亮，表示主轴箱和立柱松开。

④ Z3050 钻床的电气保护。FU1 对全部设备进行短路保护，FU2 对 M2、M3 及控制回路进行短路保护；M1、M3 设有过载保护；控制及照明电路设有短路保护。

3．拓宽知识

由于各校实训设备不同，Z3050 型摇臂钻床电气控制图有所差异。图 2-41 是机床电器实训室中 Z3050 型摇臂钻床常用电气控制原理图，仅供参考。

任务实施

Z3050 型摇臂钻床电气控制系统的测试、调试与检修

1．使用设备及主要工具

机床电气实训室或 Z3050 型摇臂钻床、万用表、部分导线和螺丝刀等相关工具。

2．测试、调试与检修步骤

摇臂钻床电气控制的特殊环节是摇臂升降。Z3050 型摇臂钻床的工作过程是由电气与机械、液压系统紧密结合实现的。因此，在维修中不仅要注意电气部分能否正常工作，也要注意它与机械和液压部分的协调关系。

（1）摇臂不能升降

摇臂升降电动机 M2 旋转带动摇臂升降，其前提是摇臂完全松开，活塞杆压位置开关 SQ2。如果 SQ2 不动作，则故障原因应该是 SQ2 的安装位置不当或者被移动，致使活塞杆压不到 SQ2。有时由于液压系统故障，使摇臂放松不够，也会压不上 SQ2，使摇臂不能移动。由此可见，SQ2 的位置非常重要，应配合机械、液压调整好后紧固。

电动机 M3 电源相序接反时，按上升按钮 SB4，M3 反转，使摇臂夹紧，SQ2 也不会动作，摇臂就不能升降。所以，在机床大修或新安装后，要检查电源相序。

（2）摇臂升降后，摇臂夹不紧

夹紧动作的结束是由位置开关 SQ3 来完成的。如果 SQ3 动作过早，会使 M3 尚未充分夹紧就停转。此时，主要原因是 SQ3 安装位置不合适或固定螺钉松动造成 SQ3 移位，使 SQ3 在摇臂夹紧动作未完成时就被压上。切断了 KM5 电路，使 M3 停转。排除故障时，首先判断是液压系统故障（如活塞杆阀芯卡死或油路堵塞造成的夹紧力不够），还是电气系统故障，对于电气系统故障，应重新调整 SQ3 的动作距离，固定好螺钉即可。

（3）立柱、主轴箱不能夹紧或松开

立柱、主轴箱不能夹紧或松开的可能原因是油路堵塞、接触器 KM4 或 KM5 不能吸合所致。出现这类故障时，应检查按钮 SB6、SB7 接线情况是否良好。若接触器 KM4 或 KM5 能吸合，M3 能运转，可排除电气方面的故障，这时应由机械检修人员对油路进行检查，以排除故障。

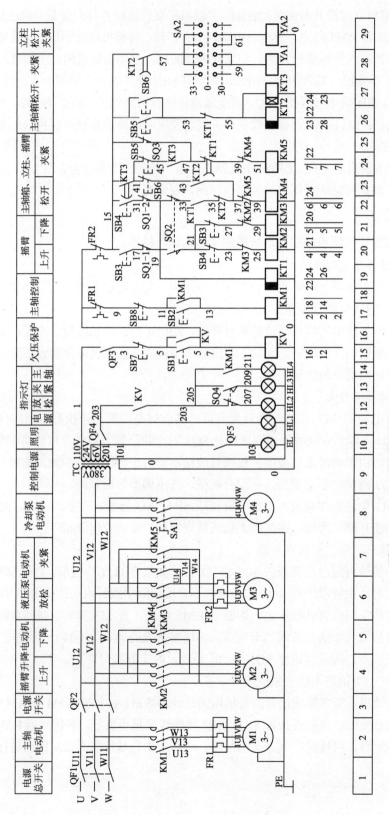

图 2-41　Z3050 型摇臂钻床电路图

（4）按下 SB6，立柱、主油箱能夹紧，但释放后就松开

由于立柱、主油箱的夹紧和松开机构都采用菱形块结构，所以这种故障多为机械原因造成，可能是菱形块和承压块的角度方向装错，或者距离不适当，如果菱形块立不起来，这是因为夹紧力调得太大或夹紧液压系统压力不够所致。

（5）摇臂上升或下降限位保护开关失灵

组合开关 SQ1 失灵分为两种情况：一是组合开关 SQ1 损坏，SQ1 触点不能开关动作而闭合或接触不良使线路断开，由此使摇臂不能上升或下降；二是组合开关 SQ1 不能动作，触点熔焊，使线路始终处于接通状态，当摇臂上升或下降到极限位置后，摇臂升降电动机 M2 发生堵转，这时应立即松开 SB4 或 SB5。根据上述情况分析，找出故障原因，更换或修理失灵的组合开关 SQ1 即可。

任务评价

序　号	考核内容	考核要求	成　绩
1	线路测量	能正确测量线路以判断是电气故障还是液压故障　（30分）	
2	判断能力	能根据原理图制定出最简单的事故判断方法（30分）	
3	操作能力	能正确拆卸和更换故障设备（30分）	
4	总结能力	写出总结报告（10分）	

思考题

① 行程开关 SQ1、SQ2、SQ3、SQ4 的作用是什么？

② 控制电路图中时间继电器 KT 的作用是什么？什么时候动作？

任务4　铣床的电气控制电路故障诊断与维修

任务提出

现有一台 X62W 型卧式万能铣床控制回路发生了故障，需要进行检修，请分析故障原因，并完成维修调试。

任务目标

① 了解卧式万能铣床的主要结构、主要部件的运动形式及控制要求。

② 掌握卧式万能铣床的电气控制原理。

③ 能实现卧式万能铣床控制电路的测试、调试与检修。

相关知识

万能铣床是一种常用的多用途机床，可用圆柱铣刀、圆片铣刀、成形铣刀及端面铣刀等刀具来对各种零件进行平面、斜面、沟槽螺旋面及成形表面的加工，还可以加装万能铣刀、分度头和圆工作台等机床附件来扩大加工范围。常用的万能铣床按铣头放置方向不同可分为

两种，一种是 X62W 型卧式万能铣床，铣头水平方向放置；还有一种是 X52K 型立式万能铣床，该铣床铣头垂直方向放置，这两种铣床在结构上大致相似，工作台的进给方式、主轴变速等的工作原理都一样，电气控制电路经过系列化后也基本一致。一般中小型铣床都采用三相笼形异步电动机拖动，并且主轴旋转主运动与工作台进给运动分别由单台独立电动机拖动。主轴的主运动有顺铣和逆铣两种加工方式；工作台的进给运动有水平工作台的前后、左右及上下运动。此外，还有圆工作台的回转运动。

一、卧式万能铣床的主要结构与运动形式

1. 卧式万能铣床的主要结构

卧式万能铣床具有主轴转速高、调速范围宽、操作方便、工作台能自动循环加工等特点，主要由底盘、床身、悬架、刀架支杆、工作台、溜板和升降台等部分组成，如图 2-42 所示。箱形的床身 4 固定在底盘 14 上，在床身内装有主轴传动机构及主轴变速操纵机构。在床身的顶部有水平导轨，其上装有带着一个或两个刀架支杆的悬架。刀架支杆用来支撑安装铣刀心轴的一端，而心轴的另一端则固定在主轴上。在床身的前方有垂直导轨，一端悬持的升降台可沿之做上下移动。在升降台上面的水平导轨上，装有可平行于主轴轴线方向移动（横向移动）的溜板 10。工作台 8 可沿溜板上部转动部分 9 的导轨在垂直与主轴轴线的方向移动（纵向移动）。这样，安装在工作台上的工件可以在三个方向调整位置或完成进给运动。此外，由于转动部分对溜板 10 可绕垂直轴线转动一个角度（通常为±450°），这样，工作台于水平面上除能平行或垂直于主轴轴线方向进给外，还能在倾斜方向进给，从而完成铣螺旋槽的加工。

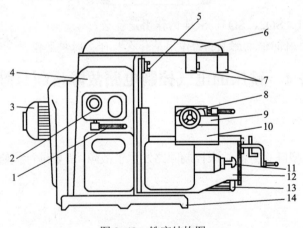

图 2-42　铣床结构图

1—主轴变速手柄；2—主轴变速盘；3—主轴电动机；4—床身；5—主轴；6—悬架；7—刀架支杆；8—工作台；
9—转动部分；10—溜板；11—进给变速手柄及变速盘；12—升降台；13—进给电动机；14—底盘

2. 卧式万能铣床的运动方式

（1）主运动

主轴带动铣刀的旋转运动。

（2）进给运动

工作台带动工件的上、下、左、右、前、后六个方向的直线运动或圆工作台的旋转运动。

（3）辅助运动

工作台带动工件在上、下、左、右、前、后六个方向上的快速移动。

二、认识交流牵引电磁铁

1. 电磁铁工作原理

电磁铁的工作原理就是采用电磁感应原理,主要运用毕奥-萨伐尔定律与基尔霍夫定律进行磁场设计、计算。磁场强度=磁导率×单位长度线圈匝数×电流。

2. 电磁铁产生磁场的大小

一般的电工纯铁制作的电磁铁,可产生 2.2 T 的磁场强度, 如果采用高导磁强度的导磁材料, 磁场强度可达 2.6 T 以上。如果采用超导材料, 可产生 3~10 T 的高磁场强度。

3. 交流牵引电磁铁的结构

交流牵引电磁铁的结构如图 2-43 所示。

4. 电磁铁冷却的种类

自然风冷式：用于测量电磁铁、间断、不连续满负荷使用电磁铁的场合。

强制风冷式：采用轴流风机进行冷却,这种成本低, 对有些测量场合适用。

外置水冷式：采用自来水对线包、芯柱进行冷却, 水、电系统分离。

内置水冷式：采用自来水对线包、芯柱进行冷却, 水、电采用一套系统,冷却效果最好, 但价格最高。

5. 水冷新选择

自来水冷却：价格低一些, 有些浪费水, 需要排水, 效果好。

循环水冷却：需要增加循环冷却装置、不需要排水、无水垢, 节约用水, 效果好。

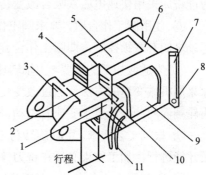

图 2-43　交流牵引电磁铁的结构

1—导轨；2—缓冲垫；3—动铁芯；4—短路环；
5—产品铭牌；6—磁轭；7—安装面；8—安装孔；
9—线圈；10—导向；11—引出线

6. 冷却方式的选择

冷却方式应根据自己的使用场合来决定,冷却方式不同,冷却效果就不一样。

总之, 以实际需要确定冷却方式。如果为 70% 负荷, 连续工作 24 h 以上, 就需要选用内置式水冷, 才能得到满意的效果。

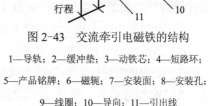

🐻 **任务分析**

> 根据卧式万能铣床的控制要求,分析其控制电路。

X62W 型卧式万能铣床型号的意义如下：

X——铣床；

6——卧式；

2——2 号工作台（用 0、1、2、3、4 号表示工作台的宽度）；

W——万能。

1. X62W 型卧式万能铣床的控制要求

① X62W 型卧式万能铣床的主运动和进给运动之间没有速度比例协调的要求, 所以主轴

与工作台各自采用单独的笼形异步电动机拖动。

② 主轴电动机 M1 是在空载时直接起动，为完成顺铣和逆铣，要求有正反转。可根据铣刀的种类预先选择转向，在加工过程中不变换转向。

③ 为了减小负载波动对铣刀转速的影响以保证加工质量，主轴上装有飞轮，其转动惯量较大。为此，要求主轴电动机有停车制动控制，以提高工作效率。

④ 工作台的纵向、横向和垂直三个方向的进给运动由一台进给电动机 M2 拖动，三个方向的选择由操纵手柄改变传动链来实现。每个方向有正反向运动，要求 M2 能正反转。同一时间只允许工作台向一个方向移动，故三个方向的运动应有联锁保护。

⑤ 为了缩短调整运动的时间，提高生产效率，工作台应有快速移动控制，X62W 型卧式万能铣床采用快速电磁铁吸合改变传动链的传动比来实现。

⑥ 使用圆工作台时，要求圆工作台的旋转运动与工作台的上下、左右、前后三个方向的运动之间有联锁控制，即圆工作台旋转时，工作台不能向其他方向移动。

⑦ 为适应加工的需要，主轴转速与进给速度应有较宽的调节范围。X62W 型卧式万能铣床采用机械变速的方法，通过改变变速器传动比来实现。为保证变速时齿轮易于啮合，减小齿轮端面的冲击，要求变速时电动机有瞬时点动（短时转动）控制。

⑧ 根据工艺要求，主轴旋转与工作台进给应有先后顺序控制，即进给运动要在铣刀旋转后才能进行，加工结束必须在铣刀停转前停止进给运动。

⑨ 冷却泵由一台电动机 M3 拖动，供给铣削时的冷却液。

⑩ 为操作方便，主轴电动机的起动与停止及工作台快速移动可以两处控制。

2．X62W 型卧式万能铣床电气控制电路分析

X62W 型卧式万能铣床电气控制与机械操纵配合得十分紧密，是典型的机械-电气联合动作的控制。其电气原理图如图 2-44 所示。

该铣床共有三台电动机：

M1 是主轴电动机，在电气上需要实现起动控制与制动快速停转控制，为了完成顺铣与逆铣，还需要正反转控制，此外还需要主轴临时制动以完成变速操作过程。

M2 是工作台进给电动机，X62W 型卧式万能铣床有水平工作台和圆工作台，其中水平工作台可以实现纵向进给（有左右两个进给方向）、横向进给（有前后两个进给方向）和升降进给（有上下两个进给方向），圆工作台转动等四个运动。铣床当前只能进行一个进给运动（普通铣床上不能实现两个或以上多个进给运动的联动），通过水平工作台操作手柄、圆工作台转换开关、纵向进给操作手柄、十字复式操作手柄等选定。选定后，M2 的正反转就是所选定进给运动的两个进给方向。

M3 是冷却泵电动机，只有在主轴电动机 M1 起动后，冷却泵电动机才能起动。

YA 是快速牵引电磁铁。当快速牵引电磁铁线圈得电后，牵引电磁铁通过牵引快速离合器中的连接控制部件，使水平工作台与快速离合器连接实现快速移动，当 YA 失电时，水平工作台脱开快速离合器，恢复慢速移动。

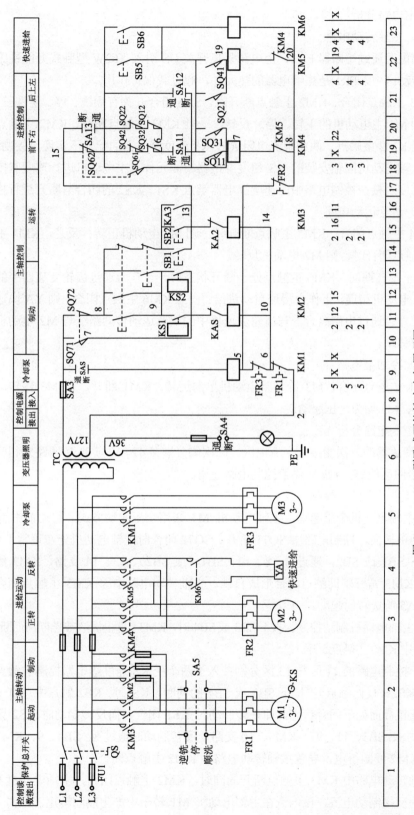

图 2-44　X62W 型卧式万能铣床电气原理图

1）主电路分析

（1）主轴转动电路

三相电源通过熔断器 FU1，由电源隔离开关 QS 引入 X62W 型卧式万能铣床的主电路。在主轴转动区中，FR1 是热继电器的热元件，起过载保护作用。

KM3 主触点闭合、KM2 主触点断开时，SA5 组合开关有顺铣、停、逆铣三个转换位置，分别控制 M1 主电动机的正转、停、反转。一旦 KM3 主触点断开、KM2 主触点闭合，则电源电流经 KM2 主触点、两相限流电阻 R 在 KS 速度继电器的配合下实现反接制动。

与主轴电动机同轴安装的 KS 速度继电器检测元件对主电动机进行速度监控，根据主电动机的速度对接在控制电路中的速度继电器触点 KS1、KS2 的闭合与断开进行控制。

（2）进给运动电路

KM4 主触点闭合、KM5 主触点断开时，则 M2 电动机正转；反之，KM4 主触点断开、KM5 主触点闭合时，则 M2 电动机反转。

M2 正反转期间，KM6 主触点处于断开状态时，工作台通过齿轮变速器中的慢速传动路线与 M2 电动机相连，工作台慢速自动进给；一旦 KM6 主触点闭合，则 YA 快速进给电磁铁得电，工作台通过电磁离合器与齿轮变速器中的快速运动传动路线与 M2 电动机相连，工作台做快速移动。

（3）冷却泵电路

KM1 主触点闭合，M3 冷却泵电动机单向运转；KM1 断开，则 M3 停转。主电路中，M1、M2、M3 均为全压起动。

2）控制电路分析

TC 变压器的一次侧接入交流电压，二次侧分别接 127 V 与 36 V 两路二相交流电，其中 36 V 供给照明线路，127 V 供给控制电路使用。

（1）主轴电动机控制

① 主轴电动机全压起动。主轴电动机 M1 采用全压起动方式，起动前由组合开关 SA5 选择电动机转向，控制电路中 SQ71 断开、SQ72 闭合时主轴电动机处于正常工作方式。

按下 SB1 或 SB2，通过 3、8、12、SB1（或 SB2）、13、14 支路，KM3 线圈接通，而 16 区的 KM3 常开辅助触点闭合形成自锁。主轴转动电路中因 KM3 主触点闭合，主电动机 M1 按 SA5 所选转向起动。

② 主轴电动机制动控制。按下 SB3 或 SB4 时，KM3 线圈因所在支路断路而断电，导致主轴转动电路中 KM3 主触点断开。

由于控制电路的 11 区与 13 区分别接入了两个受 KS 速度继电器控制的触点 KS1（正向触点）、KS2（反向触点）。按下 SB3 或 SB4 的同时，KS1 或 KS2 触点中总有一个触点会因主轴转速较高而处于闭合状态，即正转制动时 KS1 闭合，而反转制动时 KS2 闭合。正转制动时通过 8、SB3、11、9、 KM3、10 支路，反转制动时通过 8、SB4、9、KM3、10 支路，都将使 KM2 线圈得电，导致主轴转动电路中 KM2 主触点闭合。

主轴转动电路中 KM3 主触点断开的同时，KM2 主触点闭合，主轴电动机 M1 中接入经过限流的反接制动电流，该电流在主轴电动机 M1 转子中产生制动转矩，抵消 KM3 主触点断开后转子上的惯性转矩使 M1 迅速降速。

当 M1 转速接近零速时，原先保持闭合的 KS1 或 KS2 触点将断开，KM2 线圈会因所在支路断路而断电，从而及时卸除转子中的制动转矩，使主轴电动机 M1 停转。

SB1 与 SB3、SB2 与 SB4 两对按钮分别位于 X62W 型卧式万能铣床两个操作面板上，实现主轴电动机 M1 的两地操作控制。

③ 主轴变速制动控制。主轴变速时既可在主轴停转时进行，也可在主轴运转时进行。当主轴处于运转状态时，拉出变速操作手柄将使变速开关 SQ71、SQ72 触动，即 SQ71 闭合、SQ72 断开。SQ72 率先断开 12 区中的 KM3 线圈所在支路，然后 SQ71 通过 3、7、KM3、10 支路，使 15 区中的 KM2 线圈得电。

主轴转动电路中 KM3 主触点率先断开、KM2 主触点随后闭合，主轴电动机 M1 反接制动，转速迅速降低并停车，保证主轴变速过程顺利进行。

主轴变速完成后，推回变速操作手柄，KM2 主触点率先断开，KM3 主触点随后闭合、主轴电动机 M1 在新转速下重新运转。

（2）进给电动机控制

只有 14~16 区中的 SB1、SB2、KM3 三个触点中的一个触点保持闭合时，KM3 线圈才能得电，而线圈 KM3 得电之后，进给控制区和快速进给区的控制电路部分才能接入电流，即 X62W 型卧式万能铣床的进给运动与刀架快速运动只有在主轴电动机起动运转后才能进行。

① 水平工作台纵向进给控制。水平工作台左右纵向进给前，机床操纵面板上的十字复合手柄扳到"中间"位置，使工作台与横向前后进给机械离合器同时与上下升降进给机械离合器脱开；而圆工作台转换开关 SA1 置于"断开"位置，使圆工作台与圆工作台转动机械离合器也处于脱开状态。以上操作完成后，水平工作台左右纵向进给运动就可通过纵向操作手柄与行程开关 SQ1 和 SQ2 组合控制。

纵向操作手柄有左、停、右三个操作位置。

当纵向操作手柄扳到"中间"位置时，纵向机械离合器脱开，行程开关 SQ11（19 区）、SQ12（20 区）、SQ21（21 区）、SQ22（20 区）不受压，KM4 与 KM5 线圈均处于失电状态，主电路中 KM4 与 KM5 主触点断开，电动机 M2 不能转动，工作台处于停止状态。

当纵向操作手柄扳到"右"位时，将合上纵向进给机械离合器，使行程开关 SQ1 压下（SQ11 闭合、SQ12 断开）。因 SA1 置于"断开"位，导致 SA11 闭合，通过 SQ62、SQ42、SQ32、SA11、SQ11、17、18 的支路使 KM4 线圈得电，电动机 M2 正转，工作台右移。

当纵向操作手柄扳到"左"位时，将压下 SQ2 而使 SQ21 闭合、SQ22 断开，通过 SQ62、SQ42、SQ32、SA11、SQ21、19、20 的支路使 KM5 线圈得电，电动机 M2 反转，工作台左移。

② 水平工作台横向进给控制。当纵向操作手柄扳到"中间"位置、圆工作台转换开关置于"断开"位置时，SA11、SA13 接通，工作台进给运动就通过十字复合操作手柄不同工作位置选择以及 SQ3、SQ4 组合确定。

十字复合操作手柄扳到"前"位时，将合上横向进给机械离合器并压下 SQ3 而使 SQ31

闭合、SQ32 断开，因 SA11、SA13 接通，所以经 15、SA13、SQ22、SQ12、16、SA11、SQ31、17、18 的支路使 KM4 线圈得电，电动机 M2 正转，工作台横向前移。

十字复合操作手柄扳到"后"位时，将合上横向进给机械离合器并压下 SQ4 而使 SQ41 闭合、SQ42 断开，因 SA11、SA13 接通，所以经 15、SA13、SQ22、SQ12、16、SA11、SQ41、19、20 的支路使 KM5 线圈得电，电动机 M2 反转，工作台横向后移。

③ 水平工作台升降进给控制：

十字复合操作手柄扳到"上"位时，将合上升降进给机械离合器并压下 SQ3 而使 SQ31 闭合、SQ32 断开，因 SA11、SA13 接通，所以经 15、SA13、SQ22、SQ12、16、SA11、SQ31、KM5 常闭辅助触点的支路使 KM4 线圈得电，电动机 M2 正转，工作台上移。

十字复合操作手柄扳到"后"位时，将合上升降进给机械离合器并压下 SQ4 而使 SQ41 闭合、SQ42 断开，因 SA11、SA13 接通，所以经 15、SA13、SQ22、SQ12、16、SA11、SQ41、KM4 常闭辅助触点的支路使 KM5 线圈得电，电动机 M2 反转，工作台下移。

④ 水平工作台快速点动控制。水平工作台在左右、前后、上下任一个方向移动时，若按下 SB5 或 SB6，KM6 线圈得电，主电路中因 KM6 主触点闭合导致牵引电磁铁线圈 YA 得电，于是水平工作台接上快速离合器而朝所选择的方向快速移动。当 SB5 或 SB6 按钮松开时，快速移动停止并恢复慢速移动状态。

⑤ 水平工作台进给联锁控制。如果每次只对纵向操作手柄（选择左、右进给方向）与十字复合操作手柄（选择前、后、上、下进给方向）中的一个手柄进行操作，必然只能选择一种进给运动方向，而如果同时操作两个手柄，就须通过电气互锁避免水平工作台的运动干涉。

由于受纵向操作手柄控制的 SQ22、SQ12 常闭触点串联在 20 区的一条支路中，而受十字复合操作手柄控制的 SQ42、SQ32 常闭触点串联在 19 区的一条支路中，假如同时操作纵向操作手柄与十字复合操作手柄，两条支路将同时切断，KM4 与 KM5 线圈均不能得电，工作台驱动电动机 M2 就不能起动运转。

⑥ 水平工作台进给变速控制。变速时向外拉出控制工作台变速的蘑菇形手轮，将触动开关 SQ6 使 SQ62 率先断开，线圈 KM4 或 KM5 失电；随后 SQ61 再闭合，KM4 线圈通过 15、SQ61、17、KM4 线圈、KM5 常闭触点支路得电，导致 M2 瞬时停转，随即正转。若 M2 处于停转状态，则上述操作将导致 M2 正转。

蘑菇形手轮转动至所需进给速度后，再将手轮推回原位，这一操作过程中，SQ61 率先断开，SQ62 随后闭合，水平工作台以新的进给速度移动。

⑦ 圆工作台运动控制。为了扩大 X62W 型卧式万能铣床的加工能力，可在水平工作台上安装圆工作台。使用圆工作台时，工作台纵向操作手柄与十字复合操作手柄均处于中间位置，圆工作台转换开关 SA1 则置于"接通"位，此时 SA12 闭合、SA11 和 SA13 断开，通过 15、SQ62、SQ42、SQ32、16、SQ12、SQ22、SA12、17、18 的支路使 KM4 线圈得电，电动机 M2 正转并带动圆工作台单向回转，其回转速度也可通过变速手轮调节。由于圆工作台控制支路中串联了 SQ42、SQ32、SQ12、SQ22 等常闭辅助触点，所以扳动水平工作台任意一个方向的进给操作手柄时，都将使圆工作台停止回转运动。

（3）冷却泵电动机 M3 控制

SA3 转换开关置于"开"位时，KM1 线圈得电，冷却泵主电路中 KM1 主触点闭合，冷却泵电动机 M3 起动供液。而 SA3 转换开关置于"关"位时，M3 停止供液。

（4）照明线路与保护环节

机床局部照明由 TC 变压器供给 36 V 安全电压，转换开关 SA4 控制照明灯。

当主轴电动机 M1 过载时，FR1 动作断开整个控制电路的电源；进给电动机 M2 过载时，由 FR2 动作断开自身的控制电源；而当冷却泵电动机 M3 过载时，FR3 动作就可断开 M2、M3 的控制电源。

FU1、FU2 实现主电路的短路保护，FU3 实现控制电路的短路保护，而 FU4 则用于实现照明线路的短路保护。

3．拓宽知识

为了配合各校的实训设备，下面再提供两幅关于 X62W 型万能铣床电气原理图（见图 2-45 和图 2-46），各校根据实际实训设备选择性讲解。

任务实施

X62W 型卧式万能铣床电气控制系统的测试、调试与检修

1．认识 X62W 型卧式万能铣床电气原理图中各电气元件符号及功能（见表 2-2）

表 2-2　X62W 型卧式万能铣床电气元件符号及其功能

电气元件文字符号	名称及用途	电气元件文字符号	名称及用途
M1	主轴电动机	SQ6	进给变速控制开关
M2	进给电动机	SQ7	主轴变速制动开关
M3	冷却泵电动机	SA1	圆工作台转换开关
KM1	冷却泵电动机起停控制接触器	SA3	冷却泵转换开关
KM2	反接制动控制接触器	SA4	照明灯开关
KM3	主轴电动机起停控制接触器	SA5	主轴换向开关
KM4、KM5	进给电动机正转、反转控制接触器	QS	电源隔离开关
KM6	快速移动控制接触器	SB1、SB2	分设在两处的主轴起动按钮
KS	速度继电器	SB3、SB4	分设在两处的主轴停止按钮
YA	快速移动电磁铁线圈	SB5、SB6	工作台快速移动按钮
R	限流电阻	FR1	主轴电动机热继电器
SQ1	工作台向右进给行程开关	FR2	进给电动机热继电器
SQ2	工作台向左进给行程开关	FR3	冷却泵热继电器
SQ3	工作台向前、向上进给行程开关	TC	变压器
SQ4	工作台向后、向下进给行程开关	FU1～FU4	熔断器

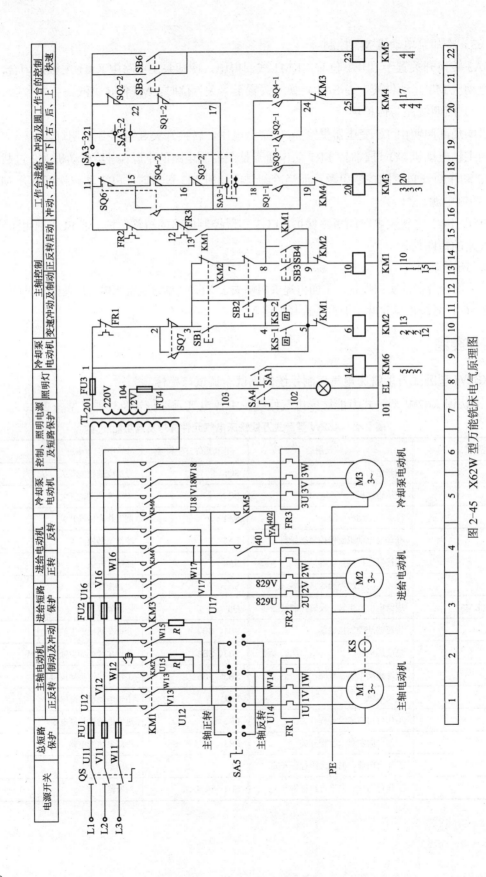

图 2-45　X62W 型万能铣床电气原理图

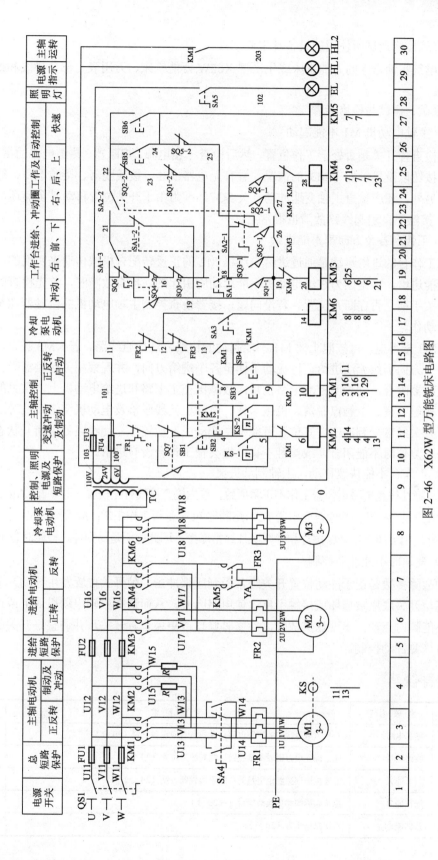

图 2-46 X62W 型万能铣床电路图

2．实施检修调试所使用的设备及主要工具

机床电气实训室中的万能铣床或生产型 X62W 万能铣床、万用表、部分导线和螺丝刀、验电笔等。

3．测试、调试与检修步骤

（1）主轴电动机 M1 不能起动

首先检查各开关是否处于工作位置，然后检查三相电源、熔断器、热继电器的常闭触点、两地起动按钮以及接触器 KM3 的情况，看有无电器损坏、接线脱落、接触不良、线圈短路等情况，另外，还应检查主轴变速冲动开关 SQ7，因为由于开关位置移动甚至撞坏，或常闭触点 SQ7 接触不良引起线路故障也很常见。

（2）工作台各个方向都不能进给

铣床工作台的进给运动是通过进给电动机 M2 的正反转配合机械传动来实现的，若各个方向都不能进给，多是因为进给电动机不能起动所引起的。检查故障时，首先检查圆工作台的控制开关手柄是否在断开位置。若没问题，接着检查控制主轴电动机的接触器 KM3 是否已经吸合动作。

若 KM3 未得电，可按照上述 M1 不能起动的检修方法检查线路。若 KM3 吸合，主轴旋转后，各个方向仍然无法进给，可扳动手柄至各个进给方向，并观察相关接触器吸合情况，若对应接触器吸合，则表明控制电路正常，故障出在主电路和进给电动机上，常见的有接触器主触点接触不良、主触点脱落、机械卡死、电动机接线脱落及电动机绕组断线等。另外，各个位置开关经常受到冲击，其位置可能发生变动或者被撞坏，使线路处于断开状态。变速冲动开关在复位时不能闭合，或接触不良，也会使工作台没有进给。

（3）工作台不能快速移动，主轴制动失灵

这种故障往往是电磁离合器工作不正常所致，首先检查接线有无松脱；再检查 KM6 线圈是否断线，主触点是否损坏；再检查变压器 TC、熔断器 FU3 是否工作正常；最后检查 YA 线圈是否断线等。另外，由于离合器动摩擦片和静摩擦片经常摩擦。因此它们是易损件，检修时也不应忽视。

（4）变速时不能冲动控制

这种故障多数是由于冲动位置开关经常受到频繁冲击，使开关位置发生移动，而压不上开关。甚至开关底座被撞坏或接触不良，使电路断开，从而造成主轴电动机 M1 或进给电动机 M2 不能瞬时点动。出现这类故障，检修时修理或更换位置开关，并调整好开关的动作距离，即可恢复冲动控制。

任务评价

序　号	考核内容	考核要求	成　绩
1	熟悉电路	熟悉该型号铣床的控制电路，并找到对应设备位置（20 分）	
2	线路测量	能正确使用万用表测量线路以判断故障位置（30 分）	
3	判断能力	能根据原理图制定出最简单的事故判断方法（20 分）	
4	操作能力	能正确拆卸和更换故障设备（20 分）	
5	总结能力	写出总结报告（10 分）	

思　考　题

工作台的进给运动和工作台的快速移动是如何实现的？采用了哪些电路？

任务 5　卧式镗床的电气控制电路故障诊断与维修

任务提出

现有一台 T68 型卧式镗床控制回路发生了故障，需要进行检修，请分析故障原因，并完成维修调试。

任务目标

① 了解卧式镗床的主要结构、主要部件的运动形式及控制要求。
② 掌握卧式镗床的电气控制原理。
③ 能实现卧式镗床控制电路的测试、调试与检修。

相关知识

镗床是一种精密加工机床，主要用来加工各种复杂和大型工件，如箱体零件、机体等，除了镗孔外，还可进行钻孔、扩孔、铰孔、车削内外螺纹、用丝锥攻丝、车外圆柱面和端面、用端铣刀或圆柱铣刀铣削平面等。镗床按用途不同，可分为卧式镗床、坐标镗床、金刚镗床及专门化镗床等。

1. 卧式镗床的主要结构

卧式镗床主要由床身、镗头架、前后立轴、工作台、溜板和尾架等组成，如图 2-47 所示。

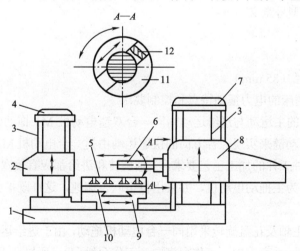

图 2-47　卧式镗床外形图

1—床身；2—尾架；3—导轨；4—后立柱；5—工作台；6—镗轴；7—前立柱；
8—镗头架；9—下溜板；10—上溜板；11—花盘；12—刀具溜板

床身由整体的铸件制成，在它的一端装有固定不动的前立柱，在前立柱的垂直导轨上装有镗头架，它可上下移动，并由悬挂在前立柱空心部分内的对重来平衡，在镗头架上集中了主轴部件、变速器、进给箱与操纵机构等。切削刀具安装在镗轴前端的锥孔里，或装在平旋盘的刀具溜板上。在工作过程中，镗轴一面旋转，一面沿轴向做进给运动。平旋盘只能旋转，装在它上面的刀具溜板可在垂直于主轴轴线方向的径向做进给运动，平旋盘主轴是空心轴，镗轴穿过其中空部分，通过各自的传动链传动，因此可独立转动。在大部分工作情况下使用镗轴加工，只有在用车刀切削端面时才使用平旋盘。

后立柱上的尾架用来夹持装夹在镗轴上的镗杆的末端，它可以随镗头架同时升降，因而两者的轴心线始终在同一直线上。后立柱可沿床身导轨在镗轴轴线方向上调整位置。

安装工件的工作台安放在床身中部的导轨上，它由下溜板、上溜板与工作台组成，其下溜板可沿床身导轨做纵向移动，上溜板可沿下溜板上的导轨做横向移动，工作台相对于上溜板可回转。这样，配合镗头架的垂直移动，工作台的横向、纵向移动和回转，就可加工工件上一系列与轴心线相互平行或垂直的孔。

2．卧式镗床的主要运动形式

卧式镗床有主运动、进给运动和辅助运动等三种运动形式。

① 主运动是镗轴的旋转运动与花盘的旋转运动；

② 进给运动包括镗轴的轴向进给运动、花盘刀具溜板的径向进给运动、镗头架的垂直进给运动、工作台的横向进给与纵向进给运动；

③ 辅助运动包括工作台的回转运动、后立柱的水平移动和尾架的垂直运动及各部分的快速移动。

任务分析

> 根据卧式镗床的控制要求，分析其控制电路。

T68 型卧式镗床型号意义如下：

T——镗床；

6——卧式；

8——镗床轴直径（85 mm）。

1．T68 型卧式镗床的电力拖动特点和控制要求

T68 型卧式镗床的主运动与进给运动由同一台双速电动机 M1 拖动，各方向的运动由相应手柄选择各自的传动链来实现。各方向的快速运动由另一台电动机 M2 拖动。

① 为了适应各种工件的加工工艺要求，主轴旋转和进给都应有较宽的调速范围。采用双速笼形异步电动机作为主拖动电动机，并采用机电联合调速，这样既扩大调速范围又使机床传动机构简化。

② 进给运动和主轴及花盘旋转采用同一台电动机拖动，由于进给运动有几个方向（主轴轴向、花盘径向、主轴垂直方向、工作台横向、工作台纵向），所以要求主电动机能正反转，并有高低两种速度供选择（采用变极调速实现）。高速度运转应先经低速起动，各个方向的进给应有联锁。

③ 各进给方向均能快速移动，本机床采用一台快速电动机拖动，正反两个方向都能瞬时

点动来实现。

④ 为适应调整的需要，要求主拖动电动机应能正反点动，并带有制动。本机床采用电磁铁带动的机械制动装置。

⑤ 应设置必要的电气保护；操作尽量集中。

2．T68 型卧式镗床控制电路分析

根据控制要求，T68 型卧式镗床的电气控制电路如图 2-48 所示。

图 2-48 中 M1 为主轴与进给电动机，它是一台 4/2 极的双速电动机，绕组接法为 △ / YY。M2 为快速移动电动机。

（1）主电路分析

电动机 M1 由五只接触器控制，其中 KM1、KM2 为电动机正、反转接触器，KM3 为制动电阻短接接触器，KM4 为低速运转接触器，KM5 为高速运转接触器（KM5 是一只双线圈接触器或由两只接触器并联使用）。主轴电动机正反转停车时，均由速度继电器 KS 控制实现反接制动，另外，还设有短路保护和过载保护。

电动机 M2 由接触器 KM6、KM7 实现正反转控制，设有短路保护。因快速移动为点动控制，所以 M2 为短时运行，无须过载保护。

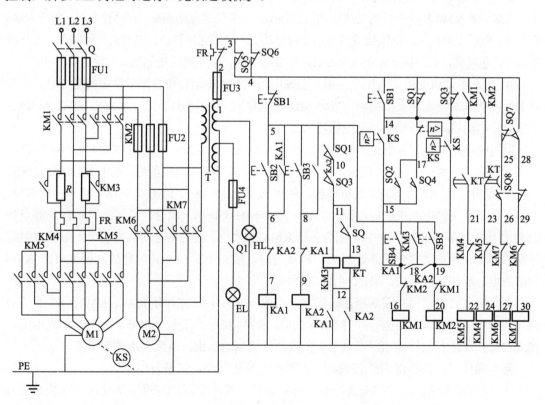

图 2-48　T68 型卧式镗床的电气控制电路

（2）控制电路分析

① 主轴电动机的正反转起动控制。合上电源开关 Q，信号灯 HL 亮，表示电源接通。调

整好工作台和镗头架的位置后，便可起动主轴电动机 M1，拖动镗轴或平旋盘正反转起动运行。

由正、反转起动按钮 SB2、SB3，中间继电器 KA1、KA2 和正反转接触器 KM1、KM2 等组成主轴电动机正反转起动控制环节，另设有高、低速选择开关 SQ。

主轴低速运转时，将速度选择手柄置于低速挡，此时与速度选择手柄有联动关系的行程开关 SQ 不受压，触点 SQ（11-13）断开。

如要使主轴电动机正转起动，则可按下正转起动按钮 SB2。则 KA1 得电并形成自保持，KM3 线圈得电，其主触点短接电阻 R；同时，KM1、KM4 线圈得电，M1 在△接法下全压起动并以低速运行。

主轴低速运转时，将速度选择手柄置于高速挡，经联动机构将行程开关 SQ 压下，触点 SQ（11-13）闭合，这样，在 KM3 得电的同时，时间继电器 KT 也得电。于是，电动机 M1 在低速△接法下起动并经一定时限后，因 KT 得电延时断开的触点 KT（14-23）断开，使 KM4 失电；触点 KT（14-21）延时闭合，使 KM5 得电。从而使电动机 M1 由低速△接法自动换接成高速YY接法。构成了双速电动机高速运转起动时的加速控制环节，即电动机按低速起动再自动换接成高速运转的自动控制。

② 主轴电动机的点动控制。主轴电动机由正反转点动按钮 SB4、SB5，接触器 KM1、KM2 和低速接触器 KM4 构成正反转低速点动控制环节，实现低速点动调整。点动控制时，由于 KM3 未得电，所以电动机串入电阻接成△接法低速起动。点动按钮松开后，电动机自然停车，若此时电动机转速较高，则可按下停止按钮 SB1，但要按到底，以实现反接制动，实现迅速停车。

③ 主轴电动机的停车与制动控制。主轴电动机 M1 在运行中，按下停止按钮 SB1，可实现主轴电动机的停止并反接制动（当将 SB1 按到底时）。由 SB1、KS、KM1、KM2 和 KM3 构成主轴电动机正反转反接制动控制环节。

以主轴电动机运行在低速正转状态为例，此时 KA1、KM1、KM3、KM4 均得电吸合，速度继电器触点 KS（14-19）闭合，为正转反接制动做准备。当停车时，按下 SB1，触点 SB1（4-5）断开，使 KA1、KM3 失电释放，触点 KA1（15-18）、KM3（5-18）断开，使 KM1 失电，切断了主轴电动机正向电源。而另一触点 SB1（4-14）闭合，经 KS（14-19）触点使 KM2 得电，其触点 KM2（4-14）闭合，使 KM4 得电，于是主轴电动机定子串入限流电阻进行反接制动。当电动机转速降低到 KV 释放值时，触点 KS（14-19）释放，使 KM2、KM4 相继失电，反接制动结束，M1 自由停车至零。

若主轴电动机已运行在高速正转状态，当按下 SB1 后，立即使 KA1、KM3、KT 失电，再使 KM1 失电，KM2 得电，同时 KM5 失电，KM4 得电。于是主轴电动机串入限流电阻，接成△接法，进行反接制动，直至 KV 释放，反接制动结束，以后自由停车至零。

停车操作时，务必将 SB1 按到底，否则将无反接制动，只是自由停车。

④ 主运动与进给运动的变速控制。T68 型卧式镗床主运动与进给运动速度变换是通过"变速操纵盘"改变传动链的传动比来实现的。它可在主轴与进给电动机未起动前预选速度，也可在运行中进行变速。下面以主轴变速为例说明其变速控制。

a. 变速操作过程。主轴变速时，首先将"变速操纵盘"上的操纵手柄拉出，然后转动变速盘，选好速度后，将变速操纵手柄推回。在拉出或推回变速操纵手柄的同时，与其联动的行程开关 SQ1（主轴变速时自动停车与起动开关）、SQ2（主轴变速齿轮啮合冲动开关）相应动作，在手柄拉出时开关 SQ1 不受压，SQ2 受压。推回手柄时压合情况正好相反。

b．主轴运行中的变速控制过程。主轴在运行中需要变速，可将主轴变速操纵手柄拉出，这时与变速操纵手柄有联动关系的行程开关 SQ1 不再受压，触点 SQ1（5-10）断开，KM3、KM1 失电，将限流电阻串入 M1 定子电路；另一触点 SQ1（4-10）闭合，且 KM1 已失电释放，于是 KM2 经 KS（14-19）触点而得电吸合，使电动机定子回路串入电阻 R 进行反接制动。若电动机原运行在低速挡，则此时 KM4 仍保持得电，电动机接成△接法串入 R 进行反接制动；若电动机原运行在高速挡，则此时将丫丫接法换接成△接法，串入 R 进行反接制动。

然后转动变速操纵盘，转至所需转速位置，速度选好后，将变速操纵手柄推回原位，若此时因齿轮啮合不上变速手柄推不上时，行程开关 SQ2 受压，触点 SQ2（17-15）闭合，KM1 经触点 KS（14-17）、SQ1（14-4）接通电源，同时 KM4 得电，使主轴电动机串入 R、接成△低速起动，当转速升到速度继电器动作值时，触点 KS（14-17）断开，使 KM1 失电释放；另一触点 KS（14-19）闭合，使 KM2 得电吸合，对主轴电动机进行反接制动，使转速下降。当速度降至速度继电器释放值时，触点 KS（14-19）断开，KS（14-17）闭合，反接制动结束。若此时变速操纵手柄仍推合不上，则电路再重复上述过程，从而使主轴电动机处于间歇起动和制动状态，获得变速时的低速冲动，便于齿轮啮合，直至变速操纵手柄推合为止。手柄推合后，压下 SQ1，而 SQ2 不再受压，上述变速冲动才结束，变速过程才完成。此时，由触点 SQ2（17-15）切断上述瞬动控制电路，而触点 SQ1（5-10）闭合，使 KM3、KM1 相继得电吸合，主轴电动机自行起动，拖动主轴在新选定的转速下旋转。

至于在主轴电动机未起动前预选主轴速度的操作方法及控制过程与上述完全相同，不再复述。

T68 型卧式镗床进给变速控制与主轴变速控制相同。它是由进给变速操纵盘来改变进给传动链的传动比来实现的。

⑤ 镗头架、工作台快速移动控制。由快速移动电动机 M2 经传动机构拖动镗头架和工作台做各种快速移动。运动部件及其运动方向的预选由装设在工作台前方的操纵手柄进行，而控制则用镗头架上的快速操作手柄控制。当扳动快速操作手柄时，将压合行程开关 SQ7（或 SQ8），接触器 KM6（或 KM7）得电，实现 M2 的正转（或反转），再通过相应的传动机构使运动部件按选定方向做快速移动。当快速移动操作手柄复位时，行程开关 SQ7（或 SQ8）不再受压，KM6（或 KM7）失电释放，M2 停止旋转，快速移动结束。

⑥ 机床的联锁保护。T68 型卧式镗床具有较完善的机械和电气联锁保护。如当工作台或镗头架自动进给时，不允许主轴或平旋盘刀架进行自动进给，否则将发生事故，为此设置了两个联锁保护行程开关 SQ5 和 SQ6。其中，SQ5 是与工作台和镗头架自动进给手柄联动的行程开关，SQ6 是与主轴和平旋盘刀架自动进给手柄联动的行程开关。将 SQ5、SQ6 常开触点并联后串联在控制电路中，若扳动两个自动进给手柄，将使触点 SQ5（3-4）与 SQ6（3-4）断开，切断控制电路，使主轴电动机，快速移动电动机均不能起动或运转，实现联锁保护。

3．拓宽知识

为了配合各校的实训设备，下面再提供两个关于 T68 型卧式镗床电气原理图，分别如图 2-49 和图 2-50 所示，各校根据实际实训设备选择性讲解。

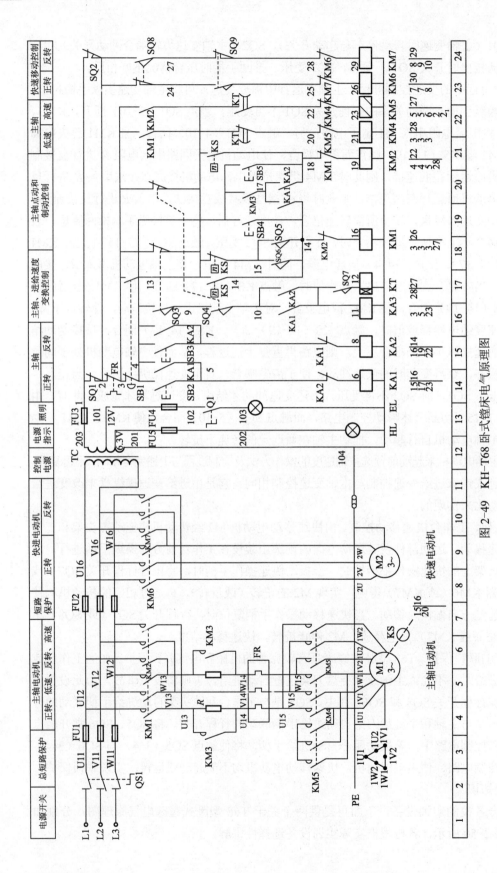

图 2-49 KH-T68 卧式镗床电气原理图

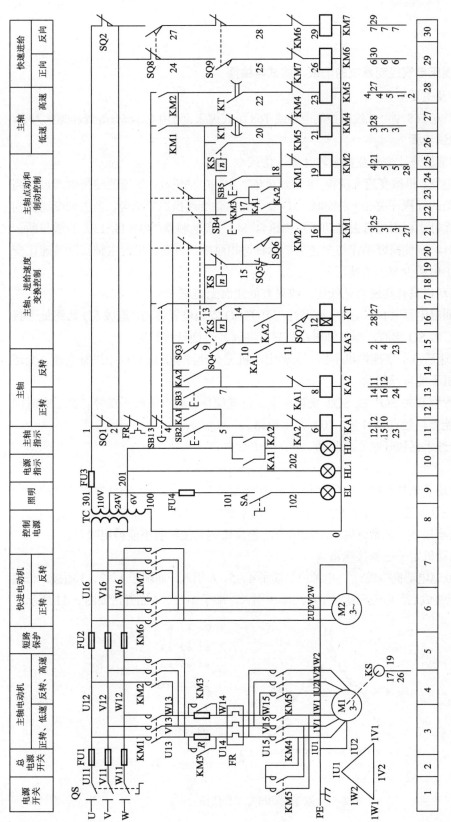

图 2-50　T68 型卧式镗床电气原理图

任务实施

T68 型卧式镗床电气控制系统的测试、调试与检修

1. 使用设备及主要工具

机床电气实训室 T68 型卧式镗床控制电路或 T68 卧式镗床、万用表、部分导线和螺丝刀等。

2. 测试、调试步骤

（1）主轴实际转速比变速盘指示转速多 1 倍或少 50%

主轴是依靠电气、机械变速来获得 18 种速度的，主轴电动机高、低速的转换则通过与高低速选择手柄联动的行程开关 SQ 来控制。SQ 安装在主轴变速操纵手柄旁，当主轴变速机构转动时，将推动撞钉，再由撞钉去推动簧片去压合 SQ，实现触点 SQ（11-13）的通与断。所以在安装调整时，应使撞钉动作与变速盘指示转速相对应。否则，出现主轴实际转速比变速盘指示转速多 1 倍或少 50%的情况。

（2）主轴电动机只有高速而无低速，或只有低速而无高速

常见的有时间继电器 KT 不动作；或因行程开关 SQ 安装位置移动，造成 SQ 始终处于接通或断开的状态。若 SQ 常通，则主轴电动机只有高速，否则只有低速。

（3）主轴变速后推上变速操纵手柄，主轴电动机无变速冲动，或运行中进行变速，变速完成后主轴电动机不能自行起动

主要原因是行程开关 SQ1 或 SQ2 安装不牢、位置偏移、触点接触不良等。甚至有时因 SQ1 开关绝缘性能差，触点 SQ1（5-10）发生短路。

（4）主轴变速手柄拉开时不能制动

主要原因：

① 当主轴变速手柄拉开时，应使行程开关 SQ1 复位，SQ2 受压，制动电路才能动作。如无制动，说明主轴变速行程开关 SQ1 移位，所以手柄拉开时，SQ1 不能复位。

② 速度继电器损坏，其常开触点不能闭合，使反接制动接触器不能得电吸合。

（5）双速电动机定子电源接线错误

高速挡时，双速电动机接成ΥΥ，电源应从端子 4、5、6 引入，而端子 1、2、3 短接。低速挡时，双速电动机接成△，电源应从端子 1、2、3 引入，端子 4、5、6 断开，如图 2-51 所示。

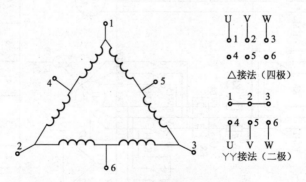

图 2-51　双速电动机定子接线图

任务评价

序　号	考核内容	考核要求	成　绩
1	熟悉电路	熟悉该型号镗床的控制电路，并找到对应设备位置（20分）	
2	线路测量	能正确使用万用表测量线路以判断故障位置（30分）	
3	判断能力	能根据原理图制定出最简单的事故判断方法（20分）	
4	操作能力	能正确拆卸和更换故障设备（20分）	
5	总结能力	总结出类似故障的检修方法（10分）	

思考题

主轴电动机要完成哪些任务？需要该电动机具有哪些拖动特点与要求？如何实现这些控制要求？

项目 3　低压电气控制系统的设计

电气系统设计包括电气原理图设计和电气工艺设计两部分。电气原理图设计是为满足生产机械及其工艺要求而进行的电气控制电路的设计；电气工艺设计是在电气原理图设计的基础上，为电气控制装置的安装、使用、运行及维护的需要而进行的生产施工设计。在对原理图进行设计时，要求设计人员熟练掌握电气控制电路的基本环节，并能够根据设备控制的具体要求，在基本环节的基础上做一些适当的变更和调整。工艺设计则要求设计人员熟悉各类设备的型号、规格、操作方式、动作方式以及安装方式等内容，并能将电气原理图、位置图和接线图有机地结合起来，同时还要求设计人员能考虑整体布局美观以及用电安全等内容。

任务 1　电气控制系统的原理设计

任务提出

本任务将讨论电气控制的设计过程和设计中的一些共性问题，并用分析设计法设计出横梁升降机构的电气控制原理图。

任务目标

熟练掌握电气控制电路基本环节，并在能够对一般生产机械电气控制电路进行分析的基础上，进一步学习一般生产机械电气控制系统设计和施工的相关知识，全面了解电气控制的内容，为今后从事电气控制工作打下坚实的基础。

相关知识

一、电气控制设计的原则和基本内容

1. 电气控制设计的原则

电气控制电路的设计必须树立正确的设计思想及工程实践的观点，充分借鉴国内外先进

的设计经验和设计理念，在设计时，注意遵守下列原则：

① 最大限度地满足生产机械和生产工艺对电气控制的要求，妥善处理电气与机械的关系；

② 在满足要求的前提下，使控制系统尽量简单、经济、合理、便于操作、维修方便、安全可靠；

③ 电气元件选用要合理、正确，确保系统能正常工作；

④ 为适应工艺的改进，设备容量应留有裕量。

2．电气控制设计的基本内容

电气控制设计的基本任务是根据控制要求，设计和编制出设备制造、安装、使用和维护过程中所必需的图样、资料。主要包括电气原理图、电气元件布置图、电气安装接线图、控制面板以及各装置之间的连线图等。并附设备清单和设备使用说明书。

电气控制设计分为原理图设计和工艺设计两部分，下面以电力拖动控制系统为例说明设计的主要内容。

（1）电气原理图设计的主要内容

① 拟定电气设计任务书；

② 选择电力拖动方案和控制方式；

③ 确定电动机的类型、型号、容量、转速；

④ 设计电气控制原理图；

⑤ 选择电气元件及清单；

⑥ 编写设计计算说明书。

（2）电气工艺设计的主要内容

① 根据电气原理图，选择合适的电气元件，并设计电气设备的总体配置，绘制总装配图和总接线图；

② 绘制各组件电气元件布置图与安装接线图，标明安装方式、接线方式；

③ 列出外购件清单、标准件清单及主要材料消耗定额；

④ 编写使用维护说明书。

二、电气控制电路设计的一般要求

当生产机械电力拖动方案确定后，就要进行控制电路的设计，要设计正确、合理的控制电路，就应满足如下要求：

1．电气控制应最大限度地满足生产机械加工工艺的要求

设计前，应对生产机械工作性能、结构特点、运动情况、加工工艺过程及加工情况有充分的了解，并在此基础上设计控制方案，考虑控制方式、起动、制动、反向和调速的要求，设置必要的联锁与保护，确保满足生产机械加工工艺的要求。

2．对控制电路电流、电压的要求

应尽量减少控制电路中的电流、电压种类，控制电压应选择标准电压等级。在控制电路比较简单时，可直接采用电网电压供电，即交流 220 V、380 V，以便省去控制变压器。当控制系统所用电器数量比较多时，应采用控制变压器降低控制电压，或用直流低电压控制，既

节省安装空间，又便于采用晶体管无触点器件，具有动作平稳可靠，检修操作安全等优点。对于微机控制系统，应特别注意强电控制和弱电控制之间的电隔离，不能共用中性线或接地线，以免引起电源干扰。照明、显示、报警电路宜采用安全电压。

3．确保控制电路工作的安全性和可靠性

（1）正确连接电气元件的电磁线圈

① 在交流控制电路中，同时动作的两个电压线圈不能串联，即使是两个同型号的电压线圈也不能采用串联后接在两倍线圈额定电压的交流电源上。正确的连接应该是两个电压线圈并联，如图 2-52 所示。因为串联后若其中一个先动作，则其线圈电感增大，电压增大，使另一线圈电压不足而可能不动作或晚动作。

② 在直流控制电路中，两电感值相差悬殊的直流电压线圈不能并联，如图 2-53（a）所示。当切断电源时，YA 线圈产生较大感应电动势，并加在 KA 线圈两端，可能引起 KA 误动作。

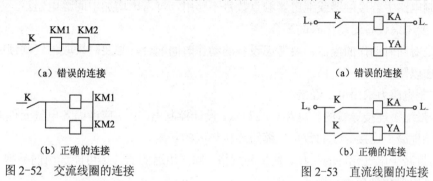

图 2-52　交流线圈的连接　　　　图 2-53　直流线圈的连接

（2）正确连接电气元件的触点

设计时，应使分布在电路中不同位置的同一电器触点接到电源的同一相上，以避免在电器触点上引起短路故障，如图 2-54 所示。

（3）防止寄生电路

在控制电路的动作过程中，意外接通的电路称为寄生电路。当产生寄生电路时，将会引起误动作，如图 2-55 所示。

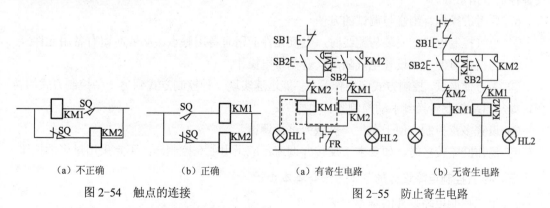

图 2-54　触点的连接　　　　　　图 2-55　防止寄生电路

（4）采用电气联锁与机械联锁的双重联锁

在频繁操作的可逆电路中，正反向接触器之间不仅要有电气联锁，还要有机械联锁，以确保不会产生误动作。

（5）控制触点应合理布置

如图 2-56 所示，图 2-56（a）中只要有一个触点拒动，就会影响电器的功能发挥。

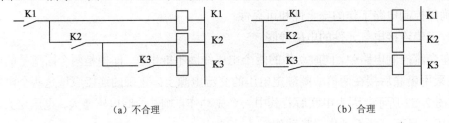

（a）不合理　　　　　　　　　　　（b）合理

图 2-56　触点的合理布置

（6）继电器触点的容量应满足要求

在控制电路中若接触器或继电器触点数目不够用，可考虑增加中间继电器。

（7）要考虑设备的动作时间配合

特别是对同时动作的电器，要考虑设备的动作时间配合，必要时采取电气联锁或者用时间继电器加以限制。

4．控制电路力求简单、经济

① 尽量缩短连接导线的长度和导线数量。设计控制电路时，应考虑各电气元件的安装位置，尽可能地减少连接导线的数量，缩短连接导线的长度。

② 尽量减少电气元件的品种、数量和规格。同一用途的器件尽可能选用同品牌、型号的产品，并且电器数量减少到最低限度。

③ 尽量减少电气元件触点的数目以提高电路运行的可靠性。

④ 尽量减少得电电器的数目，以利节能与延长电气元件使用寿命，减少故障。

5．具有完善的保护环节

电气控制电路应具有完善的保护环节。常用的有漏电保护、短路、过载、过电流、过电压、欠电压与零电压、弱磁、联锁与限位保护等。还应考虑设置必要的预警和报警装置，以及各种信号指示等。

6．要考虑操作、维修与调试的方便

① 电气控制电路在安装与配线时，电气元件应留有备用触点，必要时留有备用元件。

② 为检修方便，应设置电气隔离，避免带电操作。

③ 为方便调试，控制方式应操作简单，能迅速实现一种控制方式到另一种控制方式的转变，如从自动控制转换到手动控制等。

④ 设置多点控制，便于在生产机械旁进行调试。

⑤ 操作回路较多时，如要求正反转并调速，应采用主令控制器，不宜采用过多的按钮。

三、电气控制电路设计的基本方法与基本步骤

1．电气控制电路设计的基本方法

设计电气控制电路的方法有两种，一种是分析设计法，另一种是逻辑设计法。

分析设计法又称经验设计法，是根据生产工艺的要求选择一些成熟的典型基本环节来实现这些基本要求，而后再逐步完善其功能，并适当配置联锁和保护等环节，使其组合成一个整体，成为满足控制要求的完整电路。这种方法比较简单，容易被人们掌握。但是要求设计人员必须掌握和熟悉大量的典型控制环节和控制电路，同时具有丰富的设计经验。分析设计法设计出的电路可能有多种，需要认真比较，反复简化，甚至要通过实验加以验证，才能得出较为合理的设计方案。即使如此，仍有优化的余地。这种方法一般用于比较简单的控制电路。

逻辑设计法是利用逻辑代数这一数学工具设计电气控制电路。在继电接触器控制电路中，把表示触点状态的逻辑变量称为输入逻辑变量，把表示继电器接触器线圈等受控元件的逻辑变量称为输出逻辑变量。输入、输出逻辑变量之间的相互关系称为逻辑函数关系，这种相互关系表明了电气控制电路的结构。所以，根据控制要求，将这些逻辑变量关系写出其逻辑函数关系式，再运用逻辑函数基本公式和运算规律对逻辑函数式进行化简，然后根据化简了的逻辑关系式画出相应的电路结构图，最后再做进一步的检查和优化，以期获得较为完善的设计方案。采用逻辑设计法设计出的电路图既符合工艺要求，电路也最简单，工作可靠、经济合理，但设计过程较为复杂。在实际应用中，对于设备改造或者较为复杂的控制关系时，可采用这种方法。

2. 分析设计法的基本步骤

① 按工艺要求提出的起动、制动、反向和调速等要求设计主电路。

② 根据所设计出的主电路，设计控制电路的基本环节，即满足设计要求的起动、制动、反向和调速等的基本控制环节。

③ 根据各部分运动要求的配合关系及联锁关系，确定控制参量并设计控制电路的特殊环节。

④ 分析电路工作中可能出现的故障，加入必要的保护环节。

⑤ 综合审查，仔细检查电气控制电路的动作是否正确，是否存在寄生电路。关键环节可进行实验验证，进一步完善和简化电路。

3. 逻辑设计法的基本步骤

① 根据生产工艺，画出工作循环示意图。

② 确定执行元件和检测元件，做出执行元件的动作节拍表和检测元件状态表。

③ 根据主令元件和检测元件状态表写出各程序特征码，确定待相区分组，增设必要的中间记忆元件，使待相区分组的所有程序区分开。

④ 列出中间记忆元件的开关逻辑函数式和执行元件的动作逻辑函数式，并进行化简。

⑤ 根据化简后的逻辑函数式画出电气控制电路图。

⑥ 检查电路，增加必要的保护和联锁环节。

四、电气控制系统的工艺设计

在完成电气控制原理设计、电气元件的选择后，就应进行电气设备的施工设计。下面以机床电气控制为例加以说明。机床电气设备施工设计的依据是电气控制原理图和所选定的电气元件明细表。其主要设计内容和步骤如下：

① 机床电气设备总体装配设计；

② 机床电气控制装置结构设计；

③ 电气控制装置的电气元件布置图绘制；

④ 电气控制装置的接线图绘制；

⑤ 各部件的电器布置图绘制；

⑥ 机床控制柜内部接线图绘制；

⑦ 机床控制柜外部接线图绘制；

⑧ 编制机床电气设备技术资料。

下面对几个主要步骤做出说明。

1. 机床电气设备总体装配设计

电动机及其执行元件（如电磁铁、电磁离合器等）、检测元件（如限位开关、传感器等）必须安装在生产机械的相应部位。各种控制电器（如接触器、继电器等）、保护电器则需要集中安装在单独的电器柜内或电器板上。各类按钮、控制开关、指示灯等需要安装在控制台面板上。发热元件（如起动电阻）应隔离安装，必要时采用风冷。

总体装配设计是以电气控制的总装配图与总接线图的形式表达出来的，图中是用示意方式反映各部分主要组件的位置和各部分的接线关系、走线方式及使用管线要求。总体设计要使整个系统集中、紧凑；要考虑发热量大、噪声大、振动大的电气元件，使其离开操作者一定距离；电源紧急控制开关应安放在方便且明显的位置。

2. 电气元件布置图的设计

电气元件布置图是指将电气元件按一定原则组合的安装位置图，电气元件布置的依据是各部件的原理图，同一组件中的电气元件的布置应按国家标准执行。

电器柜内的电器可按下述原则布置：

① 体积大或较重的电器应置于电器柜下方；

② 发热元件安装在电器柜的上方，并将发热元件与感温元件隔开；

③ 强电弱电应分开，弱电部分应加屏蔽隔离，以防强电及外界的干扰；

④ 电器的布置应考虑整齐、美观、对称；

⑤ 电气元件间应留有一定间距，以利布线、接线、维修和调整操作；

⑥ 接线座的布置：用于相邻电器柜间连接用的接线座应布置在电器柜的两侧，用于与电器柜外电气元件连接的接线座应布置在电器柜的下部，且不得低于 200 mm。

一般通过实物排列来确定各电气元件的位置，进而绘制出控制柜的电器布置图，布置图是根据电气元件的外形尺寸按比例绘制的，并标明各元件间距尺寸，同时还要标明进出线的数量和导线规格，选择适当的接线端子板和接插件并在其上标明接线号。

3. 电气控制装置接线图的绘制

根据电气控制电路图和电气元件布置图来绘制电气控制装置的接线图。接线图应按以下原则来绘制：

① 接线图的绘制应符合"电气接线图和接线表"中的规定。

② 电气元件相对位置与实际安装相对位置一致。

③ 接线图中同一电气元件中各带电部件，如线圈、触点等的绘制采用集中表示法，且在

一个细实线方框内。

④ 所有电气元件的文字符号及其接线端钮的线号标注均与电气控制电路图完全相符。

⑤ 电气接线图一律采用细实线绘制，应清楚表明各电气元件的接线关系和接线去向，其连接关系应与控制电路图完全相符。连接导线的走线方式有板前走线与板后走线两种，一般采用板前走线。对于简单电气控制装置，电气元件数量不多，接线关系较简单，可在接线图中直接画出元件之间的连线。对于复杂的电气装置，电气元件数量多，接线较复杂时，一般采用走线槽走线。此时，只需要在各电气元件上标出接线号，不必画出各电气元件之间的连接线。

⑥ 接线图中应标明连接导线的型号、规格、截面积及颜色。

⑦ 进出控制装置的导线，除大截面动力电路导线外，都应经过接线端子板。端子板上各端钮按接线号顺序排列，并将动力线、交流控制线、直流控制线、信号指示线分类排开。

任务分析

让我们来一起来设计电气控制原理图吧！

用分析设计法设计横梁升降机构电气控制原理图。

1. 横梁升降机构的工艺要求

① 横梁上升时，先使横梁自动放松，当放松到一定程度时，开始上升，上升到所需位置时，横梁自动夹紧。也就是自动按照先放松横梁—横梁上升—夹紧横梁的顺序进行。

② 横梁下降时，为防止横梁歪斜，保证加工精度，消除横梁的丝杠与螺母的间隙，横梁下降后应有回升位置。也就是保证自动按照放松横梁—横梁下降—横梁回升—夹紧横梁的顺序进行。

③ 横梁夹紧后，夹紧电动机自动停止转动。

④ 横梁升降应设有上下行程的限位保护，夹紧电动机应设有夹紧力保护。

2. 电气控制电路设计过程分析

（1）主电路设计

从控制要求看，横梁的升降可用一台电动机来拖动，考虑到上升和下降，因此该电动机必须可以正反转，由于不存在调速制动等因素，可以直接选用三相异步电动机。同理，横梁的夹紧与放松也可用一台能够正反转的三相异步电动机来拖动。由于没有其他特别要求，其主电路采用两台典型的正反转控制电动机回路即可。M1 的正反转采用接触器 KM1、KM2 来控制；M2 的正反转采用接触器 KM3、KM4 来控制。

（2）控制电路基本环节的设计

由于横梁升降为调整运动，属于短时运行，故对 M1 采用点动控制。一个点动按钮只能控制一种运动，故设置上升点动按钮 SB1 和下降点动按钮 SB2 来控制横梁的升降。但在移动前要求先松开横梁，移动到位松开点动按钮时又要求横梁夹紧，也就是说点动按钮要控制 KM1～KM4 四个接触器，所以引入上升中间继电器 KA1 与下降中间继电器 KA2，再由中间继电器去控制四个接触器。根据这些要求可设计出横梁升降电气控制电路草图一。

（3）设计控制电路的特殊环节

① 横梁上升时，必须使夹紧电动机 M2 先工作，将横梁放松后，发出信号，使 M2 停止工作。同时使升降电动机 M1 工作，带动横梁上升。按下上升点动按钮 SB1，中间继电器 KA1 线圈得电吸合，其常开触点闭合，使接触器 KM4 得电吸合。M2 反转起动旋转，横梁开始放松；横梁放松的程度采用行程开关 SQ1 来控制，当横梁放松到一定程度，撞块压下，SQ1 的常闭触点断开来控制接触器 KM4 线圈的失电。同时 SQ1 常开触点闭合，控制接触器 KM1 线圈的得电，KM1 的主触点闭合使 M1 正转，横梁开始做上升运动。

② 升降电动机拖动横梁上升至所需位置时，松开上升点动按钮 SB1，中间继电器 KA1、接触器 KM1 线圈相继失电释放，接触器 KM3 线圈得电吸合，使升降电动机停止工作。同时，夹紧电动机开始正转，使横梁夹紧，在夹紧过程中，行程开关 SQ1 复位，因此 KM3 应加自锁触点，当夹紧到一定程度时，发出信号切断夹紧电动机电源。这里采用过电流继电器控制夹紧的程度，即将过电流继电器 KA3 线圈串联在夹紧电动机主电路任一相中，当横梁夹紧时，相当于电动机工作在堵转状态，电动机定子电流增大，将过电流继电器的动作电流整定在两倍额定电流左右，当横梁夹紧后电流继电器动作，其常闭触点将接触器 KM3 线圈电路切断。

③ 横梁的下降仍按先放松再下降的方式控制，但下降结束后需有短时间的回升运动，该回升运动可采用断电延时型时间继电器进行控制。时间继电器 KT 的线圈由下降接触器 KM2 常开触点控制，其断电延时断开的常开触点与夹紧接触器 KM3 常开触点串联后并接于上升电路中间继电器 KA1 常开触点两端。这样，当横梁下降时，时间继电器 KT 线圈得电吸合，其断电延时断开的常开触点立即闭合，为回升电路工作做好准备。当横梁下降至所需位置时，松开下降点动按钮 SB2，KM2 线圈失电释放，时间继电器 KT 线圈失电，夹紧接触器 KM3 线圈得电吸合，横梁开始夹紧。此时，上升接触器 KMI 线圈通过闭合的时间断电器 KT 常开触点及 KM3 常开触点而得电吸合，横梁开始回升，经一段时间延时，延时断开的常开触点 KT 断开，KM1 线圈失电释放，回升运动结束，而横梁还在继续夹紧，夹紧到一定程度，过电流继电器动作，夹紧运动停止。此时，便可设计出横梁升降电气控制电路设计草图二。

（4）设计联锁保护环节

横梁上升限位保护由行程开关 SQ2 来实现；下降限位保护由行程开关 SQ3 来实现；上升与下降的互锁，夹紧与放松的互锁均由中间继电器 KA1 和 KA2 的常闭触点来实现；升降电动机短路保护由熔断器 FU1 来实现；夹紧电动机短路保护由熔断器 FU2 来实现；控制电路的短路保护由熔断器 FU3 来实现。

综合以上保护，对草图二进行修改，便得到比较完善的横梁升降电气控制电路了。

任务实施

用分析设计法设计横梁升降机构电气控制原理图

① 根据上述任务分析，学生自己动手，自行设计出草图一、草图二，并完成最终设计图。

② 采用分小组讨论的办法修改设计图，每小组出一个最终设计图，提交指导教师。

③ 指导教师对学生设计图进行讲评，肯定成绩，修改错误。

任务评价

序　号	考 核 内 容	考 核 要 求	成　绩
1	主电路设计	能设计出符合要求的主电路（20分）	
2	控制基本环节设计	控制基本环节设计正确无误（20分）	
3	特殊环节	特殊环节设计满足要求（20分）	
4	联锁与保护环节设计	具有短路、过载保护，能限位，无误动可能性（20分）	
5	总体结果	结果完全满足要求，无寄生电路（20分）	

思 考 题

① 为什么两个交流电压线圈不能串联？

② 分析设计法的基本步骤是什么？

③ 是否有其他办法来控制夹紧与松开？

任务 2　电气控制系统的保护设置

任务提出

设计一个三相笼形异步电动机的常动控制电路，要求有短路保护、过载保护、欠电压保护和缺相保护。

任务目标

① 了解短路保护、过载保护，失电压保护等的作用和意义。

② 能知道哪些设备具备哪些电气保护功能。

③ 能对电气控制电路采取必要的保护措施。

相关知识

为了确保各类电气设备正常运行，在控制系统中均需要设置必要的保护措施。设备种类不同，运行要求不同，需要设置的保护就不同。以低压电动机为例，一般的保护有：短路保护、堵转保护、定时限过负荷保护、反时限过负荷保护、相电流不平衡保护、断相保护、欠压保护、过电压保护、接地保护、漏电保护、起动时间过长保护、晃电自起动、工艺联锁保护等。但是对于某一台电动机而言，这些保护措施并非都需要，需要根据实际情况进行选择。下面重点介绍一下短路保护、过载保护、欠电压保护和缺相保护。

1. 短路保护

短路保护就是当后方电路或电气设备发生短路时，保护装置能够快速准确地切断故障线路，以确保供电安全的一种保护措施。

短路的特点是瞬间出现非常大的短路电流，这种电流危害很大，必须尽快切除。在高压大电流回路，一般用断路器的电流速断来切断电路，达到保护线路和设备的目的。对于低压电气控制电路，也可用低压断路器来实现，但是为了供电的经济性，常使用具有反时限动作的熔断器来进行短路保护。所谓反时限动作，也就是短路电流越大，熔断器动作越快，短路电流越小，熔断器动作越慢。

2．过载保护

过载保护又称过负荷保护，即流过电气设备的电流，不仅超过了其额定电流值，而且还超过了其允许承受的时间，此时保护动作达到保护电气设备的目的。过负荷分允许过负荷和故障过负荷两种，例如笼形异步电动机起动时，其起动电流远大于额定电流，但没超过其允许承受的时间，所以属于允许过负荷，此时保护不动作。

过载保护都是对故障过负荷而言的。过载保护一般用反时限过电流保护装置来实现。即流过保护装置的电流越大，动作的时限就越短。熔断器也具备一定的反时限特性，但它切断电路后不易复位。所以，对于低压电路主要采用双金属片式的热继电器等来实现过载保护。对于高压大电流回路，一般采用电流继电器与时间继电器配合来完成过载保护。

3．欠电压保护

欠电压保护就是电网电压过低，影响电气设备正常工作，保护装置自动切断电源来保护电气设备的一种电气保护措施。例如，直流电动机当电压过低时，电动机转速大幅下降，此时电枢感应电动势也大幅下降，此时加在电枢内阻上的电压反而大幅增大，造成电枢线圈中的大电流，容易烧坏电枢线圈，此时必须尽快切断电源，以便保护电动机。

欠电压保护一般采用欠电压继电器来完成。值得一提的是，有时电路中欠电压保护设计有专用的欠电压继电器，以达到保护的目的。有时是利用电压继电器本身具备的返回特性进行欠电压保护。如图 2-57 所示，按 SB2，电动机直接起动后，KM1 常开触点自锁使电动机一直运转。当电源电压低于一定值后，KM1 线圈磁力不够，其主触点释放，自锁触点也断开，切断了 KM1 线圈回路的供电，从而实现了欠电压保护。

4．缺相保护

三相用电设备必须在三相电源同时平衡供电时才能正常工作。如果有一相电源中断供电，三相电器就在缺少一相电源的情况下工作。这是非常危险的，因为三相电器在两相电源下工作，很快就会烧毁电器。为了避免烧毁电器的事故发生，人们在电路上安装了相应的设备，这些设备可以自动监视和检测三相电源是否平衡，当发现三相电路严重不平衡，也就是中断了一相电源或者缺少了一相电源的时候，立即发出警报并跳闸切断电源。电路中安装了这些

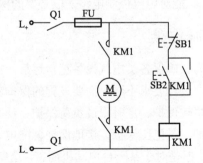

图 2-57　具有欠电压保护的直流电动机控制电路

在三相电源不平衡时能够报警或者跳闸的装置，即缺相保护装置，又称断相保护装置。

另外，线路电源缺相时，会产生负序电流分量，三相电流不均衡或过大，将引起电动机迅速烧毁。为了保障电动机的安全运行，使其在发生缺相运行时能及时停止，避免造成电动机烧毁事故，一般的电动机都装有缺相保护装置。

缺相保护的主要原理：当三相电源缺相时，三相设备会产生较大的零序电流，利用零序电流或零序电压继电器动作来切断线路或者发出报警信号。如图 2-58 所示，就是较为典型的缺相保护电路。当电动机运行时发生断相后三相电压不平衡，桥式整流则有电压输出。当输出的直流电压达到中间继电器 KA 动作值时，KA 动作，于是与自锁触点串联的常闭触点断开，使 KM 线圈失电，其主触点全部释放，电动机停止。

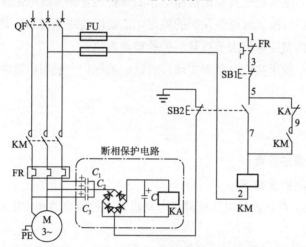

图 2-58　三相电动机的缺相保护电路

让我们一起来了解这些保护的具体含义吧！

任务分析

要实现好短路保护、过载保护、欠电压保护、缺相保护等，就需要了解一些典型保护之间的区别与联系。

1. 短路保护与过载保护的区别

短路保护和过载保护都是当线路出现大电流故障情况时，保护装置切断线路，到达保护设备的目的。但是它们有明显的区别：首先保护目标不同，短路保护是当线路或电器发生短路时，保护装置动作，迅速切断故障线路，达到保护电气系统的目的，此时的特点是，短路电流非常大，要求尽快切断线路；而过载保护是指电气设备的电流超过额定电流一定值，并达到一定时间后，保护装置切断故障设备，达到保护设备的目的，此时的特点是，电流比较大并持续一定时间还没降低，保护装置动作以达到保护设备的目的。其实，短路也是一种过负荷，而且是一种严重的过负荷。其次使用的保护装置不同，对于低压电路，一般用熔断器作为短路保护，用热继电器作为过载保护。另外，如果采用断路器来实现短路保护和过载保护，其电流整定值的设置也不同，短路保护电流整定值比较大，而且要求尽快切除故障；过载保护电流整定值的设置相对比较小，而且需要延时一段时间才能动作。

2．过载保护与过电压保护的区别

过载保护的设置是为了确保电气设备长时间流过大电流而不使其温度上升，最终烧坏设备而设置的一种保护；过电压保护是当电源电压高于额定值，为保护电气设备的绝缘不会被高压击穿，而进行的一种保护措施。

3．过载保护与过电流保护的区别

过载保护又称过负荷保护，指设备负载过重，为确保设备运行安全而进行的一种保护；过电流保护是一种短路保护，是为了保护电气系统而设置的一种保护。当线路发生短路故障时，电流急剧增大，当电流超过其整定值而动作的保护装置称为过电流保护装置。过电流保护一般用于输电线路。分段式过电流保护的整定电流是以线路末端的短路电流进行整定计算的。显然过电流保护的整定电流大于过载保护的整定电流。

另外，过载保护一般用热继电器来实现，而过电流保护一般用电流继电器与时间继电器配合动作来实现。

任务实施

电气控制系统的保护设置

本任务的具体实施步骤如下：

① 按照任务要求，首先设计出三相异步电动机长动控制电路和主电路，参照典型的长动控制电路即可。

② 采用热继电器作为过载保护，在主电路中串入热继电器的热元件，在控制电路中串入热继电器的常闭触点。

③ 采用熔断器作为短路保护，在主电路和控制电路中均串入熔断器。注意，主电路和控制电路的熔断器规格选择。

④ 控制电路的电源可直接用任意两相电源，这样当电源电压过低时，控制电路的接触器线圈将因电压不够而动作，达到欠电压保护的目的。

⑤ 增加图 2-58 点画线框内的缺相保护装置，并在控制电路中的自保持触点中串联一个中间继电器 KA 的常闭触点，以达到缺相保护的目的。

任务评价

序　号	考核内容	考核要求	成　绩
1	短路保护	熟悉短路保护的应用场合，了解哪些设备具有短路保护（20 分）	
2	过载保护	了解过载保护的目的，能对设备进行过载保护（20 分）	
3	欠电压保护	知道欠电压保护的意义，能实现欠电压保护（20 分）	
4	缺相保护	知道缺相运行的危害，能进行缺相保护电路设计（20 分）	
5	总结	善于归类总结，写出总结报告（20 分）	

思考题

① 对于电动机回路，已经设置了短路保护，是否可以不设置过载保护？

② 对于变压器，已经设置了过载保护，是否可以不设置过电压保护？

③ 为什么电压过低会烧坏电动机？

思考与练习

2-1 分析电气原理图一般采用哪些方法？

2-2 电气原理图和电气接线图有何区别与联系？

2-3 新国家标准对电气单元接线图有哪些规定？

2-4 断路故障有哪些检测方法？

2-5 CA6140 型普通车床电气控制有哪些特点？采用了哪些保护环节？是如何实现的？

2-6 在平面磨床控制电路中为什么采用电磁吸盘来吸工件？电磁吸盘为什么用直流供电？

2-7 磨床控制电路中，如果电磁吸盘吸力不够，可能有哪些原因？

2-8 Z3050 型摇臂钻床电路中，行程开关 SQ1、SQ2 的作用是什么？

2-9 Z3050 型摇臂钻床电路中，有哪些联锁与保护？

2-10 结合图 2-40，若 Z3050 型摇臂钻床主轴电动机不能旋转？试分析原因。

2-11 X62W 型卧式万能铣床控制电路由哪些基本环节组成？各有何作用？

2-12 X62W 型卧式万能铣床电路中，电磁离合器 YC1 和 YC2 的作用是什么？

2-13 X62W 型卧式万能铣床的进给变速能否在运行中变速？为什么？

2-14 T68 型卧式镗床电气控制有何特点？

2-15 试述 T68 型卧式镗床快速进给的控制过程。

2-16 电气原理设计与电气工艺设计分别要完成哪些内容？有何联系？

2-17 电气控制电路设计一般要考虑哪些要求？

2-18 电动机的选择要考虑哪些原则？

2-19 某机床由两台三相笼形异步电动机 M1 与 M2 拖动，其电气控制要求如下，试根据所学知识设计出完整的电气控制原理图。

①M1 容量较大，采用Y-△降压起动，停车时有能耗制动。

②M1 起动后，经 50 s 方允许 M2 直接起动。

③M2 停车后方允许 M1 停车制动。

④M1、M2 的起动、停车均可两地操作。

⑤ 设置必要的电气保护。

模块 ③ 直流电机

项目 1 直流电机的基础知识

直流电机是直流发电机和直流电动机的总称，是将直流电能转换成机械能（直流电动机）或将机械能转换成直流电能（直流发电机）的旋转电机。直流发电机和直流电动机在结构上没有什么差别。所以，直流电机是可逆的，既可作为直流电动机使用，同时也能作为直流发电机运行。

直流电动机与前面学过的异步电动机相比较，具有较好的起动性能和调速性能，所以，直流电动机常用于经常起动、制动和频繁调速的机电设备上，以及对调速要求较高的机械设备上，如矿井卷扬机、挖掘机、纺织机及电力机车等。

任务 1 直流电机的工作原理

🤚 任务提出

在日常生活中和工业控制中，经常用到直流电机，要准确使用和控制直流电机的运行，我们有必要认识一下直流电机的工作原理。

📖 任务目标

① 了解直流发电机和直流电动机的工作原理。

② 能知道直流电机主要由定子和切割磁感线的转子线圈构成。

③ 认识直流电机，并熟悉其可逆原理。

📝 相关知识

1. 直流发电机的工作原理

如图 3-1（a）所示，N、S 为一对固定磁极，abcd 是装在可以转动的圆柱体表面的一个线圈，把装有线圈可以转动的圆柱体称为电枢，线圈两端各接一铜质换向片，并用绝缘材料隔开。电刷 A、B 与换向片相接触并固定不动。当原动机拖动电枢以恒定速度 n 逆时针方向转动时，根据电磁感应定律可知，线圈（即导体）的 ab 边和 cd 边均有感应电动势产生，大小为

$$e=BLV \tag{3-1}$$

式中：B——电磁感应强度，T，与每极磁通 Φ 成正比；

L——ab 边或 cd 边的长度，m；

V——转子旋转的线速度，m/s。

根据右手定则可以确定，电流方向为 dcba，A 端为高电位、B 端为低电位；当线圈逆时针方向旋转 180° 后，如图 3-1（b）所示，此时电流方向为 abcd，由于电刷不动，铜片随线圈旋转，所以 A 端仍然是高电位，B 端为低电位。可见，尽管线圈中电流已经改变，但电刷 A 和 B 上的电势方向并未改变，该二铜片起着换向的作用，所以称为换向片。值得注意的是，尽管电刷引出的电动势方向不变，但其大小却是脉动的。因为尽管转子匀速转动，但是转子线圈每一瞬间在垂直磁感线方向的速度分量是不同的，当线圈从图 3-1 所示位置旋转 90° 时，此时导体 ab 和 cd 的运动方向与磁感线一致，沿磁感线垂直方向的速度分量为 0，所以此时，线圈中感应电动势也为 0。如果电枢上按照一定规律布置大量线圈，而把这些线圈按照一定规律连接起来，此时，将获得较大的电动势，而且脉动程度大为减小，获得比较稳定的直流电动势。这就是直流发电机的工作原理。

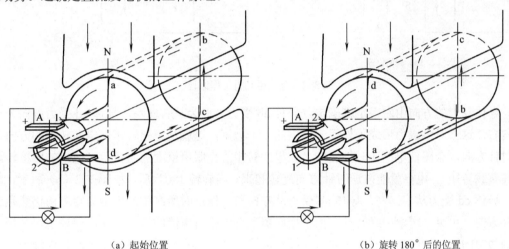

（a）起始位置 　　　　　　　　　　　　（b）旋转 180° 后的位置

图 3-1 直流发电机的工作原理

从上述分析可以看出，线圈中的电动势及电流方向是交变的，只是经过电刷和换向片的整流作用才使外带电路得到方向不变的直流，直流发电机实质上是带有换向器的交流发电机。

由于直流发电机的转子由许多导体按照一定规律连接，各导体产生的电动势是相互叠加的，导体的运行速度与转子绕组的转速 n 成正比，而电磁感应强度 B 与每极磁通 Φ 成正比，根据转子绕组结构、绕制规律和电磁感应的相关知识，发电机转子输出的总电动势可表示为

$$E_a = C_e \Phi n \tag{3-2}$$

式中：C_e——转子电动系数，与发电机结构有关；

　　　Φ——每极磁通；

　　　n——发电机的转速。

2. 直流电动机的工作原理

如图 3-2（a）所示，线圈上不提供原动力，而在电刷 A、B 上接上直流电源，这时，线圈 abcd 中有电流流过，方向如图 3-2（a）所示，根据电磁定律可知，载流导体 ab、cd 上受到的电磁力大小为

$$F=BIL \qquad (3-3)$$

式中：I——每根导体中的电流，A。

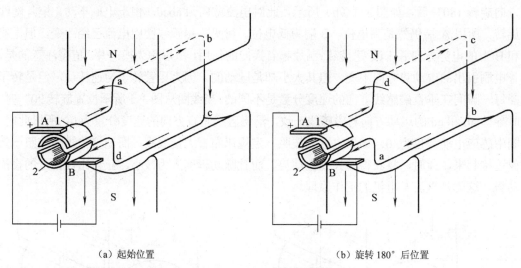

（a）起始位置　　　　　　　　　（b）旋转 180° 后位置

图 3-2　直流电动机工作原理

导体受力的方向由左手定则确定，导体 ab 受力方向为从右向左，导体 cd 受力方向为从左向右，这一对电磁力形成了作用于电枢的一个力矩，这就是电磁转矩。电磁转矩的方向为逆时针方向，企图使电枢逆时针旋转，如果此转矩能克服电枢上的阻转矩（电枢的摩擦转矩及其负载转矩），电枢就能向逆时针方向旋转起来。当旋转 180° 后，如图 3-2（b）所示，此时，导体 cd 受力从右向左，导体 ab 受力从左向右，但这时所产生的电磁力矩方向仍然是逆时针方向。可见，电枢一经转动，由于换向器配合电刷对电流的换向作用，保证了每个极下线圈边中的电流始终是同一个方向，从而形成了一个方向不变的转矩，使电动机连续地向一个方向旋转，这就是直流电动机的工作原理。

根据电磁感应的相关知识可推导出，直流电动机的电磁转矩可表示为

$$T_e=C_m \varPhi I_a \qquad (3-4)$$

式中：C_m——电磁转矩系数，与电动机结构有关；

$\varPhi$——每极磁通，Wb；

I_a——转子电流，A；

T_e——电磁转矩，N·m。

3．直流电机的可逆性

一台直流电机原则上既可以作为电动机运行，也可以作为发电机运行，这种原理在电机理论中称为可逆原理。当原动机驱动电枢绕组在主磁极 N、S 之间旋转时，电枢绕组上感生出电动势，经电刷、换向器装置整流为直流后，引向外部负载（或电网），对外供电，此时直流电机将机械能转换为电能，作直流发电机运行。如用外部直流电源，经电刷、换向器装置将直流电流引向电枢绕组，则此电流与主磁极 N、S 产生的磁场互相作用，产生转矩，驱动转子与连接于其上的机械负载工作，此时直流电机把电能转换为机械能，作直

流电动机运行。

可见，直流电机主要由磁场和切割磁感线的电枢线圈两部分组成，而一般来说，磁场又有永久磁场和电磁场之分。永久磁场是用永久磁铁形成的，其磁场强度一般比较小，因此实际的直流电机大多采用电磁场，电磁场是在直流电机的定子铁芯上安装励磁线圈，然后给励磁线圈通电而形成的磁场。所以，一般的直流电机应该有两个线圈，一个是励磁线圈，是需要外界供电的；另一个线圈称为电枢线圈，直流发电机的电枢线圈是向外输出电能的，直流电动机的电枢线圈是需要外界供电的。因此，直流电机至少应有两组、四个接线端子。

另外，由于直流电机具有可逆性，当为励磁线圈供电后，如果用其他机械装置或电机带动直流电机转子旋转，则此时电机工作在发电机状态，可用电压表测量出其发电电压；当为励磁线圈供电励磁后，再给其电枢线圈供电，则此时电机工作在电动机状态，电动机转子会旋转。

任务分析

由于直流电机分为直流发电机和直流电动机，所以要了解直流电机的工作原理，需要分别了解直流发电机和直流电动机的工作原理，以及发电机与电动机之间的关系。

任务实施

根据相关知识的内容可知，要感观上认识直流电机的原理，需要一个直流电源给励磁线圈供电，另外需要一台异步电动机来带动直流电机旋转，以便检测其是否发电，还需要直流电源为电枢供电，以认识其电动机工作状态；同时在为励磁线圈供电时还需要电流调节，所以需要滑动变阻器、电压表、电流表等。具体需要的主要设备材料如表 3-1 所示。

表 3-1　具体需要的主要设备材料

序号	名　　　　　称	序号	名　　　　　称
1	三相笼形异步电动机（△/380 V）	6	直流电压表
2	刀开关	7	滑动变阻器
3	熔断器	8	连接线若干
4	直流电机	9	直流电源
5	直流电流表	10	交流电源

实施步骤如下：

① 连接直流电机励磁供电回路，在教师指导下把滑动变阻器调到最大。

② 连接电枢线圈回路。

③ 合上励磁回路电源，调整滑动变阻器使励磁电流为 0.2 A。

④ 调节电枢线圈电源电压，使其低于直流电机额定电压一半以上，合上电枢线圈电源，观察直流电机旋转情况；调节电压，使电压提高，观察直流电机旋转情况。

⑤ 突然关闭电枢电源，立即用电压表测量电枢线圈电压，并观察直流电机的旋转情况。

⑥ 在教师指导下用三相异步电动机带动直流电机旋转，测量直流电机电枢的电压。

任务评价

序号	考核内容	考核要求	成绩
1	安全操作	符合安全生产要求，听从教师指挥，团队合作融洽（20分）	
2	连接线路	按要求正确连接电枢回路和励磁回路（30分）	
3	观察和测量	正确使用电压表、电流表，调节滑动变阻器和电枢电压（30分）	
4	实验报告	实验结束，做好收尾工作，写出书面实验报告（20分）	

思考题

为什么说在直流发电机的电枢上按一定规律布置较多线圈，其电流的脉动程度将大为减小？应该如何布置线圈？

任务2　直流电机的结构、励磁方式

任务提出

了解了直流电机的原理后，如何构成真正的电机呢？线圈如何组成绕组？如何固定？真正的换相器是怎么样的？定子磁场是怎么产生的？下面通过拆装一台直流电机来认识直流电机的组成结构，并了解它的励磁方式。

任务目标

① 了解直流电机的组成结构及直流电机的几种主要励磁方式。

② 掌握直流电机各组成部分的主要功能。

③ 能对直流电机的端子进行接线，能对定子和转子进行测试。

相关知识

一、直流电机的结构

直流电机主要分为定子和转子两大部分。定子和转子之间存在的间隙称为气隙，如图 3-3 所示。

1. 定子

定子是直流电机的静止部分，主要用来产生磁场。它主要包括：

（1）主磁极

主磁极包括铁芯和励磁绕组两部分，如图 3-4 所示。当励磁绕组中通入直流电流后，铁芯中即产生励磁磁通，并在气隙中建立励磁磁场。励磁绕组通常用圆形或矩形的绝缘导线制成一个集中的线圈，套在磁极铁芯外面。主磁极铁芯一般用 1～1.5 mm 厚的低碳钢板冲片叠压铆接而成，主磁极铁芯柱体部分称为极身，靠近气隙一端较宽的部分称为极靴，极靴与极身交接处形成一个突出的肩部，用以支撑住励磁绕组。极靴沿气隙表面成弧形，使磁极下气隙磁通密度分布更合理。整个主磁极用螺杆固定在机座上。

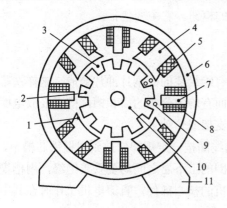

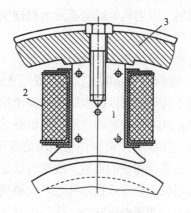

图 3-3　直流电机径向剖面图

1—极靴；2—电枢齿；3—电枢槽；4—主磁极；
5—励磁绕组；6—磁轭；7—换向磁极；8—换向极绕组；
9—电枢绕组；10—电枢铁芯；11—机座

图 3-4　主磁极

1—主磁极铁芯；2—励磁绕组；3—机座

主磁极总是 N、S 两极成对出现。各主磁极的励磁绕组通常是相互串联连接的，连接时要能保证相邻磁极的极性按 N、S 交替排列。

（2）换向极

换向极也由铁芯和绕组构成，如图 3-5 所示。中小容量直流电机的换向极铁芯是用整块钢制成的，大容量直流电机和换向要求高的直流电机，换向极铁芯用薄钢片叠成，换向极绕组要与电枢绕组串联，因通过的电流大，导线截面较大，匝数较少。换向极装在主磁极之间，换向极的数目一般等于主磁极极数，在功率很小的直流电机中，换向极的数目有时只有主磁极极数的一半，或不装换向极。换向极的作用是改善换向，防止电刷和换向器之间出现过强的火花。

（3）电刷装置

电刷装置由电刷、刷握、压紧弹簧和刷杆座等组成，如图 3-6 所示。电刷是用碳-石墨等做成的导电块，电刷装在刷握的盒内，用压紧弹簧把它压紧在换向器的表面上。压紧弹簧的压力可以调整，保证电刷与换向器表面有良好的滑动接触，刷握固定在刷杆上，刷杆装在刷杆座上，彼此之间绝缘。刷杆座装在端盖或轴承盖上，根据电流的大小，每一刷杆上可以有几个电刷组成的电刷组，电刷组的数目一般等于主磁极极数。电刷的作用是与换向器配合引入、引出电流。

（4）机座和端盖

机座一般用铸钢或厚钢板焊接而成。它用来固定主磁极、换向极及端盖，借助底脚将直流电机固定于基础上；机座还是磁路的一部分，用以通过磁通的部分称为磁轭，端盖主要起支撑作用，端盖固定于机座上，其上放置轴承，支撑直流电机的转轴，使直流电机能够旋转。

2．转子

转子是直流电机的转动部分，转子的主要作用是感应电动势，产生电磁转矩，使机械能变为电能（发电机）或电能变为机械能（电动机）的枢纽。它主要包括：

（1）电枢

电枢又包括铁芯和绕组两部分。

① 电枢铁芯：电枢铁芯一般用 0.5 mm 厚的涂有绝缘漆的硅钢片冲片叠成，这样铁芯在主磁场中转动时可以减少磁滞和涡流损耗。铁芯表面有均匀分布的齿和槽，槽中嵌放电枢绕组。电枢铁芯构成磁的通路。电枢铁芯固定在转子支架或转轴上。

② 电枢绕组：电枢绕组是用绝缘铜线绕制成的线圈按一定规律嵌放到电枢铁芯槽中，并与换向器进行相应的连接。线圈与铁芯之间以及线圈的上下层之间均要妥善绝缘，用槽楔压紧，再用玻璃丝带或钢丝扎紧。电枢绕组是直流电机的核心部件，直流电机工作时在其中产生感应电动势和电磁转矩，实现能量的转换。

（2）换向器

换向器的作用是与电刷配合，将直流电动机输入的直流电流转换成电枢绕组内的交变电流，或是将直流发电机电枢绕组中的交变电动势转换成输出的直流电压。

换向器是一个由许多燕尾状的梯形铜片间隔云母片绝缘排列而成的圆柱体，每片换向片的一端有高出的部分，上面铣有线槽，供电枢绕组引出端焊接用。所有换向片均放置在与它配合的具有燕尾状槽的金属套筒内，然后用 V 形钢环和螺纹压圈将换向片和套筒紧固成一整体，换向片组与套筒、V 形钢环之间均要用云母片绝缘，如图 3-7 所示。

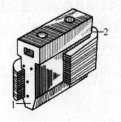

图 3-5　换向极

1—换向极铁芯；2—换向极绕组

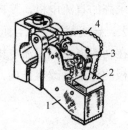

图 3-6　电刷装置

1—刷握；2—电刷；3—压紧弹簧；4—刷辫

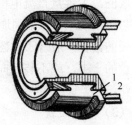

图 3-7　换向器

1—换向片；2—连接片

（3）转轴

转轴是支撑电枢铁芯和输出机械转矩的部件，它必须有足够的刚度和强度，以保证负载时气隙均匀及转轴本身不致断裂。在转轴上安装电枢和换向器。

3．气隙

静止的磁极和旋转的电枢之间的间隙称为气隙。在小容量直流电机中，气隙为 0.5～3 mm。气隙数值虽小，但磁阻很大，为直流电机磁路的主要组成部分。气隙大小对直流电机运行性能有很大影响。

二、直流电机的励磁方式

励磁绕组的供电方式称为励磁方式，直流电机的励磁方式主要分为他励和自励两大类，而自励又可分为并励、串励及复励三种。

1．他励直流电机

励磁绕组与电枢绕组无连接关系，而由其他直流电源对励磁绕组供电的直流电机称为他励直流电机，接线如图 3-8（a）所示。图中 M 表示电动机，若为发电机，则用 G 表示。永磁直流电机也可看作他励直流电机。

2．并励直流电机

并励直流电机的励磁绕组与电枢绕组相并联，接线如图 3-8（b）所示。作为并励发电机来说，是电机本身发出来的端电压为励磁绕组供电；作为并励电动机来说，励磁绕组与电枢绕组共用同一电源，从性能上讲，与他励直流电动机相同。

3．串励直流电机

串励直流电机的励磁绕组与电枢绕组串联后，再接于直流电源，接线如图 3-8（c）所示。这种直流电机的励磁电流就是电枢电流。

4．复励直流电机

复励直流电机有并励和串励两个励磁绕组，接线如图 3-8（d）所示。若串励绕组产生的磁通势与并励绕组产生的磁通势方向相同，则称为积复励；若两个磁通势方向相反，则称为差复励。

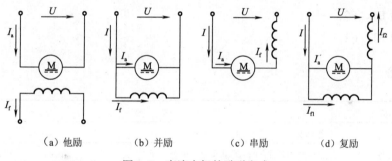

（a）他励　　　（b）并励　　　（c）串励　　　（d）复励

图 3-8　直流电机的励磁方式

任务分析

要完成直流电机的拆装，就必须熟悉直流电机的结构以及各组成部分的作用，以免在拆装时损坏电机，另外，要让直流电机真正运行，就需要学生能够完成电机接线，要完成接线，就必须了解直流电机的励磁方式。

任务实施

直流电动机拆装

本任务主要了解直流电机的结构和励磁方式，所以对直流电机进行拆装，观察其结构，并了解其各部分的功能，重点观察电枢绕组是怎样连接的？为什么这样绕组？掌握直流电机的外部接线端子的含义，以及如何接线。

主要设备及工具清单见表 3-2。

表 3-2　主要设备及工具清单

序号	名　　　称	序号	名　　　称
1	直流电机（220 V）	4	扳手
2	螺丝刀（十字头和一字头各一把）	5	万用表
3	钳子		

任务实施步骤：

① 用螺丝刀和扳手卸开电动机外壳，观察其定子和转子的结构。

② 观察电枢绕组是如何绕线的？怎样连接的？并用万用表进行确认。

③ 观察励磁绕组是怎样连接的？其出线有几个节点。想想如果是并励方式励磁，其励磁出线端与电枢出线端如何连接？

④ 安装直流电机，将直流电机恢复原状。

⑤ 认识出线端的标志：

电枢绕组 A1、A2；

换向极绕组 B1、B2；

补偿绕组 C1、C2；

串励绕组 D1、D2；

并励绕组 E1、E2；

他励绕组 F1、F2。

任务评价

序　号	考核内容	考　核　要　求	成　绩
1	安全操作	符合安全生产要求，团队合作融洽（20 分）	
2	认识元件	正确指出各部件的名称和作用（30 分）	
3	拆卸及检查	正确使用螺丝刀、扳手及万用表（30 分）	
4	恢复	将直流电机恢复原状，并收拾工具（20 分）	

思考题

① 直流电机为什么要有换向器？可不可以不用换向器？

② 为什么说直流电机是可逆的？是否可以直接买台直流发电机来当电动机用？

③ 直流电机由哪几部分组成？

④ 直流电机主要有哪几种励磁方式？

任务3　从铭牌数据了解直流电机性能

任务提出

现有一台直流电动机，其铭牌见表 3-3，请说明其主要性能。

表 3-3   直流电动机的铭牌

型号	Z3-95	产品编号	7009
结构形式	B3	励磁方式	他励
额定功率	30kW	励磁电压	220V
额定电压	220V	工作方式	连续
额定电流	160A	绝缘等级	B 级
额定转速	750 r/min	重量	685 kg
标准编号	JB1104-68	出厂日期	2005 年 6 月

任务目标

① 了解直流电机的型号及其含义。

② 了解直流电机有哪些性能指标。

③ 能从直流电机的铭牌上看出该电机的主要性能。

相关知识

直流电机的主要性能指标有：电机型号、额定功率、额定电压、额定电流、额定转速、额定效率、额定转矩。下面分别进行介绍。

1. 电机型号

型号可表明每一种产品的性能、用途和结构特点，国产直流电机型号采用汉语拼音大写字母和阿拉伯数字组合来表示。其中，汉语拼音大写字母表示直流电机的结构和用途等，阿拉伯数字则表示直流电机的尺寸和规格。例如 Z3-95，Z 表示直流电动机，3 表示第三次改型设计的，9 表示机座号，5 表示铁芯长度。

2. 额定功率（P_N）

无论是发电机还是电动机，其额定功率都是指其输出功率。换句话说，直流发电机的额定功率是其输出的电功率，$P_N=U_N I_N$；而直流电动机的额定功率则是其输出的机械功率，若用电量来表示则，$P_N=\eta_N U_N I_N$，其中，η_N 是额定效率。可见，尽管直流电机是可逆的，但同一台直流电机作为发电机运行和作为电动机运行其额定功率是不一样的。

3. 额定电压（U_N）

额定电压指额定运行状态下，直流发电机的输出电压或直流电动机的输入电压。

4. 额定电流（I_N）

额定电流指额定电压和额定负载时允许直流电机长期输入（电动机）或长期输出（发电机）的电流。

5. 额定转速（n_N）

额定转速指直流电机在额定电压和额定负载时的旋转速度。

6. 额定效率（η_N）

额定效率指直流电机额定输出功率与额定输入功率之比的百分值。

7. 额定转矩（T_N）

直流电机的额定转矩由式（3-5）计算，即

$$T_N = 9.55 \frac{P_N}{n_N} \qquad\qquad (3\text{-}5)$$

式中：T_N——电动机的额定转矩，N·m；

      P_N——电动机的额定功率，W；

      n_N——电动机的额定转速，r/min。

直流电机运行时，若各个物理量都跟它的额定值一样，就称为额定运行状态或额定工况。在额定状态下，直流电机能可靠地工作，并具有良好的性能。但是实际运用中，直流电机不总是运行在额定状态。如果超过额定电流运行就称为过载运行，如果低于额定电流运行就称为欠载运行，长期欠载运行和长期过载运行都不好。长期过载运行，容易过热烧坏直流电机；长期欠载运行，直流电机效率发挥不好，不经济。因此，选择直流电机时，应根据负载的要求，尽量让直流电机工作在额定状态。

任务分析

要了解直流电机的性能，首先要了解直流电机的性能参数有哪些，各有什么作用。而有些性能参数可以直接从铭牌中读出，有些则需要通过铭牌数据进行一定的计算才能得出。

任务实施

根据前面介绍的相关知识，通过表 3-3 的铭牌数据来认识该直流电机的主要性能。

① 电机型号的意义，前面已经叙述过，这里不再重复。

② 额定功率、额定电压、额定电流、额定转速、励磁方式、励磁电压等可以铭牌中直接得到。

③ 额定效率：

由于该直流电机为电动机，根据公式 $P_N = \eta_N U_N I_N$，可得 $\eta_N = P_N/(U_N I_N)$。

代入相关数据得

$$\eta_N = [30 \times 10^3/(220 \times 160)] \times 100\% = 85.2\%$$

④ 额定转矩：

根据公式 $T_N = 9.55 \dfrac{P_N}{P_N}$ 得

$$T_N = (9.55 \times 30 \times 10^3/750) \text{ N·m} = 382 \text{ N·m}$$

任务评价

序 号	考核内容	考 核 要 求	成 绩
1	认识铭牌	准确了解各参数的含义（40 分）	
2	电量转换	能计算额定效率、额定功率、输入功率等（30 分）	
3	转矩计算	能准确计算出额定转矩（30 分）	

思考题

一台电机的型号是 Z4-200-21，请问是何含义？

任务 4　直流电机的运行原理认识

任务提出

请分析直流电机在运行过程中，电压与电流的关系；输入输出与功率损耗的关系；电磁转矩如何平衡？并举例说明。

任务目标

① 了解直流电机的转矩平衡关系。
② 掌握直流电机的电动势平衡和功率平衡关系。

相关知识

直流电机的运行原理包含很多内容，这里主要介绍直流电机的电动势平衡、转矩平衡和功率平衡方程。便于学生了解和正确分析运用直流电机。

直流电机的励磁方式不同，平衡方程也有所不同，下面以他励直流电机为例进行介绍。

1. 直流电机的电动势平衡

（1）直流发电机的电动势平衡

他励直流发电机的工作原理图如图 3-9（a）所示。

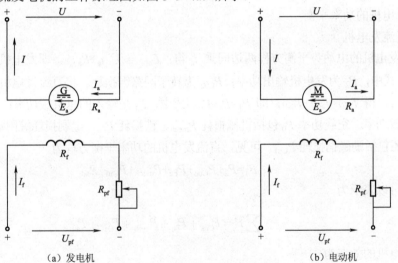

(a) 发电机　　　　　　　　　(b) 电动机

图 3-9　直流电机运行原理图

由图 3-9（a）可知，他励直流发电机的动态电平衡方程为

$$u_a = e_a + R_a(-i_a) + L\frac{d(-i)}{dt} \tag{3-6}$$

励磁方程为

$$u_f = R_f i_f + L_f\frac{di_f}{dt} \tag{3-7}$$

可见，当发电机处于稳定运行状态时，其方程为

$$E_a = U + R_a I_a \tag{3-8}$$

（2）直流电动机的电动势平衡

由图 3-9（b）可知，他励直流电动机的动态电平衡方程为

$$u_a = e_a + R_a(i_a) + L\frac{\mathrm{d}i}{\mathrm{d}t} \tag{3-9}$$

励磁方程与他励直流发电机励磁方程相同。

所以，其稳态方程为

$$U = E_a + R_a I_a \tag{3-10}$$

2. 直流电机的转矩平衡

直流电机每一瞬间转矩均是平衡的，发电机的稳态转矩平衡为

$$T_1 = T_e + T_0 \tag{3-11}$$

式中：T_1——原动机拖动转矩；

T_0——发电机空载转矩；

T_e——发电机负载电磁转矩。

直流电动机的稳态平衡方程为

$$T_e = T_L + T_0 \tag{3-12}$$

式中：T_e——电动机的电磁总转矩；

T_L——机械负载转矩。

3. 直流电机的功率平衡

（1）直流发电机

将直流发电机的电动势平衡方程两边同乘 i_a 得：$E_a i_a = U i_a + R_a i_a^2$，即发电机的发电功率 $P_e = P_2 + P_{Cua}$，式中，P_2 为发电机输出功率；P_{Cua} 为转子回路铜损耗。将直流发电机转矩平衡方程两边同乘 ω，得 $T_1\omega = T_e\omega + T_0\omega$，即 $P_1 = P_e + P_0$，式中，P_1 是输入的总机械功率；P_e 是发电功率；P_0 是空载功率。空载功率 P_0 包括机械损耗 P_{mech}、铁损耗 P_{Fe}、电刷损耗等附加损耗 P_{ad}，自励发电机还包括励磁铜损耗 P_{Cuf}。可见，直流发电机的功率平衡方程为

$$P_1 = P_2 + P_{Cua} + P_{Fe} + P_{mech} + P_{Cuf} + P_{ad} \tag{3-13}$$

总损耗可以表示为

$$\sum P = P_{Cua} + P_{Fe} + P_{mech} + P_{Cuf} + P_{ad} \tag{3-14}$$

直流发电机的效率为

$$\eta = \frac{P_2}{P_1} = 1 - \frac{\sum P}{P_2 + \sum P} \tag{3-15}$$

（2）直流电动机

同理，可得 $P_1 = P_m + P_{Cua}$，式中，P_1 是总输入功率（电功率）；$P_m = E_a I_a$ 是总电磁功率。而总电磁功率 $P_m = T_e\omega = T_L\omega + T_0\omega = P_2 + P_0$，式中，$P_2$ 是输出机械功率；P_0 是空载功率，同样空载功率主要包括机械损耗 P_{mech}，铁损耗 P_{Fe}，电刷损耗等附加损耗 P_{ad}，自励发电机还包括励磁铜损耗 P_{Cuf}。因此，电动机的功率平衡方程依然是

$$P_1=P_2+P_{Cua}+P_{Fe}+P_{mech}+P_{Cuf}+P_{ad} \tag{3-16}$$

总损耗可以表示为

$$\sum P = P_{Cua} + P_{Fe} + P_{mech} + P_{Cuf} + P_{ad} \tag{3-17}$$

直流电动机的效率为

$$\eta = \frac{P_2}{P_1} = 1 - \frac{\sum P}{P_2 + \sum P} \tag{3-18}$$

与直流发电机相比较，虽然表达式一样，但是 P_1、P_2 的含义是不一样的。

任务分析

要想完成本任务，必须了解直流电机的运行原理。

任务实施

在学习了直流电机运行原理的相关知识后，我们不难看出，当电动机稳定运行后，其电势平衡方程为 $U=E_a+R_aI_a$；其电磁转矩平衡方程为 $T_e=T_L+T_0$；功率平衡方程为 $P_1=P_2+P_{Cua}+P_{Fe}+P_{mech}+P_{Cuf}+P_{ad}$。具体应用举例如下：

例：有一台他励直流电动机，其主要参数如下：

$U_N=220\ V$，$I_N=100\ A$，其电枢线圈内阻 $R_a=0.5\ \Omega$，问：

① 在该电动机电枢线圈上加 220 V 直流电压直接起动瞬间，电枢中的电流是多少？

② 该电动机额定运行时，电枢中的感应电动势 E_a 为多大？

③ 如果该电动机的机械效率为 0.9，试问额定运行时输出的机械功率是多少？

解：① 在电动机起动瞬间，由于电动机没有旋转，所以其感应电动势 $E_a=0$，根据电势平衡方程 $U=E_a+R_aI_a$ 可知，此时 $U=R_aI_a$。

所以，起动瞬间电枢电流为

$$I_a=U/R_a＝（220/0.5）A=440\ A$$

② 根据电势平衡方程 $U=E_a+R_aI_a$，当运行在额定状态时

$$E_a=U_N-R_aI_N＝（220-0.5×100）V=170\ V$$

③ 根据直流电动机的功率平衡方程可知，其输出机械功率为

$$P_2=\eta P_1=\eta U_N I_N＝（0.9×220×100）W=19.8\ kW$$

任务评价

序　号	考核内容	考　核　要　求	成　绩
1	电势平衡	掌握电势平衡方程及其运用（20 分）	
2	转矩平衡	了解转矩平衡原理（20 分）	
3	功率平衡	熟悉功率平衡方程及其运用（20 分）	
4	实际运用	能正确运用上述原理解决实际问题（40 分）	

思 考 题

① 直流电动机起动时，感应电动势为 0，根据平衡方程，会发生什么现象？

② 直流电动机欠电压运行，其电枢线圈的电流比额定电流大还是小？当低于一定值时应该采取什么措施？

③ 正在额定运行的电动机，当负载减少 50%后，电枢电流有何变化？

项目 2 他励直流电动机的机械特性

任务 他励直流电动机的机械特性测定

任务提出

现有一台他励直流电动机，请测量其空载特性、固有机械特性和人为机械特性。

任务目标

① 了解直流电动机的机械特性。

② 能对他励直流电动机的固有机械特性和人为机械特性进行测定。

相关知识

电动机的机械特性主要是描述电动机的转速 n 和其电磁转矩 T_e 之间的关系，通常用 $n=f(T_e)$ 曲线表示，机械特性是描述电动机运行性能的主要特性，是分析直流电动机起动、调速、制动原理的一个重要依据。直流电动机的励磁方式不同，其机械特性有很大差别。由于他励直流电动机运用较为广泛，下面以他励直流电动机为例，对其机械特性的相关知识进行介绍。

1. 他励直流电动机的机械特性

根据他励直流电动机的运行原理 $U=E_a+I_aR_a$，而 $E_a=C_e\Phi n$，可得机械特性方程为

$$n = \frac{U}{C_e\Phi} - \frac{R_a}{C_e C_m \Phi^2} T_e \tag{3-19}$$

假定电源电压 U、磁通 Φ、转子回路电阻 R_a 都为常数，则式（3-19）可写为

$$n = n_0 - \beta T_e \tag{3-20}$$

式中，$n_0 = \dfrac{U}{C_e\Phi}$；$\beta = \dfrac{R_a}{C_e C_m \Phi^2}$。

n_0 为他励直流电动机的理想空载转速，即在 $T_e=0$ 时的电动机的转速；β 为机械特性的斜率，当改变转子回路的附加电阻或磁通时，就改变了机械特性曲线的斜率。

同一台电动机电势系数 C_e 和电磁转矩系数 C_m 之间存在下列关系：

$$C_m=9.55C_e \tag{3-21}$$

2. 他励直流电动机的固有机械特性

当 $U=U_N$，$\Phi=\Phi_N$，$R=R_a$ 时，电动机的机械特性称为固有机械特性。根据定义可得直流

电动机的固有机械特性如下：

$$n = \frac{U_N}{C_e \Phi_N} - \frac{R_a}{C_e C_m \Phi_N^2} T_e = n_0 - \beta T_e \qquad (3-22)$$

式中，$n_0 = \dfrac{U_N}{C_e \Phi_N}$；$\beta = \dfrac{R_a}{C_e C_m \Phi_N^2}$。

若不计电枢反应的去磁作用，可以认为 Φ 是一个与 T_e 无关的常数，由于 R_a 很小，当 T_e 增大时，n 下降很小，所以其固有机械特性曲线是一条略微向下倾斜的直线，如图 3-10 所示。

3. 他励直流电动机的人为机械特性

在他励直流电动机的固有机械特性方程中，如果改变其电压 U、磁通 Φ，以及转子回路电阻中任意一个参数，此时得到的机械特性就称为直流电动机的人为机械特性，下面分三种情况进行介绍。

（1）当电压 U_N、磁通 Φ_N 不变，在转子回路中串入电阻 R_{pa} 时，人为机械特性变为

$$n = \frac{U_N}{C_e \Phi_N} - \frac{R_a + R_{pa}}{C_e C_m \Phi_N^2} T_e \qquad (3-23)$$

与他励直流电动机的固有机械特性比较可知，人为机械特性与固有机械特性具有相同的理想空载转速 n_0，而人为机械特性曲线的斜率随着所串电阻 R_{pa} 的增大而增大，如图 3-11 所示。或者说，当 R_{pa} 增大时，人为机械特性曲线斜率硬度下降，改变 R_{pa} 的大小可以改变机械特性的硬度。这将有助于分析直流电动机转子回路串电阻起动和调速的原理。

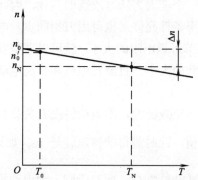

图 3-10　他励直流电动机的固有机械特性

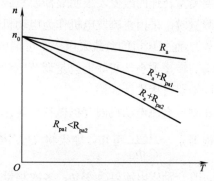

图 3-11　转子串电阻时人为机械特性

（2）在 Φ_N 和 R_a 不变时，改变转子电压 U 时，人为机械特性方程变为

$$n = \frac{U}{C_e \Phi_N} - \frac{R_a}{C_e C_m \Phi_N^2} T_e = n_0 - \beta T_e \qquad (3-24)$$

可见，此时特性曲线 β 保持不变，而理想空载转速 n_0 与电压成正比。一般要求外加电压不得超过电动机的额定值，因此是一组斜率不变、低于固有机械特性的平行线，如图 3-12 所示。

（3）当 U_N 和 R_a 不变，改变磁通 Φ 时，人为机械特性方程为

$$n = \frac{U_N}{C_e \Phi} - \frac{R_a}{C_e C_m \Phi_N^2} T_e \qquad (3-25)$$

值得注意的是，一般电动机在额定磁通时其磁路已接近饱和，因此要改变磁通，实际上只能削弱磁通。由此时的人为机械特性可知，当削弱磁通时，理想空载转速增大，且曲线斜率增加，如图 3-13 所示。

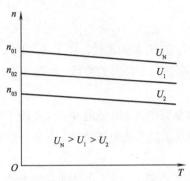

图 3-12　改变电压时的人为机械特性

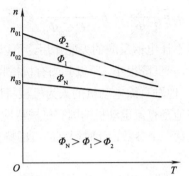

图 3-13　改变磁通时的人为机械特性

任务分析

我们已经了解了他励直流电动机的固有机械特性和人为机械特性，实际上是电动机转速与电磁转矩的关系曲线，那么，如何来对其进行测量呢？

让我们一起来测量他励直流电动机的机械特性吧！

要测量转速的改变，很明显需要负载，而且需要一个能人为随时改变的负载，因此，一般在测量时，采用直流发电机作为电动机的负载（如果条件允许，也可用三相同步发电机作为负载），而发电机的负载采用一个可调电阻，通过调节可调电阻的大小，就可以调整发电机输入端的转矩大小，实际上就是调节电动机的机械负载的大小。直流发电机和直流电动机之间用联轴器直接进行连接。

在测量直流电动机固有机械特性时，首先要测定其空载特性，即电动机没有负载时的特性，根据 $n_0 = \dfrac{U_N}{C_e \Phi_N}$ 可知，如果将 U_N、Φ_N 都取额定值，此时测得的转速就是 n_0；如果 U_N 不变，改变励磁电流以改变 Φ，多次测量后，便可计算出参数 C_e。而对于同一台电动机，有 $C_m = 9.55 C_e$。同理，当给电动机加负载后，若负载一定、U_N 不变时，通过改变电动机励磁电流来改变磁通，多次测量后，便可求得改变磁通时人为机械特性曲线；当调节发电机负载电阻以改变电动机负载后，多次测量便可得到改变负载时电动机的人为机械特性曲线。

可见，要测量电动机的机械特性和相关参数，就需要有一台被测电动机及其相关的调节励磁电流、调节电压、调节电枢电阻及电动机起动所需要的设备或零部件；同时，还应有一台发电机和能调节其输入机械转矩的可调电阻，以及可以测量机械转矩、电压、电流的相关设备。

任务实施

根据上述分析，在进行电动机参数测定时，采用 DDSZ-1 型电机及电气技术实验台，再加适当挂件就可以完成本任务。具体所需设备、挂件及排列顺序如下。

1．实验设备（见表 3-4）

表 3-4　实验设备

序号	型　号	名　　　称	数　量
1	DD03	导轨、测速发电机及转速表	1 台
2	DJ23	校正直流测功机	1 台
3	DJ13	直流复励发电机	1 台
4	D31	直流电压表、电流表	2 件
5	D44	可调电阻、电容	1 件
6	D51	波形测试及开关板	1 件
7	D42	可调电阻	1 件

2．屏上挂件排列顺序

D31、D44、D31、D42、D51。

3．电动机的连接与接线

被测电动机 MG 与负载发电机 G 的电枢接线图如图 3-14 所示，励磁回路接线图如图 3-15 所示。其中，I_{f1} 是电动机的励磁电流，I_{f2} 是发电机的励磁电流。

图 3-14 中直流发电机 G 选用 DJ13，其额定值 $P_N=100\ W$，$U_N=200\ V$，$I_N=0.5\ A$，$n_N=1\ 600\ r/min$。被测电动机 MG 作为 G 的原动机（按他励直流电动机接线）。MG、G 由联轴器直接连接。开关 S 选用 D51 组件。R_{f1} 选用 D44 的 1 800 Ω 变阻器，R_{f2} 选用 D42 的 900 Ω 变阻器，并采用分压器接法。R_1 选用 D44 的 180 Ω 变阻器。R_2 为发电机的负载电阻选用 D42，采用串并联接法（900 Ω 与 900 Ω 电阻串联加上 900 Ω 与 900 Ω 并联），阻值为 2 250 Ω。当负载电流大于 0.4 A 时用并联部分，而将串联部分阻值调到最小并用导线短接。直流电流表、电压表选用 D31，并选择合适的量程。

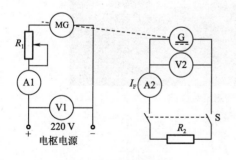

图 3-14　电枢接线图

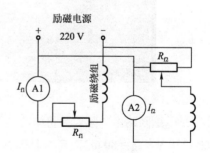

图 3-15　励磁回路接线图

4．实施步骤

（1）测空载特性

① 把联轴器取开，让被测电动机 MG 无负载。

② 使 MG 电枢串联起动电阻 R_1 阻值最大，R_{f1} 阻值最小。先接通被测电动机 MG 的励磁电源开关，在观察到其励磁电流为最大的条件下，再接通 MG 的电枢电源开关，起动直流电

动机 MG，其旋转方向应符合正向旋转的要求。

③ 被测电动机 MG 起动正常运转后，将 MG 电枢串联电阻 R_1 调至最小值，将 MG 的电枢电源电压调为 220 V，调节电动机磁场调节电阻 R_{fl}，使转速达额定值，记录下此时的励磁电流 I_{fl}。

（2）测固有机械特性

$U=220$ V，$I_{fl}=80$ mA，$R_1=0\ \Omega$，测取 $n=f(T)$。

电动机起动后，将 D44 挂件电阻 R_1 调到最小，调节 D44 挂件电阻 R_2 使电动机的励磁电流 $I_{fl}=80$ mA，调节 D42 挂件电阻 R_3 使发电机的励磁电流 $I_{f2}=100$ mA，读取电动机输出转矩和转速值，记录第一组数据。

闭合开关 S，记录第二组数据（见图 3-16）。

逐次调节减小 D42 挂件电阻 R_1、R_2，注意要同时同步调节两个电阻，记录对应的转矩和转速值，同时监视电流表 A2，直到发电机负载电流 $I_F=0.8$ A 为止，其间共测取五六组数据。

测量完毕，将 D42 挂件电阻 R_1、R_2 同时同步调到最大，并将开关 S 断开。

图 3-16　固有机械特性测定数据图

（3）电枢回路串电阻人为机械特性测定

$U=220$ V，$I_{fl}=80$ mA，$R_1=180\ \Omega$，测取 $n=f(T)$。

固有机械特性测定完后，可以不停机，将 D44 挂件电阻 R_1 调至最大，即 180 Ω，读取电动机输出转矩和转速值，记录第一组数据。

闭合开关 S，记录第二组数据（见图 3-17）。

逐次调节减小 D42 挂件电阻 R_1、R_2，注意要同时同步调节两个电阻，记录对应的转速和转矩值，同时监视电流表 A2，直到发电机负载电流 $I_F=0.8$ A 为止，其间共测取五六组数据，

测量完毕，将 D42 挂件电阻 R_1、R_2 同时同步调到最大，断开开关 S1，并将 D44 挂件电

阻 R_1 调到最小。

图 3-17　电枢回路串电阻人为机械特性测定数据图

（4）降低电枢电源电压人为机械特性测定

$U=110\,\text{V}$、$I_{f1}=80\,\text{mA}$、$R_1=0\,\Omega$，测取 $n=f(T)$。

电枢回路串电阻人为机械特性测定完后，可以不停机，调节电源控制屏下方直流"电压调节"旋钮，将电枢电压调到 110 V，读取电动机输出转矩和转速值，记录第一组数据。

闭合开关 S，记录第二组数据（见图 3-18）。

图 3-18　降低电枢电源电压人为机械特性测定数据图

逐次调节减小 D42 挂件电阻 R_1、R_2，注意要同时同步调节两个电阻，记录对应的转速和转矩值，同时监视电流表 A2，直到发电机负载电流 $I_F=0.8\,\text{A}$ 为止，其间共测取五六组数据，测试完毕，先断开电枢电源开关，后断开励磁电源开关，按下红色"停止"按钮，关断电源总开关。

根据测试结果，绘制出固有机械特性曲线和人为机械特性曲线。

任务评价

序　号	考核内容	考　核　要　求	成　绩
1	安全操作	符合安全生产要求，团队合作融洽（20分）	
2	正确接线	根据原理图能正确接线（20分）	
3	检查与测量	能调试好线路，并进行正确测量（20分）	
4	记录与计算	记录好相关数据，根据数据进行计算并绘制特性曲线（20分）	
5	总结报告	善于总结，完成实训报告（20分）	

思考题

① 直流电动机的机械特性指的是什么？

② 测量他励直流电动机固有机械特性时，减小负载发电机的回路电阻，他励直流电动机的电枢电流如何变化？

③ 说明当电动机的负载转矩和电枢端电压不变时，减小电动机的励磁电流会引起转速升高，为什么？

项目 3　直流电动机的控制

直流电动机有良好的起动特性和调整特性，所以，在大型轧钢机、精密车床、造纸机等设备上都是用直流电动机来带动机械负载的，那么直流电动机如何起动？如何调速？如何制动？如何反转？怎样来实现这些控制？下面将逐步来介绍。

任务 1　直流电动机的起动控制

任务提出

现有一台他励直流电动机，请设计一个起动控制电路，用电枢回路串电阻起动的办法把它起动起来，完成相关接线并调试成功。

任务目标

① 掌握直流电动机的起动方法及起动原理。

② 能实现直流电动机的起动控制电路的设计、安装及调试任务。

相关知识

直流电动机从接通电源开始转动，直至升速到稳定运行状态，这一过程称为直流电动机的起动过程。直流电动机有直接起动、电枢回路串电阻起动和降压起动三种方法。

1．直接起动

直接起动就是将直流电动机直接接入到额定电压的电源上起动。由于直流电动机所加的是额定电源，而直流电动机开始接通电源瞬间电枢不动，电枢反电动势 e_a 为零，根据直流电动机的动态平衡方程 $u_a = e_a + R_a i_a + L\dfrac{\mathrm{d}(i_a)}{\mathrm{d}t}$ 可知，起动瞬间，额定电压全部加在电枢线圈的内阻上，所以起动电流很大，起动转矩也很大。直流电动机起动迅速，起动时间短。直流电动机一旦开始运转，电枢绕组就有感应电动势产生，且转速越高，电枢反电动势就越大。随着直流电动机转速上升，电流迅速下降，电磁转矩也随之下降。当直流电动机电磁转矩与负载阻力转矩相平衡时，直流电动机的起动过程结束而进入稳定运行状态。

直接起动的优点是不需要增加其他起动设备，操作简便；缺点是起动电流太大，一般为额定电流的 10～20 倍，过大的电流将引起换向条件恶化，产生严重火花，损坏换向器，甚至烧坏电枢线圈；另外，过大的起动转矩容易损坏拖动系统传动机构。所以，这种起动方式只适用于小型直流电动机，如家用电器中的直流电动机，一般直流电动机均不采用这种方式起动。

2．电枢回路串电阻起动

电枢回路串电阻起动就是在起动时将一组起动电阻 R 串入电枢回路，以限制起动电流，随着转速的上升逐步切除所串电阻，当转速上升到额定转速后，把起动电阻从电枢回路中全部切除。

电枢回路串电阻起动的优点是起动电流小；缺点是变阻器比较笨重，起动过程中要消耗大量能量，而这些消耗在电阻上的能量将引起电阻发热，所以，功率较大的电动机还需要配置专门的散热风扇。

3．降压起动

降压起动就是在起动时通过暂时降低电动机供电电压的办法来限制起动电流，当然降压起动要有一套可变电压的直流电源，因此这种方法主要适用于大功率电动机或用交流整流后供电的直流电动机。

任务分析

让我们来控制直流电动机的起动吧！

由上述相关知识的学习，我们了解了直流电动机的起动主要有三种方式，即直接起动、电枢回路串电阻起动、降压起动，同时了解了各种方式的主要特点和用途。本任务要求实现电枢回路串电阻起动。要想正确起动，还必须知道电枢回路串电阻起动的控制要求。

假设有如下控制要求：①起动电阻分为多级（以二级为例）；②起动瞬间所有起动电阻全部串入线路；③起动一段时间后，切除部分电阻；④起动结束后，再切除剩余电阻。

根据控制要求，首先设计出直流电动机电枢回路串电阻起动的主电路，如图 3-19 左侧部分所示。在选择 R_1、R_2 的大小时应注意，最大起动电流 $I_{st} = \dfrac{U_N}{R_a + R_1 + R_2}$。起动后，由于反电动势的产生，电流开始变小，当起动一段时间后，接触器 KM2 闭合，切除 R_1，应使此时的电流基本等于 I_{st}，再运行一段时间后闭合 KM3，切除 R_2。这样，所有串入的电阻全部切除，电动机起动完成。根据上述分析，采用延时继电器来控制接触器的闭合时间，就可以达到按要求切除所串电阻的目的。控制电路如图 3-19 右侧部分所示。

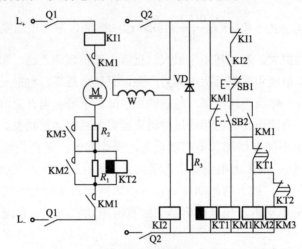

图 3-19　直流电动机电枢回路串电阻起动控制电路图

图 3-19 中 KI1 是过电流继电器，KI2 是欠电流继电器。KI2 的作用是只有当励磁线圈带电后才能起动电动机。下面来分析一下电动机的起动过程。

合上 Q1、Q2 后，电动机励磁回路通电，电枢线圈由于 KM1 常开触点断开而无电，过电流继电器 KI1 不得电，KI2 得电，时间继电器 KT1 得电，所以 KI2 常开触点闭合，KT1 的瞬时断开延时闭合常闭触点断开，切断 KM2、KM3 线圈，确保了 R_1、R_2 串入电枢回路。

按下 SB2 后，KM1 线圈得电，其主触点闭合接通电动机电枢回路电源，使 KT2 线圈得电，KT2 常闭触点断开。KM1 常开辅助触点闭合使 KM1 线圈自保持。其常闭辅助触点断开，使 KT1 失电，KT1 的瞬时断开延时闭合触点开始延时，延时一段时间后闭合，使 KM2 线圈得电，KM2 主触点闭合切除 R_1，并使 KT2 失电，KT2 的瞬时断开延时闭合的常闭触点开始延时，延时一段时间后闭合，使 KM3 线圈得电，其主触点闭合切除 R_2。至此，起动结束，电动机进入稳定运行状态。

📖 任务实施

直流电动机电枢回路串电阻起动控制电路的安装与调试

1. 选择所需要的设备及材料，具体清单见表 3-5。

表 3-5　所需要的设备及材料

序号	名　　　称	序号	名　　　称
1	直流电动机	4	欠电流继电器 KI2
2	刀开关 Q1、Q2	5	电阻 R_1、R_2、R_3
3	过电流继电器 KI1	6	时间继电器 KT1、KT2（断电延时）

续表

序号	名　称	序号	名　称
7	稳压二极管 VD	10	接触器 KM1
8	起动按钮 SB2	11	接触器 KM2
9	停止按钮 SB1	12	接触器 KM3

2. 绘制电枢回路串电阻起动控制电路安装接线图

根据原理图，对刀开关 Q1、Q2，接触器 KM1、KM2、KM3，按钮 SB1、SB2，电流继电器 KI1、KI2，电阻 R_1、R_2、时间继电器 KT1、KT2 等以方便接线的原则进行排列。按照实际设备排列位置绘出接线图。

3. 控制电路的接线与检查

检查各元器件是否动作可靠。检查按钮、接触器、时间继电器的触点系统及复位情况。设置时间继电器的延时时间（电动机型号不同，时间是不同的，具体听指导教师安排），按照所绘制的安装接线图，完成线路的接线。特别注意区分时间继电器的瞬动触点和延时触点。

接完线后，首先仔细检查线路的接线情况，确保各端子接线牢固。其次，进行线路测试，可用万用表对线路进行必要的测量。测量线路正常后接好电动机的电源线准备起动电动机。

4. 起动电动机

合上刀开关 Q1、Q2，按下起动按钮 SB2，观察时间继电器和接触器的动作情况，同时观察电动机的运行情况。若出现异常，应尽快断开 Q1、Q2，重新检查线路；若起动正常，按下 SB1 停止电动机。

任务评价

序　号	考核内容	考　核　要　求	成绩
1	安全操作	符合安全生产要求，团队合作融洽（20分）	
2	电气元件选择	根据线路能正确、合理选用电气元件（20分）	
3	绘制接线图	根据原理图和设备位置，正确绘制接线图（20分）	
4	接线与检查	根据控制接线图完成接线，并检查无误（20分）	
5	调试	根据线路的故障现象分析、判断故障点，并排除故障（20分）	

思考题

① 为什么电枢回路串电阻起动时，所串电阻要分级切除？

② 时间继电器的时间设置与哪些因素有关？

③ 一台他励直流电动机，P_N=10 kW，U_N=220 V，I_N=50 A，R_a=0.2 Ω，若直接起动，起动电流是多少？若起动时把最大电流控制在 100 A 以内，则起动时电枢要串多大的电阻？

任务 2　直流电动机的正反转控制

任务提出

请设计一个控制电路图，要求能随时根据情况控制直流电动机的正转与反转，并要保证可靠动作，完成相关接线并安装调试成功。

任务目标

① 掌握直流电动机的正反转实现原理。

② 能实现对直流电动机的正反转控制电路的设计、安装及调试任务。

相关知识

直流电动机在正常运转时，n 和 T_e 是同方向的，要让直流电动机反转，就要改变 T_e 的方向。根据公式 $T_e = C_m \Phi I_a$ 和左手定则可知，改变电磁转矩方向的方法有两种：一种是改变磁通 Φ 的方向，另一种是改变电枢电流 I_a 的方向。换句话说，要改变直流电动机的方向，要么改变励磁电压的极性，要么改变电枢电压的极性，如果两者同时改变，电动机运转方向不变。通过改变励磁电压的极性，虽说可以改变电动机的运转方向，但工程中是不采用这种方法的，因为电枢在加电压之前必须先建立稳定、可靠的磁场，磁场绕组的电感很大，当突然改变其极性时，会在励磁线圈中产生很高的感应电动势，容易把励磁绕组绝缘击穿，所以，一般他励和并励直流电动机都是采用改变电枢电压的极性来实现电动机的反转。另外，当突然改变电枢电压极性时，由于改变瞬间电动机电枢的感应电动势与原来的电源极性相反，也就是与改变后的电源极性相同，此时电枢线圈将承受接近 2 倍的额定电压，电枢电流会很大，所以，此时电枢回路必须串联一个较大的电阻来降低电流，而当反转后该电阻又必须切除。

任务分析

让我们来实现直流电动机的正反转吧！

1. 小功率直流电动机的正反转

由上述相关知识可知，要让直流电动机反转，就要改变电枢电压的极性。那么，如何来改变电枢电压的极性呢？下面首先来分析一下小功率电动机如何实现正反转，所谓小功率电动机是指可以直接起动的直流电动机，也就是说正转和反转起动时都不需要串电阻的电动机。由于反转时不串电阻，其控制原理与三相异步电动机控制原理基本相同。另外，由于功率小，一般可不采用控制电路，而直接用开关进行，所以这里不再详细介绍。

2. 一般直流电动机的正反转

由上述相关知识可知，一般直流电动机的正反转的实现是通过改变电枢电压的极性来完成的。在改变电枢电压极性的同时要求串入一个较大的电阻，反转起动后切除电阻，这与直流电动机的起动方法是一致的，仍然以串入二级电阻为例。另外，直流电动机由于反转起动电流过大，所以一般要求先断开电动机再按反转按钮。因此，一般直流电动机的正反转主电路及控制电路如图 3-20 所示。图 3-20 中 KI1 是过电流继电器、KI2 是欠电流继电器。其操作过程如下：① 合上 Q1、Q2；② 按 SB2，电动机正向起动并运行；③ 按 SB1，停止电动机；④ 按 SB3，电动机反向起动并运行。如果需要再正转，同样先按 SB1，再按 SB2。如果当电动机正在正转而想让电动机反转，没先按 SB1 停机，而直接按 SB3，是无效的，也不会发生事故，因为 KM1 常闭触点起联锁作用。

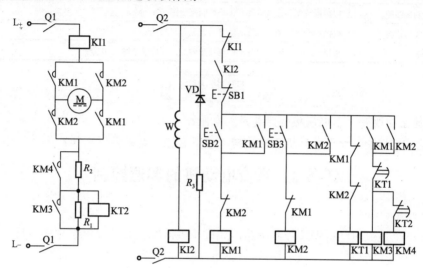

图 3-20　一般直流电动机的正反转主电路及控制电路

任务实施

一般直流电动机的正反转控制电路的安装与调试

① 选择所需要的设备及材料，具体清单见表 3-6。

表 3-6　所需要的设备及材料

序号	名　　称	序号	名　　称
1	直流电动机	8	电流继电器 KI1、KI2
2	刀开关 Q1、Q2	9	电阻 R_1、R_2
3	熔断器 FU1	10	稳压二极管 VD
4	熔断器 FU2	11	时间继电器 KT1、KT2（断电延时）
5	停止按钮 SB1		
6	正转按钮 SB2	12	接触器 KM1、KM2、KM3、KM4
7	反转按钮 SB3		

② 一般直流电动机的正反转的接线原理如图 3-20 所示。注意按照指导教师要求调整好时间继电器的延时整定时间。

③ 按要求接线并检查无误后，合上刀开关 Q1、Q2，按下起动按钮 SB2，电动机正转起动，然后稳定运行；按下 SB1，电动机停止运行；再按下 SB3，电动机反向起动并运行。操作过程中，注意观察各接触器的动作情况和电动机反转起动情况。

任务评价

序 号	考核内容	考 核 要 求	成绩
1	安全操作	符合安全生产要求，团队合作融洽（20 分）	
2	电气元件选择	根据线路能正确、合理地选用电气元件（20 分）	
3	绘制接线图	根据原理图和设备位置，正确绘制接线图（20 分）	
4	接线与检查	根据控制接线图完成接线，并检查无误（20 分）	
5	调试	根据线路的故障现象分析、判断故障点，并排除故障（20 分）	

思考题

① 为什么在改变电枢电压极性时要串入电阻？

② 在图 3-20 中，如果电动机正在反转，按下 SB2，结果会怎么样？

任务 3　直流电动机的调速控制

任务提出

请设计一个直流电动机调速控制电路，完成相关接线，并调试安装完成。具体控制要求如下：

① 直流电动机采用电枢回路串电阻起动。

② 起动后可对该直流电动机进行速度调节，并采用三级速度调速。

任务目标

① 了解直流电动机调速的各种方法的优缺点。

② 掌握直流电动机调速的主要方法原理。

③ 能实现对直流电动机的调速控制电路的设计、安装及调试任务。

相关知识

根据直流电动机的电势平衡方程 $U=E_a+R_aI_a$，而 $E_a=C_e\Phi n$，所以直流电动机的转速特性方程为 $n=\dfrac{U}{C_e\Phi}-\dfrac{R_a}{C_e\Phi}I_a$，从该方程不难看出，当 I_a 不变（负载不变）时，要改变直流电动机的转速，主要有三种方法：改变电枢端电压、电枢回路串电阻和改变励磁磁通。在介绍调速方法之前，先介绍调速的几个主要指标。

一、调速的主要指标

1. 调速范围

调速范围指电动机在额定负载下调速时，其最高转速与最低转速之比，用 D 表示，即 $D=\dfrac{n_{max}}{n_{min}}$，不同的生产机械对调速范围的要求是不一样的。

2．静差率

静差率又称转速变化率，指电动机在一条机械特性上的额定负载时的转速降落 Δn 与该机械特性的理想空载转速 n_0 之比，即 $\delta = \dfrac{\Delta n}{n_0} = \dfrac{n_0 - n}{n_0}$，为了保证转速相对稳定，常要求静差率不应大于某一允许值（负载允许值）。

静差率和调速范围两项指标是相互制约的，当采用某一调速方法时，若要求静差率低，则调速范围大；反之，则调速范围小。

3．调速的平滑性

调速的平滑性指相邻两级转速的接近程度，即 $\psi = \dfrac{n_i}{n_{i-1}}$，平滑系数 ψ 越接近 1，说明调速平滑性越好。如果转速连续可调，其调速级数趋于无穷多，称为无级调速；调速不连续，级数有限，称为有级调速。

4．调速的经济性

调速的经济性包含两方面的内容：一是指调速所需的设备投资和调速过程中的能量损耗；二是指电动机调速时能否得到充分利用。一台电动机采用不同的方法调速时，电动机容许输出的功率和转矩随转速变化的规律是不同的。但电动机实际输出的功率和转矩是由负载所决定的，不同的负载，其所需要的功率和转矩随转速变化的规律也是不同的。因此，在选择调速方法时，既要满足负载要求，又要尽可能使电动机得到充分利用。经分析得知，电枢回路串电阻调速和降低电枢端电压调速适用于恒转矩负载的调速；改变励磁磁通弱磁调速适用于恒功率负载的调速。

二、调速方法及其特点

1．改变电枢端电压调速

若电动机由一可调节电压的直流电源供电，在电枢回路不串电阻，保持励磁电源不变的情况下，通过调节电枢电压进行调速，则称为改变电枢端电压调速。由于一般电枢电压不超过额定电压，所以这种调速只能在额定电压以下进行调节，又称降压调速。

降压调速的主要优点是平滑性好，可以实现无级调速，调速效率高，转速稳定性好，调速范围广，调速过程中损耗能量少；缺点是所需的可调压电源设备投资较高。这种方法在电力拖动系统中应用广泛。

2．电枢回路串电阻调速

根据直流电动机的机械特性可知：电枢回路串电阻不能调节理想空载转速。同时，由于只能使电枢回路电阻增加，从而使其机械特性变软，负载变化时，转速产生很大变化，即转速稳定性差，而且调节效率较低，调速范围小，其优点是设备简单，调节方便。适合于短时速度调节，在起重和运输牵引装置中得到广泛运用。

3．改变励磁磁通调速

改变励磁磁通调速又称弱磁调速。弱磁调速的优点是：调速级数多，平滑性好，控制设备体积小、投资少、能量损耗小。另外，由转速特性方程可知，磁通越小，转速越高。由于电动机在额定情况下运行时，磁通已经趋近饱和，所以只能采取削弱磁场升速的方法进行调速，也就是说只能在额定转速以上进行调速，而转速升高要受到换向和机械强度等方面的限制，因此，这种方法仅作为一种调速的辅助手段，实际中可和降压调速配合使用。

三、万能转换开关

万能转换开关是一种多挡式、控制多回路的主令电器。万能转换开关主要用于各种控制电路的转换，电压表、电流表的换相测量控制，配电装置线路的转换和遥控等。万能转换开关还可以用于直接控制小容量电动机的起动、调速和换向的控制开关。由于它有多挡位，多触点，能控制多个回路，适应复杂线路的控制要求，故称为"万能"。

万能转换开关由接触系统、凸轮机构、手柄和定位机构等主要部件组成，其外形和结构如图 3-21 所示。其触点系统由 1～30 层触点座叠装而成，每层可装两三对触点，并由触点座中套在转轴上的凸轮来控制这些触点的接通和分断。

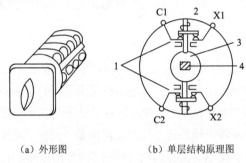

（a）外形图　　　　（b）单层结构原理图

图 3-21　万能转换开关的外形和结构示意图

1—触点；2—触点弹簧；3—凸轮；4—转轴

万能转换开关的手柄操作位置是以角度表示的。不同型号的万能转换开关的手柄有不同万能转换开关的触点。但由于其触点的分合状态与操作手柄的位置有关，所以，除在电路图中画出触点的图形符号外，还应画出操作手柄与触点分合状态的关系。万能转换开关的文字符号用 SA 表示，其在电路图中的图形符号如图 3-22（a）所示，触点通断表如图 3-22（b）所示。

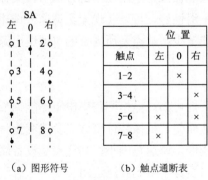

触点	位置		
	左	0	右
1-2		×	
3-4			×
5-6	×		×
7-8	×		

（a）图形符号　　　　（b）触点通断表

图 3-22　万能转换开关图形符号及触点状态

从图 3-22 可以看出，当 SA 处于 0 挡位时，触点 1、2 接通，其他触点均断开；当处于左边挡位时，触点 5、6 和 7、8 接通，1、2 和 3、4 断开；当处于右边挡位时，触点 3、4 和 5、6 接通，1、2 和 7、8 断开。

万能转换开关的主要技术参数有额定电压、额定电流、触点技术数据、操作频率、触点数、挡数、操作方式等。常用的万能转换开关有 LW2、LW5、LW6、LW8 等系列。

任务分析

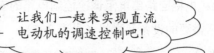

让我们一起来实现直流电动机的调速控制吧!

根据对电动机调速方法的分析可知,直流电动机的调速方法主要有三种,即降压调速、串电阻调速和弱磁调速。其中,降压调速和串电阻调速是将转速由额定值向下调节,是直流电动机常用的调速手段;弱磁调速是把速度由额定值向上调节,把速度调高,是辅助的调速手段。本任务要求采用三级调速,属于有级调速,因此适合采用电枢回路串电阻调速的方法,因此,下面重点对电枢回路串电阻的控制方法进行分析。

根据本任务控制要求,首先要实现电枢回路串电阻起动,这在前面已经实施过,具体实施电路接线图见图 3-19。因此要在图 3-19 的基础上增加串电阻调速的相关设备及其控制回路。首先在主回路里要串入电阻 R_4、R_5。并用接触器 KM4、KM5 来控制是否将这些电阻投入,如图 3-23 左边部分所示。其次,如何用 KM4 和 KM5 来控制 R_4 和 R_5 的投入与切除呢?电机起动前,最好让 KM4、KM5 线圈不带电,但是当按下 SB2 起动电动机时,就应该让 R_4、R_5 被切除。要实现这样的功能,可在 KM4、KM5 的线圈回路串入 KM1 的常开触点,如图 3-23 右边部分所示。对于调速,采用万能转换开关 SA 来控制 KM4 和 KM5 线圈的得电来达到投入和切除电阻的目的。从控制电路不难看出,当电动机要起动前,需要把 SA 旋转到 0 挡位。这样在起动时,KM4、KM5 线圈得电,其主触点是闭合的,R_4、R_5 被切除出主电路。当起动后,需要调速时,把 SA 旋转到 I 挡,此时 KM5 线圈失电,其主触点断开使 R_5 串入电动机电枢回路,电动机转速下降;再旋转 SA 到 II 挡,此时 KM4、KM5 线圈均不带电,因此,R_4、R_5 都被串入电枢回路,电动机转速再次下降。这样就实现了 0、I、II 三个挡位的调速。如果需要更多的速度调节挡位时,可采用同样的办法来实现。

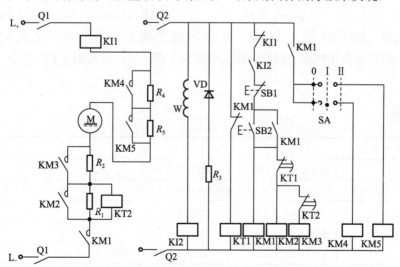

图 3-23 电枢回路串电阻调速控制电路

任务实施

直流电动机电枢回路串电阻调速控制电路的安装与调试

1. 选择所需要的设备及材料（见表 3-7）

表 3-7　所需要的设备及材料

序　号	名　　　称	序号	名　　　称
1	直流电动机	7	电阻 R_1、R_2、R_3、R_4、R_5
2	刀开关 Q1、Q2	8	稳压二极管 VD
3	熔断器 FU1、FU2	9	时间继电器 KT1、KT2
4	停止按钮 SB1	10	万能转换开关 SA
5	起动按钮 SB2	11	接触器 KM1、KM2、KM3、KM4、KM5
6	电流继电器 KI1、KI2		

2. 绘制电枢回路串电阻起动控制电路安装接线图

根据原理图，对刀开关 Q1、Q2，熔断器 FU1、FU2、接触器 KM1、KM2、KM3、KM4、KM5，按钮 SB1、SB2、SB3，万能转换开关 SA 以及电阻 R_1、R_2、R_3、R_4、R_5 等以方便接线的原则进行排列。按照实际设备排列位置绘出接线图。为确保安全，在控制电路和主电路中均串入了熔断器。

3. 控制电路的接线与检查

检查各元器件是否动作可靠；检查按钮、接触器触点系统及复位情况；检查时间继电器的整定时间，按照所绘制的安装接线图，完成线路的接线。接完线后，首先仔细检查线路的接线情况，确保各端子接线牢固，再检查 SA 是否在 0 挡位。

4. 起动电动机

合上刀开关 Q1、Q2，确认 SA 在 0 挡位，按下起动按钮 SB2，电动机起动并运行，待电动机正常起动后，旋转 SA 至 Ⅰ 挡位置，观察电动机转速变化情况；再次旋转 SA 至 Ⅱ 挡位置，观察电动机转速变化情况；然后再将 SA 变为 Ⅰ 挡，最后恢复到 0 挡。按下 SB1，电动机停止运行。

任务评价

序　号	考核内容	考　核　要　求	成　绩
1	安全操作	符合安全生产要求，团队合作融洽（20 分）	
2	电气元件选择	根据线路能正确、合理地选用电气元件（20 分）	
3	绘制接线图	根据原理图和设备位置，正确绘制接线图（20 分）	
4	接线与检查	根据控制接线图完成接线，并检查无误（20 分）	
5	调试	根据线路的故障现象分析、判断故障点，并排除故障（20 分）	

① 直流电动机调速有几种方法？分别有何有缺点？哪些是主要方法？哪些是辅助方法？

② 为什么电枢回路串电阻调速不能实现无级调速？可否采用滑动变阻器调速？

任务 4　直流电动机的制动控制

任务提出

请设计一个电动机控制电路，要求起动时自动进行串电阻起动，制动时自动进行能耗制动，完成相关接线并调试运行成功。

任务目标

① 了解直流电动机的制动方法及其原理。

② 能实现对直流电动机制动控制电路的设计、安装及调试任务。

相关知识

许多生产机械为了提高生产效率和产品质量，要求电动机能迅速准确地停车。为此要求采取一定措施对电动机进行制动，电动机的制动有机械制动和电气制动。机械制动采用抱闸的方式进行，而电气制动是使电动机产生一个与旋转方向相反的电磁转矩来达到制动的目的。电气制动的主要优点是制动转矩大，制动强度控制比较容易。直流电动机的电气制动方法有三种，即能耗制动、反接制动和回馈制动。

1. 能耗制动

图 3-24 为能耗制动原理图。制动前，接触器 KM 的常开主触点闭合，常闭触点断开，电动机有励磁，将处于正向电动稳定运行状态，即电动机电磁转矩与转速的方向相同（均为顺时针方向），为拖动性转矩。在电动机运行中保持励磁，断开 KM 常开主触点使电枢电源断开，闭合 KM 常闭触点，用电阻将电枢回路闭合，此时电动机进入发电机状态，所发的电能消耗在电阻上，故称为能耗制动。

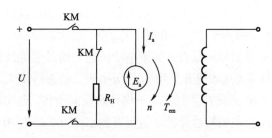

图 3-24　能耗制动原理图

能耗制动时电动机的电磁转矩与转速、电流方向等的方向变化情况如图 3-25 所示。

此时，电动机励磁不变，电枢电源电压 $U=0$，由于机械惯性，制动初始瞬间，转速 n 不能突变，仍保持原来的大小和方向，电枢感应电动势 E_a 也保持原来的大小和方向，而电枢电流 I_a 为

$$I_a = \frac{U - E_a}{R_a + R_H} = -\frac{E_a}{R_a + R_H} \tag{3-26}$$

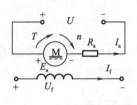
（a）制动前

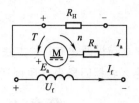
（b）制动后

图 3-25　能耗制动前后电磁转矩、转速、电流变化图

可见，电流 I_a 变为负值，说明其方向与原来电动运行时相反，因此电磁转矩 T_{em} 也变为负值，表明此时的方向与转速的方向相反，T_{em} 起制动作用，称为制动性转矩。由于 $T_{em}-T_L<0$，拖动系统减速，在减速过程中，E_a 逐渐减小，I_a、T_{em} 随之变小，动态转矩 $T_{em}-T_L$ 仍小于 0；拖动系统继续减速，直至 $n=0$，此时 U、I_a、T_{em} 都为 0。如果电动机拖动的是反抗性恒转矩负载，系统就在 $n=0$ 时停车。从能耗制动开始到拖动系统迅速减速及停车的过渡过程就称为"能耗制动过程"。在能耗制动过程中，电动机靠惯性旋转，电枢通过切割磁场将机械能转变成电能，再消耗在电枢回路电阻（R_a+R_H）上。

能耗制动时，$U=0$，所以其理想空载转速 $n_0=0$，其机械特性方程为

$$n = -\frac{R_a+R_H}{C_e C_m \Phi_N^2}T_{em} = -\beta_H T_{em} \qquad (3-27)$$

可见，能耗制动机械特性的斜率 β_H 与电枢回路串联电阻时的人为机械特性的斜率相同。当 $T_{em}=0$ 时，$n=0$，说明能耗制动的机械特性是一条通过坐标原点并与电枢回路串联电阻 R_H 的人为机械特性平行的直线，如图 3-26 所示。

从图 3-26 可以看出，能耗制动开始，电动机的运行点从 A 点瞬间过渡到 B 点，然后沿机械特性曲线 2 转速逐渐下降。如果电动机拖动的是反抗性恒转矩负载，当 $n=0$ 时，$T_{em}=0$，拖动系统停车，从 B 点到坐标原点；如果电动机拖动的是位能性恒转矩负载（如提升重物），当 $n=0$ 时，动态转矩 $T_{em}-T_L$ <0，系统在负载带动下将开始反向旋转，电动机继续沿机械特性曲线 2 运行直到 C 点（$T_{em}-T_L=0$）稳定运行，在 C 点上满足稳定运行的充分必要条件，因此 C 点是稳定工作点。在 C 点上 n 为负、E_a 为负、I_a 为正、T_{em} 为正，所以 T_{em} 是制动性转矩，电动机

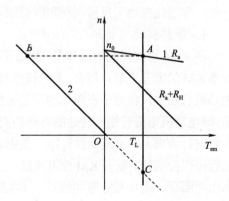
图 3-26　能耗制动机械特性

在 C 点上的稳定运行就称为"能耗制动运行"。在能耗制动稳定运行状态下，电动机靠位能性恒转矩负载带动旋转，电枢通过切割磁场将机械能转变成电能并消耗在电枢回路电阻（R_a+R_H）上，其功率转换关系和能耗制动停车过程相同，不同的是能量转换功率 $E_a I_a$ 大小在能耗制动稳定运行时是固定的，而在能耗制动停车过程中是变化的。

能耗制动的优点是制动减速平稳可靠，控制电路较简单，制动转矩也减小到 0，便于实现准确停车；其缺点是制动转矩随转速下降而正比减小，影响制动效果。因此，能耗制动适

用于不可逆运行，制动减速要求平稳的场合。

2. 反接制动

反接制动原理图如图 3-27 所示。制动前，接触器主触点 KM1 闭合，另一个接触器主触点 KM2 断开，假设此时电动机处于正向电动运行状态，电磁转矩 T_{em} 与转速 n 的方向相同，在电动机运行中，断开 KM1，闭合 KM2，使电枢电压反向并串入电阻 R_F，则进入制动。反接制动时，加到电枢两端的

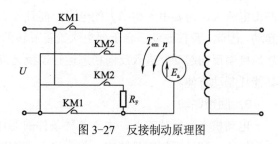

图 3-27　反接制动原理图

电源电压为反向电压 $-U_N$，同时接入反接制动电阻 R_F。反接制动初始瞬间，由于机械惯性，转速不能突变，仍保持原来的大小和方向，电枢感应电动势也保持原来的大小和方向。反接制动后，电枢电流变为

$$I_a = \frac{-U_N - E_a}{R_a + R_F} = -\frac{U_N + E_a}{R_a + R_F} \tag{3-28}$$

可见，电流 I_a 变为负值，电磁转矩 T_{em} 也随之变为负值，说明反接制动时 T_{em} 与 n 的方向相反，T_{em} 为制动性转矩。由于动态转矩 $T_{em} - T_L < 0$，拖动系统减速，在减速过程中，而 E_a 逐渐减小，I_a 和 T_{em} 也随之变小，动态转矩仍小于 0，系统继续减速，直至 $n=0$，此时立即将接触器触点 KM1、KM2 都断开，使电动机脱开电源，系统制动停车过程结束。

在反接制动过程中，电动机电枢电压反接，电枢电流反向，电源输入功率 $P_1 = U_N I_a > 0$；电磁功率 $P_{em} = E_a I_a < 0$，表明机械功率被转换成电功率，从电源输入的功率和由机械功率转换的电功率都消耗在电枢回路电阻（$R_a + R_F$）上。

反接制动的机械特性方程为

$$n = \frac{-U_N}{C_e \Phi_N} - \frac{R_a + R_F}{C_e C_m \Phi_N^2} T_{em} = -n_0 - \beta_H T_{em} \tag{3-29}$$

可见，反接制动机械特性是一条过（$-n_0$）点并与电枢回路串入电阻 R_F 的人为机械特性相平行的直线，如图 3-28 所示。

从图 3-28 中可以看出，反接制动开始，电动机的运行点从 A 点瞬间过渡到 B 点，然后沿机械特性曲线 2 转速下降，当到 C 点即 $n=0$ 时，电动机立即断开电源，拖动系统制动停车过程结束。从 B 点到 C 点，就是反接制动过程。

如果电动机拖动的是反抗性恒转矩负载，当反接制动过程到达 C 点时，$n=0$，$T_{em} \neq 0$，此时，若电动机不立即断开电源，当 $-T_{em}$ 的绝对值小于 $-T_L$ 的绝对值时，拖动系统将处于堵转状态；当 $-T_{em}$ 的绝对值大于 $-T_L$ 的绝对值时，拖动系统将会反向起动，直到在 D

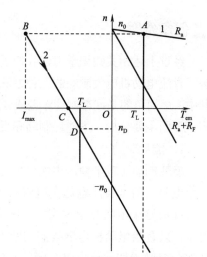

图 3-28　反接制动机械特性

点稳定运行，这时-T_{em}=T_L。如果电动机拖动的是位能性负载，电动机将会转入回馈制动状态。

反接制动的主要优点是制动转矩较恒定，制动作用比较强烈，制动快；缺点是所产生的冲击电流大，需要串入相当大的电阻，能耗较大，当速度为 0 时，若不切断电源，将会反转起动。因此，反接制动适合于要求频繁正反转的电力拖动系统，先用反接制动达到迅速停车，然后接着反向起动并进入反向稳态运行，反之亦然。若只要求准确停车的系统，反接制动不如能耗制动方便。

3．回馈制动

电动机在运行状态下，由于某种条件的变化（如带位能性负载下降、降压调速等），使电枢转速 n 超过理想空载转速 n_0，则进入回馈制动。

回馈制动时，转速方向并未改变，而 $n>n_0$，使 $E_a>U$，电枢电流 I_a=（$U-E_a$）/$R_a<0$ 反向，电磁转矩（$T_{em}<0$）也反向，为制动转矩。制动时，U 未改变方向，而 I_a 已反向为负，电源输入功率 $P_1=UI_a<0$；而电磁功率 $P_{em}=E_aI_a<0$，表明电机处于发电状态，将电枢转动的机械能变为电能并回馈到电网，故称为回馈制动。

由于电枢电压、电枢回路电阻、励磁磁场均与电动机运行时一样，所以回馈制动的机械特性与电动状态时完全一样。而回馈制动时，$n>n_0$，I_a、T_{em} 均为负值，所以机械特性是电动状态机械特性延伸到第二象限的一条直线，如图 3-29 所示。

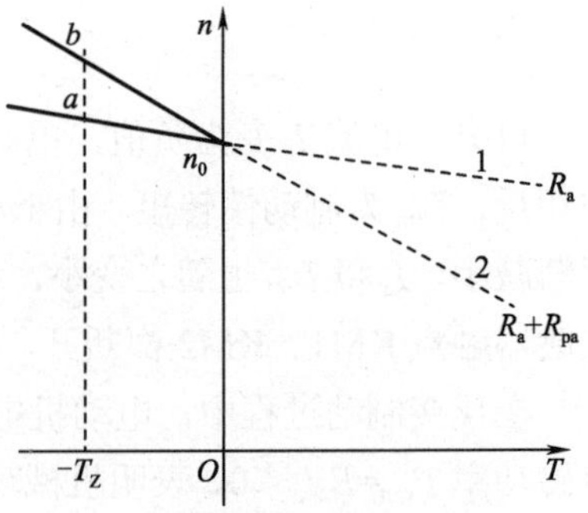

图 3-29　回馈制动机械特性

回馈制动适用于位能性负载稳定高速下降。在调速过程开始，可能出现过渡性回馈制动状态，例如电梯下降时。

回馈制动的优点是不需要改变电路即可从电动状态自行转换到制动状态，将轴上的机械功率转换成电能回馈到电网，简便可靠而且经济；缺点是只有当 $n>n_0$ 时才能产生回馈制动，故不能用来使电动机停车。

任务分析

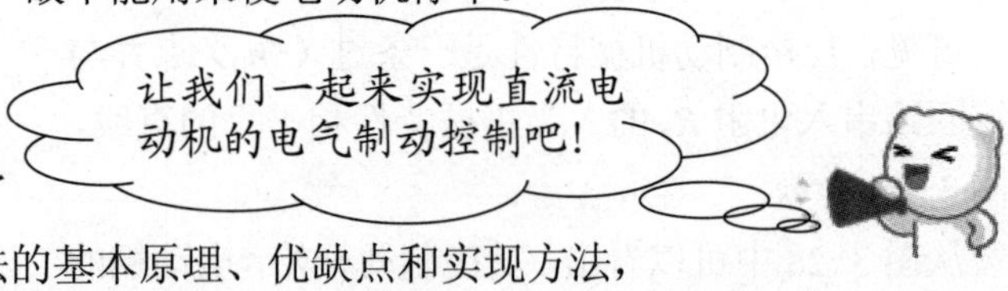

经过上述相关知识学习，我们了解了直流电动机电气制动的三种方法的基本原理、优缺点和实现方法，其中，最简单的是回馈制动，无须专门的控制电路，但它只在 $n>n_0$ 时才起作用，而且不能停车。下面主要分析一下能耗制动和反接制动如何控制。

> 让我们一起来实现直流电动机的电气制动控制吧！

1．能耗制动

能耗制动比较平稳，实现起来也比较简单，只是在断开电动机电源的同时在电枢上串上一个电阻。但是要注意这个电阻只有在电机停止供电时才串入电枢回路，在电动机起动时或起动前这个电阻必须被切除。因此，可以考虑用一个电压继电器检测电动机电枢线圈的电压，只有当电动机电枢线圈切断电源，而且电枢上还有电压时，电阻才能串入电枢回路，其他情况必须切除该电阻，因此对电枢回路串电阻起动电路稍加改动，便得到能耗制动的控制电路，如图 3-30 所示。

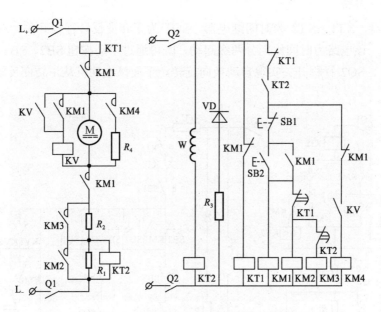

图 3-30　直流电动机能耗制动控制电路图

从图 3-30 中可以看出，电动机正常运转时，KM1 的主触点闭合，使电压继电器得电，其常开触点 KV 闭合并形成自保持，此时由于 KM1 的常闭触点断开，所以 KM4 线圈不得电。当按下 SB1 以后，KM1 线圈失电，其主触点断开使电动机电枢线圈停止供电，此时由于电动机转速基本不变，故电枢两端还有感应电动势，电压继电器线圈由其自保持常开触点供电，KM1 常闭触点闭合，所以 KM4 线圈得电，KM4 主触点闭合，使 R_4 串入电枢回路，进行能耗制动。随着转速的降低，电动机电枢的端电压也大幅度降低，当转速接近 0 时，KV 线圈因电压过低而动作，其常开触点断开，使 KM4 线圈失电，KM4 主触点断开把 R_4 切除出电枢回路，为下次起动电动机做好准备工作。

2．反接制动

反接制动一般用于可以正反转的控制电路，所以要在正反转控制电路的基础上，增加反接制动的控制，要设计该电路，首先要根据电动机负载的要求提出控制要求。为了说明问题，提出如下控制要求：

① 要求该电路既可以手动控制，也可以自动控制（通过行程开关控制）。

② 要求该电路在无电时既可以正转起动，也可以反转起动。

③ 无论电动机正在正方向旋转还是反方向旋转时，按下停止按钮，电动机立即进行反接制动并尽快停止，停止后反接制动的电阻立即切除出线路，以便下次起动。

④ 无论正转起动还是反转起动，都采用串电阻方式起动。

⑤ 正在正转的电动机按下反转按钮或碰到行程开关 SQ1 后立即反转制动，然后自动反转起动并运行。电动机正在反转时，按下正转按钮或碰到行程开关 SQ2 后立即反接制动，然后自动正转起动并运行。

根据上述控制要求，设计控制电路图如图 3-31 所示，R_1、R_2 为起动电阻，R_3 为放电电阻，R_4 为反接制动电阻，KI1 为过电流继电器，KI2 为欠电流继电器，KV1、KV2 为正反转制动电压继电器，KT1、KT2 为时间继电器，SQ1 为正转变反转行程开关，SQ2 为反转变正转行程开关。该电路为时间原则分两级起动，既可通过手动按钮 SB2、SB3 实现正反转，也可通过 SQ1、SQ2 行程开关实现自动换向旋转。下面以电动机从正转变反转为例来进行分析。

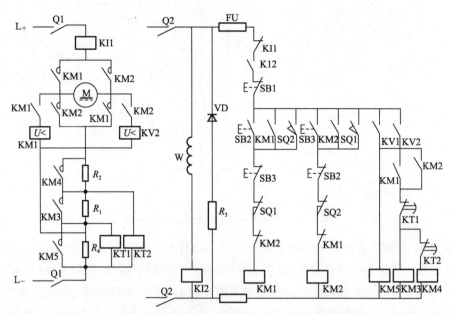

图 3-31　直流电动机可逆旋转反接制动控制电路图

当电动机正在正转并正向拖动部件移动时，当运动部件撞块压住 SQ1 时，KM1、KM3、KM4、KM5、KV1 线圈失电释放，KM2 线圈得电吸合。电动机电枢接通反向电源，同时 KV2 线圈得电吸合，由于机械惯性，该瞬间电动机转速及感应电动势的大小和方向均不变，此时电压继电器 KV2 的电压很小，不足以使 KV2 吸合，KM3、KM4、KM5 线圈处于失电状态，电动机电枢串入全部电阻（R_1、R_2、R_4）进行反接制动，电动机转速迅速下降，随着电动机转速的下降，感应电动势也逐步减小，电压继电器 KV2 上的电压逐步增加，当 $n \approx 0$ 时，感应电动势 $E_a \approx 0$，此时，加在 KV2 线圈的电压已经足够大，使其吸合，其常开触点闭合使 KM5 线圈得电。KM5 主触点闭合切除反接制动电阻 R4，电动机电枢串入电阻 R_1、R_2 反向起动，反向起动的原理分析如前面的正反转分析。如果电动机正在正转时按下 SB3，电动机的控制过程与碰压 SQ1 完全相同。同理，当按下 SB2 或碰压 SQ2 时，则由 KV1 来控制电动机实现反接制动和正向起动控制。

📖 任务实施

直流电动机反接制动控制电路的安装、调试

前面介绍了直流电动机电气制动的三种方法，并着重分析了能耗制动和反接制动的制动原理，下面以直流电动机反接制动为例进行介绍。

1．列出设备清单

根据图 3-33 的反接制动控制电路，列出设备清单，如表 3-8 所示。

表 3-8　设备清单

序　号	名　　　　称	序号	名　　　　称
1	直流电动机	8	电阻 R_1、R_2、R_3、R_4
2	刀开关 Q1、Q2	9	稳压二极管 VD
3	熔断器 FU1、FU2	10	时间继电器 KT1、KT2
4	停止按钮 SB1	11	电压继电器 KV1、KV2
5	正转按钮 SB2	12	行程开关 SQ1、SQ2
6	反转按钮 SB3	13	接触器 KM1、KM2、KM3、KM4、KM5
7	电流继电器 KI1、KI2		

2．绘制反接制动安装接线图

将刀开关 Q1、Q2，熔断器 FU1、FU2，接触器 KM1、KM2、KM3、KM4、KM5，电流继电器 KI1、KI2，按钮 SB1、SB2、SB3 以及电压继电器等，按照方便走线的原则进行布置，并特别注意行程开关 SQ1、SQ2 的安装位置，画出对应安装接线图。

3．控制电路的接线与检查

检查各元器件是否动作可靠；检查时间继电器的整定时间；检查各种电磁设备是否复位，以及继电器、接触器触点系统是否能动作。注意调整好行程开关的安装位置。

按照各小组所绘制的安装接线图，完成线路的接线。接线时应注意接触器的主触点和辅助触点的区别，防止接错。接完线后，再仔细检查线路的接线情况，确保各端子接线牢固；检查电源电压是否正常，做好试车准备工作。

4．试车

合上刀开关 Q1、Q2，按下起动按钮 SB2，电动机应进行串电阻起动，然后连续运行；起动时，注意观察时间继电器和接触器的动作情况。待起动正常后，按下 SB3，观察电动机的制动与反转起动情况；再轻按停止按钮 SB1，观察电动机断电停车制动情况。

任务评价

序　号	考核内容	考　核　要　求	成绩
1	安全操作	符合安全生产要求，团队合作融洽（20 分）	
2	电气元件选择	根据线路能正确、合理地选用电气元件（20 分）	
3	安装线路	线路的布线、安装符合工艺标准（20 分）	
4	调试	根据线路的故障现象分析、判断故障点，并排除故障（20 分）	
5	操作演示	能够正确操作演示、线路分析正确（20 分）	

思 考 题

① 反接制动为什么要串联电阻 R_F？

② 能耗制动停车后为什么要把制动电阻切除出线路？

思考与练习

3-1 简述直流电动机工作原理。

3-2 直流电机由哪几部分组成？各有何作用？

3-3 什么是直流电机运行的可逆性

3-4 直流电机为什么要用电刷和换向器？它们有何作用？

3-5 换相极装在什么位置？有何作用？

3-6 直流电机有哪些励磁方式？串励电机励磁电流与电枢电流有何关系？

3-7 写出直流电动机额定功率表达式，并说明各参数的含义。

3-8 写出直流电动机稳定运行时的电势平衡方程。

3-9 什么是电动机的固有机械特性和人为机械特性？

3-10 直流电动机有哪几种起动方式？为什么一般不采用全压起动？

3-11 直流电动机有哪几种调速方式？各有何特点？

3-12 直流电动机有哪几种制动方式？能耗制动的原理是什么？制动时有何特点？

3-13 当直流电动机进行反接制动时，应注意哪些问题？

3-14 根据图 3-20 所示电路，分析直流电动机正反转控制电路的控制运行过程。

3-15 根据图 3-23 所示电路，分析电枢回路串电阻起动的起动过程。

3-16 一台他励电动机，$P_N=50\ kW$，$U_N=220\ V$，$n_N=3\ 000\ r/min$，电枢电阻 $R_a=0.1\ \Omega$，励磁绕组回路电阻 $R_f=100\ \Omega$，机械效率 $\eta_N=0.9$。

① 求额定运行时的电枢电流和励磁电流，并求此时电枢中的反电动势 E_a。

② 如果采用直接起动，起动瞬间电流为多少？

③ 若采用电枢回路串电阻起动的方法起动，要求起动电流为额定电流的 1.5 倍，应在电枢回路中串联多大电阻？

模块 **4** 变 压 器

项目 1　认识变压器

变压器是一种静止的电能转换装置，它是利用电磁感应原理，将某一数值的交流电压变换成为同频率的另一数值的交流电压的电气设备。变压器不仅在电力系统中电能的经济传输、灵活分配和安全使用上起着重要的作用，而且广泛应用于工业、农业和日常生活等各个领域中。

任务 1　变压器的拆装

任务提出

在电力系统中，变压器起着重要的作用。首先我们先要了解和掌握变压器的结构和组成部分，并且能够正确对变压器进行拆卸和装配。

任务目标

① 掌握变压器的组成结构。

② 正确理解变压器的铭牌数据和分类。

相关知识

变压器主要由铁芯和绕组两部分组成，铁芯和绕组称为变压器的器身，此外还有油箱、绝缘结构及其他部分。变压器的外形结构如图 4-1 所示。

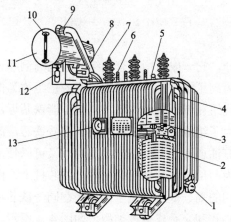

图 4-1　变压器的外形结构

1—放油阀门；2—绕组；3—铁芯；4—油箱；5—分接开关；6—低压套管；7—高压套管；
8—气体继电器；9—安全气道；10—油；11—储油柜；12—吸湿器；13—湿度计

1．铁芯

铁芯既作为变压器的磁路，又作为变压器的机械骨架。为了提高导磁性能，减少交变磁通在铁芯中引起的损耗，变压器的铁芯都采用厚度为 0.35～0.5 mm 的硅钢片叠装而成。铁芯由铁芯柱和铁轭两部分组成，铁芯柱上套装变压器绕组，铁轭起连接铁芯柱使磁路闭合的作用。根据铁芯的结构形式不同，变压器可分为心式变压器和壳式变压器两大类，如图 4-2、图 4-3 所示。小容量变压器多采用壳式结构。交变磁通在铁芯中引起涡流损耗和磁滞损耗，为使铁芯的温度不致太高，在大容量的变压器的铁芯中往往设置油道，而铁芯则浸在变压器油中，当油从油道中流过时，可将铁芯中产生的热量带走。

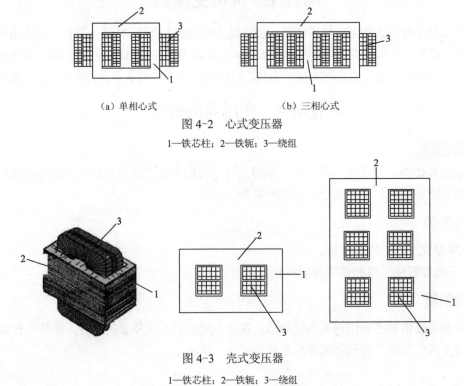

（a）单相心式　　　　　　　　（b）三相心式

图 4-2　心式变压器

1—铁芯柱；2—铁轭；3—绕组

图 4-3　壳式变压器

1—铁芯柱；2—铁轭；3—绕组

2．绕组

绕组是变压器的电路部分，它一般是用具有绝缘的漆包圆铜线、扁铜线或扁铝线绕制而成。接于高压电网的绕组称为高压绕组；接于低压电网的绕组称为低压绕组。高压绕组电压高，绝缘要求高，如果高压绕组在低压绕组内侧，离变压器铁芯近，则应加强绝缘，提高了变压器的成本造价。因此，为了绝缘方便，低压绕组紧靠着铁芯，高压绕组则套装在低压绕组的外面。两个绕组之间留有油道，既可以起绝缘作用，又可以使油把热量带走。在单相变压器中，高、低压绕组均分为两部分，分别缠绕在两个铁芯柱上，两部分既可以串联又可以并联。三相变压器属于同一相的高、低压绕组全部缠绕在同一铁芯柱上。根据高、低压绕组的相对位置，绕组可分为同心式和交叠式两种类型，如图 4-4 所示。

3．变压器的作用

① 在电力系统中，把发电机发出的电压升高后进行远距离输电，到达目的地以后再用变

压器把电压降低供用户使用。

② 在实验室中用自耦变压器改变电源电压。

③ 在测量上，利用仪用变压器扩大对交流电压、电流的测量范围。

④ 电子设备和仪器中用小功率电源变压器提供多种电压。

⑤ 用耦合变压器传递信号。

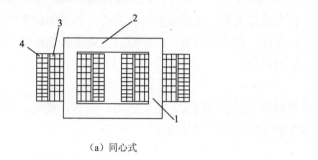

（a）同心式　　　　　　　　　　　　（b）交叠式

图 4-4　变压器绕组

1—铁芯柱；2—铁轭；3—低压绕组；4—高压绕组

4．变压器的分类

① 按用途分类，可以分为电力变压器和特种变压器两大类。电力变压器主要用于电力系统，又可分为升压变压器、降压变压器、配电变压器和厂用变压器等；特种变压器根据不同系统和部门的要求，提供各种特殊电源和用途，如电炉变压器、整流变压器、电焊变压器、仪用互感器、试验用高压变压器和调压变压器等。

② 按绕组构成分类，可分为双绕组变压器、三绕组变压器、多绕组变压器和自耦变压器。

③ 按铁芯结构分类，可分为壳式变压器和心式变压器。

④ 按相数分类，可分为单相变压器、三相变压器和多相变压器。

⑤ 按冷却方式分类，可分为干式变压器、油浸式变压器（油浸自冷式、油浸风冷式和强迫油循环式等）、充气式变压器。

5．变压器的铭牌数据

① 额定容量 S_N。在铭牌上所规定的额定状态下变压器输出能力（视在功率）的保证值，称为变压器的额定容量。单位以 V·A、kV·A 或 MV·A 表示。对于三相变压器，额定容量是指三相容量之和。

② 额定电压 U_N。标志在铭牌上的各绕组在空载额定电压的保证值，单位以 V 或 kV 表示。对于三相变压器，额定电压是指线电压。U_{1N} 指电源加到一次绕组上的电压，U_{2N} 是二次［侧］开路，即空载运行时二次绕组的端电压。

③ 额定电流 I_N。根据额定容量 S_N 和额定电压 U_N 计算出的线电流称为额定电流，单位以 A 表示。

④ 额定频率 f_N。我国规定，标准工业用电的频率为 50 Hz。

任务分析

通过对电力变压器的拆卸，加深对变压器构成的认识。

任务实施

电力变压器的拆装及观察

1．电力变压器的拆卸

首先断电，进行机身放电，拆下一、二次［侧］外接线。清扫变压器外部，检查油箱、散热器、储油柜、防爆筒、瓷套管等有无渗漏现象。然后放出变压器油，当油面放至接近铁芯、铁轭顶面时，即可拆除储油柜、防爆筒、瓦斯断电器。拆除箱盖上的连接螺栓，用起重设备将箱盖连同变压器铁芯绕组一起吊出箱壳。

2．电力变压器的结构观察

当电力变压器的外壳拆开后，可观察到变压器的组成，主要包括：铁芯、绕组、油箱、冷却装置、绝缘套管和保护装置等。观察变压器的内部结构。

3．电力变压器的装配

将电力变压器拆卸并观察其内部结构后，便可进行装配。电力变压器装配的步骤是：用干燥的热油冲洗变压器器身，把变压器中的残油完全放出，并擦干箱底；将变压器芯吊入箱壳，安装附属部件；密封好油箱，再将变压器油注入变压器，进行油箱密封试验。

任务评价

序　号	考核内容	考　核　要　求	成　绩
1	安全拆卸	符合安全拆卸要求，团队合作融洽（30 分）	
2	装配	根据要求正确装配（30 分）	
3	油箱封装试验	能够正确封装、试验（40 分）	

思考题

① 变压器有哪些主要用途？它可分为哪些类别？

② 变压器主要由哪几部分组成？各部分的作用是什么？

③ 为什么要标志变压器的铭牌数据？其主要参数有哪些？

任务 2　变压器的参数确定

任务提出

变压器等效电路中的绕组电阻、漏电抗及励磁阻抗等都是变压器的参数，它们对变压器运行性能有直接的影响。要用基本方程、等效电路或向量图分析和计算变压器的运行性能，必须先确定其参数，因此要学会测定变压器参数的方法。

任务目标

① 掌握变压器的工作原理。

② 掌握变压器的参数测定。

相关知识

变压器的工作原理

变压器的结构是在一个闭合铁芯上套有两个绕组，其工作原理图如图 4-5 所示。这两个绕组具有不同的匝数且互相绝缘，两绕组间只有磁的耦合而没有电的联系。其中，接于电源侧的绕组称为一次绕组或原绕组，一次绕组各量用下标"1"表示；用于接负载的绕组称为二次绕组或副绕组，二次绕组各量用下标"2"表示。两个绕组中感应出同频率的电动势 E_1 和 E_2。

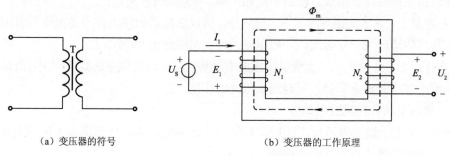

（a）变压器的符号　　　　（b）变压器的工作原理

图 4-5　变压器工作原理图

1. 变压器的空载运行

图 4-6 所示变压器的一次绕组接在额定电压的交流电源上，而二次绕组开路时的运行状态称为变压器的空载运行。

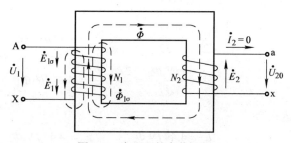

图 4-6　变压器的空载运行

（1）空载运行时的物理状况

由于变压器中电压、电流、磁通及电动势的大小和方向都随时间做周期性变化，为了能正确表明各量之间的关系，需要规定它们的正方向。一般采用电工惯例来规定其正方向：

① 同一条支路中，电压 u 的正方向与电流 i 的正方向一致。

② 电流 i 与其磁动势所建立的磁通 Φ，二者的正方向符合右手螺旋定则。

③ 由磁通 Φ 产生的感应电动势 e，其正方向与产生该磁通的电流 i 的正方向一致，则有 $e = -N\dfrac{\mathrm{d}\Phi}{\mathrm{d}t}$。

当一次绕组加上交流电源电压 u_1 时，一次绕组中就有电流产生，由于变压器为空载运行，此时称一次绕组中的电流为空载电流 i_0。由 i_0 产生空载磁动势 $F_0=N_1i_0$，并建立空载时的磁场。由于铁芯的磁导率比空气（或油）的磁导率大得多，所以绝大部分磁通过铁芯闭合，同时交链一、二次绕组，并产生感应电动势 e_1 和 e_2，如果二次绕组与负载接通，则在电动势作用下向负载输出电功率，所以这部分磁通起着传递能量的媒介作用，因此称之为主磁通 Φ_m；另有一小部分磁通（约为主磁通的 0.25%）主要经非磁性材料（空气或变压器油等）形成闭路，只与一次绕组交链，不参与能量传递，称之为一次绕组的漏磁通 $\Phi_{1\sigma}$，它在一次绕组中产生漏磁电动势 $e_{1\sigma}$。

（2）主磁通和漏磁通的区别

① 在性质上，主磁通磁路由铁磁材料组成，具有饱和特性，Φ_0 与 i_0 成非线性关系；而漏磁通磁路由非铁磁材料组成，磁路不饱和，$\Phi_{1\sigma}$ 与 i_0 成线性关系。

② 在数量上，铁芯的磁导率较大，磁阻小，所以总磁通的绝大部分通过铁芯而闭合构成主磁通，故主磁通远大于漏磁通，一般主磁通可占总磁通的 99% 以上。

③ 在作用上，主磁通在二次绕组中感应电动势，起了传递能量的媒介作用；而漏磁通仅在一次绕组中感应漏磁电动势，只起漏抗压降的作用。

（3）感应电动势和漏磁电动势

① 感应电动势。设主磁通按正弦规律变化，即 $\Phi_0=\Phi_m\sin\omega t$，按照图 4-6 中参考方向的规定，一、二次绕组感应电动势瞬时值为

$$e_1 = -N_1\frac{\mathrm{d}\Phi_0}{\mathrm{d}t} = -N_1\omega\Phi_m\cos\omega t = 2\pi f N_1\Phi_m\sin(\omega t - 90°) = E_{1m}\sin(\omega t - 90°)$$

$$e_2 = -N_2\frac{\mathrm{d}\Phi_0}{\mathrm{d}t} = -N_2\omega\Phi_m\cos\omega t = 2\pi f N_2\Phi_m\sin(\omega t - 90°) = E_{2m}\sin(\omega t - 90°)$$

其对应的有效值分别为

$$E_1 = \frac{E_{1m}}{\sqrt{2}} = \frac{\omega N_1\Phi_m}{\sqrt{2}} = \frac{2\pi N_1\Phi_m}{\sqrt{2}} = 4.44 f N_1\Phi_m$$

$$E_2 = \frac{E_{2m}}{\sqrt{2}} = \frac{\omega N_2\Phi_m}{\sqrt{2}} = \frac{2\pi N_2\Phi_m}{\sqrt{2}} = 4.44 f N_2\Phi_m$$

（4-1）

其对应的相量表达式为

$$\dot{E}_1 = 4.44 f N_1\Phi_m \qquad \dot{E}_2 = 4.44 f N_2\Phi_m \qquad (4-2)$$

由此可见，一、二次感应电动势的大小与电源频率、绕组匝数及主磁通最大值成正比，且在相位上滞后主磁通 90°。

② 漏磁电动势。变压器一次绕组的漏磁通 $\Phi_{1\sigma}$ 也将在一次绕组中感应产生一个漏磁电动势 $e_{1\sigma}$。根据前面的分析，同样可得出

$$\dot{E}_{1\sigma} = -\mathrm{j}\sqrt{2}\pi f_1 N_1\dot{\Phi}_{1\sigma m} = -\mathrm{j}4.44 f_1 N_1\dot{\Phi}_{1\sigma m} \qquad (4-3)$$

从物理意义上讲，漏电抗反映了漏磁通对电路的电磁效应。由于漏磁通的主要路径是非铁磁物质，磁路不会饱和；漏磁路是线性的，漏磁路的磁导率是常数，因此对已制成的变压器，漏电感 $L_{1\sigma}$ 为一常数，当频率 f_1 一定时，漏电抗也是常数，即 $X_1 = \omega_1 L_{1\sigma}$。

③ 空载运行时的电动势和电压比。一、二次绕组的电压平衡方程为

$$\begin{cases} u_1 = -e_1 = +N_1 \dfrac{\mathrm{d}\varPhi}{\mathrm{d}t} \\[2mm] u_{20} = -e_2 = +N_2 \dfrac{\mathrm{d}\varPhi}{\mathrm{d}t} \end{cases} \tag{4-4}$$

$$\frac{e_1}{e_2} = \frac{N_1}{N_2} = K \tag{4-5}$$

变压器空载运行电磁关系示意图如图 4-7 所示。

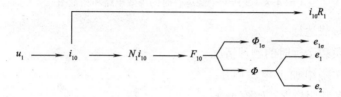

图 4-7　变压器空载运行电磁关系示意图

若不计漏磁通，按图 4-6 所规定各量正方向，由基尔霍夫第二定律可列出一、二次绕组的电压平衡方程为

$$\begin{cases} u_1 = -i_{10}R_1 - e_1 = i_{10}R_1 + N_1 \dfrac{\mathrm{d}\varPhi}{\mathrm{d}t} \\[2mm] u_{20} = e_2 = -N_2 \dfrac{\mathrm{d}\varPhi}{\mathrm{d}t} \end{cases} \tag{4-6}$$

式中，R_1 为一次绕组的电阻，u_{20} 为二次 [侧] 空载电压，即开路电压，一般 $i_{10}R_1$ 很小，忽略不计时 $U_1 \approx -E_1$，则

$$\frac{U_1}{U_2} = \frac{e_1}{e_2} = \frac{N_1}{N_2} = K$$

调节一、二次 [侧] 匝数即可达到变压的目的。

（4）空载运行时的等效电路

在变压器中，由于存在电与磁之间相互关系的问题，给变压器的分析、计算带来很大的麻烦。如果将电与磁的相互关系用纯电路的形式"等效"地表示出来，就可以简化对变压器的分析和计算，这就是引出等效电路的目的。

由于漏磁通产生的漏磁电动势 $e_{1\sigma}$，其作用可看作是空载电流 i_0 流过漏电抗 X_1 时所产生的电压降。同样，由主磁通产生的感应电动势 e_1，其作用也可类似地看作是空载电流 i_0 流过电路中某一元件时所产生的电压降，设该电路元件的阻抗为 Z_f，代表主磁通在铁芯中所产生的铁芯损耗。因此，e_1 可用相量形式表示为 $-\dot{E}_1 = \dot{I}_0 Z_f = \dot{I}_0(R_f + X_f)$，得

$$\dot{U}_1 = -\dot{E}_1 + \dot{I}_0 Z_1 = \dot{I}_0 Z_f + \dot{I}_0 Z_1 = \dot{I}_0(Z_f + Z_1) \tag{4-7}$$

相应的等效电路如图 4-8 所示。其中，$R_f = \dfrac{\Delta p_{Fe}}{I_0^2}$，$\quad X_f = \sqrt{Z_f^2 - R_f^2}$，$\quad Z_f = \dfrac{E_1}{I_0}$。

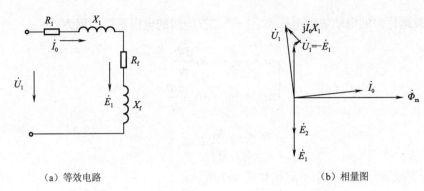

<table>
<tr><td>（a）等效电路</td><td>（b）相量图</td></tr>
</table>

图 4-8　变压器空载运行时的等效电路和相量图

2. 变压器的负载运行

（1）变压器负载运行时的物理情况

变压器的一次绕组加上电源电压 u_1，二次绕组接上负载阻抗 Z_L，如图 4-9 所示，即变压器投入了负载运行。

变压器空载运行时，一次绕组由空载电流 i_0 建立了空载时的主磁通。当二次绕组接上负载阻抗 Z_L 时，在 e_2 的作用下，二次绕组流过负载电流 i_2，并产生二次绕组磁动势 $F_2 = N_2 i_2$。根据楞次定律，该磁动势力图削弱空载时的主磁

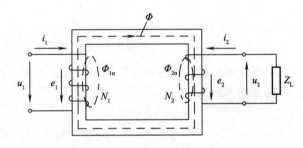

图 4-9　变压器负载运行示意图

通，因而引起 e_1 的减小。由于电源电压 u_1 不变，所以 e_1 的减小会导致一次电流的增加，即由空载电流 i_0 变为负载时电流 i_1，其增加的磁动势用以抵消 $N_2 i_2$ 对空载主磁通的去磁影响，使负载时的主磁通基本回升至原来空载时的数值，使得电磁关系达到新的平衡。因此，负载时的主磁通由一、二次绕组的磁动势共同建立。

变压器负载运行时，通过电磁感应关系，将一、二次绕组电流紧密地联系在一起，i_2 的增加或减小必然同时引起 i_1 的增加或减小；相应地，二次绕组输出功率的增加或减小，必然同时引起一次绕组输入功率的增加或减小，这就达到了变压器通过电磁感应传递能量的目的。

（2）变压器负载运行的基本方程

① 磁动势平衡方程。变压器负载运行时，一次电流由空载时的 i_0 变为负载时的 i_1，由于 Z_1 较小，因此一次绕组漏阻抗压降 $I_1 Z_1$ 也仅为（3%～5%）U_{1N}，当忽略不计时，有 $U_1 \approx E_1$，故当电源电压 U_1 和频率 f_1 不变时，产生 E_1 的主磁通 Φ_m 也应基本不变，即从空载到负载的稳定状态，主磁通基本不变。所以，负载时建立主磁通所需的合成磁动势 $F_1 + F_2$ 与空载时所需的磁动势 F_0 也应基本不变，即有磁动势平衡方程

$$\dot{F}_0 = \dot{F}_1 + \dot{F}_2 \qquad N_1 \dot{I}_0 = N_1 \dot{I}_1 + N_2 \dot{I}_2 \qquad (4-8)$$

将式（4-8）两边除以 N_1 并移项，便得

$$\dot{I}_1 = \dot{I}_0 + \left(-\frac{N_2}{N_1}\dot{I}_2\right) = \dot{I}_0 + \left(-\frac{\dot{I}_2}{k}\right) = \dot{I}_0 + \dot{I}_{1L} \tag{4-9}$$

式（4-9）表明，负载时一次电流 $\dot{I}_1$ 由两个分量组成，一个是励磁电流 I_0，用于建立主磁通 Φ_m；另一个是供给负载的负载电流分量 $I_{1L}=-I_2/k$，用以抵消二次绕组磁动势的去磁作用，保持主磁通基本不变。由于变压器空载电流 I_0 很小，为方便分析问题，常忽略不计，则式（4-9）可近似表示为

$$\dot{I}_1 \approx -\frac{\dot{I}_2}{k}$$

上式表明，$\dot{I}_1$ 与 $\dot{I}_2$ 相位上相差接近 $180°$，考虑数值关系时，有

$$\frac{I_1}{I_2} \approx \frac{N_2}{N_1} = \frac{1}{k}$$

② 电动势平衡方程。根据前面的分析可知，负载电流 i_2 通过二次绕组时也产生漏磁通 $\Phi_{2\sigma}$，相应地产生漏磁电动势 $e_{2\sigma}$。类似 $e_{1\sigma}$ 的计算，$e_{2\sigma}$ 也可用漏抗压降的形式来表示，即 $\dot{E}_{2\sigma} = -\mathrm{j}\dot{I}_2 X_2$。

参照图 4-9 所示的正方向规定，根据基尔霍夫第二定律，变压器在负载时的一、二次绕组的电动势平衡式为

$$\dot{U}_1 = -\dot{E}_1 + \dot{I}_1 Z_1 \qquad \dot{U}_2 = \dot{E}_2 - \dot{I}_2 Z_2 \tag{4-10}$$

综上所述，可得到变压器负载时的基本方程为

$$\begin{cases} N_1 \dot{I}_0 = N_1 \dot{I}_1 + N_2 \dot{I}_2 \\ \dot{U}_1 = -\dot{E}_1 + \dot{I}_1 Z_1 \\ \dot{U}_2 = \dot{E}_2 - \dot{I}_2 Z_2 \\ \dot{E}_1 = -\dot{I}_0 Z_f \\ E_1 = kE_2 \\ \dot{U}_2 = \dot{I}_2 Z_L \end{cases} \tag{4-11}$$

🔖 任务分析

变压器负载运行的等值电路及相量图：由于一、二次绕组匝数不等且为复数运算，给计算带来很大困难，在分析变压器时不采用联立方式求解的方法，而是寻求一种简便的方法，即等值电路的方法进行计算。

1. 变压器的归算

归算是把二次绕组的匝数变换成一次绕组的匝数，而不改变一、二次绕组的电磁关系。

（1）电流的归算

根据归算前后磁动势不变的原则，归算后的量上加"'"。

$$N_2 \dot{I}_2 = N_2' \dot{I}_2' \qquad \dot{I}_2' = \frac{1}{k}\dot{I}_2 = -\dot{I}_{1L} \tag{4-12}$$

（2）电势和电压的归算

根据电势与匝数成正比的关系

$$\frac{\dot{E}_2'}{\dot{E}_2} = \frac{N_2'}{N_2} = \frac{N_1}{N_2} = k \qquad E_2' = kE_2 = E_1$$

同理 $\qquad E_{2\sigma}' = kE_{2\sigma} \qquad U_2' = kU_2$

（3）阻抗的归算

$$k\dot{E}_2 = k\dot{I}_2'(R_2 + jX_{2\sigma}) + k\dot{U}_2 = \frac{\dot{I}_2'}{k}(k^2R_2 + jk^2X_{2\sigma}) + k\dot{U}_2$$

$$\dot{E}_2 = \dot{I}_2'(k^2R_2 + k^2jX_{2\sigma}) + k\dot{U}_2 = \dot{I}_2'(R_2' + jX_{2\sigma}') + \dot{U}_2'$$

$$\dot{U}_2' = U_2k \qquad R_2' = R_2k^2 \qquad x_{2\sigma}' = x_{2\sigma}k^2$$

$$I_2'^2R_2' = I_2^2R_2 \qquad 得\, R_2' = k^2R_2$$

$$I_2'^2X_{2\sigma}' = I_2^2X_{2\sigma} \qquad 得\, X_{2\sigma}' = k^2X_{2\sigma}$$

归算后的基本方程为

$$\begin{cases} \dot{U}_1 = -\dot{E}_1 + \dot{I}_1Z_{1\sigma} \\ \dot{U}_2 = -\dot{E}_2 + \dot{I}_2Z_{2\sigma} \\ \dfrac{\dot{E}_1}{\dot{E}_2} = k \\ N_1\dot{I}_1 + N_2\dot{I}_2 = N_1\dot{I}_m \\ \dot{E}_1 = \dot{I}_1\dot{E}_2' = -\dot{I}_mZ_m \end{cases} \qquad （4-13）$$

式中，I_m 为励磁电流，是固定不变的量；k 是电压比。

以上是将二次绕组归算到一次绕组，同理也可将一次绕组归算到二次绕组，即按照上述方法，推出一次［侧］各物理量的归算值。

2. 变压器等效电路和相量图

① 变压器的 T 形等效电路，如图 4-10 所示。

② 近似和简化等效电路，如图 4-11 所示。

从简化等效电路中看出，当 $Z_L' = 0$ 时，可将一、二次［侧］参数合并起来，此时为短路阻抗。

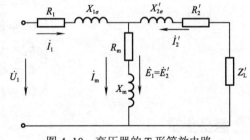

图 4-10 变压器的 T 形等效电路

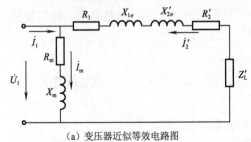

（a）变压器近似等效电路图　　　　（b）变压器的简化等效电路图

图 4-11 变压器的等效电路图

短路电阻 $\qquad\qquad R_k = R_1 + R_2'$

短路电抗 $\qquad\qquad\qquad\qquad X_{k} = X_{1\sigma} + X'_{2\sigma}$

短路阻抗 $\qquad\qquad\qquad\qquad Z_{k} = R_{k} + jX_{k}$

以上通称短路参数，可由短路试验求得。

③ 变压器的相量图，如图 4-12 所示。

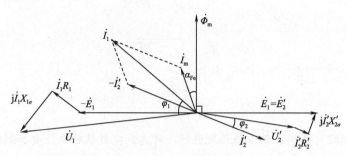

图 4-12　感性负载变压器的相量图

任务实施

变压器参数测定

变压器中的参数 Z_{m}、Z_{k}，对变压器的运行性能有直接影响。已知变压器的参数，就可绘出等效电路，然后可以运用等效电路进行分析计算。可通过空载和短路试验确定 Z_{m}、Z_{k}。

1．空载试验

变压器的空载试验是在变压器空载运行的情况下进行的，其目的是测定变压器的电压比 k、空载电流 I_{0}、空载损耗 P_{0} 和励磁参数 R_{f}、X_{f}、Z_{f} 等。

理论上，空载试验既可以在高压侧进行，也可以在低压侧进行，但为了安全起见，一般是在低压侧进行。单相变压器空载试验接线图如图 4-13 所示。假定试验对象为一台升压变压器，则一次绕组为低压侧。在一次绕组施加额定电压，分别测取 I_{0}、P_{0}、U_{20}。空载运行时，I_{0} 比较小，所以绕组铜损耗也比较小，但所施加的电压为额定电压，根据 $U_{1N} \approx E_{1} = 4.44fN_{1}\Phi_{m}$ 可知，主磁通为额定值，而铁损耗的大小取决于磁场的强弱，故空载时所测功率 P_{0} 可认为近似等于铁芯中的铁损耗 P_{Fe}，即 $P_{0} \approx P_{Fe}$。

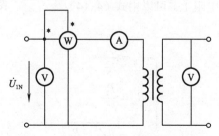

图 4-13　单相变压器空载试验接线图

由等效电路可知，变压器空载时的总阻抗 $Z_{0} = Z_{1} + Z_{f} = (R_{1} + jX_{1}) + (R_{f} + jX_{f})$

由于电力变压器中，一般 $R_{f} \gg R_{1}$，$X_{f} \gg X_{1}$，因此 $Z_{0} \approx Z_{m}$，则有

励磁阻抗

$$Z_f \approx Z_0 = \frac{U_1}{I_0}$$

励磁电阻

$$R_f = \frac{\Delta P_{Fe}}{I_0^2} \approx \frac{P_0}{I_0^2}$$

励磁电抗

$$X_f = \sqrt{Z_f^2 - R_f^2}$$

电压比

$$k \approx \frac{U_1}{U_{20}}$$

注意： 空载试验可在高压侧或低压侧进行，考虑到空载试验电压要加到额定电压，当高压侧的额定电压较高时，为了便于试验和安全起见，通常在低压侧进行试验，而高压侧开路。空载试验在低压侧进行时，其测得的励磁参数是低压侧的，因此必须乘 k^2，将其折算成高压侧的励磁参数。

2. 短路试验

变压器的短路试验是在二次绕组短路的条件下进行的，其目的是测定短路参数 R_k、X_k 和额定铜损耗 P_k 等。

短路试验时，二次绕组处于短路状态。理论上，短路试验既可以在高压侧进行，也可以在低压侧进行，但为了安全起见，一般是在高压侧进行。短路试验接线图如图 4-14 所示。下面以降压变压器为例来说明其试验步骤。一次绕组为高压侧，故在一次绕组加压。开始时，电压必须很低，直到一、二次绕组电流达到额定值。此时，测得 U_k、I_k、P_k。由于短路试验所施加电压很低，U_k 仅为 U_{1N} 的 4%～10%，根据 $U_{1N} \approx E_1 = 4.44fN_1\Phi_m$，可知 Φ_m 很小，铁损耗也很小，铁芯的饱和程度低，故 Z_m 就很大，励磁支路可认为处于开路状态，从电源所吸收的功率也可以认为是全部消耗在绕组电阻上。可以由式（4-14）求取短路参数：

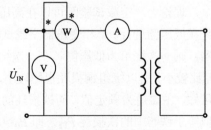

图 4-14　短路试验接线图

$$\left\{ \begin{array}{l} Z_k = \dfrac{U_k}{I_{N1}} \\[3mm] R_k = \dfrac{P_k}{I_{N1}^2} \\[3mm] X_k = \sqrt{Z_k^2 - R_k^2} \end{array} \right. \tag{4-14}$$

注意： 短路试验时，二次［侧］短路，这时整个变压器等值电路的阻抗很小，应避免一次［侧］和二次［侧］绕组因电流过大而烧坏。

任务评价

序 号	考核内容	考 核 要 求	成 绩
1	安全操作	符合安全生产要求，团队合作融洽（10分）	
2	工具仪表使用	工具仪表使用和操作符合要求（10分）	
3	实验图接线	检查元器件和实验图接线（30分）	
4	调试	根据线路的故障现象分析、判断故障点，并排除故障（30分）	
5	操作演示	能够正确操作演示，线路分析正确（20分）	

思考题

① 变压器空载运行和负载运行的主要区别是什么？

② 变压器的主磁通和漏磁通的性质和作用是什么？

③ 变压器空载运行时，空载电流为何很小？

任务 3　变压器的运行特性

电力系统的用电负载是经常发生变化的，负载变化所引起的变压器输出电压（二次绕组的端电压）的变化程度，既与负载的大小和性质（电阻性、电感性、电容性和功率因数的大小）有关，也与变压器本身的性质有关。只有了解变压器的输出电压随负载变化的规律，才能适应不同负载的需要，对变压器的输出电压进行必要的调整，保证供电质量。

任务提出

对于负载来说，变压器相当于电源。对于一个电源，它的效率随负载变化而变化。效率是变压器运行时的经济指标，所以，要学会求取变压器的效率。

任务目标

熟悉变压器的运行特性。

相关知识

一、变压器的电压变化率和外特性

1. 变压器的电压变化率

由于变压器内部存在电阻和漏电抗，因此负载运行时，当负载电流流过二次［侧］时，变压器内部将产生阻抗压降，使二次电压随负载电流的变化而变化，这种变化关系可用变压器的外特性来描述。变压器的外特性是指一次［侧］的电源电压和二次［侧］负载的功率因数均为常数时，二次电压随负载电流变化的规律，即 $U_2 = f(I_2)$。

电压变化率是指在一次绕组端电压保持为额定，负载功率因数为常数时，空载与负载时二次绕组端电压的代数差值与二次［侧］额定电压的比值，即

$$\Delta U\% = \frac{U_{N2} - U_2}{U_{N2}} \times 100\% = \frac{U_{N1} - U_2'}{U_{N1}} \times 100\%$$

$$\Delta U\% = \frac{\Delta U}{U_{N2}} \times 100\% = \frac{U_{20} - U_2}{U_{N2}} \times 100\% \tag{4-15}$$

2. 变压器的外特性

变压器在负载运行中，随着负载的增加，负载电流随之增加，一、二次绕组上的电阻压降及漏磁电动势都随之增加，二次绕组的端电压 U_2 将会降低。

为了描述变压器在不同负载下二次电压的变化，将电源电压和负载的功率因数为常数时，变压器二次电压与负载电流之间的关系绘制成曲线 $U_2 = f(I_2)$，如图4-15所示。

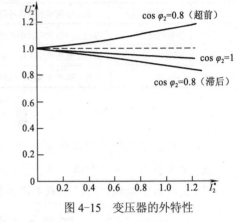

图4-15　变压器的外特性

二、变压器的损耗和效率特性

1. 变压器的损耗

变压器在传递能量过程中会产生损耗，其损耗包括铁损耗和一、二次绕组的铜损耗两部分。

（1）铜损耗

变压器的绕组都有一定的电阻，当电流流过绕组时就要产生绕组损耗，称为铜损耗，即铜耗 P_{Cu}。铜损耗的大小取决于负载电流和绕组电阻的大小，因而是随负载的变化而变化，故称之为可变损耗。

（2）铁损耗

由于铁芯中的磁通是交变的，所以在铁芯中要产生磁滞损耗和涡流损耗，统称为铁芯损耗，即铁损耗 P_{Fe}。铁损耗的大小与硅钢片材料的性质、磁通密度的最大值、硅钢片厚度及交变频率等有关。在其他因素不变的情况下，铁损耗近似地与 U_1 成正比，因此当电源电压 U_1 一定时，铁损耗基本上可认为是恒定的，故称之为不变损耗，它与负载电流的大小和性质无关。

由于变压器空载时空载电流 I_0 很小，因此空载时的绕组损耗很小，可以忽略不计，所以空载损耗主要是铁损耗，即 $P_0 = P_{Fe}$。

2. 变压器的效率特性

因为输入功率包括输出功率、铁损耗、铜损耗，所以效率又等于输出功率比上输出功率与铁损耗和铜损耗之和的百分数，又等于二次电压与负载电流、负载功率因数的乘积，比上二次电压、负载电流、功率因数之积与铁损耗、铜损耗之和的百分数。

假定：

① 忽略负载时二次电压对输出功率的影响，取输出功率等于二次额定电压和负载电流及负载功率因数的乘积，将其分子、分母同乘二次额定电流，可得输出功率等于额定有功功率与负载系数的乘积，其中，负载系数等于负载电流与二次额定电流之比。

② 认定负载时的铜损耗等于短路损耗，可得铜损耗等于一次电流的二次方乘短路电阻，分子、分母各乘一次额定电流的二次方，铜损耗又等于负载系数的二次方乘短路损耗。

③ 认定负载运行时的铁损耗等于额定电压下的空载损耗，即认为铁损耗是不变损耗。

任务分析

在实际应用中，要正确、合理地使用变压器，须了解其运行时的工作特性及性能指标。变压器的运行性能指标主要有电压变化率和效率特性。电压变化率是变压器供电的质量指标，效率是变压器运行时的经济指标。变压器的输出电压随负载电流变化的关系即为外特性，效率随负载变化的关系即效率特性。

任务实施

常用变压器效率的计算

为对常用变压器的效率进行定量计算，以下先通过对相关公式进行分析说明，再通过相关例题对如何计算变压器效率进行说明。

变压器运行时将产生损耗。变压器的损耗分为铜损耗和铁损耗，每一类又包括基本损耗和杂散损耗。其中，铁损耗可视为不变损耗。基本铜损耗是指电流流过绕组时所产生的直流电阻损耗。杂散铜损耗主要是指漏磁场引起电流集肤效应，使绕组的有效电阻增大所增加的铜损耗，以及漏磁场在结构部件中所引起的涡流损耗等。

$$P_1 = P_2 + P_{Cu} + P_{Fe} = P_2 + \sum P$$

效率是指变压器的输出功率与输入功率的比值。效率大小反映变压器运行经济性能的好坏，是表征变压器运行性能的重要指标之一。

$$\eta = \frac{P_2}{P_1} \times 100\%$$

变压器的输入有功功率为 P_1，输出功率为 P_2，总损耗功率为 $\sum P$，则

$$P_2 = P_1 - \sum P$$

所以

$$\eta = \frac{P_2}{P_1} \times 100\% = \left(1 - \frac{\sum P}{P_1}\right) \times 100\% = \left(1 - \frac{\sum P}{P_2 + \sum P}\right) \times 100\%$$

因变压器无转动部分，一般效率都很高，大多数在 95% 以上。大型变压器可达 99%。变压器的效率一般用间接法测量。即测出各种损耗，再计算效率。

① 额定电压下空载损耗 $P_0 \approx P_{Fe}$，且 P_{Fe} 不随负载的变化而变化。

② 额定电流时的短路损耗 $P_{kN} \approx P_{CuN}$，且铜损耗与负载电流二次方成正比，任一负载下的铜损耗 $P_{Cu} = P_{kN} I_2^{*2}$。

③ 由于变压器的电压调整率很小，负载时，U_2 的变化可以不考虑。

所以，功率公式可以写成：

$$\eta = \left(1 - \frac{P_0 + \beta^2 P_{kN}}{\beta S_N \cos\varphi_2 + P_0 + \beta^2 P_{kN}}\right) \times 100\% \tag{4-16}$$

因产生最大效率时

$$P_0 = I_2^{*2} P_{kN} \qquad P_0 / P_{kN} = 1/4 \sim 1/3$$

对应最大效率时负载电流的标幺值为

$$I_2^{*2} = \sqrt{\frac{P_0}{P_{CuN}}} \qquad I_2^{*2} \approx 0.5 \sim 0.6 \tag{4-17}$$

变压器的效率特性如图 4-16 所示。

通过下面的例题，来求解变压器的效率，掌握变压器的效率特性。

例：一台容量为 50 kV·A 的单相变压器，一、二次绕组的额定电压分别为 6 000 V, 230 V，额定电流分别为 8.33 A，217.4 A，空载损耗 P_0=400 W，额定短路损耗 P_{CuN}=1 100 W。当二次绕组输出的电流为 150 A 时，求：

① 二次绕组功率因数 $\cos\varphi_2$=0.8 时的效率 η。

② 二次绕组功率因数 $\cos\varphi_2$=0.9 时的最高效率 η_{max}。

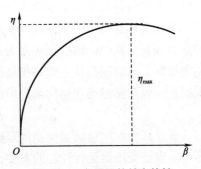

图 4-16 变压器的效率特性

解： ① 首先求出变压器的负载系数 β，即

$$\beta = \frac{I_2}{I_{2N}} = \frac{150}{217.4} = 0.69。$$

$$\eta = 1 - \frac{P_{Fe} + \beta^2 P_{CuN}}{\beta^2 S_N \cos\varphi_2 + P_{Fe} + \beta^2 P_{CuN}}$$

$$= 1 - \frac{400 + 0.69^2 \times 1100}{0.69 \times 50000 \times 0.8 + 400 + 0.69^2 \times 1100}$$

$$= 96.8\%$$

② 求最高效率时 β_m，即

$$\beta_m = \sqrt{\frac{P_{Fe}}{P_{CuN}}} = \sqrt{\frac{400}{1100}} = \sqrt{\frac{4}{11}} = 0.6$$

最高效率为

$$\eta_{max} = 1 - \frac{2P_{Fe}}{\beta_m S_N \varphi_2 + 2P_{Fe}} = 97.19\%$$

任务评价

序 号	考核内容	考 核 要 求	成 绩
1	解题	对题的理解正确（50 分）	
2	公式	对公式的运用正确（30 分）	
3	答案	算出的答案正确（20 分）	

① 为什么变压器的铜损耗又称可变损耗？铁损耗又称不变损耗？

② 什么是变压器的效率？其变化规律是什么？

③ 什么是变压器的外特性？一般希望变压器的外特性曲线呈什么形状？

项目 2　三相变压器

变换三相交流电等级的变压器为三相变压器。目前电力系统均采用三相变压器，因而三相变压器的应用极为广泛。在三相变压器对称运行时，各相电流、电压大小相等，相位差 120°，因此对于运行原理的分析计算可采用一相进行研究。前面导出的基本方程、相量图、等效电路及参数测定等可直接运用于三相的任一相。

三相变压器的磁路系统如下：

（1）三相组式变压器的磁路

三相组式变压器是由三个磁路相互独立的单相变压器所组成的，三相之间只有电的联系而无磁的联系，如图 4-17 所示。虽然各磁路相互独立，一、二次绕组可根据要求接成星形（Y）或三角形（△）。但当对一次绕组施加对称的三相电压时，Φ_U、Φ_V、Φ_W 便会对称，空载电流也是对称的。

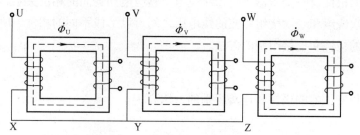

图 4-17　三相组式变压器的磁路

（2）三相心式变压器的磁路

三相心式变压器的磁路彼此相关（见图 4-18），这种铁芯结构是由三相组式变压器演变而来的，流过中间心柱磁通 $\Phi_A+\Phi_B+\Phi_C=0$。

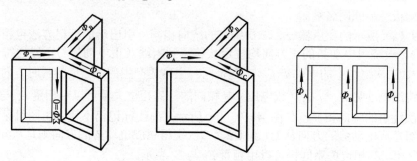

图 4-18　三相心式变压器的磁路

这种磁路系统中每相主磁通都要借助另外两相的磁路闭合，故属于彼此相关的磁路系统。

这种变压器三相磁路长度不等，中间 B 相短，当三相电压对称时，三相空载电流便不等，B 相最小，但由于空载电流很小，它的不对称对负载运行的影响很小，可以略去不计。

与三相组式变压器不同，三相心式变压器的磁路相互关联。它是通过铁轭把三个铁芯柱连在一起的。这种铁芯结构是从单相变压器演变过来的，把三个单相变压器铁芯柱的一边组合到一起，而将每相绕组缠绕在未组合的铁芯柱上。由于在对称的情况下，组合在一起的铁芯柱中不会有磁通存在，故可以省去。和同容量的三相组式变压器相比，三相心式变压器所用的材料较少、质量轻。但它也有一些缺点，具体如下：

① 采用三相心式变压器供电时，任何一相发生故障，整个变压器都要进行更换，如果采用三相组式变压器，只要更换出现故障的一相即可。所以，三相心式变压器的备用容量为组式变压器的 3 倍。

② 对于大型变压器来说，如果采用心式结构，体积较大，运输不便。基于以上考虑，为节省材料，多数三相变压器采用心式结构。但对于大型变压器而言，为减少备用容量及确保运输方便，一般都是三相组式变压器。

任务　三相变压器的绕组连接

任务提出

变压器绕组的极性反映变压器一、二次绕组中感应电动势间的相位关系。变压器使用不同的接法时，一次绕组和二次绕组对应的线电压之间可以形成不同的相位。所以，必须学会判断三相变压器的极性和连接组别的方法。

任务目标

掌握判断三相变压器的极性和连接组别的方法。

相关知识

1. 变压器绕组的极性

变压器的一、二次绕组绕在同一个铁芯上，都被同一主磁通 Φ 所交链，故当磁通 Φ 交变时，将会使得变压器的一、二次绕组中感应出的电动势之间有一定的极性关系，即当同一瞬间一次绕组的某一端点的电位为正时，二次绕组也必有一个端点的电位为正，这两个对应的端点称为同极性端或同名端。

图 4-19（a）所示的变压器一、二次绕组的绕向相同，引出端的标记方法也相同（同名端均在首端）。设绕组电动势的正方向均规定从首端到末端（正电动势与正磁通符合左手定则），由于一、二次绕组中的电动势 $\dot{E}_U$ 与 $\dot{E}_u$ 是同一主磁通产生的，它们的瞬时方向相同，所以一、二次绕组电动势 $\dot{E}_U$ 与 $\dot{E}_u$（或电压）是相同的，其相位关系可以用相量 $\dot{E}_U$ 与 $\dot{E}_u$ 表示。如果一、二次绕组的绕向相反，如图 4-19（b）所示，出线标记仍不变，由图可见在同一瞬时，一次绕组感应电动势的方向从 U1 到 U2，二次绕组感应电动势的方向则是从 u2 到 u1，即 $\dot{E}_U$ 与 $\dot{E}_u$ 反相，其相位关系同样可以用相量 $\dot{E}_U$ 与 $\dot{E}_u$ 表示。

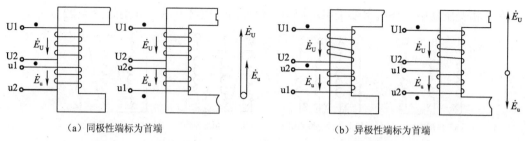

(a) 同极性端标为首端　　　　　　　　(b) 异极性端标为首端

图 4-19　不同标法和绕向时一、二次绕组感应电动势之间的相位关系

2. 变压器同名端的判断

对于一台变压器,其绕组已经过浸漆处理,并且安装在封闭的铁壳内,因此无法辨认其同名端。变压器同名端的判定可用实验的方法进行测定,测定的方法主要有直流法和交流法两种。

(1) 直流法

测定变压器同名端的直流法如图 4-20 所示。用 1.5 V 或

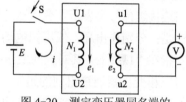

3 V 的直流电源,按图 4-20 所示进行连接,直流电源接在高压绕组上,而直流电压表接在低压绕组的两端。当开关 S 闭合瞬间,高压绕组 N_1、低压绕组 N_2 分别产生电动势 e_1 和 e_2。

若电压表的指针向正方向摆动,则说明 e_1 和 e_2 同方向。

图 4-20　测定变压器同名端的
直流法

则此时 U1 和 u1、U2 和 u2 为同名端。若电压表的指针向反方向摆动,则说明 e_1 和 e_2 反方向。则此时 U1 和 u2、U2 和 u1 为同名端。

(2) 交流法

测定变压器同名端的交流法如图 4-21 所示。将变压器一、二次绕组各取一个接线端子连接在一起,如图 4-21 中的接线端子 2 和 4,并且在一个绕组上(图中为 N_1 绕组)加一个较低的交流电压 u_{12},再用交流电压表分别测量出 u_{12}、u_{13}、u_{34} 各端电压值,如果测量结果为 $u_{13}=u_{12}-u_{34}$,则说明变压器一、二次绕组 N_1、N_2 为反极性串联,由此可知,接线端子 1 和接线端子 3 为同名端。如果测量结果为 $u_{13}=u_{12}+u_{34}$,则接线端子 1 和接线端子 4 为同名端。

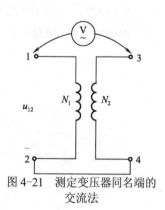

图 4-21　测定变压器同名端的
交流法

3. 三相绕组的连接法

为了在使用变压器时能正确连接而不至发生错误,变压器绕组的每个出线端都给予一个标志,其绕组首、末端的标志如表 4-1 所示。

表 4-1　绕组首、末端的标志

绕组名称	单相变压器		三相变压器		中性点
	首　端	末　端	首　端	末　端	
高压绕组	A	X	A、B、C	X、Y、Z	N
低压绕组	a	x	a、b、c	x、y、z	n
中压绕组	Am	Xm	Am、Bm、Cm	Xm、Ym、Zm	Nm

在三相变压器中，绕组主要采用星形和三角形两种连接方法，分别如图 4-22 所示。

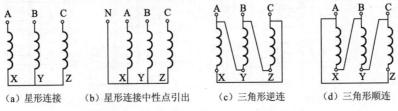

（a）星形连接　　　（b）星形连接中性点引出　　　（c）三角形逆连　　　（d）三角形顺连

图 4-22　三相绕组的星形、三角形连接方法

4．三相变压器的连接组别

由于变压器绕组可采用不同的连接方式，因此一、二次绕组的对应线电动势间将产生相位移，为了简明表示绕组的连接方式以及对应线电动势间的相位关系，将变压器一、二次绕组的连接分成不同的组合称为绕组的连接组，而一、二次绕组的对应线电动势间的相位关系用连接组标号来表示。变压器连接组标号采用所谓"钟时序数表示法"进行确定，其具体方法是：分别作出高、低压侧电动势相量图，把高压绕组线电动势相量作为时钟的长针，并固定指在"12"上，其对应的低压绕组线电动势相量作为时钟的短针，这时短针所指的数字即为三相变压器连接组别的组别号，将三相变压器的连接组别号乘 30°就是二次绕组的线电动势滞后于一次绕组电动势的相位差。

（1）Yy0 连接组

将相量图中的 A 点放在钟面的"12"处，这时由高、低压侧绕组对应的相电动势同相位，可平行作出低压绕组的电动势相量图，a 点处于钟面的"0"位，所以连接组的标号为"0"，高、低压侧为 Yy 连接，即为 Yy0 连接组，如图 4-23 所示。

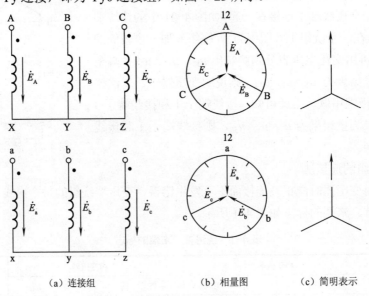

（a）连接组　　　　　　（b）相量图　　　　　　（c）简明表示

图 4-23　Yy0 连接组

（2）Yd11 连接组

高、低压侧绕组连接为 Yd（逆连 a-y），同极性，$\dot{E}_a$ 与 $\dot{E}_A$ 平行方向一致，低压绕组其

余相量类似，且 a 连 y，则 a 点处在钟面的"11"处，连接组标号为"11"，所以为 Yd11，如图 4-24 所示。

（3）Dy1 连接组

将相量图中的 A 点放在钟面的"12"处，这时由于高、低压侧绕组对应的相电动势同相位，可平行作出低压绕组的电动势相量图，a 点处于钟面的"1"位，所以连接组的标号为"1"，高、低压侧分别为 Dy 连接即为 Dy1 连接组，如图 4-25 所示。

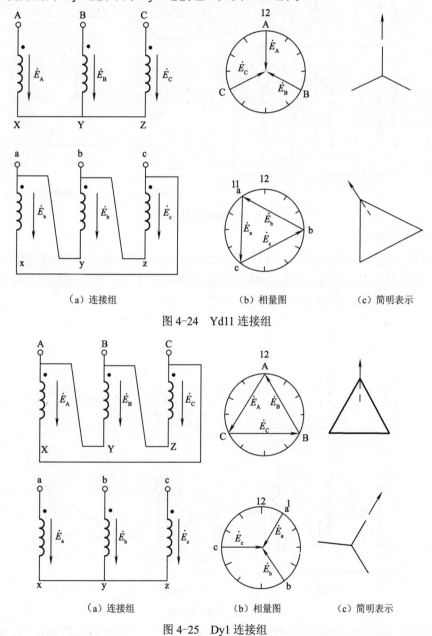

（a）连接组　　　　　　　（b）相量图　　　　　　　（c）简明表示

图 4-24　Yd11 连接组

（a）连接组　　　　　　　（b）相量图　　　　　　　（c）简明表示

图 4-25　Dy1 连接组

（4）Dd0 连接组

将相量图中的 A 点放在钟面的"12"处，这时由于高、低压侧绕组对应的相电动势同相位，可平行作出低压绕组的电动势相量图，a 点处于钟面的"0"位，所以连接组的标号为"0"，高、低压侧为 Dd 连接，即为 Dd0 连接组，如图 4-26 所示。

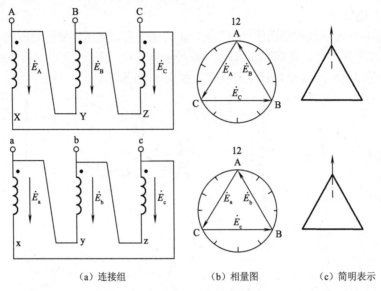

| （a）连接组 | （b）相量图 | （c）简明表示 |

图 4-26　Dd0 连接组

（5）Yd1 连接组

将相量图中的 A 点放在钟面的"12"处，这时由于高、低压侧绕组对应的相电动势同相位，可平行作出低压绕组的电动势相量图，a 点处于钟面的"1"位，所以连接组的标号为"1"，高、低压侧为 Yd 连接，即为 Yd1 连接组，如图 4-27 所示。

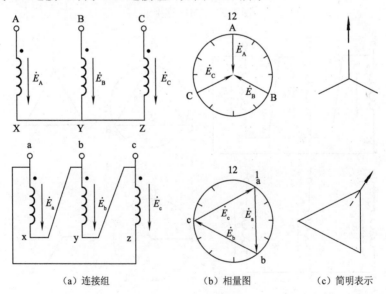

| （a）连接组 | （b）相量图 | （c）简明表示 |

图 4-27　Yd1 连接组

综上所述，高、低压侧绕组连接相同（Yy 和 Dd）时，其连接组标号为 0、2、4、6、8、10 等六个偶数；高、低压侧绕组连接不相同（Yd 和 Dy）时，其连接组标号为 1、3、5、7、9、11 等六个奇数。

任务分析

三相变压器在电力系统和三相可控整流的触发电路中，都会碰到变压器的极性和连接组别的接线问题。变压器绕组的连接组，是由变压器一、二次［侧］绕组连接方式不同，使得一、二次［侧］边之间各个对应线电压的相位关系有所不同，来划分连接组别的。通常采用线电压矢量图对三相变压器的各种连接组别进行接线和识别，对初学者和现场操作者不易掌握。而利用相电压矢量图来对三相变压器各种连接组别进行接线和识别的方法具有易学懂、易记牢，在实用中既简便又可靠的特点，特别是对Y/△和△/Y的连接组，更显示出它的优越性。下面以实例来说明用相电压矢量图对三相变压器的连接组别的接线和识别的方法。

（1）用相电压矢量图画出Y/△接法的接线图

首先画出一次［侧］三相相电压矢量A、B、C，以一次［侧］A相相电压为基准，顺时针旋转到所要求的连接组。

如图 4-28（a）所示，Y/△-11 的连接组别，顺时针旋转 330° 后再画出二次［侧］a 相的相电压矢量，此 a 相相电压矢量在一次［侧］A 相与 B 相反方向-B 的合成矢量上，由于一、二次［侧］三相绕组 A、B、C 和 a、b、c 相对应，把二次［侧］a 相绕组的头连接二次［侧］b 相绕组的尾，作为二次［侧］a 相的输出线，由此在三角形接法中，只要确定了二次［侧］a 相的连接，其他两相的头尾连接顺序和引出线就不会弄错。因此，根据一、二次［侧］相电压矢量便可画出Y/△-11 组接线图，如图 4-28（b）所示。

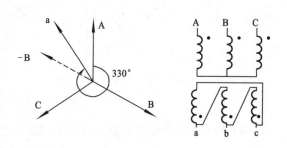

（a）Y/△-11 相电压矢量图　　　　（b）Y/△-11 接线图

图 4-28　Y/△-11 的矢量图和接线图

（2）用相电压矢量图识别Y/△接法的连接组别

如要识别图 4-29（a）所示的Y/△接法的连接组别，首先画出一次［侧］相电压矢量A、B、C，根据图 4-29（a）的接线可以看出，二次［侧］a 相绕组的尾连接 C 相绕组的头作为二次［侧］a 相的输出线，由于二次［侧］a 与一次［侧］A 同相位，把二次［侧］a 相相电压矢量画在一次［侧］相电压 C 和-A 的中间，以一次［侧］A 相为基准，顺时针旋转二次［侧］a 相，它们之间的夹角为 210°，如图 4-29（b）所示。

（3）用相电压矢量图画出△/Y接法的接线图

首先画出二次［侧］a、b、c 三相相电压矢量图，以二次［侧］a 相相电压矢量为基准，逆时针旋转到所要求连接组，再根据此矢量图画出该组别的接线图。

如图 4-30（a）所示，先画出△/Y-5 组的矢量图，再逆时针旋转 150°，画出一次［侧］A 相相电压矢量，根据此矢量图便可画出△/Y-5 组的接线图，二次［侧］a、b、c 三个头作为 a、b、c 三相的输出端，一次［侧］A 的尾接 C 的头，B 的尾接 A 的头，C 的尾接 B 的头分别作为 A、B、C 三相的输出端，如图 4-30（b）所示。

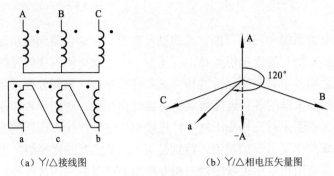

（a）Y/△接线图 　　　　　　　　　　（b）Y/△相电压矢量图

图4-29　Y/△的矢量图和接线图

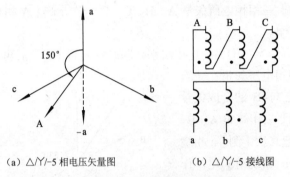

（a）△/Y-5相电压矢量图 　　　　　　（b）△/Y-5接线图

图4-30　△/Y-5的矢量图和接线图

（4）用相电压矢量图识别△/Y接法的连接组别

首先画出以二次［侧］a、b、c三相电压为基准的矢量图，再根据一次绕组的接法，只要将A相画在二次［侧］矢量上，以一次［侧］A相顺时针旋转到二次［侧］a相之间的夹角是多少，就可知道该△/Y的接线图属于第几组。

如图4-31（a）所示，识别图中△/Y的接线图属于第几组。根据上面的方法，画出二次［侧］a、b、c三相相电压矢量图，从接线图中可以看出一次［侧］A相绕组的头连接B相绕组的尾作为一次［侧］A相引出线，因此把一次［侧］相电压矢量A画到二次［侧］矢量a和-b中间，而二次［侧］C相绕组的头作为二次［侧］a相输出，因此把二次［侧］矢量C当成是矢量a调相来使用，然后以原边A相顺时旋转到次边a相，其夹角为270°，如图4-31（b）所示。

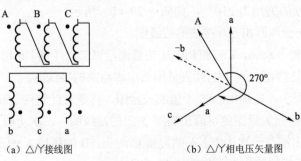

（a）△/Y接线图 　　　　　　　　　　（b）△/Y相电压矢量图

图4-31　△/Y的矢量图和接线图

由此可见，用相电压矢量图来对三相变压器各种连接组别进行接线和识别的方法简单易学，却在现场实践过程中具有很高的实用价值。

任务实施

测定绕组极性和确定三相变压器连接组别

1. 测定绕组极性

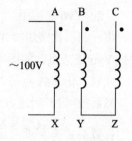

图 4-32　极性测定图

三相变压器有六个绕组，共有十二个接线端，其中，三个一次（高压）绕组分别标以 A，X；B，Y；C，Z（见图 4-32）。三个二次（低压）绕组分别标为 a，x；b，y；c，z。若铭牌丢失，标号都不清，则可依据下面介绍的两种方法进行判断。

（1）属于同一绕组的两个出线端的判定

通表测试法——用万用表欧姆挡的 1k 挡测试，将探针一端固定在某一端，另一端接触其他端子通，则为同一绕组。

（2）高、低压绕组的判定

方法与（1）同，注意通表测试法测试时，电阻大的为高压绕组，电阻小的为低压绕组；分别暂标记为 AX，BY，CZ 和 ax，by，cz。

（3）相间极性的测定

按图 4-33（a）接好线，将 Y，Z 两点用导线相连，在 A 相加一低电压（约 100 V），用电压表测量 U_{BY}、U_{CZ} 和 U_{BC}，若 $U_{BC}=U_{BY}-U_{CZ}$，则标记正确；若 $U_{BC}=U_{BY}+U_{CZ}$，则须把 B、Y 标记互换（即把 B 换为 Y，把 Y 换为 B），同理，其他两相也依上述方法定出端头正确标记。

2. 连接组的判别

经绕组极性判别确定一、二次［侧］端头标记后，便可进行组别实验。

（1）Yy12 连接组

如图 4-33（a）所示，将一、二次绕组接成星形，A，a 两点用导线相连，在高压侧加三相低电压（约 100 V），测量 U_{AB}、U_{ab}、U_{Bb}、U_{Cc}、U_{Bc}，设线压之比为 $K=\dfrac{U_{AB}}{U_{ab}}$。

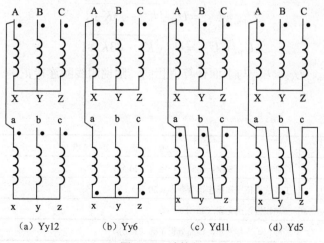

(a) Yy12　　(b) Yy6　　(c) Yd11　　(d) Yd5

图 4-33　连接组

计算公式为 $\begin{cases} U_{Bb} = U_{Cc} = (K-1)U_{ab} \\ U_{Bc} = U_{ab}\sqrt{K^2-K+1} \end{cases}$ 且 $\dfrac{U_{Bc}}{U_{Bb}} > 1$。

若实测电压 U_{Bb}、U_{Cc}、U_{Bc} 和用公式计算所得数值相同，则表示线圈连接正确，为 Yy12 连接组号，然后，记录测量值和计算值。

（2）Yy6 连接组

将一、二次绕组接为星形后，二次［侧］首末端标记互换，即异极性端标同名端符号，即得 Yy6 连接组，如图 4-33（b）所示。

此时，仍将 A 点与二次［侧］标记互换后的 a 点用导线连接，使之成为等电位点。

然后按（1）所述方法测取 U_{Bb}、U_{Cc}、U_{Bc} 及 U_{ab}。

计算公式为 $\begin{cases} U_{Bb} = U_{Cc} = (K+1)U_{ab} \\ U_{Bc} = U_{ab}\sqrt{K^2+K+1} \end{cases}$

若实测电压 U_{Bb}、U_{Cc}、U_{Bc} 与上面计算值相等，则表明线圈连接正确，属于 Yy 6 连接组。然后记录实测值和计算值。

（3）Yd11 连接组

按图 4-33（c）接线，一次［侧］接为星形，二次［侧］按 a→y，b→z，c→x 顺序接为闭合三角形。A、a 用导线连接。然后一次［侧］将电压逐步调到额定值，测量 U_{Bb}、U_{Cc}、U_{Bc}、U_{AB}、U_{ab}。

计算公式为

$$U_{Bb} = U_{Cc} = U_{ab}\sqrt{K^2-\sqrt{3}K+1}$$

$$U_{Bb} = U_{Cc} = U_{ab}\sqrt{K^2-\sqrt{3}K+1}$$

若实测电压 U_{Bb}、U_{Cc}、U_{Bc} 与上面计算值相同，则说明线圈连接正确，属于 Yd11 连接组。

（4）Yd5 连接组

将图 4-33（d）中变压器二次［侧］线圈首、末端标记互换后，按图 4-33（d）接线，即为 Yd5 连接组。然后一次［侧］将电压逐步调到额定值，测量 U_{Bb}、U_{Cc}、U_{Bc}、U_{AB}、U_{ab}。

计算公式为

$$U_{Bb} = U_{Cc} = U_{ab}\sqrt{K^2+\sqrt{3}K+1}$$

$$U_{Bc} = U_{Cc} = U_{ab}\sqrt{K^2+\sqrt{3}K+1}$$

若实测电压 U_{Bb}、U_{Cc}、U_{Bc} 与上面计算值相同，则说明线圈连接正确。

任务评价

序 号	考核内容	考 核 要 求	成 绩
1	安全操作	符合安全生产要求，团队合作融洽（20分）	
2	工具仪表使用	工具仪表使用和操作符合要求（20分）	
3	安装连接	首尾相接正确无误（30分）	
4	操作演示	能够正确操作演示，线路分析正确（30分）	

思 考 题

① 什么是变压器绕组的同名端？变压器绕组的同名端测定方法有哪些？

② 三相变压器绕组的连接方法有哪几种？

③ 如何判定三相变压器绕组的连接组别？常用的连接组别有哪些？

拓展阅读　其他常用变压器

随着工业的不断发展，除了前面介绍的普通双绕组电力变压器外，相应地出现了适用于各种用途的特种变压器。特种变压器一般用于特别的场合，具有特殊的用途。因此，具有特别的结构。了解不同变压器的结构有利于了解其原理及用途。使用特种变压器时，一定要了解其特点，正确、安全地使用特种变压器。本节简要介绍较常用的自耦变压器、电压互感器和电流互感器的工作原理及特点。

一、自耦变压器

1. 自耦变压器的结构

自耦变压器主要由铁芯和绕组两部分组成，但与前述变压器不同的是，它的铁芯做成圆环形，一次［侧］和二次［侧］共用一个绕组，绕组均匀分布在铁芯上，中间有滑动触点，可通过调节滑动触点的位置来调节输出电压。其外形及结构图如图 4-34 所示。

图 4-34　自耦变压器外形及结构图

2. 自耦变压器的工作原理

单相自耦变压器的一、二次绕组之间除了有磁的联系外，还有电的直接联系，如图 4-35 所示。电压、电流仍满足

$$\frac{U_1}{U_2} = \frac{E_1}{E_2} = \frac{N_1}{N_2} = K$$

$$\frac{I_1}{I_2} = \frac{U_2}{U_1} = \frac{N_2}{N_1} = \frac{1}{K}$$

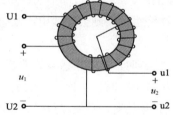

图 4-35　自耦变压器工作原理图

3. 自耦变压器的特点和应用

通过上述分析可知，与普通双绕组变压器相比，自耦变压器输出的容量比较大。因此，与同容量的双绕组变压器相比，自耦变压器具有成本低、重量轻、体积小、效率高等优点。

电压比 k 越接近于 1，公共绕组的电流就越小，电磁功率也越小，传导功率所占的比例就越大，经济效果就越显著。因此，自耦变压器常用于高、低电压比较接近的场合，例如用以连接两个电压相近的电力网。在工厂和实验室里，自耦变压器主要用于调压设备和交流电动机的减压起动设备等。

二、电压互感器

1. 电压互感器的结构

电压互感器与普通双绕组变压器相似，也是由铁芯和绕组两个主要部分组成的。

2. 电压互感器的工作原理

$$\frac{U_1}{U_2}=\frac{N_1}{N_2}=K_U \qquad (4-18)$$

式中，K_U 为电压互感器的额定电压比。电压互感器二次［侧］的额定电压一般为 100 V。

电压互感器工作原理图如图 4-36 所示。

3. 电压互感器使用的注意事项

① 电压互感器的选择可以从电压互感器的电压等级和容量两个方面考虑。电压互感器一次绕组的额定电压应略大于被测电压，二次绕组的额定电压一般为 100 V，与电压互感器配套的交流电压表量程应为 100 V。电压互感器的容量应大于二次回路所有测量仪表的负载功率。

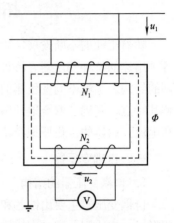

图 4-36　电压互感器工作原理图

② 电压互感器的一、二次绕组都不允许短路。电压互感器正常工作时，二次绕组近似为开路状态，如果二次绕组短路则会烧毁电压互感器，为此电压互感器的一、二次绕组都应安装熔断器。

③ 安装电压互感器时，电压互感器的铁芯和二次绕组的一端要可靠接地，以防止一、二次绕组之间绝缘损坏或击穿时，一次绕组的高压窜入二次绕组，危及人身与设备安全。

④ 电压互感器在连接时，必须注意一、二次绕组接线端的极性，不能接反，尤其是在三相测量系统中，接反将会发生严重事故。

三、电流互感器

1. 电流互感器的结构

电流互感器的结构与普通双绕组变压器相似，也是由铁芯和绕组两个主要部分组成的。其不同点在于：电流互感器的一次绕组匝数很少，只有一匝到几匝，且串联在被测电路中。二次绕组匝数比较多，常与电流表串联成闭合回路，二次回路相当于短路状态。

2. 电流互感器的工作原理

$$\frac{I_1}{I_2}=\frac{N_2}{N_1}=K_I \qquad (4-19)$$

$$I_1=K_I I_2$$

式中，$K_I=N_2/N_1$ 为电流互感器的额定电流比。电流互感器二次［侧］的额定电流一般为 5 A。

电流互感器工作原理图如图 4-37 所示。

3．电流互感器使用的注意事项

① 电流互感器的选择。用于供配电线路的电流互感器的二次绕组额定电流为 5 A，都是配用 5 A 量程的交流电流表，使用时应根据被测电流的范围选择合适的电流互感器的一次绕组额定电流与电流比，如 200/5，500/5 等。同时还要注意电流互感器的额定电压的选择，电流互感器的额定电压等级必须与被测线路电压等级相适应。

② 电流互感器二次绕组不允许开路。

③ 安装电流互感器时，电流互感器的铁芯及二次绕组的一端应该同时可靠接地，特别是高压电流互感器。

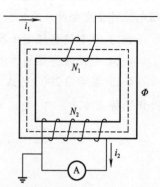

图 4-37　电流互感器工作原理图

④ 电流互感器在连接时，必须注意一、二次绕组接线端的极性。一、二次绕组的电流正方向应如图 4-37 所示，此时 I_1 与 I_2 是同向的，如果接错不仅会使功率表、电能表倒走，在三相测量电路中还会引起其他严重故障。

思考与练习

4-1　某单相变压器的一次绕组电压 U_1=380 V，二次绕组电流 I_2=21 A，电压比 k=10.5。试求一次绕组电流 I_1 和二次绕组电压 U_2。

4-2　三相变压器有几种标准连接组别？请任意选择两种，画出其接线图和向量图。

4-3　已知一台变压器 S_N=560 kV·A，U_{1N}/U_{2N}=3 000 V/100 V，求一、二次绕组的额定电流各是多大？

4-4　变压器空载时，一侧加额定电压，虽然线圈（铜损耗）电阻很小，但是电流仍然很小，为什么？

4-5　变压器有哪些损耗？各与哪些因素有关？在什么情况下变压器效率最高？

4-6　变压器空载试验和负载试验的主要目的和步骤是什么？

4-7　有一台单相变压器 U_1=380 V，I_1=0.368 A，N_1=1 000，N_2=100，试求变压器二次绕组的输出电压 U_2，输出电流 I_2，电压比 K_U，电流比 K_I。

4-8　有一台单相降压变压器，其一次电压 U_1=3 kV，二次电压 U_2=0.2 kV。如果二次［侧］接用一台 P=25 kW 的电阻炉，试求变压器一次绕组电流 I_1，二次绕组电流 I_2。

4-9　某晶体管收音机的输出变压器，其一次绕组匝数 N_1=240，二次绕组匝数 N_2=60，原配接有音圈阻抗为 4 Ω 的电动式扬声器，现要改接 16 Ω 的扬声器，二次绕组匝数如何变化？

4-10　某台单相降压变压器，其额定容量 S_2=50 kV·A，额定电压 U_{1N}=10 kV，U_{2N}=0.23 kV。当此变压器向 R=0.824 Ω，X_L=0.618 Ω 的负载供电时正好满载。求变压器一、二次绕组中的额定电流 I_{1N}、I_{2N} 和电压调整率 ΔU。

4-11　一台单相变压器 S_N=50 kV·A，U_1=10 kV，U_2=0.4 kV，不计损耗，求 I_1 及 I_2。若该变压器的实际效率为 98%，在 U_1 和 U_2 保持不变的情况下，实际的 I_1 将比前面计算得到的数值大还是小？为什么？

4-12 变压器的额定电压为 220 V/110 V，若不慎将低压侧误接到 220 V 电源上，试问励磁电流将会发生什么变化？变压器将会出现什么现象？

4-13 试叙述自耦变压器的工作原理，自耦变压器具有哪些基本特征？

4-14 电压互感器的作用是什么？使用电压互感器时应注意哪些事项？

4-15 某台 3 200 kV·A 的变压器一送电就跳闸，直流电阻两小一大。请分析故障原因，并说明解决方法。

模块 5 控制电机

在科学技术高速发展的今天，控制电机已是构成开环控制、闭环控制、同步连接和机电模拟解算装置等系统的基础元件，广泛应用于各个领域及设备，如化工、炼油、钢铁、造船、原子能反应堆、数控机床、自动化仪器和仪表、电影、电视、电子计算机外设等民用设备，或雷达天线自动定位，飞机自动驾驶仪、导航仪，激光和红外线技术，导弹和火箭的制导，自动火炮射击控制，舰艇驾驶盘和方向盘的控制等军事设备。这些系统能处理包括直线位移、角位移、速度、加速度、温度、湿度、流量、压力、液面高低、密度、浓度、硬度等多种物理量。控制电机其基本原理与普通旋转电机并无本质区别，不过，普通电机的主要任务是完成能量的转换，对它们的要求主要着重于提高效率等经济指标以及起动和调速等性能。而控制电机的主要任务是完成控制信号的传递和转换，因此，现代控制系统对它的基本要求是高精确度、高灵敏度和高可靠性。

控制电机是在普通旋转电机基础上发展起来的具有特殊用途的小功率电机，又称特种电机。控制电机的种类很多，按电流分类，可分为直流和交流两种；按用途分类，直流控制电机又可分为直流伺服电动机、直流测速发电机和直流力矩电动机等。

项目 1   认识伺服电动机

伺服电动机又称执行电动机，它能把接收的电压信号转换为电动机转轴上的机械角位移或角速度的变化，具有服从控制信号的要求而动作的功能：在信号来到之前，转子静止不动；在信号来到之后，转子立即转动；在信号消失后，转子能即时停转。由于这种"伺服"的性能，因此命名为伺服电动机。

自动控制系统对伺服电动机的基本要求是：

① 宽广的调速范围，机械特性和调节特性均为线性。

② 快速响应性能好，即机电时间常数小，在控制信号变化时，能迅速地从一种状态过渡到另一种状态。

③ 灵敏度要高，即在很小的控制电压信号作用下，伺服电动机就能起动运转。

④ 无自转现象。所谓自转现象就是转动中的伺服电动机在控制电压为零时继续转动的现象。无自转现象就是控制电压降到零时，伺服电动机立即自行停转。

按伺服电动机的控制电压来分，伺服电动机可分为直流伺服电动机和交流伺服电动机两大类。直流伺服电动机的输出功率可达数百瓦，主要用于功率较大的控制系统；交流伺服电动机的输出功率较小，一般为几十瓦，主要用于功率较小的控制系统。

任务 1　直流伺服电动机的认识及特性

任务提出

在学习直流伺服电动机工作原理的基础上，进一步掌握和学会测定直流伺服电动机的机械特性，并能根据测定数据画出直流伺服电动机的机械特性曲线。

任务目标

① 掌握直流伺服电动机的工作原理。
② 掌握直流伺服电动机的机械特性。

相关知识

1. 直流伺服电动机的基本结构与分类

直流伺服电动机的基本结构：与普通直流电动机在结构上并无本质上的差别，都是由定子和转子组成。稍有不同的是，直流伺服电动机的电枢电流很小，没有换向困难的问题，因此，一般不再安装换向极；此外，为减小转动惯量，转子形状做得细长一些，气隙比较小，磁路上并不饱和，电枢电阻较大，机械特性软，线性电阻大，可弱磁起动也可直接起动。

直流伺服电动机的分类：按照励磁方式的不同，直流伺服电动机可以分成电磁式和永磁式两种。

① 电磁式直流伺服电动机：磁极上面装有励磁绕组，可以在绕组内通入直流电流，从而建立稳定的磁场。

② 永磁式直流伺服电动机：励磁磁场由永磁铁建立，不需要再安装励磁绕组。

为了适应不同系统的需要，在一般直流伺服电动机的结构上做了不同方面的调整和改进，发展出一系列新的伺服电动机。如无槽电枢直流伺服电动机（见图 5-1）、空心杯形电枢永磁式直流伺服电动机（见图 5-2）、印制绕组直流伺服电动机、无刷直流伺服电动机等。

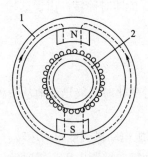
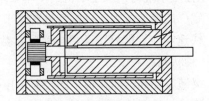

图 5-1　无槽电枢直流伺服电动机结构图　　图 5-2　空心杯形电枢永磁式直流伺服电动机结构图

1—定子；2—转子电枢

2. 直流伺服电动机的工作原理

直流伺服电动机工作时的控制方法：电枢控制方式、磁场控制方式。

① 电枢控制方式：直流伺服电动机采用励磁绕组上施加恒压励磁，将控制电压施加于电

枢绕组来进行的控制。

②　磁场控制方式：直流伺服电动机采用电枢绕组上施加恒压励磁，将控制电压施加于励磁绕组来进行的控制。

电枢控制时直流伺服电动机的工作原理如图 5-3 所示。图 5-3 中励磁绕组接到直流电源 U_f 上，通过电流 I_f 产生磁通 Φ。电枢绕组作为控制绕组接控制电压 U_C，将电枢电压作为控制信号来控制电动机的转速。当控制电压不为零时，电动机旋转；当控制电压为零时，电动机停止转动。

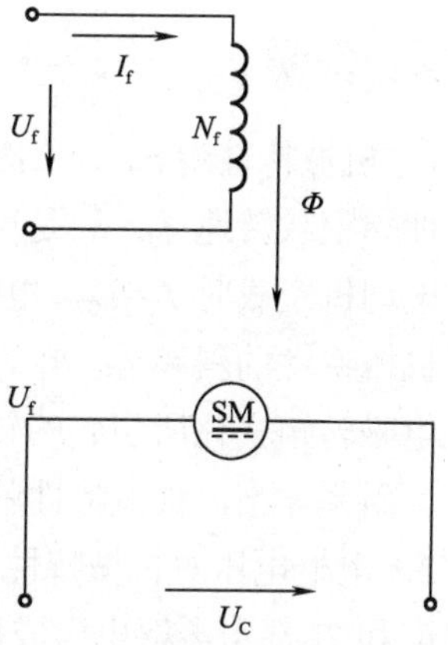

图 5-3　直流伺服电动机的工作原理

3．直流伺服电动机的特性

（1）机械特性

在控制电压保持不变的情况下，直流伺服电动机的转速 n 随转矩 T 变化的关系即为直流伺服电动机的机械特性，可表示为

$$n = \frac{U_C}{C_e \Phi} - \frac{R_a}{C_e C_T \Phi^2} T \tag{5-1}$$

直流伺服电动机机械特性曲线如图 5-4 所示。

理想空载转速 n_0：当电磁转矩 T_e 为零时，电动机转速 n 仅与电枢电压 U_C 有关，即 $n = n_0 = \dfrac{U_C}{C_e \Phi}$。

堵转转矩 T_D：当转速 n 为零时，电动机转矩 T 仅与电枢电压 U_C 有关，即 $T_D = \dfrac{U_C}{R_a} C_e \Phi$。

（2）调节特性

调节特性：负载转矩恒定时，直流伺服电动机转速 n 与电枢电压 U_C 的关系即为直流伺服电动机的调节特性。其调节特性曲线如图 5-5 所示。

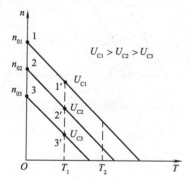

图 5-4　直流伺服电动机机械特性曲线

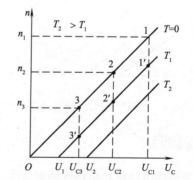

图 5-5　直流伺服电动机调节特性曲线

电枢控制的直流伺服电动机的优点：机械特性和调节特性都是线性的，且这种线性关系与电枢电阻的大小无关，这是交流伺服电动机所不能达到的；其机械特性能够很好地满足控制系统的要求。缺点：由于换向器的存在，使得换向器与电刷之间易产生火花，干扰驱动器工作，不能应用在有可燃性气体的场合；电刷和换向器存在摩擦，会产生较大的死区；结构复杂，维护比较困难。

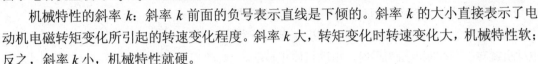

任务分析

1. 机械特性中 n_0、k 的物理意义

理想空载转速 n_0：n_0 是电磁转矩 $T_e=0$ 时的转速，由于电动机空载时 $T_e=T_0$，电动机的空载转速低于理想空载转速。

机械特性的斜率 k：斜率 k 前面的负号表示直线是下倾的。斜率 k 的大小直接表示了电动机电磁转矩变化所引起的转速变化程度。斜率 k 大，转矩变化时转速变化大，机械特性软；反之，斜率 k 小，机械特性就硬。

2. 电枢电压对机械特性的影响

n_0 和 T_k 都与电枢电压成正比，而斜率 k 则与电枢电压无关。对应于不同的电枢电压可以得到一组相互平行的机械特性曲线，如图 5-6 所示。

3. 调节特性中 U_{a0} 和 k_1 的物理意义

始动电压 U_{a0}：U_{a0} 是电动机处在待动而又未动的临界状态时的控制电压。

由 $n = \dfrac{U_a}{C_e\Phi} - \dfrac{T_s R_a}{C_e C_T \Phi^2}$，当 $n=0$ 时，便可求得 $U_a = U_{a0} = \dfrac{R_a}{C_T\Phi}T_s$，即负载转矩越大，始动电压越高。而且控制电压从 0 到 U_{a0} 一段范围内，电动机不转动，故把此区域称为电动机的死区。

4. 总阻转矩对调节特性的影响

总阻转矩 T_s 变化时，$U_{a0} \propto T_s$，斜率 k_1 保持不变。因此，对应于不同的总阻转矩 T_{s1}、T_{s2}、T_{s3} 等可得到一组相互平行的调节特性曲线，如图 5-7 所示。

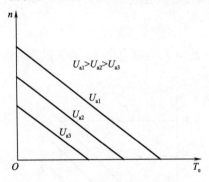

图 5-6　不同控制电压时的机械特性

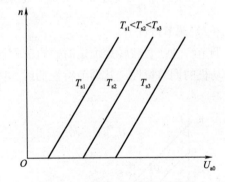

图 5-7　不同负载时的调节特性

任务实施

直流伺服电动机机械特性的测量试验

1. 根据试验列出设备清单（见表 5-1）

表 5-1　设备清单

序　号	名　　　称	数量/件	备　　注
1	电源控制屏	1	
2	实验桌	1	
3	涡流测功系统导轨	1	

续表

序号	名　　称	数量/件	备　　注
4	直流电动机	1	
5	记忆示波器	1	

2．测取直流伺服电动机的机械特性

① 按图 5-8 接线,图中 R_{f2} 选用屏上 1 800 Ω 电阻,A1、A2 分别选用毫安表、安培表。

② 把 R_{f2} 调至最小,先接通励磁电源,再调节控制屏左侧调压器旋钮使直流电源升至 220 V。

③ 调节涡流测功机控制箱,给直流伺服电动机加载。调节 R_{f2} 阻值,使直流伺服电动机

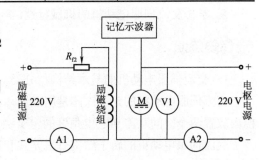

图 5-8　直流伺服电动机接线图

$n=n_N=1\ 600$ r/min,$I_a=I_N=0.8$ A,$U=U_N=220$ V,此时电动机励磁电流为额定励磁电流。

④ 保持此额定励磁电流不变,逐渐减载,从额定负载到空载,测取其机械特性 $n=f(T)$,记录 n、I_a、T。

3．由实验数据画出直流伺服电动机的三条机械特性曲线

任务评价

序　号	考核内容	考核要求	成　绩
1	安全操作	符合安全生产要求,团队合作融洽(20 分)	
2	工具仪表使用	工具仪表使用和操作符合要求(10 分)	
3	实验图接线	检查元器件和实验图接线(30 分)	
4	调试	根据线路的故障现象分析、判断故障点,并排除故障(30 分)	
5	测量	能够正确操作、测量数据正确(10 分)	

思考题

① 直流伺服电动机采用电枢控制方式时,若励磁电压下降,则电动机的机械特性和调节特性如何变化?

② 直流伺服电动机采用电枢控制方式时,始动电压是多少?与负载大小有什么关系?

任务 2　交流伺服电动机的认识及特性

任务提出

在学习交流伺服电动机工作原理的基础上,进一步掌握和学会测定交流伺服电动机的特性,并能根据测量数据画出交流伺服电动机的机械特性和调节特性曲线。

① 掌握交流伺服电动机的工作原理。

② 掌握交流伺服电动机的机械特性。

相关知识

1. 交流伺服电动机的基本结构与分类

交流伺服电动机的定子铁芯是用硅钢片、铁铝合金或铁镍合金片叠压而成的，在其定子槽内放置两个空间互差 90° 电角度的定子绕组：一个是励磁绕组，另一个是控制绕组。

交流伺服电动机的转子结构有鼠笼式和空心杯形两种形式，如图 5-9、图 5-10 所示。

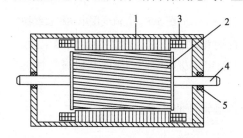
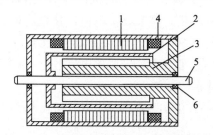

图 5-9　鼠笼式转子交流伺服电动机结构　　　　图 5-10　空心杯形转子交流伺服电动机结构

1—定子铁芯；2—鼠笼式转子；3—绕组；4—转轴；5—轴承　　　1—外定子铁芯；2—空心杯形转子；3—内定子铁芯；

4—绕组；5—转轴；6—轴承

2. 交流伺服电动机的工作原理

励磁绕组由电压保持恒定的交流电源 U_f 励磁，控制绕组由控制电压 U_C 供电。工作时两相绕组中所加的额定控制电压 U_{CN} 和额定励磁电压 U_{fN}，当在相位上相差 90° 时，其电流在气隙中建立的合成磁动势是圆形旋转磁动势，从而在空心杯形转子的杯形筒壁上或在转子导条中感应出电动势及电流，转子电流与旋转磁场相互作用产生电磁转矩，使转子沿旋转磁场的方向旋转。在旋转磁场的作用下，如果加在控制绕组上的控制电压反相时（保持励磁电压不变），由于旋转磁场的旋转方向发生变化，使电动机转子反转，如图 5-11 所示。

3. 交流伺服电动机的控制方式和特性

交流伺服电动机不仅需要具有受控于控制信号而起动和停转的伺服性，而且还需要具有转速的大小及其转向的可控性。其控制方法主要有三种：幅值控制、相位控制和幅值-相位控制。

（1）幅值控制

交流伺服电动机幅值控制接线图如图 5-12 所示，这种方式是通过调节 U_C 的大小来改变电动机转速的。当励磁电压 U_f 大小不变，并使控制电压 U_C 和 U_f 保持 90° 相位差不变时，U_C 越大，则转速越高。其机械特性和调节特性如图 5-13 所示。

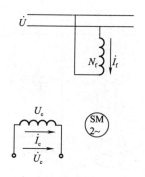

图 5-11　交流伺服电动机的工作原理图

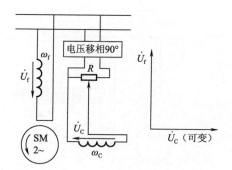

图 5-12　交流伺服电动机幅值控制接线图

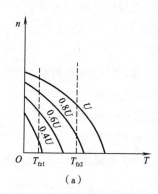

(a)

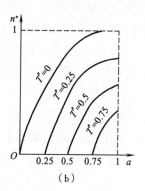

(b)

图 5-13　交流伺服电动机幅值控制的机械特性和调节特性

由图 5-13 可见，随着控制电压的下降，特性曲线下移。在同一负载转矩作用时，电动机转速随控制电压的下降而均匀减小。

（2）相位控制

交流伺服电动机相位控制接线图如图 5-14 所示，这种方式是通过改变 U_C 的相位来改变电动机转速的。当控制电压 U_C 和励磁电压 U_f 的大小保持额定值不变，而 U_C 与 U_f 的相位差在 0°～90° 之间变化时，相位差越大，转速越高。目前，这种控制方式用得比较少。

（3）幅值-相位控制

交流伺服电动机幅值-相位控制接线图如图 5-15 所示，这种方式是通过同时调节控制电压 U_C 的幅值和相位来改变电动机转速的。励磁绕组通过串接移相电容后接到交流电源上，其电压 U_f 与电源电压不相等，也不同相，随电动机的运行情况而变化。控制绕组通过分压电阻接在同一电源电压上，其电压 U_C 的频率和相位与电源相同，但幅值可调。通过改变控制绕组电压 U_C 的幅值和相位，交流伺服电动机转轴的转向随控制电压相位的反相而改变。

幅值-相位控制方式的优点：设备简单，不用移相装置，输出功率较大，实际应用最为广泛。

自动控制系统对伺服电动机的性能要求可以概括为以下几点：

① 宽广的调速范围。机械特性和调节特性均有着良好的线性度，能够在较大范围内平滑稳定地进行调速。

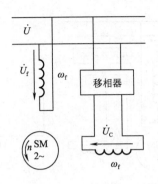
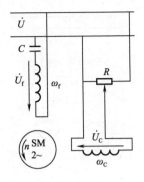

图 5-14　交流伺服电动机相位控制接线图　　图 5-15　交流伺服电动机幅值-相位控制接线图

② 空载始动电压低，灵敏度要高。当电动机空载运行时，其转子不论在哪个位置，只要施加很小的控制电压信号，伺服电动机就能从静止状态开始加速起动。这个控制电压就称为始动电压，其值越小，表示电动机的灵敏度越高。

③ 无自转现象。通常要求在控制信号到来之前，伺服电动机静止不动；一旦控制信号来到，转子能迅速转动；当控制电压降到零时，伺服电动机立即自行停转。根据这种"伺服"的性能，因此命名为伺服电动机。消除自转现象是自动控制系统正常工作的必要条件之一。

④ 快速响应性好，即机电时间常数要小。当控制信号发生变化时，要求伺服电动机能迅速从一种状态过渡到另一种状态。因而，伺服电动机都要求机电时间常数小。

 任务分析

1. 电压

技术数据表中的励磁电压和控制电压都是额定值。励磁绕组的额定电压一般允许上下变动范围为 5%。

2. 频率

控制电机常用的频率分为低频和中频两大类。低频为 50 Hz（或 60 Hz）；中频为 400 Hz（或 500 Hz）。在使用不同频率电机时，要用相应频率的电源。

3. 堵转转矩、堵转电流

定子两相绕组加上额定电压，转速等于 0 时的输出转矩，称为堵转转矩。此时，流经励磁绕组和控制绕组的电流分别为堵转励磁电流和堵转控制电流。

4. 空载转速

定子两相绕组加上额定电压，控制电机不带任何负载时的转速为空载转速。

5. 额定功率

在控制电机对称运行时，当转速接近空载转速一半时，此时输出功率最大，此功率为额定功率，此点为额定状态点。

任务实施

交流伺服电动机的机械特性测量试验

1. 根据试验列出设备清单（见表 5-2）

表 5-2　设备清单

序　号	名　　　称	数　　量	备　　注
1	电源控制屏	1 件	
2	实验桌	1 件	
3	涡流测功系统导轨	1 件	
4	交流伺服电动机控制箱	1 件	
5	示波器	1 台	

2. 实测交流伺服电动机 $\alpha=1$（即 $U_C=U_N=220\text{ V}$）时的机械特性

① 关断三相交流电源，按图 5-16 接线。图 5-16 中 T1、T2 选用 HK57 挂件。

② 起动三相交流电源，调节调压器，使 $U_f=220\text{ V}$，再调节单相调压器 T2，使 $U_C=U_N=220\text{ V}$。

③ 调节涡流测功机，记录力矩 T 及交流伺服电动机转速。

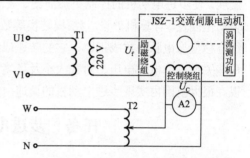

图 5-16　交流伺服电动机幅值控制接线图

3. 实测交流伺服电动机的调节特性

① 调节三相调压器使 $U_f=220\text{ V}$，交流伺服电动机空载（涡流测功机不加载）。逐次调节单相调压器 T2，使控制电压 U_C 从 220 V 逐次减小，直到 0 V。

② 记录每次所测的控制电压 U_C 与电动机转速 n。

4. 观察交流伺服电动机"自转"现象

① 接线图同图 5-16，调节调压器使 $U_1=127\text{ V}$，$U_C=220\text{ V}$，再将 U_C 开路，观察交流伺服电动机有无"自转"现象。

② 接线图同图 5-16，调节调压器使 $U_1=127\text{ V}$，$U_C=220\text{ V}$，再将 U_C 调到 0 V，观察交流伺服电动机有无"自转"现象。

5. 作交流伺服电动机幅值控制时的机械特性和调节特性曲线

6. 分析实验数据及实验过程中发生的现象

🦊**任务评价**

序　号	考核内容	考　核　要　求	成　绩
1	安全操作	符合安全生产要求，团队合作融洽（20 分）	
2	工具仪表使用	工具仪表使用和操作符合要求（10 分）	
3	实验图接线	检查元器件和实验图接线（30 分）	
4	调试	根据线路的故障现象分析、判断故障点，并排除故障（30 分）	
5	测量	能够正确操作，测量数据正确（10 分）	

思考题

① 交流伺服电动机控制方式有几种？

② 什么是交流伺服电动机的自转现象？怎样克服"自转"？

项目 2　认识步进电动机

步进电动机又称脉冲电动机，是数字控制系统中的一种重要的执行元件，它是将电脉冲信号变换成转角或转速的执行电动机，其角位移量与输入电脉冲数成正比；其转速与电脉冲的频率成正比。在负载能力范围内，这些关系将不受电源电压、负载、环境、温度等因素的影响，可在很宽的范围内实现调速，快速起动、制动和反转。随着数字技术和电子计算机的发展，使步进电动机的控制更加简便、灵活和智能化。现已广泛用于各种数控机床、绘图机、自动化仪表、计算机外设、数–模转换等数字控制系统中作为元件。步进电动机的角位移量或线位移量与电脉冲数成正比，它的转速或线速度与电脉冲频率成正比。在负载能力范围内，这些关系不因电源电压、负载大小及环境条件的变化而变化。通过改变脉冲频率的高低，可以在很大范围内实现步进电动机的调速，并能快速起动、制动和反转。

任务　步进电动机的认识及特性

任务提出

随着微电子和计算机技术的发展，步进电动机被广泛应用于各个领域。要认识步进电动机，就必须掌握和学会测定步进电动机的特性。

任务目标

① 掌握步进电动机基本特性的测定方法。

② 了解步进电动机的驱动电源及步进电动机工作情况。

相关知识

一、步进电动机的分类、基本结构和工作原理

1. 分类

按励磁方式分：反应式（亦称磁阻式）、永磁式和混合式。

按工作方式分：功率式和伺服式。

按相数分：单相、两相、三相和多相等。

2. 基本结构

图 5-17 为三相反应式步进电动机的结构示意图，其定子、转子铁芯都用硅钢片或软磁材料叠成双凸极形式。

定子上有六个磁极，其上装有绕组，两个相对磁极上的绕组串联起来，构成一相绕组，组成三相独立的绕组，称为三相绕组，绕组接成三相星形作为控制绕组。绕组由专门的电源输入

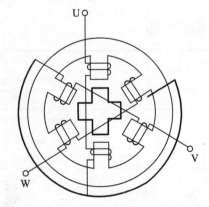

图 5-17　三相反应式步进电动机的结构示意图

电脉冲信号，通电顺序称为步进电动机的相序。当定子中的绕组在脉冲信号的作用下，有规律地通电、断电工作时，在转子周围就会有一个按相序规律变化的磁场。转子铁芯的凸极结构就是转子均匀分布的齿，有四个磁极，上面没有绕组。转子的齿又称显极，转子开有齿槽，其齿距与定子磁极极靴上的齿距相等，而齿数有一定要求，不能随便取值。转子在定子产生的磁场中形成磁体，具有磁性转轴。定、转子间由气隙隔开。

3．工作原理

步进电动机的控制绕组从一相通电状态换到另一相通电状态称为一拍，每一拍转子转过的角度称为步距角 θ。根据通电方式的不同，反应式步进电动机的运行方式分为三相单三拍、三相双三拍、三相六拍等几种运行方式。

步进电动机的步距角为

$$\theta = \frac{360°}{NZ} \tag{5-2}$$

步进电动机的转速为

$$n = \frac{60f}{NZ} \tag{5-3}$$

"三相"是指绕组的相数；"单"是指每拍只有一相绕组通电；"双"是指每次同时给两相绕组通电；"三拍"是指一个循环周期包括三次换接；"六拍"是指一个循环周期包括六次换接。

（1）三相单三拍运行方式的工作原理

三相反应式步进电动机三相单三拍运行方式的工作原理如图 5-18 所示。当以 U→V→W→U 的通电顺序使三个控制绕组不断地轮流通电时，步进电动机的转子就会沿 U→V→W 的方向一步一步地转动，其步距角为 30°。当改变控制绕组的通电顺序时，则转子转动方向相反。

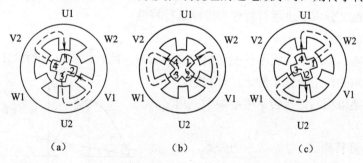

图 5-18　三相反应式步进电动机三相单三拍运行方式的工作原理

（2）三相双三拍运行方式的工作原理

三相反应式步进电动机三相双三拍运行方式的工作原理如图 5-19 所示。当三相绕组按 UV→VW→WU 的顺序通电时，转子顺时针旋转；改变通电顺序，即可改变转子的转向，其步距角为 30°。

（3）三相六拍运行方式的工作原理

当按 U→UV→V→VW→W→WU 的顺序给三相绕组轮流通电时，称为三相六拍运行方式。一相通电和两相通电相间隔，每次循环共六拍。其步距角为 15°。这种通电方式可以获得更精确的控制特性，更适用于需要精确定位的控制系统。

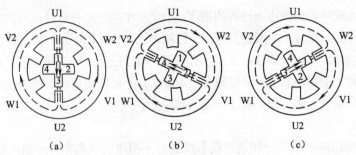

图 5-19　三相反应式步进电动机三相双三拍运行方式的工作原理

（4）小步距角三相反应式步进电动机

图 5-20 为小步距角三相反应式步进电动机的结构示意图，图 5-20 中转子上均匀分布了 40 个小齿，定子每个极面上也有 5 个小齿，定、转子小齿的齿距必须相等。对于三相双三拍，其步距角为 3°；三相六拍，其步距角为 1.5°。

步进电动机必须由专门驱动电源供电。驱动电源一般由逻辑电路与功率放大器组成，近年来，随着微处理器与微型计算机技术的发展，驱动电源不断更新换代，使得步进电动机控制技术不断更新换代。而且驱动电源和步进电动机是一个整体，步进电动机的功能和运行性能都是两者配合的综合结果。

图 5-20　小步距角三相反应式步进电动机的结构示意图

二、反应式步进电动机的特性

反应式步进电动机的特性分静态运行特性和动态运行特性，动态运行特性又分成步进运行特性和连续运行特性。

1. 静态运行特性

静态运行状态：步进电动机不改变通电方式的状态，此时，步进电动机转子受到内部反应转矩——静转矩的作用而处于静止运行状态。

失调角 θ：通电相的定、转子中心线间夹角（用电角度表示）。

矩角特性：静转矩 T 与失调角的关系，即 $T=f(\theta)$ 曲线，如图 5-21 所示，是静态运行的主要特性。

表征矩角特性有两项基本内容：一是矩角特性上电磁转矩的最大值，称为最大静态转矩 T_{max}，它表示步进电动机承受负载的能力，是步进电动机最主要的性能指标之一，它的大小与通电状态及绕组中电流的大小有关；另一项是它的波形，矩角特性的波形与很多因素有关，当磁路结构及绕组形式确定后，它主要取决于定、转子齿的尺寸比、通电状态及磁路饱和程度等。

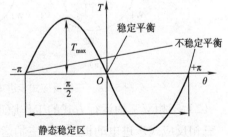

图 5-21　反应式步进电动机的矩角特性曲线

2. 步进运行状态

步进运行状态：指控制脉冲频率很低时，下一脉冲到来之前，转子已完成一步，并且运动已经停止。在这种状态下有两个主要特性：动稳定区和最大负载转矩。

（1）动稳定区

步进电动机的动稳定区指从一种通电状态换接到另一种通电状态时，不会引起失步的区域。动稳定区与静稳定区重叠越大，步进电动机的稳定性越好。而步距角越小，即相数或拍数越多，动稳定区越接近静稳定区。

（2）最大负载转矩

最大负载转矩等于下一个通电相的最小静转矩，又称起动转矩。当步进电动机负载运行时，转子除了每一步必须停在动稳定区，还必须使下一次通电最小静转矩大于负载转矩，电动机才有可能在原方向上继续运行。显然，步距角越小，最大负载转矩越接近最大静转矩。

3．连续运行状态

连续运行状态：指当脉冲频率很高时，其周期比转子振荡的过渡过程时间还短，虽然转子仍然是一个脉冲前进一步，步距角不变，但转子却连续不停地平滑旋转；当脉冲频率恒定时，电动机做匀速运动。

动态转矩：连续运行时转子受到的转矩称为动态转矩。步进电动机的最大动态转矩小于最大静态转矩。脉冲频率越高，步进电动机的转速越快，则平均动态转矩越小。

运行频率：步进电动机在连续运行状态下不失步的最高频率称为运行频率。运行频率越高，在一定条件下表征了步进电动机的调速范围越大。

起动频率：步进电动机不失步起动的最高频率称为起动频率。启动频率一般较低，以保证步进电动机有足够大的转矩。

任务分析

> 归纳总结步进电动机的主要特点。

步进电动机是利用电磁铁的作用原理，将脉冲信号转换为线位移或角位移的电动机。每来一个电脉冲，步进电动机转动一定角度，带动机械移动一小段距离。

特点：

① 来一个脉冲，转一个步距角。

② 控制脉冲频率，可控制电动机转速。

③ 改变脉冲顺序，可改变转动方向。

种类：励磁式和反应式两种。

区别在于，励磁式步进电动机的转子上有励磁线圈，反应式步进电动机的转子上没有励磁线圈。

任务实施

步进电动机的特性测量试验

1．根据试验列出设备清单（见表 5-3）

2．基本实验电路的外部接线

图 5-22 为步进电动机实验接线图。

表5-3　设备清单

序　号	名　　　称	数　　量	备　　注
1	电源控制屏	1件	
2	实验桌	1件	
3	涡流测功系统导轨	1件	
4	步进电动机控制箱	1件	
5	步进电动机	1件	
6	弹性联轴器、堵转手柄及圆盘	1套	
7	双踪示波器	1台	

3．步进电动机组件的使用说明及实验操作步骤

（1）单步运行状态

接通电源，将控制系统设置于单步运行状态或复位后，按执行键，步进电动机走一步距角，绕组相应的发光管发亮，再不断按执行键，步进电动机转子也不断做步进运动。改变步进电动机转向，步进电动机做反向步进运动。

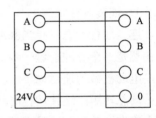

图5-22　步进电动机实验接线图

（2）角位移和脉冲数的关系

控制系统接通电源，设置好预置步数，按执行键，步进电动机运转，观察并记录步进电动机偏转角度，再重设另一置数值，按执行键，观察并记录步进电动机偏转角度，并利用公式计算步进电动机偏转角度与实际值是否一致。

（3）空载突跳频率的测定

控制系统置连续运行状态，按执行键，步进电动机连续运转后，调节速度调节旋钮使频率提高至某频率（自动指示当前频率）。按设置键让步进电动机停转，再重新起动步进电动机（按执行键），观察步进电动机能否运行正常，如正常，则继续提高频率，直至步进电动机不失步起动的最高频率，则该频率为步进电动机的空载突跳频率。

（4）空载最高连续工作频率的测定

步进电动机空载连续运转后缓慢调节速度调节旋钮使频率提高，仔细观察步进电动机是否不失步，如不失步，则再缓慢提高频率，直至步进电动机能连续运转的最高频率，则该频率为步进电动机空载最高连续工作频率。

（5）转子振荡状态的观察

步进电动机空载连续运转后，调节并降低脉冲频率，直至步进电动机声音异常或出现步进电动机转子来回偏摆即为步进电动机的振荡状态。

（6）矩频特性的测定

置步进电动机为逆时针转向，连接涡流测功机，控制电路工作于连续方式，设定频率后，使步进电动机起动运转，调节涡流测功机施加制动力矩，仔细测定对应设定频率的最大输出动态力矩（步进电动机失步前的力矩）。改变频率，重复上述过程，得到一组与频率 f 对应的转矩 T 值，即为步进电动机的矩频特性 $T=f(f)$。

（7）静力矩特性 $T=f(I)$

关闭电源，控制电路工作于单步运行状态，将屏上的两只 90 Ω 电阻并联（阻值为 45 Ω，电流为 2.6 A），把可调电阻及一只 5 A 直流电流表串入 A 相绕组回路（注意正、负端），将堵转手柄固定在步进电动机的左侧连接轴上。步进电动机与涡流测功机用弹性联轴器同轴连接。同时将内六角扳手插入涡流测功机上方的螺母中心孔中，使涡流测功机堵转。接通电源，使 A 相绕组通过电流，缓慢旋转手柄，读取并记录步进电动机不失步所对应的最大转矩值即为对应电流 I 的最大静力矩 T_{max} 值，改变可调电阻并使阻值逐渐增大，重复上述过程，可得一组电流 I 值及对应 I 值的最大静力矩 T_{max} 值，即 $T_{max}=f(I)$。

4. 对上述实验内容进行总结，并加以分析

① 步进电动机处于三拍、六拍不同状态时，驱动波形的关系。

② 单步运行状态。

③ 角位移和脉冲数关系。

④ 空载突跳频率。

⑤ 空载最高连续工作频率。

⑥ 平均转速和脉冲频率的特性 $n=f(f)$。

任务评价

序　号	考核内容	考　核　要　求	成　绩
1	安全操作	符合安全生产要求，团队合作融洽（20 分）	
2	工具仪表使用	工具仪表使用和操作符合要求（10 分）	
3	实验图接线	检查元器件和实验图接线（30 分）	
4	调试	根据线路的故障现象分析、判断故障点，并排除故障（30 分）	
5	测量	能够正确操作，测量数据正确（10 分）	

思考题

① 影响步进电动机步距的因素有哪些？采用何种方法步距最小？

② 平均转速和脉冲频率的关系怎样？为什么特别强调是平均转速？

③ 步进电动机的驱动电路包括哪些部分？

项目 3　认识测速发电机

测速发电机是一种测量转速的微型发电机，它把转速作为输入量，电压信号作为输出量。其基本任务就是将输入的机械转速转换为电压信号输出，并要求输出的电压信号与转速成正比，在自动控制系统及计算装置中可以作为检测元件、阻尼元件、计算元件和角加速信号元件。

测速发电机的用途较多：当作为测速元件时，要求灵敏度、线性度较高，反应速度快；当作为解算元件时，要求线性度较高，温度误差较小，有一定的剩余电压，但是对灵敏度要求不高；当作为阻尼元件时，要求灵敏度较高，但是对线性度要求则不高。

测速发电机能把机械转速转换成与之成正比的电压信号，可以用作检测元件、解算元件、

角速度信号元件，广泛地应用于自动控制、测量技术和计算技术等装置中。

自动控制系统对测速发电机的要求如下：

① 线性度好，即输出电压要严格与转速成正比，并不受温度等外界条件变化的影响。

② 灵敏度高，即在一定的转速下，输出电压值要尽可能大。

③ 不灵敏区小。

④ 转动惯量小，以保证测速的快速性。

测速发电机的分类：直流测速发电机和交流测速发电机。

① 直流测速发电机：永磁式测速发电机和电磁式测速发电机。

② 交流测速发电机：同步测速发电机和异步测速发电机。

任务 1 直流测速发电机的认识及特性

任务提出

直流测速发电机是一种微型直流发电机，其作用是把拖动系统的旋转角速度转变为电压信号。要认识直流测速发电机，就要在学习测速发电机工作原理的基础上进一步掌握和学会测定测速发电机的输出特性。

任务目标

① 掌握直流测速发电机的工作原理。

② 掌握直流测速发电机的输出特性。

相关知识

1. 直流测速发电机的分类

直流测速发电机实际上就是一台普通的微型直流发电机，其结构与普通小型直流发电机相同，由定子、转子、电刷和换向器四部分组成。

按定子磁极的励磁方式，可分为电磁式和永磁式；

按电枢结构不同，又可分为有槽式电枢、无槽式电枢、空心杯形电枢和印制绕组电枢等。其中，最常用的是有槽式电枢结构。

2. 直流测速发电机的工作原理

直流测速发电机的工作原理和直流发电机相同，其工作原理如图 5-23 所示。在励磁绕组中通入直流电以建立极性恒定的磁极磁通。在磁场的作用下，被测外部的机械转轴拖动电枢绕组以转速 n 旋转，切割磁感线，从而在电刷间产生空载感应电动势 E_0，由电刷两端引出，大小与转速成正比，极性与转速的方向有关，即 $E_0 = E_e \Phi_e n$，由该式可知，空载时当转子的旋转转速 n 发生变化时，输出电压的大小也随之改变。测量输出电压的变化就可以反映出转子转速的变化，从而达到测量转速的目的。

带载运行时，直流测速发电机的输出电压为

$$U = E_0 - IR_a = E_0 - \frac{U}{R_L}R_a = \frac{R_L}{R_L + R_a}C_e\Phi_0 n = kn \qquad (5\text{-}4)$$

式中：k——输出特性的斜率，即测速发电机的灵敏度。

$$k = \frac{R_L}{R_L + R_a}C_e\Phi_0 n \qquad (5\text{-}5)$$

从式（5-4）可以看到，只要保持 Φ_0、R_a、R_L 不变，直流测速发电机的输出电压 U 与转速 n 成正比，其特性曲线如图 5-24 所示。由图 5-24 看出，输出电压的大小随转速的变化而变化，其极性随旋转方向改变而改变。负载电阻 R_L 的大小将影响灵敏度，R_L 变大，灵敏度提高，空载时灵敏度最高；R_L 减小时，输出电压随之降低。在高速时，输出电压与转速之间的线性关系不再满足线性关系。为减少电枢反应的影响，通常安装补偿绕组。

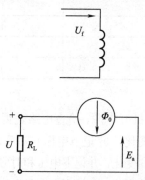

图 5-23　直流测速发电机的工作原理

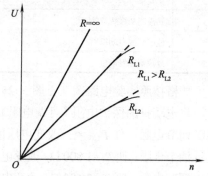

图 5-24　直流测速发电机的输出特性

3．直流测速发电机的误差分析

直流测速发电机在实际运行中，输出电压与转速之间并不能严格地保持正比关系，即出现线性误差。产生误差的主要原因有以下几点：

（1）电枢反应的影响

因电枢反应对主磁场有去磁效应，所以即使发电机励磁电流不变，负载后气隙合成磁通也将减小，使输出特性偏离直线。

（2）电刷接触压降的影响

接触电阻是随着负载电流变化而变化的，因此接触电阻也是破坏线性关系的因素之一。

（3）温度的影响

在电磁式测速发电机中，因励磁绕组长期通电，其阻值也相应增大，使励磁电流减小，从而引起磁通下降，造成线性误差。

归纳整理直流测速发电机的特性。

任务分析

直流测速发电机的结构和原理都与他励直流发电机基本相同，也是由装有磁极的定子、电枢和换向器等组成的。按照励磁方式的不同，可分为永磁式和电磁式两种。永磁式直流测速发电机采用矫顽力高的磁钢制成磁极，结构简单，不需另加励磁电源，也不因励磁绕组温度变化而影响输出电压，应用较广；电磁式直流测速发电机由他励方式励磁。

直流测速发电机的输出电压 U 与转速 n 之间的关系 $U=f(n)$ 称为输出特性。

任务实施

直流测速发电机工作特性测试

① 根据试验列出设备清单（见表 5-4）。

表 5-4　设备清单

序　号	名　　　　　称	数　量/件
1	电机及自动控制实验装置	1
2	实验桌	1
3	涡流测功系统导轨	1
4	他励直流电动机	1
5	直流测速发电机	1

② 严格按照实验电路图（见图 5-25）连接电路。

③ 将电动机的保护电阻（可调电阻）调到适当的值，打开电源，检查电路是否正常工作。

④ 调节电阻，使 $R_L=\infty$，改变电压值，观察转速的变化，并记下电压和对应的转速值。

⑤ 调节电阻，使 $R_L=1\,800\,\Omega$，改变电压值，观察转速的变化，并记下电压和对应的转速值。

⑥ 调节电阻，使 $R_L=3\,600\,\Omega$，改变电压值，观察转速的变化，并记下电压和对应的转速值。

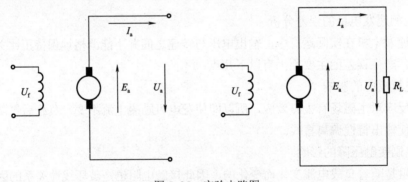

图 5-25　实验电路图

任务评价

序号	考核内容	考　核　要　求	成绩
1	安全操作	符合安全生产要求，团队合作融洽（20分）	
2	工具仪表使用	工具仪表使用和操作符合要求（10分）	
3	实验图接线	检查元器件和实验图接线（30分）	
4	调试	根据线路的故障现象分析、判断故障点，并排除故障（30分）	
5	测量	能够正确操作，测量数据正确（10分）	

思考题

① 直流测速发电机的误差主要由哪些因素造成？

② 为什么直流测速发电机的转速不宜超过规定的最高转速？为什么直流测速发电机的负载电阻不能小于规定值？

任务 2 交流测速发电机的认识及特性

任务提出

在学习交流测速发电机工作原理的基础上，进一步掌握交流测速发电机的输出特性，并学会测定交流测速发电机的输出特性和剩余电压。

任务目标

① 掌握交流测速发电机的输出特性。

② 了解负载性质和大小对交流测速发电机输出特性的影响。

归纳整理交流测速发电机的特性。

相关知识

交流同步测速发电机：实际上就是单相同步发电机，其输出电压不仅大小与转速有关，频率也随转速变化。这样输出电压不再与转速呈线性关系，故应用很少，一般用作指针式转速计。

交流异步测速发电机：其输出电压与转速有严格的线性关系，广泛用于自动控制系统中。

1. 交流异步测速发电机的结构与分类

交流异步测速发电机的结构与交流伺服电动机相似，主要由定子和转子组成。它的定子上也有两相空间上互差 90° 的绕组，其中一相绕组是励磁绕组，另一相绕组用来作为输出电压的输出绕组。

按转子结构不同分为鼠笼式转子和空心杯转子两种。

笼形测速发电机：由于转动惯量大、性能差，测速精度不及空心杯转子测速发电机的测量精度高，所以只用在精度要求不高的控制系统中。

空心杯转子测速发电机：转子由电阻率较大、温度系数较小的非磁性材料制成，其输出特性的线性度好、精度高，在自动控制系统中的应用较为广泛。

2. 交流异步测速发电机的工作原理

交流异步测速发电机的工作原理如图 5-26 所示。励磁绕组的轴线为直轴（d 轴或交轴），输出绕组的轴线为交轴（q 轴或直轴）。

当转子以某一速度旋转时，即转子导体因切割直轴磁通而产生感应电流，其方向可由右手定则判定。转子感应电流又产生转子磁通，此磁通在空间上是固定的，与输出绕组轴线相重合，在时间上是按正弦规律变化的。因此，在输出绕组中感应出频率相同的输出电压。因此，只要测出其输出电压的大小，就可以测出转速的大小，就能将转速信号转换为电压信号，实现测速目的。如果被测机械的转向改变，交流测速发电机的输出电压也将相应改变。

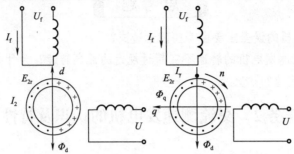

图 5-26　交流异步测速发电机的工作原理

3．交流测速发电机的误差分析

（1）线性误差

当磁通不变时输出电压与转速成严格的线性关系，但用公式计算时忽略了定子漏阻抗，以及转子杯导条的漏阻抗，若考虑这些因素，直轴磁通的大小是变化的，因此产生了线性误差。

（2）相位误差

输出电压与励磁电压之间的相移随转速的变化而变化，从而产生了相位误差。

（3）剩余电压

理想的测速发电机在转速为零时输出电压应为零，但实际上，即使转速为零输出电压并不为零，这时输出绕组中所产生的电压称为剩余电压。产生剩余电压的原因主要有两个方面：一是制造工艺问题，二是导磁材料的磁导率不均匀及非线性产生高次谐波磁场，这些谐波磁场将在输出绕组中感应高次谐波电势。

任务分析

交流测速发电机实质上就是一种微型交流异步发电机。交流测速发电机应用较多的是空心杯转子的异步测速发电机，与空心杯转子的交流伺服电动机相似，定子上装有两个对称绕组，一个是励磁绕组，接交流电压；另一个是输出绕组，接测量仪器或仪表。

① 转子静止时，不会在输出绕组中感应出电动势，输出绕组的输出电压为零。

② 转子转动时，在输出绕组中的感应出电动势就是交流测速发电机的输出电压，且输出电压与转速成正比。

任务实施

交流测速发电机实验

1．根据试验列出设备清单（见表 5-5）

表 5-5　设备清单

序　号	名　　　称	数　量/件
1	电源控制屏	1
2	实验桌	1

序　号	名　称	数　量/件
3	涡流测功系统导轨	1
4	他励直流电动机	1
5	交流测速发电机	1
6	交流伺服电机控制箱	1
7	示波器	1

2. 测空载时的输出特性和 $n=0$ 时的剩余电压

按图 5-27 接线，DJ25 的励磁电阻 R_f 选用控制屏上 10 kΩ/2W 电阻，变压器 T1 为 HK57 上的，负载电阻 R_L 为控制屏上 900 Ω 串联 900 Ω，共 1 800 Ω，电容选用挂件 HK57 上的电容。电压表选用 HK57 上的有效值电压值。

将控制屏左侧调压旋钮逆时针旋转到底，使输出电压为零，按下起动按钮，接通 DJ25 的励磁电源，然后调节控制屏左侧调压旋钮，升高电枢电压使转速升高到 2 200 r/min 左右，记录转速 n 及对应的交流测速发电机输出电压 U_2。交流测速发电机的励磁电压 $U_1=U_{1N}=110$ V。求空载时输出特性 $n=f(U_2)$ 及 $n=0$ 时的剩余电压。

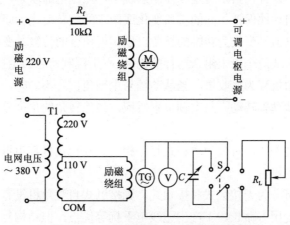

图 5-27　交流测速发电机实验接线图

原动机 DJ25 起动前，交流测速发电机转子不旋转，交流测速发电机的励磁绕组经调压器接交流电源 $U_1=U_{1N}=110$ V，使交流测速发电机的输出绕组开路，这时测定输出电压 U_2 为一个很小的数值，$U_2=U_r$，此值即为剩余电压。也可用示波器观察剩余电压波形。当交流测速发电机转子位置在一周内变化时，剩余电压最大值与最小值之差即为剩余电压的波动值。在测定剩余电压时，输出绕组开路。

任务评价

序　号	考核内容	考　核　要　求	成　绩
1	安全操作	符合安全生产要求，团队合作融洽（20 分）	
2	工具仪表使用	工具仪表使用和操作符合要求（10 分）	

序　号	考核内容	考　核　要　求	成　绩
3	实验图接线	检查元器件和实验图接线（30 分）	
4	调试	根据线路的故障现象分析、判断故障点，并排除故障（30 分）	
5	测量	能够正确操作，测量数据正确（10 分）	

思考题

① 为什么交流测速发电机的输出电压与转速成正比？实际的输出电压不能完全满足这个要求，主要的误差有哪些？

② 试简要说明交流测速发电动机的基本工作原理和存在线性误差的主要原因。

拓展阅读　自整角机

自整角机是一种感应式机电元件，顾名思义，它是一种可以对角位移或角速度的偏差自动地整步的感应式控制电机，一般将两台或多台自整角机组合使用，广泛应用于随动系统和远距离指示装置。这种组合在自动装置和控制系统中，通过电的联系，使机械上互不相连的两根或多根转轴能够自动地保持相同的转角变化或同步的旋转变化。即将转轴上的转角变换为电气信号，或将电气信号变换为转轴的转角，以实现角度的传输、变换和接收。

自整角机总是成对或两个以上组合运行的，其中产生控制信号的主自整角机称为发送机，接收控制信号的自整角机称为接收机。当从动轴与主轴角位置不同时，通过发送机和接收机之间的电磁作用，使从动轴转动，与主轴位置对应，消除转角的角位差。

自整角机的分类：

按供电电源相数的不同，可分为单相式和三相式。三相式自整角机多用于功率较大的系统中，又称功率自整角机。

按结构的不同，可分为无接触式和接触式。无接触式自整角机没有电刷、滑环的滑动接触，具有可靠性高、使用寿命长、不产生无线电干扰等优点，但结构复杂，电气性能较差；而接触式自整角机的结构比较简单，性能较好，因而应用广泛。

按使用要求不同，可分为力矩式和控制式。力矩式自整角机主要用于远距离转角指示，控制式自整角机主要用于随动系统，在系统中作检测元件用。

1. 力矩式自整角机

力矩式自整角机的结构是由定子和转子两部分组成的，定子和转子间气隙较小。定子结构与一般小型线绕转子三相异步电动机相似，定子上嵌有一套接成星形的三相对称绕组，称之为整步绕组；转子通常采用凸极式结构，转子内嵌有单相绕组或三相绕组，称之为励磁绕组，励磁绕组通过集电环和电刷装置与外电路连接。力矩式自整角机的工作原理如图 5-28 所示。

图 5-28 中自整角机组是由两台结构、参数完全一致的自整角机组成，左边一台作为自整角发送机，用来发送转角信号；右边一台作为自整角接收机，用来接收转角信号并将转角信号转换成励磁绕组中的感应电动势输出。两台自整角机转子中的励磁绕组接到同一个单相交流电源上，其整步绕组均接成星形。

力矩式自整角机只能带动很轻的机械负载或精度较低的指示系统和角传递系统中，如液面的高低，闸门的开启度，液压电磁阀的开闭指示等。如需驱动较大负载或提高传递角位移的精度，则要用控制式自整角机。

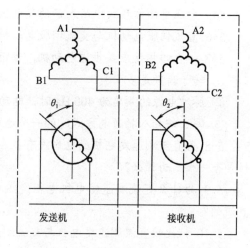

图 5-28 力矩式自整角机的工作原理

2．控制式自整角机

与力矩式自整角机的结构相比，控制式自整角机的发送机与力矩式自整角机发送机相同，接收机和力矩式自整角机接收机不同，其接收机转子绕组与励磁电源断开，不直接驱动机械负载，而只是输出电压信号。控制式自整角机的接收机工作情况如同变压器，因此通常称它为控制式自整角机变压器，即当发送机产生均衡电流时，接收机定子绕组有电流并产生磁通，此磁通与接收机绕组交链，产生感应电动势。若将这些感应电动势经放大器放大，控制一伺服电动机系统，这种间接通过电动机来达到同步目的的系统称为随动系统。

当失调角 θ 为 0 时，输出电压为 0，只有当失调角 $\theta \neq 0$ 时，自整角机才有输出电压。同时，θ 的正负反映了输出电压的正负。所以，控制式自整角机的输出电压的大小决定了发送机转子的偏转角度，输出电动势的极性反映了发送机转子的偏转方向，从而实现了将转角转换成电信号。采用控制式自整角机的同步连接系统，其优点在于输出电动势可通过放大器得到功率放大，可控制功率较大的伺服电动机来拖动阻力矩相当大的从动轴或调节对象。因此，它广泛地应用于遥测、遥控系统中。

思考与练习

5-1 当直流伺服电动机电枢电压、励磁电压不变时，如将负载转矩减小，试问此时电动机的电枢电流、电磁转矩、转速将怎样变化？

5-2 直流伺服电动机在不带负载时，其调节特性有无死区？

5-3 一台直流伺服电动机带动一恒转矩负载（负载转矩不变），测得始动电压为 4 V，当电枢电压 U_a=50 V 时，其转速为 1 500 r/min，若要求转速达到 3 000 r/min，试问要加多大的电枢电压？

5-4 已知一台直流伺服电动机的电枢电压 U_a=110 V，空载电流 I_{a0}=0.055 A，空载转速 n_0=4 600 r/min，电枢电阻 R_a=80 Ω。试求当电枢电压 U_a=67.5 V 时的理想空载转速 n_0 及堵转转矩 T_d？

5-5 电压平衡方程式中所表示的各电压和电势是怎样产生的？

5-6 直流伺服电动机与交流伺服电动机各有什么不同？

5-7 一台四相反应式步进电动机，步距角为 1.8°/1.5°。试问：

① 转子齿数是多少？

② 脉冲电源的频率为 400 Hz 时，电动机的转速是多少？

③ 写出四相八拍通电方式时的一个通电顺序。

5-8 若直流测速发电机的电刷没有放在几何中心线上，则此时发电机正、反转的输出特性是否一样？为什么？

5-9 为什么直流测速发电机电枢绕组中的电动势是交变的？而电刷两端的电动势却是直流的？

5-10 试比较直流测速发电机与交流测速发电机的优缺点。

5-11 有一台 SL 系列交流伺服电动机，额定转速为 725 r/min，额定频率为 50 Hz，空载转差率为 0.006 7，试求磁极对数、同步转速、空载转速、额定转差率和转子电动势频率。

5-12 什么是步进电动机的步距角？一台三相步进电动机可以有两个步距角，这是什么含义？

5-13 一台五相十拍运行的步进电动机，$Z=48$，$f=600$ Hz，试求 θ_s 和 n 各为多少？

5-14 步距角为 1.5°/0.75° 的反应式三相六拍步进电动机转子有多少齿？若频率为 2 000 Hz，电动机转速是多少？

参 考 文 献

[1] 许晓峰. 电机及拖动[M]. 2 版. 北京：高等教育出版社，2004.

[2] 徐建俊. 电机与电气控制项目教程[M]. 北京：机械工业出版社，2008.

[3] 许翏. 电机与电气控制技术[M]. 2 版. 北京：机械工业出版社，2010.

[4] 田淑珍. 电机与电气控制技术[M]. 北京：机械工业出版社，2009.

[5] 常建啟. 电机与电气控制[M]. 长沙：国防科技大学出版社，2009.

[6] 邓星钟. 机电传动控制[M]. 4 版. 武汉：华中科技大学出版社，2007.

[7] 魏润仙. 电机控制与应用[M]. 北京：北京大学出版社，2010.

[8] 程周. 电机与电气控制技术[M]. 北京：电子工业出版社，2009.

[9] 周元一. 电机与电气控制[M]. 北京：机械工业出版社，2006.

[10] 杨玉菲. 电气控制技术[M]. 北京：中国铁道出版社，2006.

[11] 李书田. 机电一体化职业培训教程[M]. 北京：中国广播电视大学出版社，2008.

[12] 张爱玲. 电力拖动与控制[M]. 北京：机械工业出版社，2003.

[13] 张燕宾. 变频器应用教程[M]. 北京：机械工业出版社，2007.

[14] 西门子（中国）有限公司. MICROMASTER 440 通用型变频器（0.12kW—250kW）使用大全. 2003.

[15] 任艳君. 电机与拖动[M]. 北京：机械工业出版社，2010.

[16] 刘枚，孙雨萍. 电机与拖动[M]. 北京：机械工业出版社，2011.

[17] 汤天浩. 电机与拖动基础[M]. 北京：机械工业出版社，2010.

随着信息技术的飞速发展和计算机基础应用的普及，国内高校的计算机基础教育已步入一个新的发展阶段。各专业对学生的计算机应用能力提出了更高的要求。为了与时俱进，大学计算机基础教学的内容和方法也在不断更新。本书以《高等学校文科类专业：大学计算机教学要求（第6版 2011年版）》为依据，以信息素养培养为本，以应用能力训练为纲，针对文科类专业学生上机需要编写，注重培养学生计算机基本操作技能，使学生具备应用典型软件工具进行学习、工作和解决各种实际应用问题的能力。

本书在编写时注重实用性和可操作性；实验任务的选取注意从读者日常学习和工作的需要出发。全书由 Windows 基本操作、常用软件应用、Office 系列办公软件、信息检索、多媒体工具应用以及综合实验组成，共 13 个实验。除综合实验外，每个实验包括实验目的、实验任务、实验预备、实验指导、课后实验 5 个环节，教学人员可有针对性地进行教学设计，力求每次实验学有所成，达成目标。本书在最后安排了一个有挑战性的综合实验，以训练实验人员将信息检索技术、Office 办公应用软件综合应用于解决工作和学习中各种信息应用问题的能力，达到学以致用并提升信息素养的目的。在使用中需要注意的是：为了注重实效、重点突出，本书各实验的试验预备知识需要参考理论教材《大学计算机基础（第三版）》（刘德喜、凌传繁、方志军、李季编著），建议配套使用。

本书由李季、刘德喜、刘谦编著，由万常选担任主审。全书编写分工为：实验 2、实验 11~实验 12 由李季编著，实验 1、实验 8~实验 10、实验 13 由刘德喜编著，实验 3~实验 7 由刘谦编著，全书由李季负责统稿。本书的编写得到了江西财经大学信息管理学院的领导和同仁们的支持与帮助；万常选教授对本书的整体构思、内容安排等进行了指导，并对全书进行了审阅；刘喜平、吴京慧、万征等老师提供了相关实验案例；在此一并表示衷心的感谢。

由于时间紧迫以及编者水平有限，书中难免存在不足及疏漏之处，恳请读者批评指正。

编 者
2015 年 8 月

实验 1 Windows 基本操作 1
  1.1 实验目的 1
  1.2 实验任务 1
  1.3 实验预备 2
  1.4 实验指导 4
  1.5 课后实验 12

实验 2 常用软件应用 14
  2.1 实验目的 14
  2.2 实验任务 14
  2.3 实验预备 15
  2.4 实验指导 32
  2.5 课后实验 34

实验 3 Word 排版基础 36
  3.1 实验目的 36
  3.2 实验任务 36
  3.3 实验预备 38
  3.4 实验指导 39
  3.5 课后实验 43

实验 4 Word 中插入对象 45
  4.1 实验目的 45
  4.2 实验任务 45
  4.3 实验预备 46
  4.4 实验指导 46
  4.5 课后实验 52

实验 5 专业文档排版 54
  5.1 实验目的 54
  5.2 实验任务 54
  5.3 实验预备 57
  5.4 实验指导 57
  5.5 课后实验 60

实验 6 Excel 基本操作 64
  6.1 实验目的 64
  6.2 实验任务 64
  6.3 实验预备 65
  6.4 实验指导 65
  6.5 课后实验 71

实验 7　Excel 应用 73

    7.1　实验目的 73

    7.2　实验任务 73

    7.3　实验预备 75

    7.4　实验指导 76

    7.5　课后实验 82

实验 8　PowerPoint 基本操作 83

    8.1　实验目的 83

    8.2　实验任务 83

    8.3　实验预备 86

    8.4　实验指导 86

    8.5　课后实验 94

实验 9　信息检索——基于搜索引擎 96

    9.1　实验目的 96

    9.2　实验任务 96

    9.3　实验预备 96

    9.4　实验指导 100

    9.5　课后实验 102

实验 10　信息检索——基于数据库 103

    10.1　实验目的 103

    10.2　实验任务 103

    10.3　实验预备 103

    10.4　实验指导 108

    10.5　课后实验 110

实验 11　图像编辑 112

    11.1　实验目的 112

    11.2　实验任务 112

    11.3　实验预备 112

    11.4　实验指导 125

    11.5　课后实验 130

实验 12　视频剪辑 131

    12.1　实验目的 131

    12.2　实验任务 131

    12.3　实验预备 132

    12.4　实验指导 141

    12.5　课后实验 147

实验 13　综合实验 148

    13.1　实验目的 148

    13.2　实验任务 148

    13.3　案例 150

    13.4　参考任务 158

实验 1 Windows 基本操作

1.1 实 验 目 的

（1）认识计算机的基本组成。

（2）认识操作系统的作用和功能。

（3）熟悉键盘上的按键功能，掌握正确的击键姿势。

（4）熟悉 Windows 的界面和窗口。

（5）掌握 Windows 的桌面操作、文件操作。

（6）掌握 Windows 中控制面板的基本操作。

（7）掌握 Windows 中常用软件的安装和卸载。

（8）掌握 Windows 的安装方法。

（9）了解 Windows 常用系统工具的使用：文件备份与还原、系统还原、磁盘管理、内存管理。

1.2 实 验 任 务

（1）观察个人计算机（台式计算机）的各个组成部分，练习：监视器的调节、鼠标的使用、键盘的使用。

（2）观察 Windows 桌面的组成，练习 Windows 环境下的基本操作，包括：Windows 操作系统的启动、关闭；鼠标操作；桌面操作；窗口操作；菜单操作；计算机操作。

（3）练习文件与文件夹操作，包括：文件与文件夹的创建；文件打开与保存；文件属性查看与修改；文件与文件夹的复制、移动、重命名、删除、恢复；文件与文件夹的搜索；快捷方式的建立；回收站的管理。

（4）了解 Windows 中控制面板的功能。

（5）利用控制面板对 Windows 进行设置，包括：设置 Windows 的外观和主题，设置打印机和其他硬件，查看计算机的软件、硬件配置，设置 Windows 的更新策略等。

（6）利用控制面板安装打印机、卸载软件。

（7）安装 Windows XP 及必要的驱动程序。

（8）备份与还原，包括：文件备份与还原、系统还原。

（9）管理磁盘，包括：磁盘分区、磁盘格式化、磁盘碎片整理、磁盘清理。

（10）管理内存，包括：更改虚拟内存大小、查看内存分配。

1.3 实 验 预 备

实验前应具备的基础知识：

（1）操作系统主要功能。

（2）计算机系统软硬件组成。

（3）Windows 中基本对象的属性和操作，包括：桌面、窗口、对话框、菜单、剪贴板、控制面板、软件、用户、设备等。

（4）Windows 中文件管理涉及的基本概念，包括：文件、文件夹、文件名、文件类型、文件属性、卷、分区、目标结构等。

（5）Windows 系统维护相关概念，包括：软件安装删除、磁盘清理、磁盘碎片整理、备份与还原等。

为了便于描述，此处简要介绍 Windows 中常用的控件，这些控件也适合于其他软件。

窗口：每当打开程序、文件或文件夹时，都会在屏幕上称为窗口的框或框架中显示相关的内容，虽然每个窗口的内容各不相同，但所有窗口都共享一些通用的东西，如图 1-1 所示。

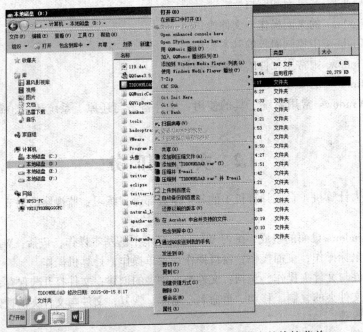

图 1-1 "计算机"窗口和右击文件夹时弹出的快捷菜单

菜单：大多数程序包含几十个甚至几百个使程序运行的命令（操作），这些命令组织在菜单下面。就像饭馆的菜单一样，程序菜单显示选择列表，如图 1-1 所示。

对话框：对话框是特殊类型的窗口，可以提出问题，选择选项执行任务，或者提供信息。当程序或 Windows 需要用户进行响应以继续时，经常会看到对话框，如图 1-2 所示。通常，窗口中有菜单栏而对话框中没有，窗口大小可以改变而对话框不可以。

命令按钮：单击命令按钮会执行一个命令（执行某操作）。在对话框中会经常看到命令按钮，如图 1-2 中的"是"和"否"按钮。

单选按钮：单选按钮经常出现在对话框中，它可让用户在两个或多个选项中选择一个选项。

图 1-3 显示了 3 个单选按钮，其中"垂直翻转"选项被选中。

图 1-2   对话框

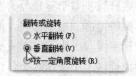

图 1-3   单选按钮

复选框：复选框可让用户选择一个或多个独立选项。与单选按钮有所不同，单选按钮限制选择一个选项，而复选框可以同时选择多个选项，如图 1-4 所示。

滚动条：当文档、网页或图片超出窗口大小时，会出现滚动条，可用于查看当前处于视图之外的信息。

文本框：文本框可让用户输入信息，如搜索条件或密码。图 1-5 显示了包含文本框的对话框。文本框中已经输入了"熊"。

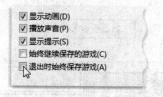

图 1-4   复选框

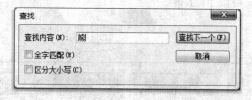

图 1-5   文本框

滑块：滑块可让用户沿着程序设定的值范围调整设置，如图 1-6 所示。若要操作滑块，将滑块拖动到用户想要的值（位置）上即可。

下拉列表：下拉列表类似于菜单。但是，它不是单击命令，而是选择选项。下拉列表关闭后只显示当前选中的选项。除非单击该控件，否则其他可用的选项都会隐藏，如图 1-7 所示。

图 1-6   滑块

图 1-7   下拉列表

列表框：列表框显示可以从中选择的选项列表。与下拉列表不同的是，列表框无须打开列表就可以看到某些或所有选项，如图 1-8 所示。

选项卡：在一些对话框中，选项分为两个或多个选项卡，一次只能查看一个选项卡或一组选项，若要切换到其他选项卡，可单击该选项卡，如图 1-9 所示。

图 1-8   列表框

图 1-9   选项卡

1.4 实 验 指 导

1. 键盘操作

台式计算机整个键盘分为 5 个小区：上面一行是功能键区和状态指示区；下面的 5 行是主键盘区、编辑键区和辅助键区，如图 1-10 所示。笔记本电脑的键盘一般取消了辅助键区，编辑区也融合到主键盘区中。以下主要说明一些特殊按键。

辅助键区（小键盘区）有 9 个数字键和算术运算符，当未按下【Num Lock】键（Num Lock 指示灯不亮）时，则使用键上所标示的下挡（和编辑区的按键作用相近）；当【Num Lock】键被锁定（Num Lock 指示灯亮）时，使用键上所标示的上挡，主要使用其数字键，适宜于数字的连续输入，如银行、财务数据的输入。

功能键用于执行特定任务。功能键标记为【F1】、【F2】、【F3】等，一直到【F12】。这些键的功能因程序而有所不同。

【Ctrl】和【Alt】键通常和其他键组合使用，形成快捷键，代替鼠标操作。例如，如果需要复制一个对象，选定对象后，按【Ctrl+C】组合键即可复制该对象。【Ctrl+C】表示先按住【Ctrl】键不放，再按【C】键。

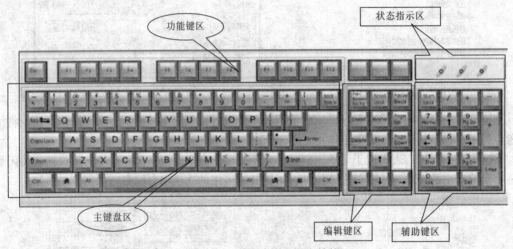

图 1-10 台式计算机键盘结构

另外，键盘的排列是根据字母在英文打字中出现的频率而精心设计的，正确的指法可以提高手指击键的速度。注意到主键盘中间行的【F】和【J】键上有一条手指可明显感受到的小横线，双手手指平行微微下垂，8 个手指按图 1-11 所示的方位（基准键）轻轻触放在键盘上，双手的大拇指自然地停留在空格键上方，做好准备击键姿势。当单击完某键后必须迅速回位到图 1-11 所示的指位。

左右手大拇指共同负责单击空格键；左手右边的【G】键由左手食指负责单击，右手左边的

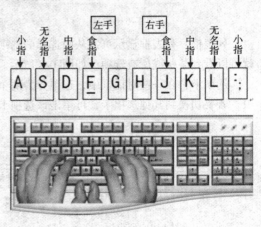

图 1-11 基本指位

【H】键由右手食指负责单击。每个手指除了指定的基本键外，还有其他上下行及其他字键的分工，详细的分工如图 1-12 所示。现在笔记本电脑十分常见，须注意笔记本电脑最下一行的键位因为空格键可能缩短会有所不同，指位分工须跟随变化。

【Shift】、【Ctrl】和【Alt】3 个键都是双键，左右手各有一个，当和其他键一起使用时，要左右手都按键。例如，要在当前小写状态输入字母【T】，则右手按住右边的【Shift】键，左手食指马上按【T】键，然后左右手手指分别回归到基本指位。

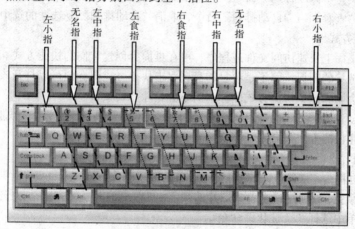

图 1-12　手指分工范围

打字之前一定要端正坐姿。如果坐姿不正确，不仅容易疲劳，而且会影响打字速度的提高。正确的坐姿与要点：两脚平放，腰部挺直，两臂自然下垂，两肘贴于腋边，胸脯离键盘的距离约为 20～30 cm。下臂和腕向上倾斜，与键盘保持相同的斜度；手指略弯曲，指尖轻放在基本键位上，左右手的大拇指轻轻放在空格键上。

2．Windows 的启动和关闭

如果计算机中只安装了 Windows 操作系统，当打开计算机电源时，系统会自动启动 Windows 操作系统。此外，当计算机在运行过程中，可以对 Windows 系统进行重新启动，具体方法是：单击桌面左下角的"开始"→"关机"按钮，在弹出的菜单中选择"重新启动"命令。如果计算机长时间不用，可以在弹出的菜单中选择"睡眠"或"休眠"命令。

"睡眠"是一种节能状态，再次开始工作时，可使计算机快速恢复全功率工作。"休眠"是一种主要为便携式计算机设计的电源节能状态。睡眠通常会将工作和设置保存在内存中并消耗少量的电量，而休眠则将打开的文档和程序保存到硬盘中，然后关闭计算机。在 Windows 使用的所有节能状态中，休眠使用的电量最少。

如果选择"锁定"，则需要重新用密码登录 Windows 系统，适合短暂离开时不希望其他人看到计算机上当前工作内容的情况。

用完计算机以后应将其正确关闭，不仅可以节能，还可以确保数据得到保存，并有助于使计算机更加安全，下次使用计算机时，可以快速正常启动。这时，需要在弹出的菜单中选择"关闭"命令。

3．桌面操作

1）显示桌面

由于有程序在桌面上运行，因此，经常会隐藏部分桌面或完全隐藏。若要查看整个桌面而不关闭任何打开的程序或窗口，可单击桌面右下角的"显示桌面"按钮。再次单击该图标可将所有

窗口还原为原来的样子。或者使用键盘显示桌面：按【Windows 徽标键 ⊞ + D】组合键（按下 ⊞ 不放，再按【D】键）。

2）重排桌面图标

可以通过鼠标将桌面上的图标"拖动"到合适的位置，也可对所有图标按名称、大小或修改日期进行重排。具体方法是：右击桌面空白位置，在弹出的快捷菜单中选择"排列方式"→"名称 | 大小 | 项目类型 | 修改日期"命令。如果不能拖动图标，可右击桌面空白位置，在从弹出的快捷菜单中选择"查看"→"自动排列"命令，取消"自动排列"复选框的选中状态。

3）创建快捷方式

如果想要从桌面上快速访问文件或程序，可在桌面上创建它们的快捷方式。快捷方式是一个表示与某个项目链接的图标，而不是项目本身，双击快捷方式图标便可以打开该项目。如果删除快捷方式，则只会删除这个快捷方式图标，而不会删除原始项目。

找到要为其创建快捷方式的项目（文件或文件夹），右击该项目，在弹出的快捷菜单中选择"发送到"→"桌面建快捷方式"命令，该快捷方式图标便出现在桌面上。

4）选择桌面背景

桌面背景（也称为"墙纸"）可以是个人收集的数字图片，或 Windows 提供的图片，还可以为桌面背景选择颜色，或使用适合背景图片的颜色。更改桌面背景的方法是：右击桌面空白区域，在弹出的快捷菜单中选择"个性化"命令。

5）切换任务

当多个任务同时运行时，状态栏的中间部分会出现相应任务的按钮，单击某任务的按钮可实现任务间的切换。按住【Alt】键不放，并重复按【Tab】键，可在多个任务（窗口）之间进行循环切换，释放【Alt】键可以显示所选的窗口。

4．文件与文件夹操作

可以在"计算机"中对文件和文件夹进行搜索、新建、选择、查看、复制、移动等操作。

1）新建文件（夹）

如果要在某分区（例如 D:分区）或者某个文件夹（例如 D:\tools）下新建文件或文件夹，首先打开"计算机"窗口，在左侧的树形目录结构中找到相应的位置（例如 D:或 D:\tools），在右侧显示区的空白位置右击，让鼠标指针悬停在弹出快捷菜单的"新建"选项上，可观察到可以新建的各个项目，包括"文件夹""Microsoft Word 文档"（需要安装了 Microsoft Office 软件）等。

2）选定文件（夹）

在 Windows 中，对文件或文件夹进行操作之前，必须先选定该文件或文件夹。单击文件或文件夹能够选定该对象。

如果需要选定多个连续的对象，先单击第一个对象，然后按住【Shift】键不放，再单击最后一个对象。

如果需要选定多个不连续的对象，可以先按住【Ctrl】键，依次单击待选定的对象。

如果要选定全部对象，可以按【Ctrl+A】组合键。

单击所选定对象之外的空白处即可取消选定。

3）查看与修改文件（夹）属性

文件（夹）的属性包括文件的文件名、创建者、创建时间、修改时间、在计算机中的位置、占用空间的大小、是否允许读写等。选定文件（夹），右击，从弹出的快捷菜单中选择"属性"命令，在打开的对话框中查看对象属性。同样地，从该快捷菜单中还可以选择"重命名""剪切""复制""删除"等常用操作。如果安装了压缩软件，还可以选择压缩相关的操作。

任何时候，如果需要对一个对象（例如文件、文件夹、图标、盘符等）进行操作，都可以试试右击该对象。一般情况下，常用的操作都可以在弹出的快捷菜单中选择。

文件（夹）有多种属性，如果为某文件（夹）添加了"隐藏"属性，则可通过以下步骤查看或隐藏该文件（夹）：打开"计算机"窗口，选择"工具"→"文件夹选项"命令，打开"文件夹选项"对话框；选择"查看"选项卡，找到"隐藏文件和文件夹"并选定"不显示隐藏的文件和文件夹"或者"显示隐藏的文件和文件夹"选项。在同样的位置，还可找到"隐藏已知文件类型的扩展名"复选框，取消该复选框的选中状态，可查看文件的扩展名。

需要提醒是，有时机器感染了病毒，会把文件"隐藏"起来，看上去像是丢失了，用上述方法可以查看是否真的丢失。

4）复制、移动文件（夹）

右击选定的文件（夹），在弹出的快捷菜单中选择"复制"（或"剪切"）命令，然后打开目标文件夹，在显示区的空白处右击，并在弹出的快捷菜单中选择"粘贴"命令，可以复制（或移动）文件（夹）。

也可以用"拖放"的方法复制（或移动）文件（夹）。首先打开待复制（或移动）的对象所在的文件夹，然后打开目标文件夹，将两个文件夹窗口都置于桌面上，以便同时看到它们的内容。接着，从第一个文件夹将文件或文件夹拖到第二个文件夹。

注意：使用拖放方法时，有时是复制文件或文件夹，而有时是移动文件或文件夹。如果在同一个硬盘驱动器上的文件夹之间拖动某个项目，则是移动该项目；如果将项目拖到其他硬盘驱动器上的文件夹或 CD 之类的可移动媒体中，则是复制该项目，此时不从初始位置删除源文件或文件夹。

5）删除文件（夹）

选定待删除的文件，按【Delete】键；或者右击待删除的文件，在弹出的快捷菜单中选择"删除"命令。

采用这两种方法删除的文件和文件夹都被存放在"回收站"中，并未真正从计算机中删除。因此，打开"回收站"窗口，找到该文件后可以"还原"该文件（夹）。如果需要彻底删除，则可以在回收站中再次删除它。另外，如果选定某文件（夹），按【Shift+Delete】组合键，则可将文件（夹）从计算机中真正删除而不是放在回收站。

需要提醒读者的是，如果彻底删除了某文件，用软件或请专业人士，也还是有可能恢复部分或全部的。

6）搜索文件（夹）

当只知道文件或文件夹的部分信息，如文件名、文件大小、修改日期等，而不知道其在计算机中存放的具体位置时，可利用搜索方法。具体方法是：打开"计算机"窗口，在窗口的右上方有个搜索框，在其中输入文件名（可以只是文件名的一部分），可以按文件名搜索。如果单击该搜索框，从弹出菜单中选择"修改日期"或"大小"命令，则可以按修改日期或文件大小进行搜索。当然，也可以同时按这 3 个条件来搜索。

5. 控制面板操作

控制面板是 Windows 进行系统维护和设置的工具，如图 1-13 所示。以下是对控制面板的一些常用操作。

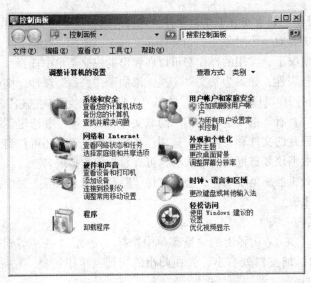

图 1–13　控制面板

1）查看系统常规信息

选择"系统和安全"选项，从打开的"系统和安全"窗口中再选择"系统"选项，打开"系统"窗口，可以查看计算机的 CPU 型号、内存容量、系统所安装的操作系统版本。

2）查看系统设备及其工作状态

在"系统"窗口左侧的导航窗口中选择"设备管理器"选项，打开"设备管理器"窗口，用户可了解计算上各设备工作是否正常（设备前的图标没有!、?、×符号的视为正常工作状态）。

3）设置视觉效果

在"系统"窗口左侧的导航窗口中选择"高级系统设置"选项，在"系统属性"窗口中选择"高级"选项卡，单击"性能"组合框中的"设置"按钮，在弹出的对话框中选择"视觉效果"选项卡，可以选择"调整为最佳性能"或"调整为最佳外观"。可以通过对比两个选项时显示的效果来体会它们的差异。

4）设置操作系统自动更新

从"系统和安全"窗口中选择 Windows Update 选项，可以设置 Windows 的更新策略。由于 Windows 系统中难免存在漏洞，因此经常更新 Windows 系统有利于提高系统的安全性。

5）设置鼠标属性

在"控制面板"窗口中选择"硬件和声音"选项，打开"硬件和声音"窗口，选择"鼠标"选项，打开"鼠标属性"窗口。用户可根据自身习惯对鼠标进行设置。如设置"鼠标键配置"以适合左手使用；设置双击的速度；设置指针方案以改变指针的形状等。

6）设置显示属性

通过该设置，用户可以更改 Windows 的显示效果，如桌面背景、主题、屏幕保护程序、屏幕分辨率等。在"控制面板"窗口中选择并打开"外观和个性化"窗口，选择其中的"个性化"或"显示"等选项，完成相应设置。

7）安装打印机

通常，即使将打印机连接到计算机上，对于新安装了 Windows 系统的计算机也不能直接完成打印任务，必须通过"安装打印机"的方式安装打印机的驱动程序。打印机驱动程序是计算机程序与打印机进行通信的软件，它将计算机发送的信息翻译为打印机可以理解的命令。

安装打印机的方法有两种：其一是通过运行购买打印机时厂商随打印机附送的驱动程序光盘来完成；其二是通过控制面板中的"添加打印机"来完成。本实验练习第二种方法，具体方法是：将打印机的数据线连接到计算机上，接通打印机电源并打开打印机开关；通过"控制面板"窗口中的"硬件和声音"选项，打开"添加打印机"向导，根据该向导添加打印机。如果打印机连接在本台计算机上，选择"添加本地打印机"选项，如果打印机连接在办公室局域网中其他计算机上，选择"添加网络、无线或 Bluetooth 打印机"选项。选择正确的打印机类型，其他设置无须修改。

需要注意的是，Windows 已经自带了大部分打印机的驱动程序，但不是全部。因此，如果有必要，还需要用户自己提供驱动程序（购买打印机时由厂商提供或从互联网上下载）。

8）卸载应用软件

通过控制面板，用户可以方便地安装、卸载应用程序。大部分软件在安装后，会在"开始"菜单中有卸载该软件的选项，可以通过"开始"菜单方便地卸载。但有些软件却没有自带卸载功能，此时，需要通过控制面板来卸载。具体方法是：在"控制面板"窗口选择"卸载程序"选项，打开"卸载程序"窗口，右击待卸载的程序并在弹出的快捷菜单中选择"卸载"命令。

6. 安装 Windows 操作系统

在以下两种情况下，用户可能需要安装 Windows 操作系统：一是系统已有 Windows 的某个版本，并且想要在保留文件、设置和程序的情况下，将 Windows 操作系统升级到更高的版本；二是对于未安装操作系统的新购计算机、或想更换操作系统、或已有操作系统损坏的情况下，重新安装 Windows 操作系统（也称清理安装）。重新安装 Windows 操作系统后，原来计算上安装的 Windows 系统将被替换，因此安装完成后还需要手工安装系统必要的驱动程序和其他应用程序。

下面以清理安装为例说明 Windows 的安装过程。

步骤 1　打开计算机，将 Windows 安装光盘插入计算机的光盘驱动器，然后执行下列操作之一：如果计算机已经安装了操作系统，而且不想创建、扩展、删除或格式化分区，请转到步骤 2；如果计算机没有安装操作系统，或者想要创建、扩展、删除或格式化分区，则需要使用插入光盘驱动器的安装光盘来重新启动计算机。这样将会从安装光盘启动（或"引导"）计算机，并出现"安装 Windows"页面。

需要说明的是，如果用户的计算机未将光盘设置为第一启动设备，在有硬盘引导的情况下，不能从光盘引导。此时，需要修改 BIOS 设置（不同的计算机 BIOS 设置的界面不尽相同），具体步骤是：

（1）在启动计算机时立即按【Delete】键进入 BIOS（基本输入/输出系统）设置；

（2）选择 Advanced BIOS Features（高级 BIOS 特性设置）选项，并将 First Boot Device (1st Boot)（第一启动设备）根据需要设置为 CDROM（光盘启动）；

（3）保存设置并退出。

步骤 2　在"安装 Windows"页面，按照出现的说明执行操作，然后单击"立即安装"按钮。

步骤 3　依据安装向导逐步安装。其中有几处需要用户干预：选择将 Windows 系统安装到哪个分区（通常可选择 C:分区）；输入产品的序列号；创建用户账号，告知系统谁将使用这个系统。

步骤 4　安装完成后，务必启用现有的防病毒软件，或者安装新的防病毒软件。

尽管 Windows 操作系统在完成安装后，大部分设备都能正常工作，但也可能存在某些设备因缺少驱动程序而不能正常工作，此时需要为这些设备安装正确的驱动程序。驱动程序的安装方法有两种：一是运行购买设备时由设备厂商提供的安装程序；二是通过"控制面板"窗口中的"添加设备"选项来完成安装。

7．系统备份与还原

系统在使用过程中，不可避免地会出现设置故障或文件丢失，为防范这种情况，需要对重要的设置或文件进行备份，在遇到设置故障或文件丢失时，就可以通过这些备份文件进行恢复。

在 Windows 7 中，备份分为两种：创建系统映像和备份还原文件。其中，创建系统映像是最彻底的备份，可将将整个系统集成到一个映像文件中，在还原和恢复系统时非常便利。

在"控制面板"窗口中选择"系统和安全"选项，从"系统和安全"窗口中选择"备份和还原"选项，打开"备份和还原"窗口。如果在窗口左侧的导航窗口中选择"创建系统映像"选项，则可以将系统中某个分区的全部内容备份到硬盘其他分区或光盘上（注意目标分区要有足够的空间）。如果要备份指定的文件或文件夹，则需要"设置备份"。

8．磁盘清理

计算机在使用一段时间后，磁盘上会残留许多临时文件或安装文件等无用的文件，为了释放硬盘上的空间，"磁盘清理"会查找并删除计算机上确定不再需要的临时文件。具体方法是：打开"计算机"窗口，右击需要进行磁盘清理的驱动器，在弹出的快捷菜单中选择"属性"命令，打开磁盘属性对话框。在其中的"常规"选项卡中单击"磁盘清理"按钮，打开"磁盘清理"对话框，在"要删除的文件"列表中选择要删除的对象。

9．磁盘碎片整理

对文件所做的更改通常存储在硬盘上与原始文件不同的位置，其他更改甚至会保存到多个位置。随着时间的流逝，文件和硬盘本身都会存在很多碎片，当计算机必须在多个不同位置查找以打开文件时，其速度会降低。磁盘碎片整理程序是一种工具，它可以重新排列硬盘上的数据并重新组合碎片文件，以便计算机能够更有效地运行。

磁盘碎片整理的方法是：打开"计算机"窗口，右击需要进行磁盘清理的驱动器，在弹出的快捷菜单中选择"属性"命令，打开磁盘属性对话框，选择其中的"工具"选项卡，单击"立即进行碎片整理"按钮，打开"磁盘碎片整理程序"对话框，从中选择相应的分区，然后开始碎片整理。

10．磁盘分区与格式化*

在硬盘上存储数据之前，需要先对其进行分区和格式化。分区（有时也称为卷）是硬盘上的一个区域，可以使用文件系统进行格式化并使用字母表的字母标识。例如，大多数 Windows 计算机上的驱动器 C：就是一个分区。将硬盘分区为若干较小分区不是必需的，但对于在硬盘上组织数据会很有帮助。例如，一些用户喜欢为 Windows 操作系统文件、程序和个人数据分别使用单独的分区。

使用"磁盘管理"在磁盘上创建分区时，创建的前 3 个分区是"主"分区。这些分区可用于启动操作系统。如果要创建 3 个以上的分区，则第 4 个分区将创建为扩展分区。扩展分区是解决基本磁盘可以含有的主分区数量限制的方法。它是一个可以容纳一个或多个逻辑驱动器的容器。除不能用于启动操作系统之外，逻辑驱动器的功能与主分区的功能相似。

格式化磁盘是指使用文件系统配置磁盘，以便 Windows 能够在磁盘上存储信息。硬盘是计算机上的主要存储设备，使用前需要进行格式化。运行 Windows 的新计算机中的硬盘已进行了格式化。如果购买其他硬盘来扩展计算机的存储，则很可能需要对其进行格式化。其他类型的存储设备（包括许多 USB 闪存驱动器和闪存卡）可能已由制造商预先格式化。

在格式化硬盘之前，必须先在上面创建一个或多个分区，然后格式化每个分区。重新分区或格式化分区都会破坏该磁盘或分区上所有数据，因此，分区或格式化之前有必要备份相关磁盘或分区上有用的数据。

创建分区和格式化分区的方法是：右击桌面上的"计算机"图标，从弹出的快捷菜单中选择"管理"命令，打开"计算机管理"窗口，在"计算机管理"窗口左侧"计算机管理"栏中选择"存储"→"磁盘管理"选项，如图 1-14 所示。右击基本磁盘的未分配区域（图 1-14 中全部区域都已经分配了），然后在弹出的快捷菜单中选择"新建分区"命令，或者右击扩展分区中的可用空间，然后在弹出的快捷菜单中选择"新建逻辑驱动器"命令。在"新建分区向导"中，依次单击"下一步"→"主分区"→"扩展分区"或"逻辑驱动器"按钮，然后按照屏幕上的指示操作。如果基本磁盘上没有可用空间，则不能创建分区。

如果要删除某一分区，可右击要删除的分区，然后在弹出的快捷菜单中选择"删除卷"命令。特别注意的是，删除后该分区中的所有数据都将丢失。

新建分区要求一定要格式化，当然也可以格式化已有的分区。右击要格式化（或重新格式化）的分区，然后在弹出的快捷菜单中选择"格式化"命令。格式化也会导致分区中的数据全部丢失。

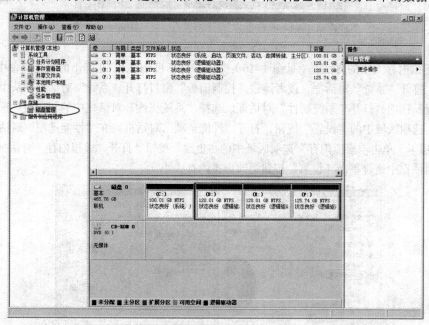

图 1-14 "计算机管理"窗口

11. 虚拟内存管理*

内存（如随机存取内存 RAM）是芯片上的临时存储空间，计算机使用该空间来运行 Windows 和其他程序。内存是以兆字节（MB）或千兆字节（GB）为单位度量其容量的。如果计算机中缺少运行程序或操作所需的 RAM，则 Windows 使用虚拟内存进行补偿。虚拟内存将计算机的 RAM 和硬盘上的临时空间组合在一起。由于计算机从 RAM 读取数据的速度要比从硬盘读取数据的速度快得多，因此过少的 RAM 容量会降低系统的速度。

如果收到警告虚拟内存不足的错误消息，则需要添加更多的 RAM 或增加虚拟内存的大小，这样才能在计算机上运行程序。Windows 通常会自动管理大小，但是如果默认的大小不能满足需要，则可以用手动方式更改虚拟内存的大小。

了解正在运行的程序占用内存的情况可以采用下面的方法：按【Ctrl+Alt+Delete】组合键，从显示的菜单选项中选择"启动任务管理器"命令，选择"进程"选项卡，可查看当前系统正在运行的各程序所消耗的内存，如图 1-15 所示。单击"内存"列（图中圆圈位置）可根据内存占用的大小对进程排序。图 1-15 显示的计算机中，百度浏览器消耗的内存资源最多，而且不止一个进程，仅显示出来的进程就占用了 400 MB 左右。

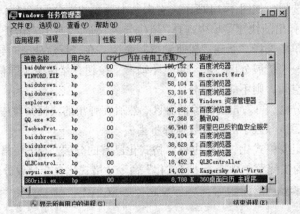

图 1-15　查看内存占用情况

更改虚拟内存大小的方法是（见图 1-16）：右击"计算机"图标，在弹出的快捷菜单中选择"属性"命令，打开"系统"对话框，或者通过"控制面板"窗口打开"系统"对话框。从中选择"高级系统设置"选项，打开"系统属性"对话框。选择"系统属性"对话框中的"高级"选项卡，单击"性能"选项区域中的"设置"按钮，打开"性能选项"对话框。在"性能选项"对话框中选择"高级"选项卡，单击"虚拟内存"选项区域中的"更改"按钮，打开"虚拟内存"对话框。在"虚拟内存"对话框中通过单击"设置"按钮更改虚拟内存大小。

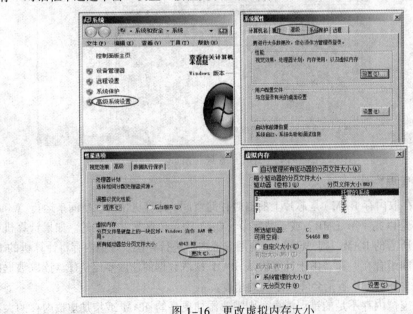

图 1-16　更改虚拟内存大小

1.5　课 后 实 验

1. 基本要求

（1）为应用程序"计算器"添加桌面快捷方式。

（2）打开附件中的画图程序和计算器程序，在不关闭这些程序的情况下显示桌面。

（3）搜索文件 notepad.exe（记事本程序），指出其路径并建立桌面快捷方式。

（4）查看自己的计算机系统基本信息，包括：计算机名、CPU 型号、内存容量，了解各个硬件设备工作是否正常，将计算机名设置为自己的姓名（拼音）。

（5）将 Windows 的视觉效果调整为"最佳外观"。

（6）将屏幕分辨率设置为 1 024×768 像素，刷新频率设置为最高。

（7）将使用最不频繁的软件卸载掉（通过控制面板来删除程序时可以看到它们的使用情况）。

（8）利用系统备份工具，对某文件夹做备份，并理解这种备份与直接复制相比有什么优势。

（9）对计算机上的磁盘进行清理，删除临时文件和安装文件。

（10）对各分区进行磁盘碎片整理。

（11）将虚拟内存在原来的基础上增加 500 MB。

2. 扩展要求

（1）安装 Windows 操作系统。

（2）重新组织自己的硬盘分区，至少包括以下 4 个分区：C 区用于存放操作系统和安装的软件，D 区用于存放下载的软件和工具等，E 区用于存放重要文档和数据，F 区用于存放歌曲、电影等娱乐数据。

（3）对 C 区进行备份，对重要文档进行备份。

实验 **2** 常用软件应用

2.1 实 验 目 的

掌握日常应用中经常涉及的 6 类软件的基本使用方法，包括：

（1）记事本、计算器及画图工具基本操作。

（2）正确的压缩与解压操作方法。

（3）日常图片浏览及管理。

（4）屏幕截图方法。

（5）PDF 电子文件阅读软件的使用方法。

（6）网络下载工具及其使用方法。

2.2 实 验 任 务

（1）文件解压缩、屏幕截图、PDF 阅读器、画图工具综合运用，实验具体要求如下：

① 将本次实验提供的辅助文档（压缩文件）解压到文件夹"C:\实验 2"下。

② 解压并安装辅助文档中的 Foxit Reader，安装包位置为"C:\实验 2\PDF\FoxitReader Portable.rar"，安装目标路径为"C:\Foxit Reader"。

③ 启动 Foxit Reader，对程序界面进行截图，将截图复制到画图工具中；在画图程序中，以红底白字的格式在图片右上角添加信息"学号***；姓名：###"，其中*和#号处以本人真实信息代替；之后将图片保存为 JPG 文件"foxitreader.jpg"，保存到"C:\实验 2\"下。

④ 在 Foxit Reader 中打开文档"C:\实验 2\PDF\交换机基础配置.PDF"，对首页第一行文字黄色高亮处理，并保存到"C:\实验 2\"下，取名为"交换机基础配置 changed.pdf"。之后选择"另存为"命令，将该 PDF 文档输出为 TEXT 文档，保存到"C:\实验 2\"下，取名为"交换机基础配置 changed.txt"。

（2）用维棠视频下载软件，下载优酷网站上的"拖延症之歌"（提示：时长约 2 分 21 秒），保存到"C:\实验 2\"下，取名为"拖延症之歌.flv"。

（3）用画图工具绘制图 2-1 所示的向日葵图片，画布大小为 200 × 250 像素，保存到"C:\实验 2\"下，取名为"向日葵.png"。

（4）将以上任务完成后得到的所有文件压缩为"***###实验 2 课内任务.rar"，（其中***号为本人学号，###为本人姓名），保存到"C:\实验 2\"下，并按要求提交。

图 2-1　向日葵图片示意

2.3 实验预备

1．基础知识要求

完成本次实验需要了解的基础知识：

（1）英文 ASCII 码与中文字符机内码。

（2）图像、图形、音频与视频的基本概念。

（3）压缩与解压概念。

（4）软件安装与卸载。

（5）PDF 电子文档格式。

（6）bit torrent 下载的概念。

2．记事本、计算器与画图工具应用简介

记事本、计算器、画图程序是 Windows 视窗系统自诞生后就提供并持续保留的日常应用工具。通常可以在"开始"菜单→"程序"→"附件"组中找到。日常学习工作中综合运用这 3 个小工具可以解决不少问题。以下基于 Windows 2007 系统附带的上述工具展开说明。

1）记事本应用简介

记事本是纯文本字符编辑器，也就是说在记事本程序中不能像 Word 程序一样去设置文本格式，所以记事本工具编辑的文件被人们称为"纯文本文档"，也称为 TEXT 文档，扩展名为.txt。

由于只记录字符机内代码，所以纯文本文档一般都比较小。用记事本程序打开的任何数据文件，都将被视为纯文本文档进行解释，即按双字节（针对中文）或单字节（针对西文）显示对应的中西文字符，所以非 TEXT 文档在记事本中打开，常常会看到乱码，如图 2-2 所示。

 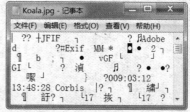

图 2-2　记事本打开文件示意

虽然不支持格式设置与保存，但是在记事本中查看 TEXT 文件时，可以设置文字在窗口中显示时的字体格式，如图 2-3 所示。当一行文本相对于当前窗口宽度太长时，可以用"自动换行"处理，程序会将该行内容自动换到下一行显示。

图 2-3　记事本中设置文字显示格式

记事本工具支持基本文本编辑操作，如复制、剪切、粘贴、查找、替换等。这里不再——赘述。

作为纯文本编辑器，记事本常可用作文本格式删除工具，以协助在不同的格式化文本编辑器之间复制内容。例如，先将网页上的内容复制到记事本中，再从记事本复制到 Word 中，从而实现纯文字内容的复制。

2）计算器工具

计算器提供了标准模式、高级模式、程序员模式和统计模式 4 种操作模式，如图 2-4 所示。单击"查看"菜单，然后选择所需要使用的模式即可。

（1）标准模式——用于加、减、乘、除一般简单运算，支持括号改变优先级。

（2）科学模式——在标准模式基础上增加了常用函数对应的运算符，计算器会精确到 32 位数。以科学模式进行计算时，计算器采用运算符优先级。

（3）程序员模式——在标准模式基础上，增加了二进制、八进制、十六进制的数值运算功能，包括移位和逻辑运算。程序员模式下只支持整数运算，小数部分将被舍弃；采用运算符优先级；计算器最多可精确到 64 位数。

（4）统计模式——统计模式下先逐个输入将被统计的原始数据，然后进行统计处理。输入数据时，各个数据将显示在历史记录区域中，有关统计结果将显示在计算区域中。

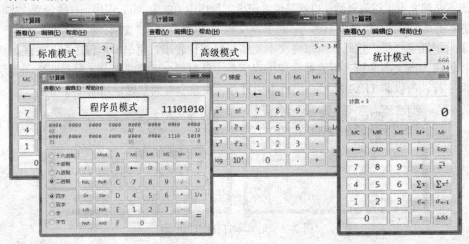

图 2-4　计算器的 4 种工作模式

不同模式下都可以单击计算器按钮来执行计算，或者使用键盘输入进行计算。通过按【Num Lock】键，可激活数字键盘键入数字和运算符。计算器还支持快捷方式操作，部分快捷键如图 2-5 所示。其他快捷键可以通过查看程序帮助进行了解。

3）画图工具

画图工具可用于在空白绘图区或在现有图片上绘制位图图像。在画图程序中使用的绘图工具主要分布在"主页"选项卡的"功能区"中。图 2-6 显示了"画图"窗口中"主页"选项卡中"功能区"和其他区域的位置。

按键	功能
Atl+1	切换到标准模式
Alt+2	切换到科学型模式
Alt+3	切换到程序员模式
Alt+4	切换到统计信息模式
Ctrl+E	打开日期计算
Ctrl+H	将计算历史记录打开或关闭
Ctrl+U	打开单位转换

图 2-5　计算器部分快捷键

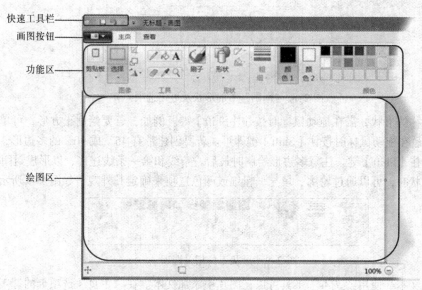

图 2-6　画图程序窗口

（1）绘制线条。画图中有很多种线条绘制工具，如图 2-7 所示。根据要绘制的线条特点选择合适工具并设置好其选项。下列工具可用于在画图中绘制线条：

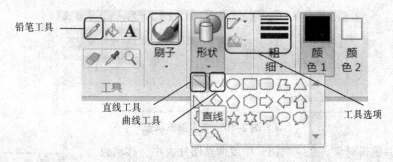

图 2-7　线条绘制工具

① "铅笔"工具——绘制细的、任意形状的直线或曲线。

② "刷子"工具——绘制具有效果的任意形状线条和曲线。在"主页"选项卡上，可单击"刷子"下面的下拉按钮，选择要使用的艺术刷和刷子笔画的粗细尺寸。

③ "直线"工具——使用"直线"工具可绘制直线。使用时，可以选择线条的粗细和样式，若要绘制左右水平或上下垂直的直线，在绘制直线时需要按住【Shift】键。

④ "曲线"工具——可绘制平滑曲线。创建曲线后，在图片中单击曲线分布的区域，然后拖动指针调节曲线。

线条工具绘制时颜色由 "颜色 1"（前景色）或 "颜色 2"（背景色）决定，绘制时按住左键拖动鼠标用颜色 1，按住右键拖动鼠标则用颜色 2。

（2）绘制形状。可以使用"形状工具"在图片中添加程序中预设的各种封闭形状，如矩形、椭圆、三角形或标注等形状。也可以使用"多边形"工具自定义形状，如图 2-8 所示。

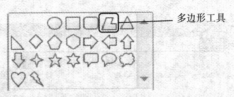

图 2-8 "画图"中的形状及可用选项

　　要绘制对称的形状，需在拖动鼠标时按住【Shift】键。例如，若要绘制正方形，可单击"矩形"按钮，然后在拖动鼠标时按住【Shift】键即可。若要创建带有 45° 或 90° 的多边形，在拖动鼠标时也须按住【Shift】键。注意多边形绘制时最后一条线和第一条线连接，以形成封闭形状。

　　在绘制形状时，可以通过轮廓、填充、粗细或颜色选项来确定其外观，如图 2-9 所示。

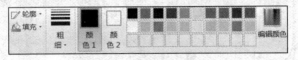

图 2-9 形状工具相关选项

　　（3）添加文本。使用"文本"工具可以在图片中添加文本。在"主页"选项卡的"工具"组中，单击"文本"工具 A，然后在绘图区中拖动指针，确定文本区域，程序将进入文本编辑状态，如图 2-10 所示。在文本编辑状态下，通过"文本"选项卡来设置文本格式，其中"颜色 1"确定文本的颜色。如果想用"颜色 2"填充文本区域，需要在"背景"组中，单击"不透明"按钮。

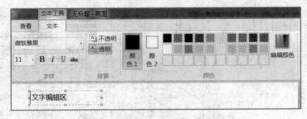

图 2-10 文本编辑状态

　　（4）选择并编辑对象。在"画图"中要调整图片大小、移动或复制对象、旋转对象或裁剪图片时，都需要先选择操作对象。使用"选择"工具可以选择图片中需要更改的部分。

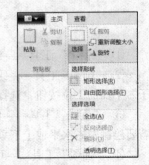

图 2-11 选择工具及其选项

　　如图 2-11 所示，在"主页"选项卡的"图片"组中，单击"选择"下面的下拉按钮。根据需要执行以下操作之一：

　　① "矩形选择"用于选择图片中的任何正方形或矩形部分。

　　② "自由图形选择"用于选择图片中任何不规则的形状部分。

　　③ 若要选择整个图片，则选择"全选"命令。

　　④ 若要选择图片中除当前选定区域之外的所有内容，则选择"反向选择"命令。

　　⑤ 若要使选择内容中不包含背景色，则选择"透明选择"命令。粘贴时，所选内容中使用当前背景色的区域都将变成透明色。

　　（5）对选定对象可实现的操作：

　　① 裁剪——使用 裁剪工具可以使图片中只保留所选择的部分。

　　② 旋转——对选定的区域或对象使用"旋转"命令 ，可旋转图片中的选定部分。

　　③ 扭曲——选定区域或对象后，选择"重新调整大小"命令。然后在"调整大小和扭曲"对

话框中通过设定"水平"或"垂直"倾斜角度，实现扭曲。

④ 移动——选定区域或对象后，可通过直接拖动鼠标进行移动。

⑤ 剪切——使用"剪切"功能可剪切选定对象，被剪切后的区域将显示背景色。

⑥ 复制——"复制"功能可复制"画图"中选定的对象。

⑦ 粘贴——"粘贴"命令是将复制的对象叠加到图片中。如在"粘贴"命令中使用"粘贴来源"还可将硬盘上的已有图片文件粘贴到"画图"程序中。

（6）擦除图片中的某部分。使用"橡皮擦"工具 可以擦除图片中的区域，擦除掉的区域都将显示为"颜色 2"。

（7）调整图片大小。使用"重设大小"功能可调整整个图像、当前对象或部分图片的大小。要调整整个图片大小，在"主页"选项卡中的"图像"组中，单击"重新调整大小"按钮，即打开"调整大小和扭曲"对话框，如图 2-12 所示。

① 在"重新调整大小"选项区域中，选择"像素"单选按钮，然后在"水平"文本框中输入新宽度值或在"垂直"文本框中输入新高度值。单击"确定"按钮。

② 若选中"保持纵横比"复选框，调整大小后的图片将保持与原来相同的纵横比。例如，图片原大小为 320×240 像素，想保持相同纵横比的情况下使其尺寸减少一半，应在"重新调整大小"选项区域中，选中"保持纵横比"复选框，然后在"水平"文本框中输入 160即可。

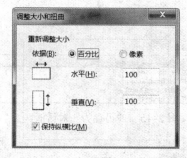
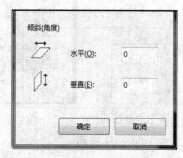

图 2-12 "调整大小和扭曲"对话框

（8）更改绘图区域大小。要调整绘图区域即画布大小，可执行以下操作之一：

① 拖动绘图区域边缘的白色小框到所需的尺寸。

② 通过输入特定尺寸来调整绘图区域大小。单击"画图"按钮 ，然后选择"属性"命令打开对话框，如图 2-13 所示。在"宽度"和"高度"文本框中，输入新的宽度和高度值，然后单击"确定"按钮即可。

图 2-13 调整画布大小对话框

（9）颜色处理。画图中用绘图工具绘图时，"颜色 1"被用作前景色，"颜色 2"被用作背景色。画图中提供了多个工具来设置"颜色 1"或"颜色 2"。

① 颜色板——可直接用来确定"颜色 1"和"颜色 2"的颜色。例如，若要更改"颜色 1"，

在"主页"选项卡的"颜色"组中单击"颜色1"，然后单击某个色块即可。

② 颜色选取器——在设置"颜色1"或"颜色2"时可用"颜色选取器" 直接从图片中任意位置选取其颜色。

③ 编辑颜色——用"编辑颜色器"可自定义计算机中支持的任意新颜色。

在绘图时可用"颜色填充"工具 ，为整个图片或封闭图形填充颜色。

注意： 颜色填充工具使用的是"颜色2"（背景色）。

（10）查看工具。在画图中根据需要可放大或缩小图片。此外，可以在"画图"中工作时显示标尺和网格线，有助于更好地在"画图"中工作。查看工具主要位于"查看"选项卡中，如图2-14所示。

（11）保存图片。保存新图片时，单击"画图"按钮 ，然后选择"保存"命令。第一次保存时程序会打开"另存为"对话框，如图2-15所示。需要在"保存类型"列表框中，选择要保存的文件类型（例如PNG格式、位图文件BMP等）；在"文件名"文本框中输入文件名称，然后单击"保存"按钮即可。

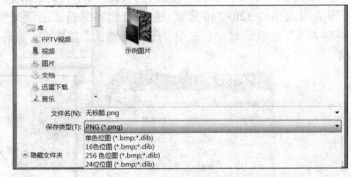

图2-14　查看选项卡上功能按钮　　　　　图2-15　"另存为"对话框

3. 解压缩软件 WinRAR 应用

WinRAR 是一款流行的压缩文件管理工具，界面友好，使用方便，功能强大。它能以压缩打包方式备份数据，从而减少文件的大小，节约带宽。WinRAR 的特点有：

（1）能解压 RAR、ZIP 和其他格式的压缩文件，包括 CAB、ARJ、LZH、TAR、GZ、ACE、UUE、BZ2、JAR、ISO、Z 和 7Z 等类型的压缩文件、镜像文件和 TAR 打包型文件。

（2）WinRAR 能创建 RAR 和 ZIP 格式的压缩文件，压缩率高，资源占用少。

（3）支持分卷压缩和自解压压缩方式。

（4）WinRAR 操作界面类似资源管理器，使用简单方便。

以下内容基于 WinRAR 4.01 版本制作。WinRAR 后期版本在软件界面和基本操作上没有明显变化。

1）主界面介绍

WinRAR 主界面有两种显示状态：一般文件管理模式或压缩文件管理模式。

（1）一般文件管理模式下，将会显示当前工作文件夹下的文件和文件夹列表，如图2-16所示。可以使用鼠标或键盘等常用 Windows 操作来选择文件和文件夹进行压缩、删除或解压处理。在此模式下，选择一个压缩文件双击或按【Enter】键，即进入压缩文件管理模式。

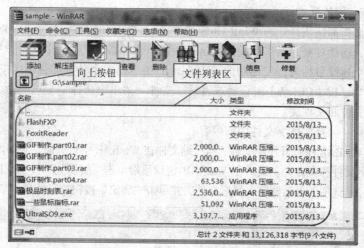

图 2-16　WinRAR 主界面

（2）压缩文件管理模式下，标题栏会显示打开的压缩文件名，同时文件列表区会显示当前打开的压缩文件的内容，也即被压缩的文件和文件夹列表，如图 2-17 所示。在此模式下选择压缩文件中的文件和文件夹，可进行解压、测试或添加注释等压缩文件允许的操作。

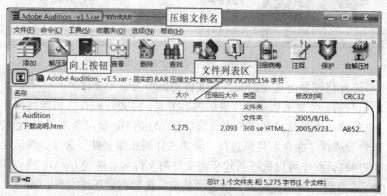

图 2-17　压缩文件管理模式

WinRAR 启动时默认进入一般文件管理模式。要进入 WinRAR 的压缩文件管理模式，有两种方式：

（1）文件管理模式下，在压缩文件名上双击或从"文件"菜单选择"打开压缩文件"命令，即进入 WinRAR 的压缩文件管理模式。

（2）在 Windows 资源管理器或桌面上双击压缩文件名就可用 WinRAR 将其打开，并进入压缩文件管理模式。注意 WinRAR 必须在安装时与常用压缩文件类型关联。

在任一种模式里下，通过以下操作均可以更改文件列表区当前的浏览位置：

（1）按【Backspace】键或【Ctrl+PgUp】组合键或在文件夹[..]上双击或单击"向上"按钮，可以转到磁盘当前目录或压缩文件中当前位置的上一层目录。如果当前正在查看压缩文件的最上层文件夹，继续向上将会关闭压缩文件，返回到 WinRAR 一般文件管理模式。

（2）按【Enter】键或【Ctrl+PgDn】组合键或在任何文件夹上双击则进入此文件夹，如果双击压缩文件名，则会继续打开此压缩文件，进入压缩文件管理模式。

（3）按【Ctrl+\】组合键可立即返回磁盘的最上层文件夹或关闭压缩文件返回压缩文件本身所在文件夹。

2）基本压缩与解压操作

基本的解压操作都是在打开的 WinRAR 窗口中进行。执行压缩或解压之前，必须先选择对象。两种窗口模式下，选择对象的操作都类似 Windows 资源管理器。只选一个文件，只要单击那个文件即可。选择多个连续目标时，使用功能键【Shift】；要选择多个分散的目标则按住【Ctrl】键的同时单击各个对象。按【Ctrl+A】组合键或者从"文件"菜单中选择"全选"命令，可以在当前文件夹选择全部文件和文件夹。

（1）解压文件——释放压缩文件中的内容。

首先必须在 WinRAR 中打开压缩文件，当压缩文件在 WinRAR 中打开时，它的内容会显示出来。然后选择要解压的文件和文件夹。最后在 WinRAR 窗口顶端单击"解压到"按钮或按【Alt+E】组合键，在"解压路径和选项"对话框输入目标文件夹并单击"确定"按钮进行解压，如图 2-18 所示。

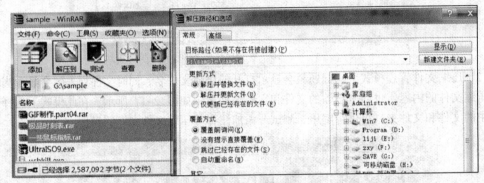

图 2-18　解压文件操作示意

（2）压缩文件——将硬盘上选定的文件或文件夹压缩为一个文件。

当 WinRAR 运行时，会显示当前文件夹的内容列表，将文件列表区切换到含有要压缩的文件的文件夹，然后选择要压缩的文件和文件夹，最后在 WinRAR 窗口顶端单击"添加"按钮，或是按【Alt+A】组合键或在"命令"菜单选择"添加文件到压缩文件"命令，将出现"压缩文件名和参数"对话框。在对话框中可以选择新建压缩文件的文件名、格式（RAR 或 ZIP）、压缩级别、分卷大小和其他压缩参数，当准备好后，单击"确定"按钮创建压缩文件，如图 2-19 所示。压缩文件将会在同一个文件夹创建并自动成为当前选定的文件。

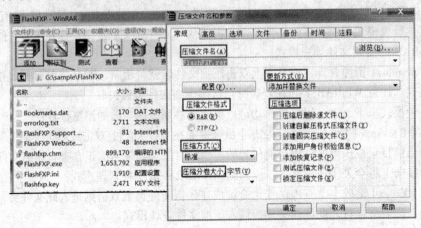

图 2-19　压缩文件操作示意

3）快速压缩与解压操作

WinRAR 支持把压缩和解压操作集成到 Windows 资源管理器中，通常是出现在右键快捷菜单中，如图 2-20 所示。如果在 WinRAR 综合设置中使用了选项"层叠关联菜单"，则必须打开右键快捷菜单中的"WinRAR"子菜单才能使用各项解压缩命令。

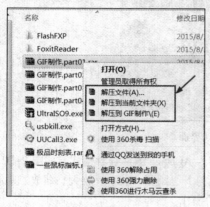

（a）解压文件命令　　　　　　　　　　　（b）压缩文件命令

图 2-20　右键菜单上集成的压缩与解压命令

（1）快速解压文件操作。在安装 WinRAR 时，如果选择了"把 WinRAR 集成到资源管理器中"选项，就可以使用在 Windows 资源管理器操作界面直接压缩和解压文件。在压缩文件图标上右击，在弹出的快捷菜单中选择"解压文件"命令，将出现"解压路径和选项"对话框，在此对话框中如前面所介绍的一样，完成后续解压操作。

若选择右键快捷菜单中的"解压到<文件夹名>"命令来解压文件到指定的文件夹，则不会出现选项设置对话框。

（2）快速压缩文件操作。先直接在资源管理器中或桌面上选择要压缩的文件，然后右击选定的文件并在弹出的快捷菜单中选择"添加到压缩文件"命令，将出现"压缩文件名和参数"对话框，在此对话框中如前面所介绍的一样，完成后续压缩操作。

如果再弹出的快捷菜单中选择"添加到<压缩文件名>"命令来添加到指定的压缩文件，则不会出现参数设置对话框。

4．看图软件 ACDSee 应用

ACDSee 是一款由 ACD Systems 公司开发的图像浏览与管理软件，常用功能有缩略图显示、文件格式转换、幻灯片式放映、图片基本编辑等。ACDSee 提供了良好的操作界面、人性化的操作方式、优质的快速图形解码方式、强大的图片文件管理功能，是目前最流行的图片文件浏览及管理工具之一。

尽管 ACDSee 最新的版本为 ACDSee 18，在界面上也先后经过了 3 次变化，但是其基本的图片浏览、简单编辑、批处理以等常用功能一直未变，下面仍然以的 ACDSee 5.0 为基础，介绍其用法。

1）ACDSee 基本功能

通过程序图标或"开始"菜单启动 ACDSee 5.0，软件主界面即为图片管理模式，如图 2-21 所示。图片管理模式下，程序界面类似 Windows 系统的资源管理器，所以在操作上几乎没有难度。在图片管理模式下，可以进行图片查找、过滤、删除、查看属性、打开编辑等操作。

图 2-21   ACDSee 5.0 默认界面

在 ACDSee 图片管理窗口中双击一个图片文件，便进入 ACDSee 图片查看模式，如图 2-22 所示。在图片查看窗口的工具栏中，有很多工具按钮，包括打开、浏览、缩小、放大、缩放、复制、粘贴、删除、属性等，用户可以根据需要选择进行相应的操作。

图 2-22   ACDSee 5.0 图片查看界面

2）ACDSee 图片编辑功能

在图片管理模式下，利用"工具"菜单中的一些命令，可以对图片文件进行一些编辑和修改，使用起来也很简单，不需要进行太多的操作，比如调整大小、翻转、设置壁纸等，如图 2-23 所示。也可以通过工具栏上编辑按钮打开程序自带的图像编辑工具 FotoCanvas，对图片进行更多细微编辑。

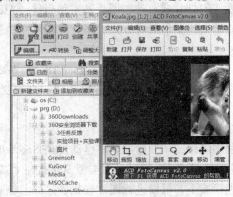

图 2-23   ACDSee 编辑工具

3）ACDSee 其他功能

图像格式转换——ACDSee 可轻松实现 JPG、BMP、GIF 等图像格式的任意转化。最常用的是将 BMP 转化为 JPG，可大大减小体积。

批量重命名——按住【Ctrl】键的同时单击选择需要重命名的文件，然后右击，在弹出的快捷菜单中选择"批量重命名"命令即可。

5. 屏幕截图工具应用

屏幕截图是计算机日常应用中频繁进行的操作之一，能实现屏幕截图的应用软件有很多种。下面介绍 3 种实现途径。

1）Windows 系统截图

在使用 Windows 系列操作系统时，任何时候使用以下快捷键可完成对应的截图功能。

（1）截图快捷键 1：使用键盘中的【Print Screen】键实现全屏截图。【Print Screen】键位于键盘的右上方（见图 2-24），按下此键，就可以实现在当前屏幕上全屏截图。

（2）截图快捷键 2：使用【Alt + Print Screen】组合键实现活动窗口截图。按【Alt + Print Screen】组合键即可完成当前活动窗口的界面截图。活动窗口是指现在所操作的程序界面，比如正在 QQ 聊天，那么按【Alt + Print Screen】组合键就可以将 QQ 聊天窗口界面截图下来。

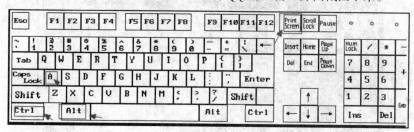

图 2-24　Windows 系统截图快捷键的位置

注意：Windows 系统的截图功能，只是将截取的画面保存在后台剪贴板中。用户需要复制到其他能接收图片对象的程序中，才能进行下一步处理。例如，复制到"画图"程序或 Word 程序中。

2）调用应用软件截图

Windows 系统截图功能缺少任意区域截图方式，这可通过一些流行应用软件解决。例如腾讯 QQ 和 360 的安全浏览器软件。

（1）腾讯 QQ 截图功能。目前较新版本的腾讯 QQ 都内置截图功能，当 QQ 运行后，激活其截图功能的快捷键默认为【Ctrl+Alt+A】。也可以先任意打开一个 QQ 聊天窗口，然后单击聊天窗口中的截屏按钮激活截图功能，如图 2-25 所示。

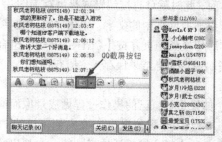

图 2-25　QQ 和 360 安全浏览器截屏按钮的位置

截图后腾讯 QQ 软件还支持实时对截图画面进行标注功能（可添加文字、几何形状、箭头等），截图的结果同样需要"粘贴"操作，才能复制到其他位置使用，例如聊天窗口中。

（2）360 安全浏览器。目前较新版本的 360 安全浏览器都支持截图功能。在 360 安全浏览器中截图是以插件形式提供的，需要在扩展中心进行安装。安装完成后，在 360 安全浏览器窗口右上角将显示截图按钮，如图 2-25 所示，其操作方法类似腾讯 QQ，不再赘述。

3）专业截图软件截图

前面介绍的截图方式有其局限性，例如难以截取电影画面、游戏画面，还有不能滚动截屏等问题，所以有时还是要使用专业截图软件。在专业抓图软件领域 SnagIt 就是其中经典的一款，其界面如图 2-26 所示。

图 2-26　SnaGit 8 程序主界面

下面简单列举 SnagIt 的一些特别用法。

（1）滚屏捕捉。在抓图过程中，经常遇到图片超过桌面尺寸的情况，想查看全部内容必须滚动窗口，要想把该对象全部捕捉下来就需要使用 SnagIt 来完成：单击"滚动窗口"，在主界面的右侧会看到"捕获"按钮已经准备好了，不过使用该按钮不太方便，可以用全局的快捷键【Ctrl+Shift+P】。当需截屏的窗口为当前窗口时，按下此组合键就可激活捕捉功能。根据操作提示，单击目标窗口，然后将鼠标指针移动到滚动条上，该滚动条会自动向下移动，当移动到最底端时会自动停止并直接将捕捉结果保存入"捕获预览"界面，此时就可直接编辑或是另存为图片文件。

（2）抓取文字。SnagIt 所提供的捕捉文字功能可以抓取网页中的文字：单击"窗口文字"，在右侧窗口中的"输入"中选择"自动滚动窗口"，然后切换到网页并按【Ctrl+Shift+P】组合键激活捕捉功能，单击后该窗口会自动滚动，滚动到最底端后自动将结果保存入"捕获预览"，之后可保存为文本文档。

（3）录制屏幕视频。前面介绍的都是静态图片，如果想把自己的操作过程做成录像而向他人进行演示，应该怎么办呢？SnagIt 可轻松实现：单击"录制一个屏幕视频"，在右侧窗口的"输入"中选择"屏幕"，然后将 SnagIt 最小化，按【Ctrl+Shift+P】组合键激活捕捉功能，在弹出的窗口中单击"开始"，接着进行录制的具体操作，操作结束后双击任务栏的录像机图标暂停并弹出提示窗口，点击"结束"即完成此次操作的录制工作并保存成（为）AVI 文件，在"捕捉预览"的窗口中单击播放图标就可以使用 Windows Media Player 来进行播放了。

上面仅仅介绍了 SnagIt 的一些比较有特色的功能，其他功能，限于篇幅，不再逐一介绍。SnagIt 虽然功能强大，但对于日常截屏需求而言，使用 Windows 进行截屏更为方便、简洁。

6. PDF 阅读工具应用

PDF（Portable Document Format）文件格式是 Adobe 公司开发的电子文件格式。这种文件格式与操作系统平台无关，也就是说，PDF 文件不管是在 Windows、UNIX 还是在苹果公司的 Mac OS 操作系统中都是通用的。这一特点使它成为在 Internet 上进行电子文档发行和数字化信息传播的理想文档格式。现在，越来越多的电子图书、产品说明、公司文告、网络资料、电子邮件开始使用 PDF 格式文件。PDF 格式文件目前已成为数字化信息一个事实上的工业标准。

1）Adobe Reader

Adobe Reader 是 Adobe 公司官方推出的用于打开和使用 PDF 文档的工具软件。虽然无法在 Adobe Reader 中创建 PDF，但是可以使用 Adobe Reader 查看、打印和管理 PDF。在 Adobe Reader 中打开 PDF 后，可以使用多种工具快速查找信息，可以在线填写表单并以电子方式提交，允许时可使用注释和标记工具在文档中添加批注。使用 Adobe Reader 多媒体工具可以播放 PDF 中的视频和音乐。如果 PDF 包含敏感信息，则可利用数字身份证或数字签名对文档进行签名或验证。

图 2-27 显示的是通过程序图标启动 Adobe Reader XI 后的主界面。界面简洁，从上到下为标题栏、工具栏、阅读区，右侧为增强工具（包含转换、签名和注释批注等功能）。

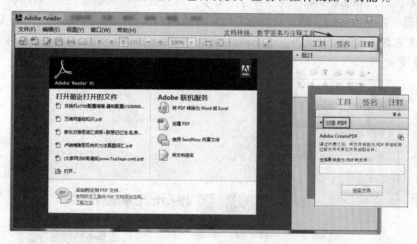

图 2-27　Adobe Reader XI 启动后主界面

在 Adobe Reader X 之前，Adobe reader 都只有浏览阅读功能，而 Adobe Reader X 之后加入了部分编辑功能，在一定程度上可以对 PDF 文档进行编辑，编辑功能包括：

（1）通过批注工具——在文档中添加附注、加高亮、注释文字等标记；

（2）通过"文件"菜单中的"另存为其他"命令将 PDF 文档转换成 TEXT 文档或 Word 文档（需要注册）；

（3）通过工具下的"创建 PDF"功能将其他文档转为 PDF 文档（需要注册）。

一般计算机上安装了 Adobe Reader 后，可通过双击 PDF 文档，启动 Adobe Reader 程序进入到文档阅读界面，如图 2-28 所示。在文档阅读界面上，所有的操作选项都可以在下拉菜单或是工具栏中找到：

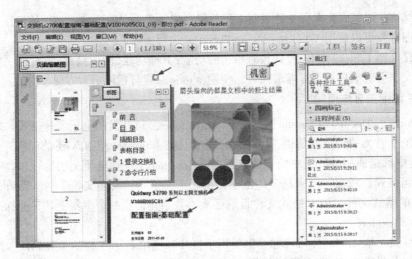

图 2-28　Adobe Reader XI 文档阅读界面

（1）通过工具栏上按钮进行文档缩放、上下翻页操作；

（2）通过右侧注释栏下各种批注工具在文档中进行批注操作；

（3）在左侧可切换页面缩略图或书签两种列表模式。

2）福昕 PDF 阅读器（Foxit Reader）

随着版本提高，Adobe Reader 的插件越来越多，致使软件本身体积庞大，启动速度缓慢。福昕 PDF 阅读器（Foxit Reader）则是一款免费的小巧的 PDF 文档阅读器。Foxit Reader 启动快速，对中文支持非常好；除阅读功能外，还支持注释批注、文本转换等功能。Foxit Reader 6.1 阅读界面如图 2-29 所示。

图 2-29　Foxit Reader 阅读界面

7．网络下载工具应用

在网络上进行网页浏览时，页面上会出现大量文件资源的链接地址，这些链接地址大部分可通过网页浏览器直接下载。例如，下载迅雷软件的过程如图 2-30 所示。但也有一些类型的资源链接需要借助专用下载软件才能下载，如 BT 文件、在线视频等资源。专用下载软件具有支持类型多、高速高效、可续传、自动批量下载的优势。

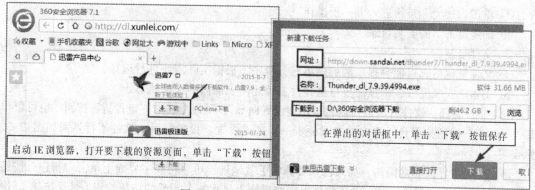

图 2-30　360 浏览器直接下载示例

1）迅雷 7 下载工具

迅雷 7 是一款常用下载软件，支持同时下载多个文件，支持 BT、电驴文件下载，是下载电影、视频、软件、音乐等文件的必备工具。迅雷支持超线程技术，使得用户能够以更快的速度从第三方服务器和计算机获取所需的数据文件。超线程技术还具有互联网下载负载均衡功能，在不降低用户体验的前提下，迅雷网络可以对服务器资源进行均衡配置，有效降低服务器负载。

（1）软件安装。软件下载到本地后，打开软件安装包，出现安装向导后即可开始安装，如图 2-31 所示。

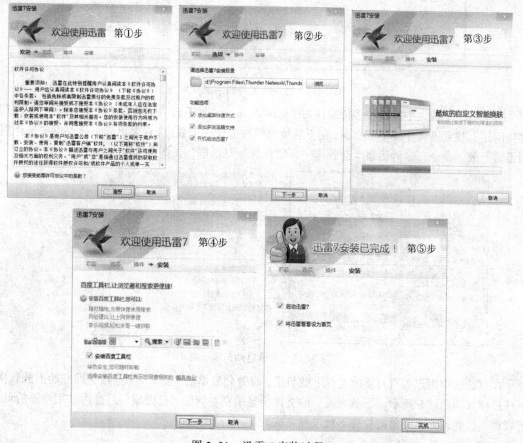

图 2-31　迅雷 7 安装过程

① 单击"接受"按钮进入下一步操作。

② 确定迅雷 7 的安装目录。

③ 文件复制。

④ 文件复制后，可能会提示捆绑的第三方程序，根据实际需要进行选择。

⑤ 迅雷 7 安装完成，根据需要可选择性去掉此两项前面的选中状态。

（2）软件界面。软件首次运行后将显示"设置向导"，可以单击"一键设置"按钮，也可以单击"下一步"按钮按照自己喜欢的方式一步一步完成设置。设置好后，软件运行界面如图 2-32 所示。

迅雷 7 的主界面非常简洁，如果已知资源的下载地址，可直接在主界面上单击"新建"按钮添加下载任务。为了便于应用，迅雷软件可以在桌面上显示一个飘浮的快捷按钮（悬浮按钮），用以快速完成任务管理操作。

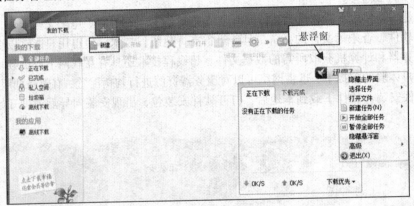

图 2-32 迅雷 7 主界面与悬浮窗

（3）右键下载。下面以在多特软件站（www.duote.com）下载一个迅雷 7 软件为例：首先打开多特网站上找到迅雷 7 的下载页面；在下载地址栏右击任一下载点，在弹出的快捷菜单中选择"使用迅雷下载"命令，这时迅雷 7 会弹出"新建任务"对话框，如图 2-33 所示。

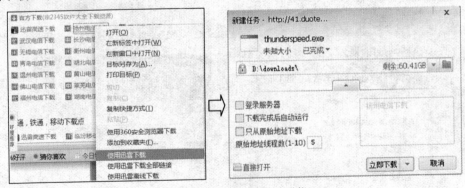

图 2-33 右键启动迅雷下载

在对话框中用户可自行更改文件下载目录，设置好后单击"立即下载"按钮即开始下载软件，下载过程如图 2-34 所示。下载完成后的文件会显示在左侧的"已完成"目录内，用户随后可自行管理。至此，一个完整的软件下载过程完成。

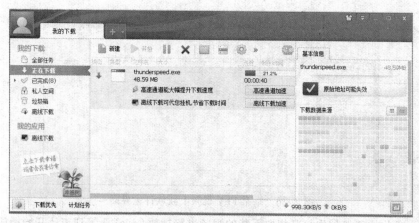

图 2-34 软件下载过程

（4）直接下载。如果事先知道一个文件的绝对下载地址，例如 http://41.duote.com.cn/thunderspeed.exe，那么可以先复制此下载地址，正常情况下复制之后迅雷 7 会自动感应出来，并弹出"新建任务"对话框，之后创建任务，开始下载。也可以单击迅雷 7 主界面上的"新建"按钮，将刚才复制的下载地址粘贴在"新建任务"对话框中，创建任务开始下载软件。

（5）BT 下载。在网络上查找资源，经常会遇到以 BT 方式提供的资源。BT 是一种互联网上 P2P 传输协议，具有下载人越多、速度越快的特点。下载者要下载资源内容，需要先得到相应的 .torrent 文件（称为 BT 种子），然后使用迅雷下载软件进行下载，如图 2-35 所示。

图 2-35 BT 种子文件使用示意

如果安装了迅雷下载工具，则在 torrent 文件上右击，在弹出的快捷菜单中选择"使用迅雷下载该 BT 文件"命令，弹出"新建任务"对话框，选择文件存放的位置后，单击"立即下载"按钮即可。

2）维棠视频下载工具

目前国内外出现了众多视频分享网站，每个用户都可以把自己的视频节目同其他人分享。这些网站有大量的 FLV 视频资源，但是由于网络带宽的限制，往往观看时不流畅，观看过程中也经常出现停顿。并且这些网站都不提供下载地址，用户无法收藏这些 FLV 视频。"维棠 FLV 视频下载软件"（以下简称维棠软件）则可以帮助用户轻松下载国内外大多数 FLV 视频分享网站（如 YouTube、Mofile、土豆网、56 视频、六间房、优酷网等）的视频内容，同时维棠软件具有断点续传功能，集成了 FLV 视频播放器、FLV 视频转码器，无论是下载还是播放，都相当方便。

图 2-36 所示是软件启动后的主界面。维棠 FLV 视频下载软件的关键技术就在于可以将网站屏蔽的视频节目真实地址分析出来，然后下载到本地。下面简要介绍维棠 FLV 视频下载软件的用法。

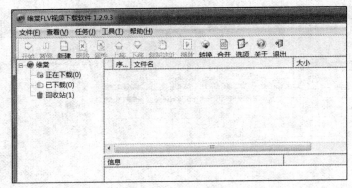

图 2-36　维棠 FLV 视频下载软件主界面

首先在一般网页浏览器中打开想要下载的视频进行播放（注意要等到正片开始播放后），此时复制正在播放视频的浏览器页面地址栏中的地址，然后单击维棠界面的"新建"按钮，如图 2-37 所示，出现添加任务对话框，之前复制的网页地址，会自动填入对话框视频网址栏中，单击"确认"按钮即开始自动分析，进入下载过程，如图 2-38 所示。如果没有自动填充地址，手动复制地址也可。

 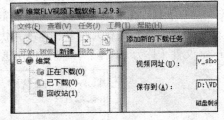

图 2-37　用维棠软件下载视频的操作

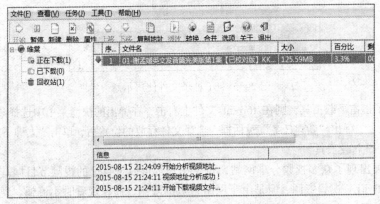

图 2-38　维棠软件下载视频过程

2.4　实　验　指　导

实验所需的必备软件将随教材资源一起提供。一般地，实验人员所用实验机器上应该均安装有解压缩软件 WinRAR 或类似解压缩软件。

（1）首先获取本次实验的辅助文档压缩包。用基本解压或快速解压操作方法将辅助文档释放到目标路径"C:\实验 2"中，如图 2-39 所示。

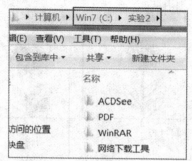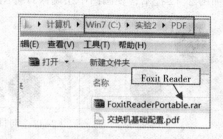

图 2-39　释放辅助文档

（2）进入"C:\实验 2\PDF"打开 Foxit Reader 安装包，将其内容释放到目标位置"C:\Foxit Reader"下，双击运行"Foxit Reader 绿色版.exe"即可启动 Foxit Reader，如图 2-40 所示。

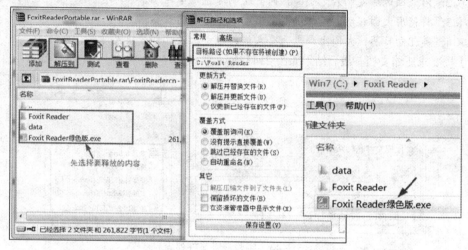

图 2-40　释放 Foxit Reader

（3）按要求对 FoxitReader 主界面截图，截图结果保存为图片文件。

（4）在 Foxit Reader 中打开 PDF 文档"C:\实验 2\PDF\交换机基础配置.PDF"，完成要求的高亮操作和 TXT 输出操作，并分别保存相应的文档。

（5）用 IE 或 360 网页浏览器打开优酷上的"拖延症之歌"页面，进入播放状态（提示：要等广告视频结束），如图 2-41 所示。复制页面地址。启动维棠视频下载软件，通过"新建"按钮，创建新的下载任务，按要求保存下载的视频文件。

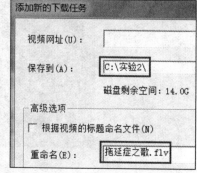

图 2-41　创建下载过程

（6）如图 2-42 提示，在画图中绘制向日葵图片，并按要求保存。

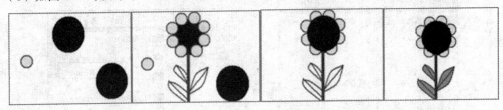

图 2-42　向日葵绘制过程

提示：

步骤 1：画大小圆，复制一大圆待用。大圆边框和填充都用褐色。小圆边框用褐色，填充用明黄色。

步骤 2：沿大圆边缘复制若干小圆。同时绘制绿色躯干轮廓。

步骤 3：将待用大圆移动，盖住小圆无用部分，形成向日葵。

步骤 4：美化向日葵。大圆上画黑色交叉线，躯干上树叶部分填充绿色。

（7）按要求压缩文档。最后结果如图 2-43 所示。

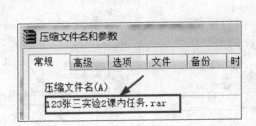

图 2-43　实验最终文件列表

2.5　课后实验

1. 基本要求

（1）用画图软件绘制图 2-44 所示的图片，画布大小为 1 024×768 像素。保存为 1.jpg。

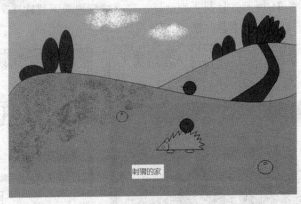

图 2-44　绘制图片

（2）从网络上搜索一个自己想要的资源的种子文件，试用迅雷进行下载，操作过程用截图工具进行截图（截图次数不低于 3 次，保存为 2.jpg、3.jpg、4.jpg……）。

（3）以上操作中获得所有的图片文件用压缩软件 WinRAR 压缩为一个自解压压缩文档，命名为"***实验 2 课后作业.rar"，其中***为本人学号，按要求提交。

2．扩展要求

（1）试用看图软件 ACDSee 处理以上操作中得到的 JPG 文件，将它们转换为黑白灰度图片后保存。

（2）将上一步操作中获得所有的图片文件用压缩软件 WinRAR 压缩为一自解压压缩文档，命名为"***实验 2 课后作业扩展.exe"，其中***为本人学号，按要求提交。

实验 **3** Word 排版基础

3.1 实 验 目 的

（1）掌握创建和打开 Word 文档的方法，在 Word 文档中录入、编辑文字。

（2）能够正确辨识 Word 2013 窗口，利用"样式"任务窗格修改或新建样式。

（3）熟练应用 Word 文档中的段落格式。

（4）能够正确理解 Word 文档的页面纸张、页边距与打印效果的关系，并设置页面。

（5）掌握 Word 文档中页面背景设置，设置页边框和水印效果。

（6）了解文本框的含义，掌握如何插入文本框。

（7）了解特殊符号的种类，并插入特殊符号。

（8）掌握在 Word 中插入不同目标的超链接。

3.2 实 验 任 务

（1）创建并正确保存 Word 文档，录入文本。

（2）设置纸张大小、纸张方向、页边距、文字方向等页面布局参数。

（3）设置页面背景的色彩、页面边框和水印。

（4）创建和修改正文样式及标题样式。

（5）在文档中插入文本框，灵活运用文本框美化 Word 文档。

（6）设置字体格式（颜色、大小、字体、字形及其他效果）。

（7）分栏排版。

（8）插入特殊符号和字符。

（9）插入链接到外部网站或内部特定位置的超链接。

（10）使用格式刷格式化文本。

（11）设置每页行数与每行字数。

为配合本实验更好地完成基本实验任务，参见图 3-1 和图 3-2 的排版效果。

图 3-1 中的文档标题"Word 排版基础"之上应为空白，之上的线条和文字是截图之后添加的说明。标题"Word 排版基础"应用了内置的样式"标题 1"，小标题"字体"和"段落"也应用了自建的标题样式，样式内容：样式类型，链接段落和字符；样式基准，正文；后续段落样式，正文；字体格式，华文楷体加粗小二；段落格式，两端对齐、大纲级别 2 级，首行缩进 0.85 厘米，段前 7.8 磅、段后 0.5 行、多倍行距 2.1。

图 3-1 中的正文为华文楷体小四号，首行缩进 2 字符，行距固定值 18 磅。为快速进行排版，

建议创建自定义的正文样式，主要特点是首行缩进 2 字符，不妨称之为“正文 2”。

图 3-1 在页面中添加了文字水印效果。A4 纸张的页边距为上 2.5 厘米、下 2.1 厘米、左 2.6 厘米、右 2.8 厘米；每页 45 行、每行 41 字。

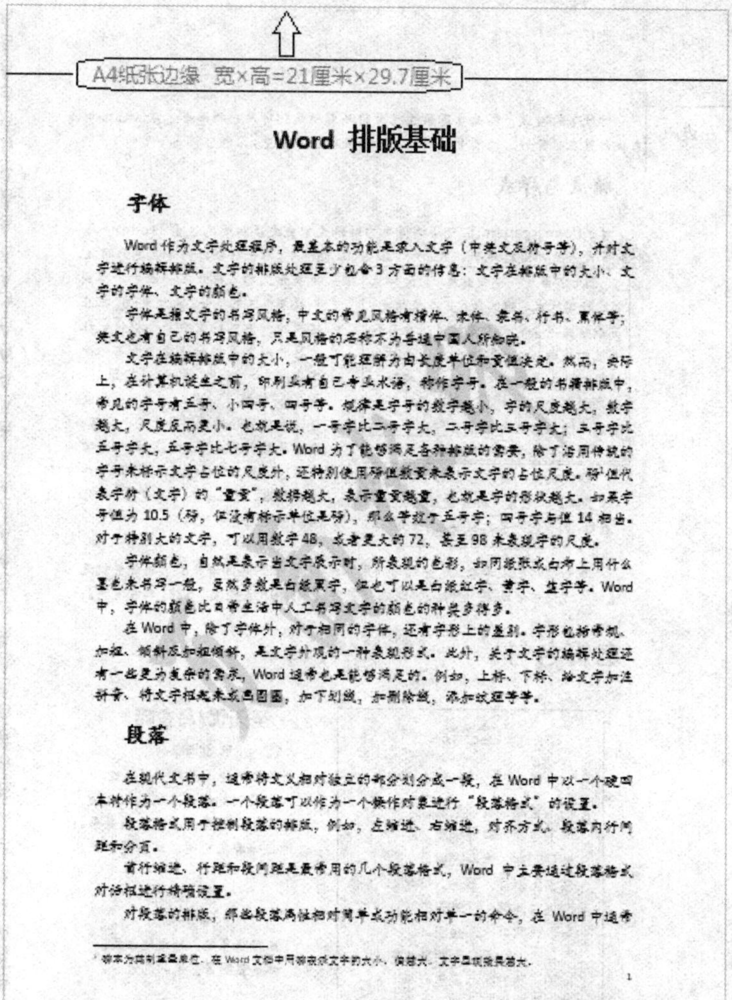

Word 排版基础

字体

Word 作为文字处理程序，最基本的功能是录入文字（中英文及符号等），并对文字进行编辑排版。文字的排版处理至少包含 3 方面的信息：文字在排版中的大小、文字的字体、文字的颜色。

字体是指文字的书写风格，中文的常见风格有楷体、宋体、隶书、行书、黑体等；英文也有自己的书写风格，只是风格的名称不为普通中国人所熟悉。

文字在编辑排版中的大小，一般可能理解为由长度单位和数值决定。然而，实际上，在计算机诞生之前，印刷业有自己专业术语，称作字号。在一般的书籍排版中，常见的字号有五号、小四号、四号等。规律是字号的数字越小，字的尺度越大，数字越大，尺度反而更小。也就是说，一号字比二号字大，二号字比三号字大；三号字比五号字大，五号字比七号字大。Word 为了能够满足各种排版的需要，除了沿用传统的字号来标示文字占位的尺度外，还特别使用磅值数字来表示文字的占位尺度。磅[1]值代表字符（文字）的“重量”，数符越大，表示重量越重，也就是字的形状越大。如果字号值为 10.5（磅，但没有标示单位是磅），那么等效于五号字；四号字与值 14 相当。对于特别大的文字，可以用数字 48，或者更大的 72，甚至 98 来表现字的尺度。

字体颜色，自然是表示当文字展示时，所表现的色彩，如同纸张或白布上用什么墨色来书写一般，虽然多数是白纸黑字，但也可以是白纸红字、青字、蓝字等。Word 中，字体的颜色比日常生活中人工书写文字的颜色的种类多得多。

在 Word 中，除了字体外，对于相同的字体，还有字形上的差别。字形包括常规、加粗、倾斜及加粗倾斜，是文字外观的一种表现形式。此外，关于文字的编辑处理还有一些更为复杂的需求，Word 通常也是能够满足的。例如，上标、下标、给文字加注拼音、将文字框起来或画圆圈，加下划线，加删除线，添加纹理等等。

段落

在现代文书中，通常将文义相对独立的部分划分成一段，在 Word 中以一个硬回车符作为一个段落。一个段落可以作为一个操作对象进行“段落格式”的设置。

段落格式用于控制段落的排版，例如，左缩进、右缩进，对齐方式、段落内行间距和分页。

首行缩进、行距和段间距是最常用的几个段落格式，Word 中主要通过段落格式对话框进行精确设置。

对段落的排版，那些段落属性相对简单或功能相对单一的命令，在 Word 中通常

[1] 磅本为印刷质量单位，在 Word 文档中用来表示文字的大小，值越大，文字显现就是越大。

1

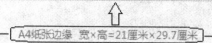

图 3-1　页面与排版

图 3-2 与图 3-1 是同一 Word 文档中的两个页面，故纸张和边距相同。图 3-2 中“左边距”“上边距”“下边距”及“边框线”文字是截图后加的说明。

图 3-2 上面的“标尺”强化了每行字符数，实际操作时，标尺也标示了每页行数。

图 3-2 展示了分栏排版效果，分栏排版下的“横线”不是形状中的“直线”对象，而是边框中的“横线”；分栏排版中的矩形框线也不是由 4 条“直线”对象组成，更不是文本框框线，而是“字符边框”。

图 3-2 中“名篇名句”应用了内置的样式“标题 1”，其中的“陋室铭”一篇位于一个文本框内，文本框设置了图片背景。文本框的“文字环绕”方式为穿越型。

特别地，图 3-1 页面没有边框线，图 3-2 添加了右边框线，为区别常见的直线，边框线使用

了"艺术型"。

　　注意图 3-2"名篇名句"中各种字体、颜色、字号的不同，熟练掌握设置方法。

图 3-2　文本框及分栏排版

3.3　实　验　预　备

完成本次实验需要具备的基础知识与技能：

（1）视窗操作系统基本操作技能和概念。

（2）视窗对象的选择、复制、剪切、删除、粘贴和撤销操作，记事本编辑、查找、替换。

（3）页面与纸张、页边距、页面版式相关概念与含义，页面背景、水印知识。

（4）字体、字形、字号、字体颜色等字体格式知识。

（5）Word 段落、行距、缩进、悬挂、磅值等段落格式知识。

（6）文本、正文与标题知识。

（7）Word 中关于文本的内置样式：正文样式、标题样式。

（8）预备《陋室铭》《静夜思》及《Word 排版基础》等文本，避免实验时临时录入而分散集中力。

3.4　实　验　指　导

结合实验任务中的目标，下面仅给出实现目标时需要的相关操作与基本要点，有时也是一种推荐，并没有按部就班的操作步骤，可以说也没有统一的步骤。

1．创建文档

由快捷方式启动 Word 2013（或从"开始"→"所有程序"→"Microsoft Office"→"Microsoft Office Word 2013"启动），通常以空白文档开始自己的文本录入。Word 空白文档模板的正文是中文宋体（西文 Calibri）、五号、单倍行距，首行不缩进。如果有职业上的特别要求，或者排版篇幅比较大且复杂，建议先不急于录入文本，而是先创建自己的正文样式和标题样式。

2．修改内置样式

进入修改内置的样式界面，可以参考其中是如何进行样式设置的。例如，要进入修改内置的"标题3"的修改界面，操作线路为：Word 2013→"开始"选项卡→"样式"选项组→样式"对话框启动器"（或快捷键操作进入：按【Alt+Ctrl+Shift+S】组合键）→鼠标指针移动至"标题 3"并停留，出现 标题3 ，单击右端下拉按钮，再选择"修改"命令，即进入"标题 3"的修改界面。

3．创建自己的样式

操作线路为：Word 2013→"开始"选项卡→"样式"选项组→样式"对话框启动器"，弹出样式任务窗格，在任务窗格左下端有 3 个命令图标，分别为：新建样式、样式检查器、管理样式，单击"新建样式"图标，进入"创建新建样式"界面，界面中关键是先要给出一个适合自己的样式名称，例如"正文 2"，并单击"确定"按钮保存。至于具体的内容设置，可以再进行修改。"正文 2"的修改结果如图 3-3 所示。

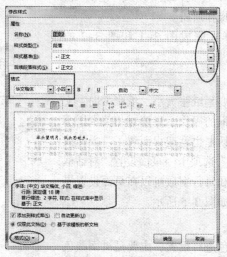

图 3-3　正文 2 样式修改结果

标题样式并不是给个含"标题"文字的名就会成为标题，必须从类似于图 3-3 所示的左下角的"格式"→"段落"→"缩进和间距"→"大纲级别"中将默认的"正文文本"修改为所希望的级别，例如"我的标题 2"的大纲级别设置为 2 级。

为了更有效地进行快速排版，建议为自己特别需要而创建的样式添加快捷操作键。样式的快捷键创建过程："开始"选项卡→"样式"选项组→样式"对话框启动器"，弹出"样式"任务窗格，鼠标指针移动至要修改的样式并停留，例如"我的标题 2"，出现 我的标题2 ，单击右端下拉按钮，再选择"修改"命令，即进入"我的标题 2"的修改界面。参见图 3-3，单击左下角"格式"→快捷键，弹出"自定义键盘"对话框→在"请按新快捷键"文本框中输入快捷键，譬如【Alt+2】（一次性直接按键）按【Enter】键，使快捷键进入"当前快捷键"文本框内，关闭对话框即可。

在本文档中测试【Alt+2】快捷键：插入光标定位到任一文本，然后按【Alt+2】组合键，查看文本的变化。同理，可以设置"正文 2"样式的快捷键。

4．字体和段落

如果 Word 内置的样式不能满足排版的要求，也没有创建自己的样式，要达到理想的文本排版效果，则只能通过字体操作和段落设置来实现。字体操作和段落设置的命令组参见图 3-4。大部分情况下，"开始"选项卡的"字体"组命令能够满足操作要求，极少情况需要打开"字体"对话框。

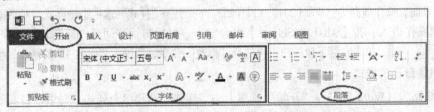

图 3-4　"字体"和"段落"组命令

虽然"段落"组在界面上也有很多有用的命令，使用最频繁的要属对齐方式部分了。段落中的缩进及行距则必须打开"段落"对话框。图 3-2 中的两条"横线"是由"段落"→"边框"→"横线"操作所得。

尝试不使用自己新建样式完成图 3-1 和图 3-2 的排版。

5．页面设置

页面相关的操作通常主要是纸张大小、纸张方向、文字方向、页边距以及页面边框的操作，只要对相关术语不陌生，进入"页面设置"对话框也就迎刃而解了。操作线路：Word 2013→"页面布局"选项卡→页面设置"对话框启动器"。特别地，页面行数和每行字数可以在页面设置界面的"文档网格"中操作，如图 3-5 所示。

6．页面背景

页面背景针对纸张的颜色进行设置，主要是页面颜色和水印，顺带也可进入页面边框操作界面。操作线路：Word

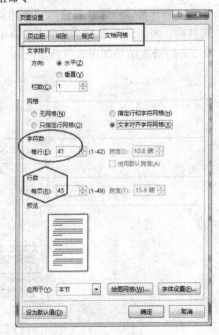

图 3-5　页面设置

2013→"设计"选项卡→页面背景。页面颜色只要慢速移动鼠标指针立即可以感受页面颜色效果。

水印设置建议操作：页面背景→水印→自定义水印，进入"水印"对话框可以设置文字水印、图片水印或无水印。图 3-1 和图 3-2 的水印效果为：文字_页面水印、字体_华文行楷、颜色_红色（半透明）。

7．文本框

当要求一段文字、一张图片、一张表格或其他的文档对象始终固定在某个位置上时，通过插入一个文本框使固定的内容不受其影响，并且在不影响其他文本的前提下更容易移动位置，这是文本框的优点。

操作线路 1：插入光标先定位在准备摆放文本框的附近（无须精确定位）→"插入"选项卡→"文本"选项组→（下拉）文本框→简单文本框（一般不选择其他"型"或"栏"的文本框样式）。

操作线路 2：Word 2013→"插入"选项卡→"文本"选项组→（下拉）文本框→绘制文本框或绘制竖排文本框→（鼠标变成粗黑"十"字）在合适位置按住鼠标左键并拖放，画出一个文本框。

一个文本框被绘制或插入或被选中后，出现 8 个方形控制柄和一个旋转控制柄。方形控制柄由鼠标来控制文本框大小，旋转控制柄由鼠标来控制旋转方向和角度。

在文本框内输入若干文本（实际上也可插入图片、表格等对象），例如输入图 3-2 中所示的"陋室铭"全部文本，然后观察相关操作的效果。

选中文本框后，Word 自动在选项卡右边区域增加一个名为"绘图工具_格式"的临时选项卡。单击这个选项卡，看到包含图 3-6 所示各选项组命令。使用图 3-6 所示的工具：试着在"大小"选项组调整文本框的宽高，在"形状样式"选项组之"形状填充"填充某种彩色；"文本方向"改为垂直或其他，"自动换行"中选择浮于文字上方或穿越型环绕，等等，查看操作后的效果。

图 3-6　文本框绘图工具_格式

图 3-6 的"绘图工具_格式"主要是针对文本框内的文本施加影响，也有关于大小、文字环绕与层次的操作，看起来似乎没有针对文本框的背景和边框线的操作控制。Word 2013 把文本框的背景和边框以及文本框与文本的边距等相关属性归入"形状格式"，就是早期版本的"文本框格式"。Word 2013 进入"形状格式"操作环境有两种方法：一种是选中文本框后单击"绘图工具_格式"→"形状样式"对话框启动器，将在 Word 工作界面的一侧弹出"设置图片格式"对话框。另一种方法是选中文本框后右击，弹出快捷操作命令组，选择其中的"设置形状格式"，弹出相应的对话框，参见图 3-7。

单击图 3-7 中的"形状选项"→"填充线条"→（展开）"填充"，可以设置文本框的背景颜色；单击"形状选项"→"填充线条"→（展开）"线条"，可以设置文本框的框线及颜色，也可清除框线。单击"文本选项"→"布局属性"→（展开）"文本框"，可以设置边距。

图 3-7 设置图片格式对话框

【几点补充】

1）难字及特殊字符的录入方法

采用何种输入法进行中文输入总是因人而异，特别是只能单一使用拼音输入的人，难免遇到一些字拼写或拆解不出来。比较有效的方法是：Word 2013 选项卡中单击"插入"选项卡→符号→其他符号，打开"符号"对话框。通常在对话框"字体"中选取"普通文本"，并正确或尝试选择"子集"，参见图 3-8，例如录入夨和卐。必须关注图 3-8 右下方的"来自"选项，如果此处选项是来自"简体中文 GB（十六进制）"，那么最常见的 4 个方向键符号←、↑、→、↓也无法录入。建议此处宜选择"Unicode（十六进制）"，可满足绝大多数情况的需要；4 个方向键符号藏在子集"箭头"中。

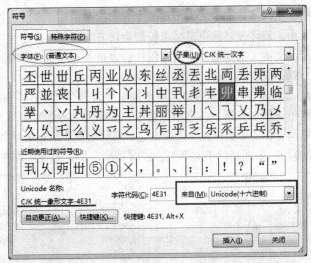

图 3-8 利用插入符号输入难捡字（符）

2）利用格式刷格式化文本

如果在图 3-1 和图 3-2 的录入与排版中，并没有按上文建议的那样新建和修改样式，那么只能多步骤地对文本进行字体和段落的设置来达到排版效果。这个过程也有相对简便的方法，使用"开始"选项卡→"剪贴板"选项组中的格式刷。操作方法：选中已格式化了的文本，假设图 3-1 中"字体"已经设置成为"标题 2 样式、华文楷体且字号为小二"，现在要让后文的"段落"和"格式与样式"文本同样设置成"标题 2 样式、华文楷体且字号为小二"，这里先选中"字体"，然后在"开始"选项卡→"剪贴板"选项组→"格式刷"图标上单击（或双击），此时鼠标指针形象地变成了油漆刷，让这把"油漆刷"刷过"段落"和"格式与样式"文本即可。

单击"格式刷"图标则只能格式化一次；双击"格式刷"图标可以重复格式化，直到再次单击"格式刷"图标为止。

3）插入超链接

超链接原是 Web 网页的基本要素，Word 文档支持超链接。

插入超链接的方法：选中要建立插入超链接的文本或图片（也可以是文本框等对象），单击"插入"选项卡→"链接"选项组中的超链接图标，弹出"插入超链接"对话框，在"链接到"中有 4 个项目：现有文件或网页、本文档中的位置、新建文档、电子邮件地址。顾名思义，现有文件或网页可以链接到外部网站网页，例如，http://www.sohu.com。

如果要链接到本文档中的位置，则在插入超链接之前先要创建书签。例如，希望在图 3-2 中建立超链接，链接目标是图 3-1 的"字体"第 2 段"字体是指…"，则在插入超链接前，先将插入光标定位在第 2 段"字体是指…"前，单击"插入"选项卡（"链接"选项组）中的书签，进入"书签"对话框，在"书签名"文本框中输入一个名称（例如字体格式），添加后并不显现书签名。现在就可以选中要超链接的文本，图 3-2 中分栏排版部分有文字框线内带下画线的文本，然后插入超链接，在"本文档中的位置"界面中可以看到所创建的书签，加入所要的书签即可。

4）插入脚注或尾注

脚注和尾注在结构上是相同的，不同的是脚注内容总在页面的本页，尾注内容是在文档的最后一页。脚注由两部分构成：脚注标号和脚注内容文本。由于构成要素包含两部分，插入脚注和尾注的命令按钮并不在"插入"选项卡，而是在"引用"选项卡中。插入脚注时，先将插入光标定位在正文的文字后，然后在"引用"选项卡中单击"插入脚注"命令，则插入光标立即落入脚注内容区，输入脚注内容（例如图 3-1 下方细小文字）即可。一页中有多个脚注时，脚注能够自动调整编号顺序。

5）插入页码

当只有一种页码要求情况下，插入页码的操作十分简单易行。在"插入"选项卡（"页眉和页脚"组）中有页码的一系列命令。可以将页码插入页面的上、下、左、右四个方位的任一侧，且有不同风格的页码格式可选择。使用"页码格式"命令可以使页码不从数字 1 开始，也可以设置成非数字格式的页码。了解了 Word 界面风格和操作命令进入方式的人可以轻易做到插入或删除页码。

3.5　课后实验

对文稿《滕王阁序》进行排版。

1. 基本要求

（1）页面 A4 竖向，图片水印；页边距：上 2.8 cm，下 2.5 cm，左 2.9 cm 右 2.5 cm。

（2）主体文本小四宋体，有细圆和楷体，也有华文细黑。

（3）标题是艺术字，正文首字下沉 2 行。

（4）其他排版细节参见图 3-9 所示效果。

2. 扩展要求

（1）插入脚注。

（2）插入页码（底端居中，从 1 开始编号）。

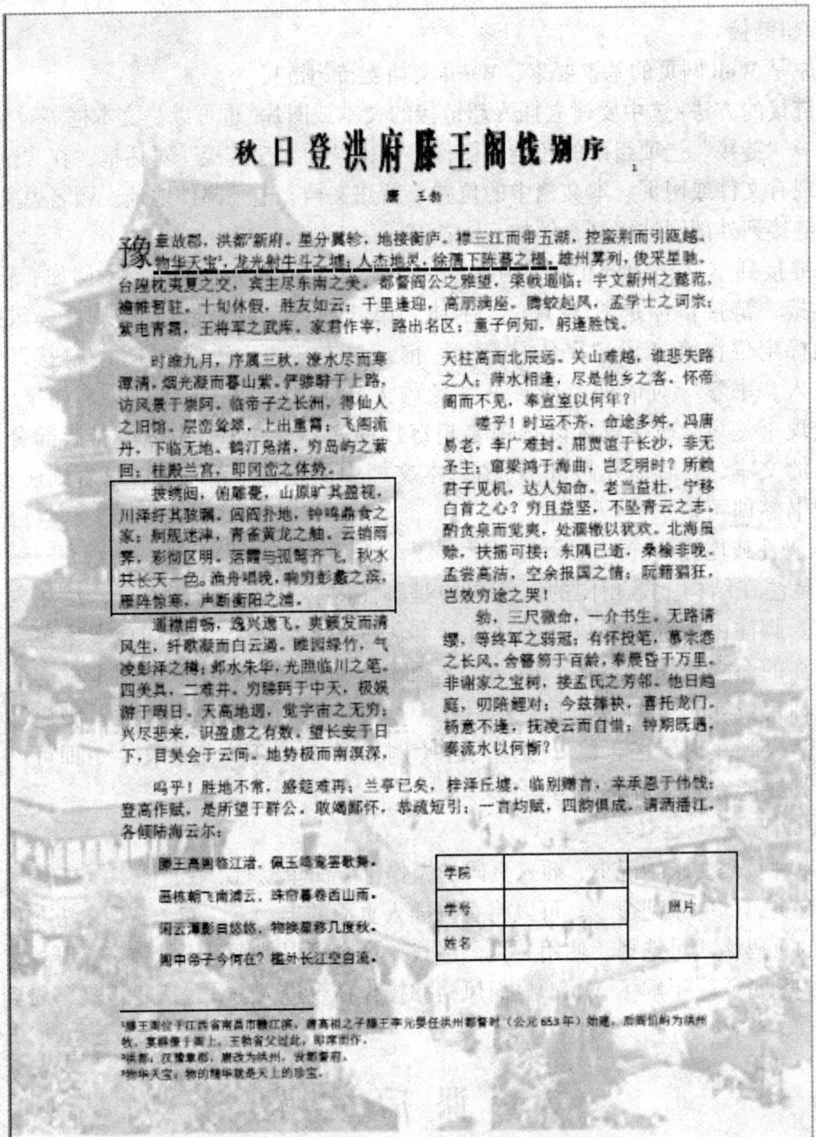

秋日登洪府滕王阁饯别序[1]

唐 王勃

豫章故郡，洪都[2]新府。星分翼轸，地接衡庐。襟三江而带五湖，控蛮荆而引瓯越。物华天宝[3]，龙光射牛斗之墟；人杰地灵，徐孺下陈蕃之榻。雄州雾列，俊采星驰。台隍枕夷夏之交，宾主尽东南之美。都督阎公之雅望，棨戟遥临；宇文新州之懿范，襜帷暂驻。十旬休假，胜友如云；千里逢迎，高朋满座。腾蛟起凤，孟学士之词宗；紫电青霜，王将军之武库。家君作宰，路出名区；童子何知，躬逢胜饯。

时维九月，序属三秋。潦水尽而寒潭清，烟光凝而暮山紫。俨骖騑于上路，访风景于崇阿。临帝子之长洲，得仙人之旧馆。层峦耸翠，上出重霄；飞阁流丹，下临无地。鹤汀凫渚，穷岛屿之萦回；桂殿兰宫，即冈峦之体势。

披绣闼，俯雕甍，山原旷其盈视，川泽纡其骇瞩。闾阎扑地，钟鸣鼎食之家；舸舰迷津，青雀黄龙之舳。云销雨霁，彩彻区明。落霞与孤鹜齐飞，秋水共长天一色。渔舟唱晚，响穷彭蠡之滨，雁阵惊寒，声断衡阳之浦。

遥襟甫畅，逸兴遄飞。爽籁发而清风生，纤歌凝而白云遏。睢园绿竹，气凌彭泽之樽；邺水朱华，光照临川之笔。四美具，二难并。穷睇眄于中天，极娱游于暇日。天高地迥，觉宇宙之无穷；兴尽悲来，识盈虚之有数。望长安于日下，目吴会于云间。地势极而南溟深，天柱高而北辰远。关山难越，谁悲失路之人；萍水相逢，尽是他乡之客。怀帝阍而不见，奉宣室以何年？

嗟乎！时运不齐，命途多舛。冯唐易老，李广难封。屈贾谊于长沙，非无圣主；窜梁鸿于海曲，岂乏明时？所赖君子见机，达人知命。老当益壮，宁移白首之心？穷且益坚，不坠青云之志。酌贪泉而觉爽，处涸辙以犹欢。北海虽赊，扶摇可接；东隅已逝，桑榆非晚。孟尝高洁，空余报国之情；阮籍猖狂，岂效穷途之哭！

勃，三尺微命，一介书生。无路请缨，等终军之弱冠；有怀投笔，慕宗悫之长风。舍簪笏于百龄，奉晨昏于万里。非谢家之宝树，接孟氏之芳邻。他日趋庭，叨陪鲤对；今兹捧袂，喜托龙门。杨意不逢，抚凌云而自惜；钟期既遇，奏流水以何惭？

呜乎！胜地不常，盛筵难再；兰亭已矣，梓泽丘墟。临别赠言，幸承恩于伟饯；登高作赋，是所望于群公。敢竭鄙怀，恭疏短引；一言均赋，四韵俱成。请洒潘江，各倾陆海云尔：

滕王高阁临江渚，佩玉鸣鸾罢歌舞。

画栋朝飞南浦云，珠帘暮卷西山雨。

闲云潭影日悠悠，物换星移几度秋。

阁中帝子今何在？槛外长江空自流。

学院		照片
学号		
姓名		

[1]滕王阁位于江西省南昌市赣江滨，唐高祖之子滕王李元婴任洪州都督时（公元653年）始建，后阎伯屿为洪州牧，宴群僚于阁上，王勃省父过此，即席而作。
[2]洪都：汉豫章郡，唐改为洪州，设都督府。
[3]物华天宝：物的精华就是天上的珍宝。

图 3-9　滕王阁序

实验 4　Word 中插入对象

4.1　实 验 目 的

（1）掌握在 Word 文档中插入图片操作。
（2）运用图形元素制作复合多变的图形。
（3）掌握在 Word 文档中插入表格，并能够较熟练地编辑复杂表格。
（4）掌握插入公式的方法，能够正确编辑数学公式。

4.2　实 验 任 务

实验中的插图素材和 Word 文档将通过辅助文档提供，任务内容如下：

（1）在 Word 中插入图像，掌握图像、图形与文字混排的技巧，掌握对图像的缩放、边框与美化、旋转、图片形状设置等综合操作。

（2）运用基本线条、形状绘制流程图或其他形式的矢量图。

（3）将原本相互独立的图形图像对象组合成一个结构稳定对象。

（4）插入表格对象，制作形式复杂的表格。

（5）专业性地插入数学公式或表达式。

（6）任务目标参见图 4-1 至图 4-3。

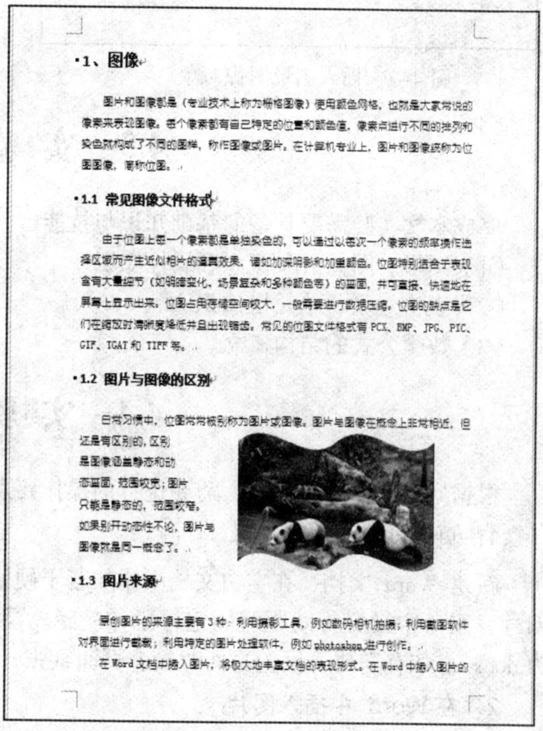

1、图像

图片和图像都是（专业技术上称为栅格图像）使用颜色网格，也就是大家常说的像素来表现图像。每个像素都有自己特定的位置和颜色值，像素点进行不同的排列和染色就构成了不同的图样，称作图像或图片。在计算机专业上，图片和图像统称为位图图像，简称位图。

1.1 常见图像文件格式

由于位图上每一个像素都是单独染色的，可以通过以每次一个像素的频率操作选择区域而产生近似相片的逼真效果，诸如加深阴影和加重颜色。位图特别适合于表现含有大量细节（如明暗变化、场景复杂和多种颜色等）的画面，并可直接、快速地在屏幕上显示出来。位图占用存储空间较大，一般需要进行数据压缩。位图的缺点是它们在缩放时清晰度降低并且出现锯齿。常见的位图文件格式有 PCX、BMP、JPG、PIC、GIF、TGAT 和 TIFF 等。

1.2 图片与图像的区别

日常习惯中，位图常常被别称为图片或图像。图片与图像在概念上非常相近，但还是有区别的，区别是图像涵盖静态和动态画面，范围较宽；图片只能是静态的，范围较窄。如果别开动态性不论，图片与图像就是同一概念了。

1.3 图片来源

原创图片的来源主要有 3 种：利用摄影工具，例如数码相机拍摄；利用截图软件对界面进行截取；利用特定的图片处理软件，例如 photoshop 进行创作。

在 Word 文档中插入图片，将极大地丰富文档的表现形式。在 Word 中插入图片的

图 4-1　图文混排案例

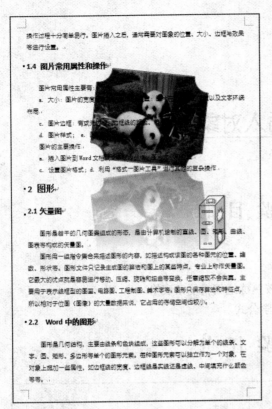

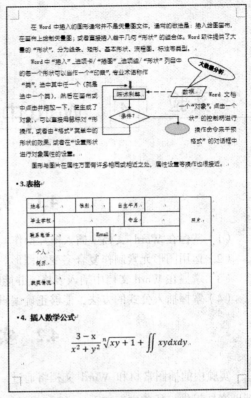

图 4-2　插入图形图像对象　　　　　　　　　图 4-3　插入表格和公式对象

4.3　实 验 预 备

完成本次实验需要具备的基础知识与技能：

（1）图形、图像对象概念和属性知识。

（2）表格对象、单元格知识。

（3）数学公式的结构概念。

4.4　实 验 指 导

根据实验任务中的目标，需要进行的操作要点及关联性推荐：

1. 页面设置和字体段落

新建 Word 文档，在空白文档中添加若干硬回车，选中所有段落，将字体设置成"幼圆"小四号，段落中设置行间距为固定行距 23 磅。录入或复制粘贴所有文本后保存文件（文件类型为.docx）。如有需要再设置页面背景、页面纸张、边距等。

2. 在 Word 中插入图片

Word 2013→"插入"选项卡→"插图-图片"按钮，在弹出的"插入图片"对话框中选择路径和图片的文件名，"插入"后则在文档中插入了一幅图片。默认情况图片以"嵌入型"显现在插入点所在行，可能受行宽限制不能观看到图片的全貌，建议切至"四周型环绕"或其他形式的文字环绕方式，以保证图片的全貌可见。切换文字环绕方式操作方法：在图片上单击，即选中了图片，单击"图片工具-格式"选项卡→"排列"选项组→"位置"或"自动换行"，弹出环绕方式命令，选用即可，参见图 4-4。"排列"选项组中"位置"列目中的均为"四周型环绕"命令，仅为环绕时的位置不同。

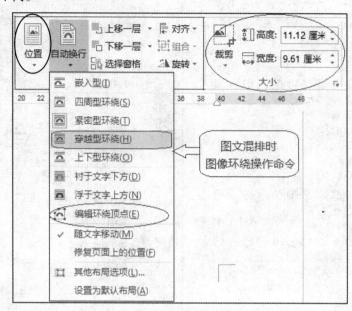

图 4-4　"图片工具_格式"中排列与大小选项卡

1）调整图像大小的操作

在图片上单击，即选中了图片，图片上出现 8 个方块形控制柄和一个旋转控制柄。方块形控制柄由鼠标来控制图片大小，旋转控制柄由鼠标来控制旋转方向和角度，尝试缩放图片到合适大小。在选中图片状态，Word 在选项卡区的右边临时增加相应的"图片工具_格式"。也可以利用"图片工具_格式"来调整图片大小：单击"图片工具_格式"选项卡，在"大小"选项组（见图 4-4）中调整宽度、高度数值即可。

2）图像与文本混排操作

图像与文本混排的实质是图片的文字环绕方式的选择，只有适合的文字环绕方式才能达到相应的混排效果。文字环绕方式除了"嵌入型"外，还有四周型环绕、紧密型环绕、穿越型环绕、上下型环绕以及衬于文字下方、浮于文字上方 6 种。"嵌入型"图片的若干操作受到限制；四周型环绕、紧密型环绕和穿越型环绕 3 种图文混排，有时排版的效果相同，共同的特点是图片排斥文字于图片区域之外。例如，图 4-1 中的"熊猫戏水"用穿越型环绕，并编辑环绕顶点，使图像的左上到左下角排斥的范围从大到小。图 4-2 的"熊猫"图像明显属于衬于文字下方的效果，如果改为浮于文字上方显然则有许多文本被图像遮掩。

3）图像裁剪方法

参见图 4-4，在"大小"选项组中有一组裁剪命令，除了用鼠标直接对图像进行裁剪外，还可以裁剪成某种形状。例如，希望将图像裁剪成图 4-1 或图 4-2 中熊猫图像的形状，操作过程为：在图片上单击，选中图片→"图片工具_格式"选项卡→"大小"选项组→"裁剪"，弹出"裁剪"命令列目，鼠标慢停在 裁剪为形状(S) 条目上，展示包括基本形状、矩形、星与旗帜等形状，如图 4-5 所示。熊猫图像裁剪成图 4-1 所示形状使用了"星与旗帜"中最后的一个双波形，熊猫图像裁剪成图 4-2 所示形状使用了"基本形状"中的缺角矩形。

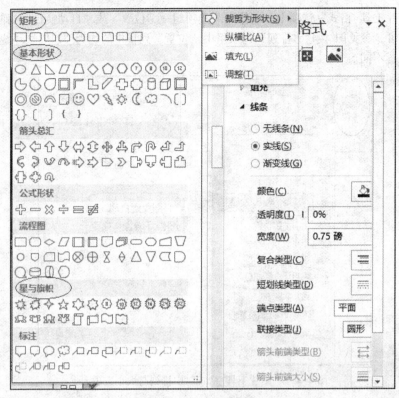

图 4-5　可裁剪的形状

4）图片样式与图片效果

选中一幅插图，Word 在选项卡区的右边临时增加相应的"图片工具_格式"选项卡。在"图片工具_格式"选项卡的中间醒目位置列示了若干图片样式以及图片边框、图片效果、图片版式选项组。图 4-2 所示的倒影效果则是由图片效果→映像/映像变体中的"全映像，接触"命令完成的。图 4-4 和图 4-5 的边框可以从"图片工具_格式"→图片样式→图片边框实现，也可从图片样式中的对话框启动器打开的"设置图片格式"对话框中的"填充线条"界面中实现。

5）联机图片与屏幕截图

在"插入"选项卡的"插图"选项组中，包含图片、联机图片和屏幕截图等命令（组）。插入联机图片与插入图片原理相同，不同的仅是图片是在本地磁盘上，联机图片的图片文件不在本地而是在 Internet 网络中，当然本机此时应该是联通互联网的。例如，在联机图片中可搜索人物或山水等相关的图片。

屏幕截图则是本机当前剪贴板上已有的截图，或者现场截取应用程序或桌面的界面区域并立即生效。

3. 在 Word 中绘制矢量图或流程图

在 Word 文档中插入矢量图（文件）与插入图像（图片）文件没有本质上的差异，而在 Word 文档中制作矢量图的实质是利用 Word 2013 中的一组"形状"来制作图形，图形中的每个基本"形状"都是可以单独进行操控的。

制作矢量图实务："插入"选项卡→"插图_形状"，在展现的若干形状（与图 4-5 所列示的形状类同）中单击一个图形，例如基本形状组中的"立方体"，鼠标指针立即变成一个黑十字，然后在 Word 编辑区拖放，则出现一个立方体对象，Word 立即在选项卡区弹出"绘图工具_格式"

选项卡。该图形对象上也有 8 个正方块形控制柄和一个旋转控制柄，其作用与图像上的控制柄相同。该图形对象上还多有一个黄颜色的控制柄，用鼠标点中不放并移动可以设置立方体的长宽高比。默认情况下，该立方体对象包含了"形状填充"色，可以在"绘图工具_格式"选项卡的"形状样式"组的"形状填充"命令组中应用"无颜色填充"命令去除填充色，只保留立方体的线条。

用相同的操作过程在立方体范围内添加其他（笑脸、爆炸形 2、上凸弯带形、24 或 32 角星等）形状对象，去除填充色。

这样绘制的矢量图虽然在感观上很像一台计算机机箱，但可能随着文本及其他编辑过程，一些形状对象被移位了。有一种方法，可将若干对象组合成一个整体，即"组合"对象。

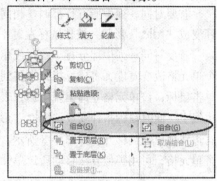

图 4-6　组合图形对象过程

组合对象的方法：（原则上从内到外）按住【Shift】键不放，独个用鼠标单击图形对象（出现更多个控制柄），把要组合的对象全部选中，再松开【Shift】键，将鼠标指针移到所选中的对象范围内，当显示成"四向箭头"时右击，弹出图 4-6 所示的快捷菜单，选择"组合"→"组合"命令即可。

这种组合过程也可以分步进行，即先组合其中的一部分对象，然后再将组合好的又组合在一起。也可以将组合的对象取消组合，直至回到未组合前的状态。

实际上，可以将图形对象、图像、文本框等相互组合在一起，以防止各对象之间发生移位。

图 4-3 中穿越在文本中的流程图也是用上述插入形状对象的方式实现的。对于自封闭的形状对象，可以在封闭区中添加文字，但不能像文本框那样插入表格和图像。添加文字命令并没有在"绘图工具_格式"选项卡中，只要选中了自封闭的形状对象后，直接输入文本（个别早期的版本无效），或者选中形状对象后右击，在弹出的快捷菜单中选择"编辑文字"命令。

此外，自封闭的形状可以编辑顶点。编辑顶点在"绘图工具_格式"选项卡的"插入形状"选项组中，或者选中形状对象后右击，在弹出的快捷菜单中。

4. 在 Word 文档中插入表格

表格是 Word 中常用的对象，因为 Word 表格中的每个单元格容器可以存放文本、数值、图像等对象，所以表格常常是许多文档中不可缺少的对象。

标准规范的表格是每行有相同的列数，且每列有相同的行数，这种表格很容易通过"插入"选项卡插入。而非标准表格，例如图 4-3 中的表格是如何插入的呢？实际上仍然是先插入一个标准的表格，然后在此基础上进行拆分或合并单元格、移动表格线等操作。

从图 4-3 下方的表格可知，最多有 5 行 7 列，先插入 5×7 的标准表格，根据需要合并若干单元格成为一个单元格，或者拆分单元格，然后调整单元格不同宽度。插入一个表格之后，在选项卡右边添加了两个表格工具："表格工具_设计"选项卡和"表格工具_布局"选项卡，参见图 4-7。

图 4-7　"表格工具_布局"选项卡局部

1）合并单元格

鼠标在需要合并的单元格范围拖放（例如拖放 5×7 的标准表格第 7 列前 3 行），选中这些单元格→"表格工具_布局"→合并单元格。

巧妙运用"表格工具_布局"→"绘图_橡皮擦"工具也可快速合并单元格（单元格中的内容也被擦除了）。

2）调整单元格宽度

调整方法有两种：一种是直接用鼠标操作来调整（本方法直观快速）；一种是选中要调整的单元格，然后从表格属性设置界面指定单元格的宽度。

若要对同一列中所有行都调整相同列宽，只要将鼠标指针慢移到单元格的边线上，当鼠标指针变成"⬧||➤"形状，按住鼠标左键不放，往左或右移动鼠标，即能改变单元格的宽度。

若要对同一列中部分行（一行或相邻的几行）改变宽度，选中多行或一行；特别地，仅对一个单元格改变宽度，将鼠标指针慢移到要调整的单元格的左侧，出现一个右上方向的粗黑指针时单击鼠标，该单元格立即出现阴影，表示已经选中此单元格，然后将鼠标指针移动到本单元格右边线上，此时鼠标指针变成"⬧||➤"形状，按住鼠标左键不放，往左移动鼠标，看到该单元格的右边线被单独偏移开，如图 4-8 所示，释放鼠标左键使移动生效。同理，选中任何一个或连续多个单元格，可用类似方法移动所选单元格的左、右边线。

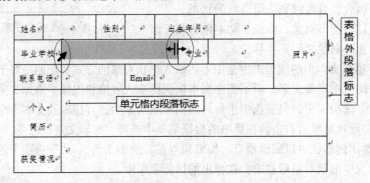

图 4-8　选中单元格，调整单元格宽度

3）拆分单元格

可以对一个单元格进行拆分，也可以同时对多个相邻单元格进行拆分，简便方法如下：

选中一个或几个相邻的单元格→表格工具_布局→拆分单元格→在拆分单元格对话框中填写要拆分的行数和列数，确定之后即拆分生效。

4）添加行和列

参见图 4-7 表格工具_布局的左边行和列的选项组，只要将插入光标定位在合适的位置上，运用在"上（下）方插入""在左（右）侧插入"可以快速插入一行或一列。另外，将插入光标定位在图 4-8 所示的"表格外段落标志"的一处，按【Enter】键即可插入一行，省掉了操作选项卡的过程。

5）删除行和列

将插入光标定位在要删除的位置上→表格工具_布局→删除。这里的删除命令不仅能够删除行、删除列，而且可删除单元格和表格。

6）设置单元格边距

有时为了保持表格整体美观，一些单元格的宽度不能再放宽，而单元格的内容信息比单元格的宽度略大，简单调整一下单元格的边距问题也就解决了。简单设置单元格边距的操作：表格工具_布局→"对齐方式"选项组→单元格边距，弹出"表格选项"对话框，设置上、下、左、右边距；选中"允许调整单元格间距"复选框后可调整单元格之间的间距。须特别注意，这样操作设置的单元格边距将作用于本表所有的单元格（所有单元格具有相同的边距）。如果仅需对部分单元格调整边距，则先选中相应的单元格→表格工具_布局→表/属性→属性命令，将弹出"表格属性"对话框，选择"单元格"选项卡后，单击右下方的"选项"按钮，在新弹出来的"单元格选项"中一定要取消"与整张表格相同"复选框选中状态，所设置的单元格边距才能仅作用于选定的单元格。操作界面如图 4-9 所示。

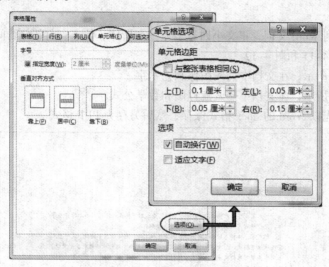

图 4-9　设置单元格边距

7）单元格内文本对齐方式

当单元格的宽高比文本串（也可以针对图像）所占的宽度和高度大，即文本串没有挤满单元的空间时，可以考虑如何对齐表格会比较美观。对齐命令参见图 4-7 中的"对齐方式"选项组中的图标。对齐个例参见图 4-8 中最后一行"获奖情况"与右边单元格内段落标志的落差。

5. 插入数学公式

在自然科学领域，常常需要书写复杂的学科自身固有的表达式，最具代表性的是数学公式。插入数学公式的一般方法：

光标定位在公式的插入点→"插入"选项卡→符号/图标 π 公式，单击此图标中的下拉按钮，弹出最常用的公式范本及 π 插入新公式(I) 命令→ π 插入新公式(I) 命令，在 Word 插入点附近出现一个包含简要提示信息的公式编辑区 在此处键入公式，并在 Word 功能区新增了"公式工具_设计"选项卡，该选项卡下方显示了"工具""符号"和"结构"三大系列用于公式编辑的操作图标，如图 4-10 所示。建议在 在此处键入公式 状态时，单击"开始"选项卡，将字号放大到四号以上，避免公式编辑区界面太小。

在公式编辑区输入公式，根据公式的要求，可能经常需要运用图 4-10 中的结构。

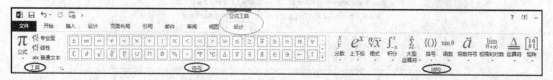

图 4-10　"公式工具_设计"选项卡

公式编辑完成后，只要在公式编辑区外单击，即退出了公式编辑环境。对于公式对象不能像图像、文本框或艺术字对象那样作各种外观上操作，几乎只能设置字号大小，字体颜色也无法改变。

公式编辑完成以后在"公式工具_设计"选项卡中单击"工具"→"线性"命令，看到的是公式的线性表达式，如要回到原来的形式，单击"公式工具_设计"选项卡中的"专业型"命令即可。

4.5 课 后 实 验

按要求排版文稿。

1．基本要求

（1）复制文本到 Word 文档，正文小四号字体华文楷体、仿宋；前部分行间距 18 磅，后部分 23 磅，详细参见图 4-11 和图 4-12。

（2）如图 4-11 所示，在文档中插入图像和艺术字。

（3）如图 4-12 所示，在文档中插入流程图和数学公式。

（4）将本文档先以 Word 的.docx 格式保存，然后另存为 PDF 格式。

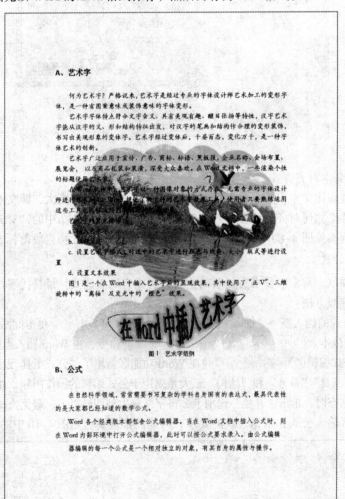

图 4-11　在文档中插入图像和艺术字

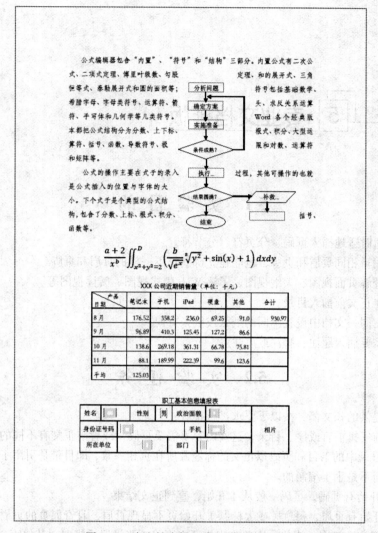

图 4-12　在文档中插入流程图和数学公式

2．扩展要求

（1）如图 4-12 所示，在文档中插入表格，要求数字表格（×××公司近期销售量）以公式形式自动计算最后一行的平均值和最后一列的合计值。如果中途改变过某月份某产品的销售值，如何重新统计平均值和合计值？

【提示】　Word 中表格计算方法有两种：

① 定位单元格→表格工具_布局→（"数据"选项组）fx 公式→在"粘贴函数"框中选择函数或直接在公式文本框输入计算规则，建议使用函数，例如图 4-12 所示 9 月合计可输入"=SUM(B3:F3)"。

② 定位单元格→"插入"选项卡→（"文本"选项组）文档部件→域→=Formula→ 公式(L)...→在"粘贴函数"框中选择函数……

（2）在文档中插入表格（职工基本信息填报表），要求当 Word 启动强制保护并存盘后，只能在可编辑区（[　]内）录入编辑信息。

【提示】限制编辑操作："审阅"选项卡→（"保护"选项组）限制编辑→……

实验 5 专业文档排版

5.1 实 验 目 的

（1）能够适时适地插入页码、分页符、分节符。

（2）能够编辑相同页眉和页脚，也能建立奇偶页不一样的页眉和页脚。

（3）深刻理解页面视图、大纲视图，了解 Web 版式视图、阅读视图等。

（4）能够在正文前插入目录。

（5）能够在同一文档中设置不同的纸张或纸张方向。

（6）根据需要插入题注、脚注或尾注。

5.2 实 验 任 务

对实验中提供的长文稿，按以下要求进行排版：

（1）正文前安排前言或序、目录，这些内容不需要页码，或者与正文有不同的页码。

（2）要求目录中的条目和页码以正文的标题及所在页相一致，即目录是引用了正文中的大纲级别和页码，而不是手工编制的。

（3）正文开始有页码，页码一般从 1 开始，直到正文结束。

（4）正文开始有页眉，每章（或大标题）开始页不显现页眉，且奇偶页的页眉不一样。

（5）如果有列数较多的表格，需要将表格所在页将纸张设置成横向；其他正文纸张为竖向。本实验以正文第 28 页、第 29 页设置成横向纸张，后续各页仍回归到正常的竖向纸张为例。

（6）插入艺术字。

（7）插入脚注。

（8）正文中的表格或插图分别使用表格题注和插图题注。

本实验目标的部分效果参见图 5-1 至图 5-7。

任务详细说明：

（1）通篇文稿以华文仿宋小四号为基础，行距为固定值 23 磅。图 5-1 显示了每行字数和页边距。在编辑状态时可看到图 5-1 上的信息，包括左下角所插入的"分页符"。

（2）目录页图 5-2 的内容以标题 2、标题 3、标题 4 分别代表文档的章、节、小节，以此建立相应的页码，页码与正文中的页码编号是完全吻合的。从目录页的结果可以看到，每一章都是在新的一页开始。特别地，目录插入后"章"文本修改为细圆加粗小四号。

（3）为实现各章之间加入不同的页眉，图 5-3 下方展示了所插入的分节符及类型；正文首页开始加入了页码。图 5-3 给出了添加脚注的效果；也给出了艺术字效果例。

（4）图 5-4 的目的是展示页眉、验证目录中的页码相符、对图像对象添加题注。特别说明：在固定行距的情况下，所插入的图像在嵌入型中将不能显现图像全部。非固定行距（如单倍行距、多倍行距等）图像在嵌入型中全部可见。

（5）图 5-5 与图 5-6 共同检验目录中的页码，更主要的是显现相邻奇偶页具有不同的页眉。

图 5-1 至图 5-6 均为 A4 纸竖向排版，而图 5-7 是 A4 横向排版，同时验证了目录中的页码。图 5-7 保持了页眉（也可不设置页眉），也可看到新的页边距。

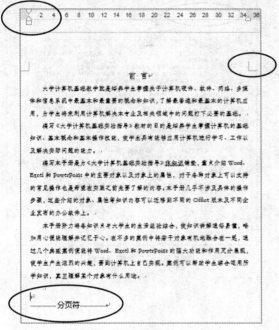

图 5-1　前言页

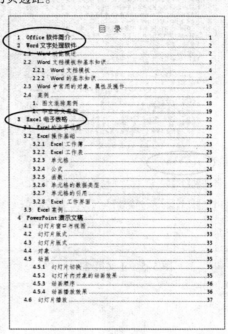

图 5-2　目录页

图 5-3　正文首页

图 5-4　正文第 13 页

图 5-5　正文第 23 页

图 5-6　正文第 24 页

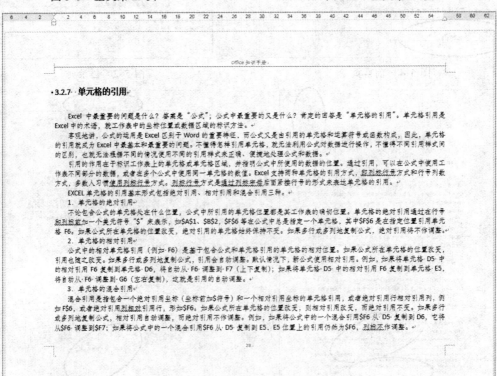

图 5-7　横向纸张排版

5.3　实 验 预 备

完成本次实验需要具备的基础知识与技能：

（1）页眉页脚及页码知识。

（2）大纲视图及大纲标题级别概念。

（3）页面与硬分页概念。

（4）文档的节概念。

5.4　实 验 指 导

结合图 5-1 至图 5-7 展示的实验目标，本次实验操作的关键是在适当的位置插入分节符（下一页类型），难点是如何使前后不同的节具有不同的页面布局、页眉、页码等。完成实验目标的相关操作介绍如下。

1．建立容易达到目标的 Word 文档

在 Word 界面新建文档（尚未录入任何文本或插入其他对象）时，按【Ctrl+A】组合键选中所有，然后设置段落行距为固定行距值 23 磅。现在修改"正文"样式，修改结果为"仿宋小四"。保存（或另存为）为 Word 文档，例如"Office 知识手册.docx"。

2．录入或复制文本、设置章节标题

将预备好的纯文本（没有预备则只能现时录入了）复制或插入到 Word 中，添加后的效果为：固定行距值 23 磅，字体仿宋小四。

参照图 5-2 的章节及小节的标号，分别对章应用"标题 2"样式，对各章的节应用"标题 3"样式，如果有小节则应用"标题 4"样式。

3．插入分节符

在正文的前面插入 2 页（图 5-1 和图 5-2），在目录页的末尾与正文开始之间插入分节符（不是分页符）。分页符的插入操作：光标定位到分节位置，且 Word 选项卡可见→"页面布局"选项卡（"页面设置"选项组）→ 分隔符 （下拉）→（分节符）下一页。分节符插入之后可能并不像图 5-3 那样显现虚线之间的" 分节符(下一页) "。在"开始"选项卡→"段落"选项组中有一个"显示/隐藏编辑标记"命令图标 ，单击该图标（或按【Ctrl+*】组合键），当由浅 变灰 时，则是"显示编辑标记"， 状态则是"隐藏编辑标记"。Word 编辑状态的段落标记（硬回车 ）总是显现在段落末尾。

需要分节的点：目录页与第 1 章之间、每一章的结束与下一章的开始之间。如果要删除分节符（或者分页符 分页符 ），建议让编辑标记显现后选中，按【Delete】键可直接删除。

4．从正文起标记页码

Word 插入光标定位到正文的第一个页面内→"插入"_选项卡→（"页眉和页脚"选项组）页码→ 设置页码格式(F)... ，在弹出的"页码格式"对话框中选择编号格式，并选择"起始页码"单选按钮，如图 5-8 所示。

插入光标定位到正文的第一个页面内→"插入"选项卡→（"页眉和页脚"选项组）页码→ 页面底端(B) （通常页码放置在页面的底端，可以做不同的选择，将页码放置顶端、左侧或右侧），鼠标指针慢移至"普通数字 2"，页面居中。此时 Word 的插入光标自动移至光标所在页的

页脚区域，并在选项卡右边添加了一个"页眉和页脚工具_设计"选项卡。在"页眉和页脚工具_设计"选项卡中单击"关闭页眉和页脚"图标或在Word正文编辑区域单击，退出页眉和页脚设置状态，并可看到已经添加了页码。

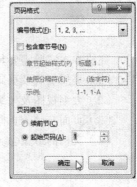

如果页码放置在页面顶端，正文（或各章）第一页往往在上端有大标题，在这样的页面中标记页码有些不伦不类，解决的方法是选中"首页不同"复选框。

可以尝试在正文第 1 页的前 2 页也设置页码，方法也是先将 Word 的插入光标定位，并先设置页码格式，例如 编号格式(F)：I, II, III, ... ，然后插入页码。

图 5-8　设置页码格式

5．插入页眉

如果整个 Word 文档没有分节（整个 Word 文档内容在同一节中），此种情况下要插入页眉比较容易，只要在"插入"选项卡→（"页眉和页脚"选项组）页眉（下拉）→编辑页眉，在页眉编辑区输入页眉文本，或者利用"页眉和页脚工具_设计"选项卡中的工具设置奇偶页不同、首页不同等页眉效果。

为达到实验目标，正文第 1 章仅含一个页面，无须设置页眉。现在将 Word 插入光标定位到第 2 章正文的第一个页面内（第 2 页）→"插入"选项卡→（"页眉和页脚"选项组）页眉→编辑页眉。首先去除页眉线右下方显现的"与上一节相同" 与上一节相同 ，须单击 链接到前一条页眉 。再次单击又将重现 与上一节相同 ，参见图 5-9。示例中，正文第 2 页的页眉为"Office 知识手册"，选中"奇偶页不同"复选框，并移动滑块，转到下一页面（第 3 页）的页眉编辑区，输入新的页眉（本章的章名称）"Word 文字处理软件"。关闭页眉和页脚后看各节的页眉内容。在本节中再次进入编辑页眉界面，选中"首页不同"复选框后，该节首页页眉消失。

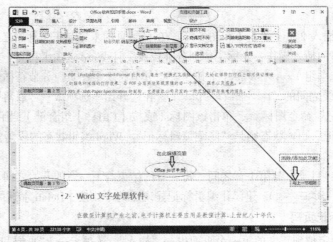

图 5-9　编辑页眉

在第 3 章所在节（22 页之后）用上述方法编辑奇数页的页眉为"Excel 电子表格"，偶数页的页眉仍为"Office 知识手册"，并选中"首页不同"复选框。特别提示：在编辑新的页眉前，须先去除本节首页眉线右下方的 与上一节相同 ，否则新编辑的页眉将覆盖上一节页眉。

各章如此仿效之后，可完成图 5-4 至图 5-7 的页眉效果。

6. 引用目录

目录通常总是位于正文之前，方便读者翻阅；特殊情况时，也可将目录置于文档的末尾，但不能安置在文档正文的中间。目录通常也是独立占据新的一页，根据目录的长短，可能占据多面。本实验目录位于正文之前，整篇文档的第2页。目录页开始是空的，有待作者引入。

将Word插入光标定位在目录页首行，输入"目录"二字（设置字号和字体），插入光标并定位在"目录"的下一行→"引用"选项卡→（"目录"选项组）目录→自动目录，看到目录被引用到此，但目录中不包含小节标题及页码。

插入光标定位在"目录"的下一行→"引用"选项卡→（"目录"选项组）目录→自定义目录→弹出目录对话框，将"显示级别"升为4，并单击右下方的"选项"按钮，弹出目录选项对话框，删除标题1右侧的目录级别数字1，在标题4的右侧添加目录级别数字4（如果没有则添加），界面操作如图5-10所示。确定后所得到的目录与图5-2相吻合。

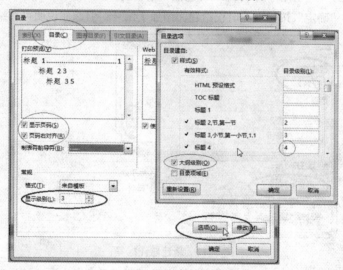

图5-10 自定义目录操作

当正文中有内容增删时，目录中的页码可能与实际的页码不相符，将光标定位在目录上或是选中目录域→"引用"选项卡→（"目录"选项组）更新目录；或者右击，在弹出的快捷菜单中选择"更新域"命令。

7. 同一文档包含竖向和横向两种纸张

为实现图5-7所示的效果，须在正文27页"3.2.7 单元格的引用"之前添加一个分节符（下一页），以便从此位置开始至后若干页变成横向纸张。

Word插入光标定位在小节"3.2.7 单元格的引用"所在的节内→"页面布局"选项卡→（"页面设置"选项组）对话框启动器，弹出"页面设置"对话框。注意对话框左下角的"应用于"3个可选项，选择本节，并将纸张方向改为"横向"，如图5-11所示。调整横向纸张的页边距，便可实现图5-7的排版效果。

图5-11 页面设置应用于本节范围

8．插入题注

题注多应用于表格统一编号或插图统一编号。插入题注通常有两种做法：一种是整个文档从头至尾连续编号；另一种是各章按章序加图序进行编号，例如图 2-3 表示第 2 章的第 3 个图。后一种方式被广泛使用，容易被接受。

为了插入"图 2-5……"的题注（见图 5-4），需要先新建题注标签。

新建题注标签的操作：Word 选项卡可见→"引用"选项卡→（"题注"选项组）插入题注，弹出"题注"对话框，先不管对话框中的题注和标签内容→新建标签，弹出"新建标签"对话框，在对话框中输入标签名称，例如第 2 章的题注标签命名为"图 2-"，第 3 章的题注标签命名为"图 3-"等，如图 5-12 所建标签所示。标签命名不当可以删除后重建标签。

新建所要的题注标签后，可随时在需要插入题注的地方添加题注。插入题注操作：光标定位在要插入题注的地方→"引用"选项卡→（"题注"选项组）插入题注，弹出"题注"对话框，选择题注标签后单击"确定"按钮。此时仅给题注添加了编号，但题注说明可在编号后继续编辑。

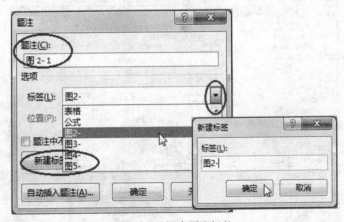

图 5-12　新建题注标签

题注后的编号是依照题注位置的前后自动变化的，而不是由插入题注的先后确定。图 5-4 中所列显的题注内容为"图 2-5　文本框操作工具"，说明此前已经插入了 4 个带"图 2-"的题注。如果在此前位置后来又插入了一个"图 2-"的题注，那么原来的"图 2-5　文本框操作工具"自动修正为"图 2-6　文本框操作工具"。

说个极端的例子：如果将图 5-2 目录所示的"3.2.8　Excel 工作界面"的全部内容移至"3.2.1 Excel 工作簿"的后面。也许移动后各题注编号并没有变化，但将第一个或最后一个题注重新插入一次后，将看到其余的题注编号均自动按次序更正过来了，余下的问题是题注编号变化正文也要注意修改。

5.5　课后实验

1．按要求对教材文稿进行排版

参见《大学计算机基础（第三版）》理论教材（及图 5-13）的目录、页码、页眉及各章、节、小节的内容，试完成第 3 章、第 4 章及第 5 章相应的排版。排版时不要求录入教材中的文本、图、表等信息，但要保持（第 3 章、第 4 章及第 5 章）目录、页码（30 ~ 50 页面）、页眉及各章、节、小节标题的内容（章、节标题之间插入分页符增加页面数）。要求在第 4 章插入 3 个以上表格，对表格引入表格题注（题注在表格的正上方）。在第 5 章插入 5 个图像，每个图像下方标注形如"图 5-×"的题注。再尝试将第 4 章换成横向纸张的排版。

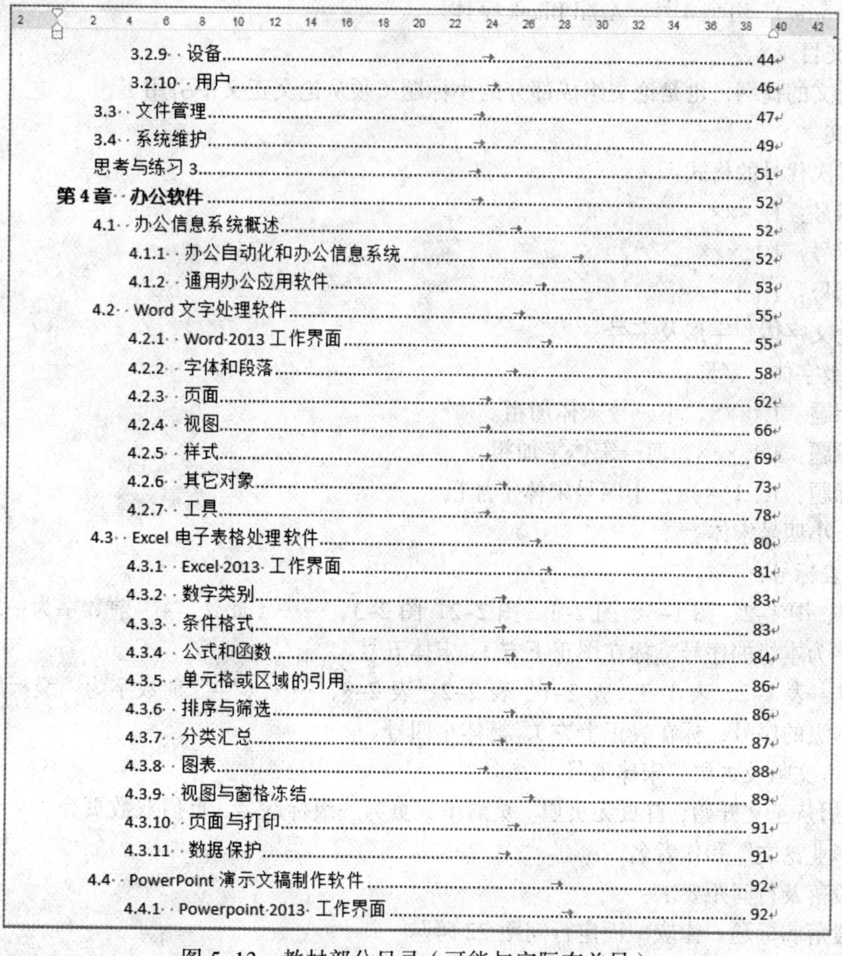

3.2.9 设备 44
3.2.10 用户 46
3.3 文件管理 47
3.4 系统维护 49
思考与练习 3 51
第 4 章 办公软件 52
4.1 办公信息系统概述 52
4.1.1 办公自动化和办公信息系统 52
4.1.2 通用办公应用软件 53
4.2 Word 文字处理软件 55
4.2.1 Word 2013 工作界面 55
4.2.2 字体和段落 58
4.2.3 页面 62
4.2.4 视图 66
4.2.5 样式 69
4.2.6 其它对象 73
4.2.7 工具 78
4.3 Excel 电子表格处理软件 80
4.3.1 Excel 2013 工作界面 81
4.3.2 数字类别 83
4.3.3 条件格式 83
4.3.4 公式和函数 84
4.3.5 单元格或区域的引用 86
4.3.6 排序与筛选 86
4.3.7 分类汇总 87
4.3.8 图表 88
4.3.9 视图与窗格冻结 89
4.3.10 页面与打印 91
4.3.11 数据保护 91
4.4 PowerPoint 演示文稿制作软件 92
4.4.1 Powerpoint 2013 工作界面 92

图 5-13 教材部分目录（可能与实际有差异）

2. 按要求对毕业论文进行综合排版

毕业论文排版规范要求如下：

1）毕业论文结构和顺序

封面、诚信承诺书、中英文摘要（包括关键词）、中文目录、正文（含脚注）、参考文献、致谢、附录（可有可无）。上述内容先后排在一个 Word 文档中。

2）封面

采用统一格式（学校名称用艺术字或图片 Logo），论文的中文题目：限 20 字内，三号宋体加粗，题目一行排不下时可排两行；作者姓名、指导导师姓名等，小三号宋体加粗；日期：三号宋体。

3）诚信承诺书

单设一页，排在封面后。

4）中英文摘要

中文摘要单独占一页，"摘要"用小三号、黑体、居中，"关键词"用小四号、黑体、加方括号，中文摘要和关键词内容均为小四号、楷体；英文摘要独占另一页。英文摘要和关键词内容用小四号、Time New Roman 字体，英文"摘要（Abstract）"用小 3 号、Arial Black 字体，英文"关键词（Keywords）"用小 4 号、Arial Black 字体。

5）中文目录

应是论文的提纲，也是论文组成部分的小标题（须从论文正文中引用）。

6）正文

（1）层次代号的格式：

一级标号：1. ×××。

二级标号：1.1 ×××。

三级标号：1.1.1 ×××。

（2）论文字体、字形及字号：

① 层级字体、字形：

一级标题：1. ×××，小三号宋体加粗。

二级标题：1.1 ×××，四号宋体字加粗。

三级标题：1.1.1 ×××，小四号宋体字加粗。

正文：小四号宋体。

② 图表标号：

图 1-1、图 1-2、图 1-3、图 2-1、图 2-2、图 2-3、……（此处"-"前数字为一级标题序，"-"后数字为本级的序号，标在图正下方），宋体五号。

表 1-1、表 1-2、表 1-3、表 2-1、表 2-2、表 2-3、……（"-"前数字为一级标题序，"-"后数字为本级的序号，标在表正上方），楷体小四号。

③ 参考文献及页眉，宋体五号。

④ 页眉从正文开始，首页无页眉。页眉单数页为一级标题名，页眉双数页为"××财经大学普通本科毕业论文"和作者名。

（3）段落及行间距要求：

正文段落和标题一律取"固定行间距 22 磅"。

7）脚注

引文的出处以及需要进一步说明的问题，规定采用脚注方式在当页注明。引文的编号每页均从 1 开始，放在右上角。引文正文小五号宋体，取固定行距 12 磅。

8）参考文献

"参考文献"小三号宋体居中，正文五号宋体，取固定行距 18 磅。注意不要在一篇参考文献段落的中间换页。

9）页码

从引言开始按阿拉伯数字连续编排，页码位于页面底端居中。

10）论文用纸及打印规格要求

纸张规格尺寸，每页印刷版面尺寸，每行打印字数，每页打印行数如表 5-1 所示。

表 5-1　论文用纸及打印规格要求

纸张规格、尺寸（mm）	每页印刷版面尺寸（mm）		每行打印字数	每页打印行数
	含篇眉，页码	不含篇眉，页码		
A4（210×297）	140×260	140×240	32 ~ 34	29 ~ 31

论文页面布局要求如图 5-14 所示。

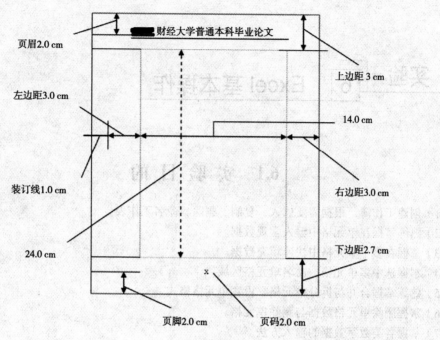

图 5-14 页面布局要求

实验 6 Excel 基本操作

6.1 实验目的

（1）创建工作簿，根据需要插入、复制、删除、命名工作表。

（2）熟练掌握在单元格中输入常规数据。

（3）掌握在多个单元格中快速填充数据。

（4）掌握选中多单元格，命名单元格区域。

（5）熟练掌握合并与拆分单元格，设置单元格格式。

（6）掌握删除单元格数据与删除单元格。

（7）掌握各类数字数据的输入方法。

（8）初步了解公式，利用单元格进行简单的四则运算。

6.2 实验任务

（1）创建工作簿，练习插入、复制、删除、命名工作表。

（2）学习输入数据和快速填充数据方法。

（3）设置单元格格式，命名单元格区域。

（4）合并单元格，删除单元格。

（5）利用单元格进行简单的计算。

（6）插入简单的图表。

实验结果参考图 6-1 至图 6-3。

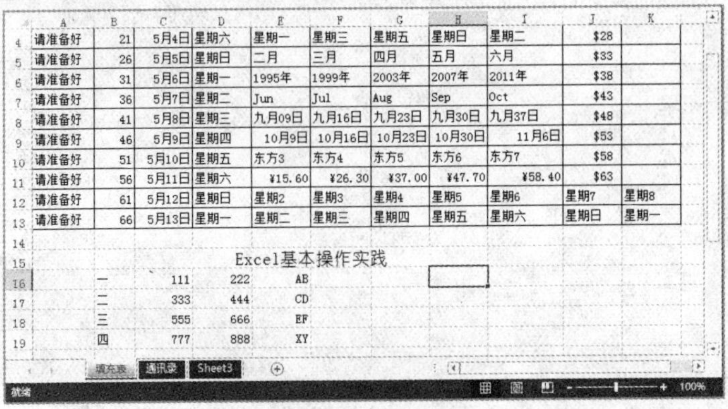

	A	B	C	D	E	F	G	H	I	J	K
4	请准备好	21	5月4日	星期六	星期一	星期三	星期五	星期日	星期二	$28	
5	请准备好	26	5月5日	星期日	二月	三月	四月	五月	六月	$33	
6	请准备好	31	5月6日	星期一	1995年	1999年	2003年	2007年	2011年	$38	
7	请准备好	36	5月7日	星期二	Jun	Jul	Aug	Sep	Oct	$43	
8	请准备好	41	5月8日	星期三	九月09日	九月16日	九月23日	九月30日	九月37日	$48	
9	请准备好	46	5月9日	星期四	10月9日	10月16日	10月23日	10月30日	11月6日	$53	
10	请准备好	51	5月10日	星期五	东方3	东方4	东方5	东方6	东方7	$58	
11	请准备好	56	5月11日	星期六	¥15.60	¥26.30	¥37.00	¥47.70	¥58.40	$63	
12	请准备好	61	5月12日	星期日	星期2	星期3	星期4	星期5	星期6	星期7	星期8
13	请准备好	66	5月13日	星期一	星期二	星期三	星期四	星期五	星期六	星期日	星期一
14											
15					Excel基本操作实践						
16		一	111	222	AB						
17		二	333	444	CD						
18		三	555	666	EF						
19		四	777	888	XY						

图 6-1　Excel 操作基础

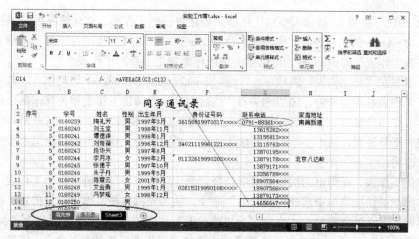

图 6-2　字符数据与日期

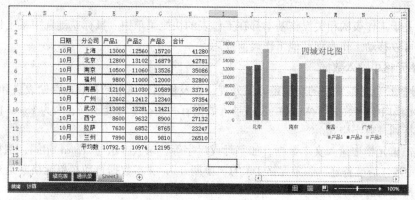

图 6-3　简单计算及图表

6.3　实验预备

完成本次实验需要具备的基础知识与技能：
（1）Excel 工作簿。
（2）Excel 工作表。
（3）单元格。
（4）单元格区域。
（5）Excel 公式。
（6）图表。

6.4　实验指导

实验任务中，图 6-1 和图 6-2 都是特别数据的录入，属于 Excel 基本操作。为掌握 Excel 基本操作技能，先后完成下列 6 个操作练习；最后完成实验任务图 6-3。

1. 创建工作簿、管理工作表

由快捷方式启动 Excel 2013（或从"开始"→"所有程序"→"Microsoft Office"→"Microsoft

Office Excel 2013"启动），通常以空白工作簿来创建自己的工作簿，默认情况下 Excel 2013 自动开启一个名为 Sheet1 的工作表。工作表的名称在 Excel 2013 工作界面的左下角，工作表名称的右侧有一个"新工作表"的图标 ⊕，可以点击该图标添加更多新的工作表。

试着连击多次"新工作表"图标 ⊕，得到 Sheet2、Sheet3、Sheet4 等工作表。选中一个工作表，只需在工作表名称上单击，譬如 Sheet3，然后右击，将弹出工作表相关操作命令：插入、删除、重命名、移动或复制、工作表标签颜色、隐藏等，选择"隐藏"命令，则表 Sheet3 在界面上不可见。如要重新显现，选中（单击）其他工作表，然后右击，在弹出的快捷菜单中选择"取消隐藏"命令即可。

对选中的工作表，在弹出的快捷菜单中选择"删除"命令，可以删除这个工作表。对选中的工作表，在弹出的快捷菜单中选择"重命名"命令，插入光标将在工作表标签位置，可以输入新的名称，例如，将原工作表 Sheet1 重命名为"填充表"、原工作表 Sheet2 重命名为"通讯录"。选中工作表"通讯录"，右击，在弹出的快捷菜单中选择"工作表标签颜色"命令，将该工作表设置红色或其他颜色。

总结：关于工作表的相关操作基本都在工作表的快捷菜单中。鼠标左键选中某工作表标签不放并移动，可以移动工作表到其他工作表前或后。

2. 在单元格中输入数据

Excel 最擅长也是最常用的功能是数值处理，以及使用行列布局有效地存储表格和创建图表。在 Excel 单元格内输入数据与 Word 中表格录入数据有些情况下可能不同，因为 Excel 接收的数据类型更多，特别是数字格式。

在 Excel 单元格中录入文本数据，如字母或汉字等，录入方法与 Word 相同，例如，图 6-1 中在 A1 单元格"请准备好"和单元格 D3 的"星期五"，文本数据自动在单元格左边对齐（没有做其他对齐操作的前提下）。

在 Excel 单元格中输入数字数据，其表达的数据可能是可进行加、减、乘、除、求和或平均值的数字数据，也可能是字符数据（外观上是数字，但不可乘、除、求和等运算），也可能是日期数据，视单元格的数据类型而定，也与输入方式有关。

选中工作表"填充表"，下面各项练习操作均在此表中进行。单击单元格 B2，在单元格 B2 中输入数字 11 并按【Enter】键（或用【Tab】键，或用 4 个方向键跳出 B2），数字自动在单元格右边对齐（没有做其他对齐操作的前提下）。注意到在 B2 中输入数据时，Excel 在编辑栏也同样显现数据，把插入光标移到编辑栏中编辑数据，也在单元格中显示结果。再次单击 B2，有粗框线显现，表示此单元格是活动单元格。鼠标指针移至单元格框线的右下角，当鼠标指针变成黑十字形状时，按住鼠标左键不放向右拖至 I2 单元格后释放鼠标，连续得到多个 11 数据；重复，单击 B2，鼠标指针移至单元格框线的右下角，当鼠标指针变成黑十字形状时，按住鼠标左键不放向右拖至 I2 单元格并按住【Ctrl】键，得到的是数字 11～18。这种（按住或不按住【Ctrl】键）拖放鼠标方式产生批量数据简称快速填充数据法。点击 D3（"星期五"），按住鼠标左键不放向下拖至 D13 单元格，体验数据结果，拖放鼠标时按住【Ctrl】键不放，查看结果如何。

B2 中有数字 11，在 B3 中输入数字 16。现在选中 B2 和 B3，粗框线框住了 B2 和 B3，把鼠标指针移至 B3 右下方，当鼠标指针变成黑十字形状时，按住鼠标左键不放向下拖至 B13 单元格，体验操作结果（结果为等差数列 11，16，…，61，66）。

在 C3 单元格中输入 5/3（或者 5-3）并按【Enter】键，看到的结果可能令人吃惊：5 月 3 日，采用快速填充数据法往下拖放，结果如图 6-1 所示。运用快速填充数据法完成图 6-1（数据快速填充部分）其他数据的录入。注意插入欧元、人民币货币符号。

单击 A16 单元格，当输入 0123 数据并跳出该单元格后，数字 0 消失了；如果在 A16 输入 23.5670 时，后面数字 0 也消失了。在"常规"数据状态，整数前或小数后无效的数字 0 将自动消失。当必须保留前或后的数字 0 时，例如学号、电话号码等，需要先将单元格设置成文本格式，或者在输入数据前先输入半角符号单引号"'"，例如：'012.560。当单引号"'"后全部是数字时，在单元格左上角会出现一个绿色的小三角形符号，表示这个数据是字符类型。

Excel 中单元格数值数据有效宽度只有 11 位，超过 11 位自动以指数方式显示。建议将那些不需要进行算术运算或统计计算的数字以字符形式输入。试完成图 6-2 所示的数据输入，加深字符数字的理解。

注意到图 6-2 中 G3 单元格的数字 0791-883612×××，这里 0 前并没有加单引号"'"。Excel "聪明地"将这些内容作为字符数据（根本原因是中间这个减号-）。G 列其他电话号码均为手机号码 11 位，但实际上将电话号码进行求和或平均值计算并没有意义，建议习惯上将其改为字符型数据。

如果输入错误，需要重新输入信息，可以直接选中单元格后再输入，如果只是修改单元格中的部分信息，则不能采用重新输入的方法。修改单元格信息时，可以先选中单元格，然后在编辑栏中单击，则可编辑修改数据；最佳操作方法是双击需要修改的单元格，然后输入正确数据。

3．删除单元格数据

删除单元格数据分为 3 种：一种是选中需要删除数据的单元格或单元格区域，直接按【Delete】键，此时被选中的单元格中的全部数据被删除，但所有单元格仍保留在原位置。另一种删除是将整行或整列数据删除，同时下一行（或右列）的数据上移（左移），操作方法如下：在工作表中选择要删除数据的一行或多行→"开始"选项卡→（"单元格"选项组）删除→删除工作表行；或者右击，在弹出的快捷菜单中选择"删除"命令，弹出"删除"对话框，如图 6-4 所示，选择"整行"单选按钮，单击"确定"按钮后，后面各行数据上移。第三种删除效果是被选中的单元格或单元格区域所在行的数据和单元格被移除后，只有所选单元格或单元格区域对应的列被移除区域的下方单元格各行上移或被移除区域的右方单元格左移，其余各列的数据仍然在原位置中，称作行局部删除或列局部删除操作。例如，选中图 6-1 的 C17:D18 区域（即图 6-5 所示所的 4 个单元格）→"开始"选项卡→（"单元格"选项组）删除→删除单元格，打开"删除"对话框，选择"下方单元格上移"单选按钮，则"777""888"两个单元格被上移到了"111""222"的下方，而"CD"和"EF"没有被删除。删除列数据时则相应选择"右侧单元格左移"单选按钮。

图 6-4　"删除"对话框

一	111	222	AB
二	333	444	CD
三	555	666	EF
四	777	888	XY

图 6-5　选择待删除数据

4．插入行或列

插入行或列的操作也分为两种：第一种是插入整行或整列。操作方法："开始"选项卡→（"单元格"选项组）插入工作表行（列）；或者右击，在弹出的快捷菜单中选择"插入"命令，都会打开图6-6所示的"插入"对话框，选择"整行"或"整列"单选按钮即可。

另一种是在选中的行列（活动单元格）位置插入空行或空列，原有数据下移或右移。操作方法："开始"选项卡→（"单元格"选项组）插入单元格，弹出"插入"对话框，选择"活动单元格下移"或"活动单元格右移"单选按钮，则是插入局部行或插入局部列。

图6-6　插入行或列

在不清楚操作路径时，建议多用鼠标右键，利用快捷菜单完成相关操作。

5．设置单元格格式

单元格是 Excel 中最小的可编辑单元，单元格格式是指单元格的行高、列宽、边框、背景色、字体、字体大小、颜色、对齐方式等属性。

1）选中单元格区域

有3种选中单元格区域操作：

（1）选中一个单元格：在相应单元上单击，例如单击 B3。

（2）选中连续的单元格区域：鼠标定位在某一单元格后按下鼠标左键不放再拖动鼠标，看到粗框所包围的范围出现暗影，即选中了一个连续的单元格区域；或者单击区域左上角，按住【Shift】键，再单击区域右下角，同样可以选中连续区域。如果要选中数千行和数百列的大片单元格区域，可在"名称框"中单击，输入区域的左上角;右下角，例如，F5:KU6890。

连续区域有时也称为活动区域，除数据输入外，活动区域可当作单个的单元格来处理，如设置行高、列宽、边框、背景色、字体、字体大小、对齐等。

（3）选择非连续的单元格区域：首先选中一个单元格或单元格区域，然后按住【Ctrl】键不放，再逐个单击其他的单元格。被选中的单元格在颜色上与正常单元格有差异（最后一个单元格有粗框线标记）。

2）命名单元格区域

单个单元格已经有名字，即名称框中显示的名字，它由列标和行号构成，例如，D6、F8 等。当选中多个单元格构成的区域时，在名称框中显示的是第 1 个或最后一个被选中的单元格名称。可以给多单元格区域命名，命名方法：选中多单元格区域，然后在名称框内单击，输入自己容易记忆和识别的名称，例如 Mydata、产品数据等。

3）合并单元格

选中连续（含两个及以上）的单元格区域→"开始"选项卡→（"对齐方式"选项组）"合并后居中"图标右侧的下拉按钮→ ⬚合并后居中(C) 或"合并单元格"。或者：选中连续（含两个及以上）的单元格区域→"开始"选项卡→（"单元格"选项组）格式→设置单元格格式，弹出"设置单元格格式"对话框→"对齐"选项卡→选中"合并单元格"复选框，如图6-7所示。

4）设置行高和列宽

Excel 的行高单位是点（印刷业中的一种标准测量单位，72点等于 1 英寸），默认的行高为 13.50（18 像素），可能版本和屏幕分辨率不同，会有细微差别。特别地，Excel 会自动调整行高来容纳行中最高的字体。列宽是根据在单元格填充的"固定间距字体"字符的数量来测量的，默认状态下，列宽为 8.38 个单位，相当于 72 像素。

如果只对某一行增高或降低，可以将鼠标指针移到要修改的行号的边线位置，如第 2 行，当鼠标指针变成 ✛ 形状则按住鼠标左键不放，上下拖移鼠标，可以看到行高的增减效果，释放鼠标即可。在改变行高之前可以选择多行，这样所选行高将会一致。

选中一个或多个单元格→"开始"选项卡→（"单元格"选项组）格式→在下拉菜单中选择 ⌑ 行高(H)... ，打开"行高"对话框，输入行高值，如 23，单击"确定"按钮后可看到行高设置的效果。

列宽设置可类似行高用鼠标移动或由 ⌑ 列宽(W)... "列宽"对话框操作实现。

5）给表格加边框

选中单元格区域→"开始"选项卡→（"单元格"选项组）格式→设置单元格格式，弹出"设置单元格格式"对话框选择"边框"选项卡，在"预置"选项区域或"边框"选项区域中设置表格边框，如图 6-8 所示。

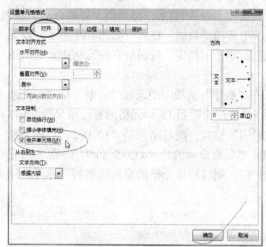

图 6-7　合并单元格

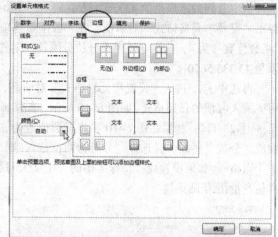

图 6-8　"设置单元格格式"对话框

6）设置背景色与填充

选中单元格区域，进入到"设置单元格格式"对话框，如图 6-8 所示，选择"填充"选项卡，在"背景色"中选择自己喜欢的单色，但色彩不要太浓烈，单击"确定"按钮后看到在选中的表格范围内添加了"背景色"（不是表格背景，只是单元格填充）。"填充"选项卡中只有单一的色彩，如何要求带自然景观的背景色，则应该选择"页面布局"选项卡中的"背景"，在弹出的"工作表背景"对话框中选择一个图像文件。注意"填充"与"背景"作用的范围不同。前者是所选表格的部分单元格，后者为整个工作表。

7）设置单元格的字体、字体大小和颜色

选中单元格区域→"开始"选项卡→（"字体"选项组），在界面上操作字体、大小和颜色。通过"开始"选项卡→（"字体"选项组）展开"对话框启动器"，进入"设置单元格格式"对话框，如图 6-8 所示，选择"字体"选项卡，也可设置字体相关属性。

8）设置对齐方式

Excel 2013 的对齐方式比 Word 更为丰富，不仅有常见的水平左对齐、水平居中、水平右对齐，也有垂直上对齐、垂直居中、垂直下对齐，而且还可对单元格内的数据进行缩进和各种角度的倾斜显示。在 Excel 2013 的"开始"选项卡中有一个"对齐方式"选项组，可以直观快捷地实现各种对齐方式；也可以在"设置单元格格式"对话框中选择"对齐"选项卡进行精确设置。选取一个或多个单元格，例如 A4:D10，先后单击"对齐方式"组中的文本左对齐、水平居中选项，细心观察操作效果。更多的对齐方式只要稍作操作就能掌握。

6. 设置单元格数字格式

一个单元格可以包含的数据类型归纳起来只有 3 种：数值、文本和公式。

设置单元格数字格式通常简称为格式化数字。数字格式化是指同一数值在原单元格中设置数值外观的过程。Excel 提供了"日期""时间""货币"及"特殊"等格式。

在单元格 E16 中输入 23.670，按【Enter】键后结果为 24。Excel 2013 选项卡可见→"开始"选项卡→（"数字"选项组）→增加小数位数图标 （3 次）→%图标→增加小数位数图标 （2 次），体验操作结果，理解数字格式。

单击 F8 单元格，按【Delete】键删除原有数据，新输入数值 43335.567，按【Enter】键后在单元格中看到的结果是值 43336。选中 F8→"开始"选项卡→（"数字"选项组）对话框启动器，弹出"设置单元格格式"对话框，在"数字"选项卡中选择"数值"格式，如图 6-9 所示，设置"小数位数"为 4，选中"使用千分位分隔符"复选框，单击"确定"按钮后在单元格中看到的结果是 43,335.5670 。

再选中 F8，进入"设置单元格格式"对话框，在"数字"选项卡中选择"日期"格式，并选用中国人习惯的日期格式，如图 6-10 所示。单击"确定"按钮后看到 F8 单元格的显示结果为"2018年 8 月 23 日"。如果在图 6-10 中将该数值改为"时间"格式，则其结果是"13:36:29"；如果设置成"分数"格式，且选择"分母为两位数"，则 F8 单元格显示的是"43335 55/97"（在 5 后有一个空格）；如果设置成"特殊"中的"中文大写数字"，则 F8 单元格的显示结果为"肆万叁仟叁佰叁拾伍.伍陆柒"。

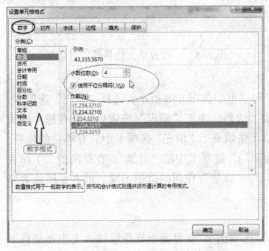

图 6-9 格式化数字_使用千分位分隔符

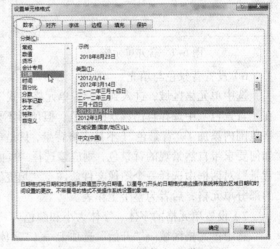

图 6-10 格式化数字_日期型

需要说明的是：如果在"文本"格式的单元格内输入数字（数字所在单元格的左上角出现一个小三角形标识），现在需要"格式化"到一般的数值格式或日期格式，并不能简单地在"设置单元格格式"对话框中设置成数值（数值型可简单地置成文本型），一定要将原数字删除后输入方有效。如果要使单元格均回到没有任何设置的状态，可以选中较大的区域，删除所有内容，并设置单元格的数字格式为"常规"。

7．单元格与 Excel 公式

在"实验工作簿 1"中选择 Sheet3 工作表（参见图 6-2），按照图 6-3 所示录入数据（各分公司对应的产品 1、产品 2、产品 3 数据，不包括 H4～H13 的合计数据，也不包括 E14～G14 的平均数据）。

单击单元格 C1（单元格的数字格式为"常规"），输入"5+6"，没有看到希望的结果值 11；单击 D2 单元格，输入"2-5"，得到意想不到的"2 月 5 日"。要使单元格内显现数学上的运算结果，除了数值常数外，都必须在单元格中首先输入一个等号"="，表示输出"="后面表达式的值。单击单元格 C1，输入"=5+6"；单击 D2 单元格，输入"=2-5"。

单击 H4 单元格，输入"=E4+F4+G4"，即 上海 13000 12560 15720 =E4+F4+G4 ，按【Enter】键得到的结果是 H4 单元格左边 3 个单元格内数据之和；选中 H4，鼠标指针移至 H4 右下角，当鼠标指针变成粗黑十字时，按住鼠标左键不放往下拖到 H13，H 列各单元格的数据均为左边 3 个单元格内数据之和。单击 H8，看到其公式自动变成了"=E8+F8+G8"。

当产品品种多至几十项时，这种求和效率太低，可以运用求和函数 Sum。操作过程：选中单元格 H4→按【Delete】键（删除原有数据）→ fx（编辑栏左侧），弹出"插入函数"对话框→SUM→E4:G4→确定。或者选中单元格 H4，直接输入"=SUM(E4:G4)"。这里 E4:G4 表示从单元格 E4 到 G4 连续的单元格区域。和的结果与"=E8+F8+G8"是相同的。

单击 E14 单元格→按【Delete】键（删除原有数据）→输入"=AVERAGE(E4:E13)"，得到产品 1 的平均值。

8．Excel 图表

选择 Sheet3 工作表（参见图 6-3）→选中区域 D3:G3、D5:G6、D8:G9→"插入"选项卡→（"图表"选项组）推荐的图表→簇状柱形图→确定，在 Sheet3 工作表中得到一个图表，参见图 6-3。在图表范围内单击，并移动鼠标，当鼠标指针变成 ✛ 后，按住鼠标左键不放并拖动鼠标，可以将图表移到合适的空白区中。图表有 8 个控制柄，可改变图表的大小。

在图表范围内单击，在选项卡右侧增加了两个选项卡：图表工具_设计和图表工具_格式。图表工具_格式中的若干内容与 Word 中相类同。单击"图表工具_设计"→（"数据"选项组中）"切换行/列"命令，体验图表的变化，再单击一次"切换行/列"图标，图表回到刚才的状态。单击"图表工具_设计"→（"图表样式"选项组中）"更改颜色"下拉按钮，在彩色区中选择一个颜色，例如"颜色 4"，查看图表中的变动。

在"图表工具_设计"选项卡中单击"更改图表类型"，可以改变图表成三维图或饼图等。

6.5 课 后 实 验

有某批发公司专为大型商场提供名酒，为了分析市场对各酒品的冷热度，批发公司经理要求各业务员每季度提交供货细节。图 6-11 是某业务员为自己的业务对象供货的记录样表。每季度使用一个工作表。

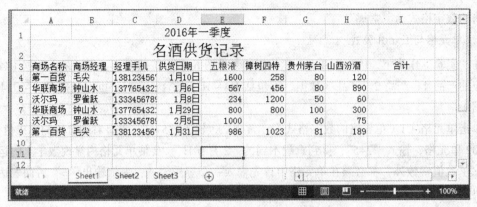

图 6-11　供货记录样表

实验者以该业务员身份将样表充实，其中一季度记录数据不低于 15 行，二季度不低于 20 条（增加一家商场），三季度达到 28 条。数据不要太大。总量控制在 100 000 以内。

1．基本要求

（1）将工作表分别命名为"一季度""二季度"和"三季度"。

（2）将图 6-11 的工作表结构复制到"二季度"表中，"三季度"表是从"一季度"表复制过来的，数据和记录等条款则是在此基础上修改的。

（3）设置表列字段的字体为加粗楷体，字体大小为 16 磅，字体颜色为纯蓝；记录数据为宋体 14 磅。

（4）为上述表头和记录数据的字体大小分别设置合适的行高、列宽。

（5）给表格字段和记录部分设置实线线框。

（6）为不同的工作表设置不同的背景和标签颜色。

（7）对一次供货量达到 1000 以上数据手工设置不同的突出颜色。

（8）为每次供货填写合计数量；将所有的合计值表达成小写中文。

（9）在合计的左边增加一列，将当地的名酒加入到表中。

（10）以两种方式删除"一季度"表中 F8:G10 中的数据。

（11）在"一季度"表行 10 插入一空白行，然后编辑新数据。

（12）插入一个新表，将新表命名为"四季度"。

2．扩展要求

（1）在一季度中隐藏 C、D 两列。

（2）在一季度中插入三维图表：给毛尖供货，货物为五粮液、樟树四特和山西汾酒 3 种。

实验 7 Excel 应用

7.1 实 验 目 的

（1）掌握如何隐藏行或列。
（2）理解和掌握冻结行或列。
（3）理解和掌握公式计算与函数。
（4）能够根据条件设置单元格。
（5）根据目的要求筛选数据。
（6）根据目的要求实现数据排序和排名。
（7）了解 Excel 函数，掌握常用函数的使用方法。
（8）正确理解相对引用、绝对引用、混合引用和三维引用。
（9）创建透视表和透视图。

7.2 实 验 任 务

（1）隐藏行（列）与消除隐藏。
（2）冻结行（列），使长数据更具可读性。
（3）参见图 7-1 和图 7-2，建立公司销售表，录入数据，统计金额。
（4）求出金额中最大值，业务提成最小值。
（5）利用筛选功能检查同种品牌提成基数输入是否相同，同种规格的产品单价是否相同。
（6）排序，排序后恢复原状。
（7）按照规则计算业务提成金额。
（8）统计特定内容的个数，如华为荣耀手机的业务单数；
（9）创建包含业务员、物品类、数量、金额和提成金额的透视表和图（见图 7-3）。
（10）在图 7-1 所示的提成金额后添加一个栏目，名称为"名次"或"销售数量排名"，并对每单业务进行排名。
（11）编制图 7-1 中工作表"八月"的销售数据（以及代表九月的 Sheet3 的销售数据），求三季度公司销售总额（练习三维引用）。

业务提成金额的计算规则："销售额*提成基数"为业务员的基本提成，如果本单业务销售量较大，另加额外提成，手机销售超过 50 台，超过部分（销售数量-50）加 0.56% 提成；iPad 销售超过 60 台，超过部分（销售数量-60）加 0.67% 提成。提成比例可能随时变动，故特别存放在 L1 和 L2 中，以降低变更成本。

环球数码.xlsx - Excel

文件　开始　插入　页面布局　公式　数据　审阅　视图　　　　　　登录

K10　=IF(I10>50,J10*G10+(I10-50)*L$1*H10,J10*G10)

环球数码公司销售流水明细　　手机 0.56%

日期：2015年7月　　IPAD 0.67%

制表人

序号	业务员	账果日期	物品类	品牌名	规格	提成基数	单价(元)	数量	金额	提成金额
01	陈云蓝	7	IPAD	华为IPAD	华为MediaPad10 FHD(8GB)	5.30%	1888.00	71	134,048.0	7,104.62
02	周宽楚	4	IPAD	联想IPAD	联想YOGA平板2 10(16G/Wifi)铂银色	5.30%	1800.00	146	262,800.0	13,928.98
03	谭承德	5	IPAD	华为IPAD	华为MediaPad10 FHD(8GB)	5.30%	1888.00	163	307,744.0	16,311.12
04	陈云蓝	1	IPAD	苹果IPAD	苹果iPad Air 2(64G/4G版)	6.30%	5188.00	55	285,340.0	17,976.42
05	谭承德	2	手机	苹果手机	苹果iPhone 6 Plus5.5寸全网通	4.80%	5123.00	17	87,091.0	4,180.37
06	陈云蓝	1	手机	华为手机	荣耀7 双卡双待双通 4G版 16GB	3.30%	1799.00	45	80,955.0	2,671.52
07	谭承德	4	手机	苹果手机	苹果iPhone 8 移动4G	4.80%	5998.00	35	209,930.0	10,076.64
08	陈云蓝	5	联想IPAD	联想IPAD	联想YOGA平板2 10(16G/Wifi)铂银色	5.30%	1800.00	160	288,000.0	15,264.67
09	谭承德	2	手机	华为IPAD	华为MediaPad 10 FHD(4G/4G版)	5.30%	2888.00	29	83,752.0	4,438.86
10	陈云蓝	4	手机	苹果IPAD	苹果iPad Air2(64G/Wifi版)	5.30%	3988.00	89	354,932.0	22,360.91
11	周宽楚	11	手机	华为IPAD	华为MediaPad 10 FHD(64G/4G版)	5.30%	2888.00	162	467,856.0	24,797.05
12	周宽楚	11	手机	苹果手机	苹果iPhone 6 Plus5.5寸全网通	4.80%	5123.00	56	286,888.0	13,942.76
13	谭承德	6	手机	华为IPAD	华为MediaPad 10 FHD(64G/4G版)	5.30%	2888.00	67	193,496.0	10,255.33
14	陈云蓝	10	手机	华为手机	荣耀6 Plus 双卡双待双通 移动4G 16	3.30%	1599.00	100	159,900.0	5,724.42
15	陈云蓝	23	手机	华为手机	荣耀7 双卡双待双通 4G版 16GB	3.30%	1799.00	180	323,820.0	11,995.73
16	谭承德	24	手机	小米手机	小米Note（顶配版/双4G）	4.10%	1889.00	36	68,004.0	2,788.16
17	周宽楚	19	手机	苹果IPAD	苹果iPad Air2(64G/Wifi版)	6.30%	3988.00	45	179,460.0	11,305.98
18	谭承德	17	手机	联想手机	联想VIBE Z2Pro移动4G6英寸2K屏双卡	3.30%	1388.00	89	123,532.0	4,379.70
19	陈云蓝	27	手机	华为手机	荣耀7 双卡双待双通 移动4G版 16GB	3.30%	1799.00	69	124,131.0	4,287.74
20	陈云蓝	27	手机	联想手机	联想VIBE Shot Z90-7/4G全网通	3.30%	988.00	69	68,172.0	2,354.80

七月　八月　Sheet3

图 7-1　公司销售业绩与基本统计数据 1

K29　=IF(I29>60,J29*G29+(I29-60)*L$2,J29*G29)

环球数码公司销售流水明细　　手机 0.56%

日期：2015年7月　　IPAD 0.67%

制表人

序号	业务员	账果日期	物品类	品牌名	规格	提成基数	单价(元)	数量	金额	提成金额
01	陈云蓝	7	IPAD	华为IPAD	华为MediaPad10 FHD(8GB)	5.30%	1888.00	71	134,048.0	7,104.62
02	周宽楚	4	IPAD	联想IPAD	联想YOGA平板2 10(16G/Wifi)铂银色	5.30%	1800.00	146	262,800.0	13,928.98
20	陈云蓝	27	手机	联想手机	联想VIBE Shot Z90-7/4G全网通	3.30%	988.00	69	68,172.0	2,354.80
21	谭承德	21	IPAD	华为IPAD	华为MediaPad10 FHD(8GB)	5.30%	1888.00	88	166,144.0	8,805.82
22	陈云蓝	26	IPAD	联想IPAD	联想YOGA平板2 10(16G/Wifi)铂银色	5.30%	1800.00	200	360,000.0	19,080.94
23	谭承德	28	IPAD	华为IPAD	华为荣耀平板 LTE版(T1-823L/16GB)	5.30%	1188.00	37	43,956.0	2,329.67
24	谭承德	21	IPAD	联想IPAD	联想A10-80(16G/3G/黑色)	5.30%	1368.00	80	109,440.0	5,800.45
25	陈云蓝	25	IPAD	苹果IPAD	苹果iPad Air 2(64G/4G版)	6.30%	5188.00	18	93,384.0	5,883.19
26	陈云蓝	28	IPAD	苹果IPAD	苹果iPad Air2(64G/Wifi版)	6.30%	3988.00	39	155,532.0	9,798.52
27	谭承德	28	手机	华为手机	华为 GT-TL 移动4G	3.30%	999.00	188	187,812.0	6,969.82
28	陈云蓝	20	手机	联想手机	联想Z2Pro移动4G6英寸2K屏双卡	3.30%	1388.00	132	183,216.0	6,683.50
29	周宽楚	21	IPAD	华硕IPAD	华硕MeMo PadHD10(ME102A)	6.30%	999.00	41	40,959.0	2,580.42
30	周宽楚	28	手机	华为手机	荣耀6 Plus 双卡双待双通 移动4G 16	3.30%	1599.00	81	129,519.0	4,551.71
31	谭承德	26	手机	华为手机	荣耀7 双卡双待双通 移动4G版 16GB	3.30%	1799.00	88	158,312.0	5,607.12
32	陈云蓝	22	手机	苹果手机	苹果iPhone 8 移动4G	4.80%	5998.00	23	137,954.0	6,621.79
33	谭承德	28	手机	华为手机	华为 GT-TL 移动4G	3.30%	999.00	129	128,871.0	4,694.70
34	谭承德	30	手机	华硕IPAD	华硕MeMo PadHD10(ME102A)	6.30%	999.00	38	37,962.0	2,391.61
35	陈云蓝	23	手机	联想手机	联想VIBE Shot Z90-7/4G全网通	3.30%	988.00	50	49,400.0	1,630.20
36	周宽楚	26	手机	华为IPAD	华为MediaPad10 FHD(8GB)	5.30%	1888.00	78	147,264.0	7,805.11
37	谭承德	29	手机	小米手机	小米M4i 双4G 5英寸	4.10%	896.00	55	49,280.0	2,045.57
38	陈云蓝	30	手机	华为手机	荣耀6 Plus 双卡双待双通 移动4G 16	3.30%	1599.00	56	89,544.0	3,008.68
39	周宽楚	26	手机	联想手机	联想VIBE Z2Pro移动4G6英寸2K屏双卡	3.30%	1388.00	29	40,252.0	1,328.32

图 7-2　公司销售业绩与基本统计数据 2

行标签	求和项:数量	求和项:金额	求和项:提成金额
⊟ 陈云蓝	1142	2524821	131226.0426
IPAD	712	1780676	103269.718
手机	430	744145	27956.3246
⊟ 谭承德	1059	1845886	85274.4888
IPAD	422	833054	44532.4066
手机	637	1012832	40742.0822
⊟ 周宽楚	932	2027945	97262.3696
IPAD	472	1098339	60417.5372
手机	460	929606	36844.8324
总计	3133	6398652	313762.901

图 7-3 数据透视表与透视图

7.3 实 验 预 备

（1）编制并录入（或复制）图 7-1 和图 7-2 中（工作表七月）A ~ I 列的数据，类似编制八月和九月的数据。

（2）了解函数 SUM、MAX、MIN、COUNT、COUNTIF、IF、RANK 等函数功能。

（3）熟悉相对引用、绝对引用、混合引用及三维引用的概念。

（4）了解数据透视表和图表的概念。

相关函数使用方法简介：

（1）COUNT 函数。COUNT 的中文解释是计数、计算，COUNT 函数自然也是用来计算数目的，COUNT 函数的应用范围还是很广的。

COUNT 返回包含数字以及包含参数列表中的数字的单元格的个数。利用 COUNT 函数可以计算单元格区域或数字数组中数字字段的输入项个数。

需要说明：函数 COUNT 在计数时，将把数字、日期或以文本代表的数字计算在内；但是错误值或其他无法转换成数字的文字将被忽略。

如果参数是一个数组或引用，那么只统计数组或引用中的数字；数组或引用中的空白单元格、逻辑值、文字或错误值都将被忽略。如果要统计逻辑值、文字或错误值，请使用 COUNTA 函数。

（2）COUNTIF 函数。COUNTIF 函数的语法格式：

COUNTIF(range,criteria)

直观表达成易于理解的形式：

COUNTIF(条件区域,条件)

参数 range 表示条件区域即对单元格进行计数的区域。

参数 criteria 表示条件即条件的形式，可以是数字、表达式或文本，甚至可以使用通配符。

（3）IF 函数。IF 函数有 3 个参数，语法结构如下：

=IF(条件判断, 结果为真返回值, 结果为假返回值)

（4）RANK 函数。返回某一数值在一列数值中的相对于其他数值的排名。

RANK 函数有 3 个参数（第三个参数可以省略），语法结构如下：

=RANK(Number,ref,order)

参数说明：Number 代表需要排名的数值；ref 代表排序数值所处的单元格区域；order 代表排序方式，order 为 0 或 1，默认 0 不用输入，得到的是从大到小的排名，若是想求倒数第几，order 的值请使用 1。

7.4 实 验 指 导

为完成实验任务中的目标，请参考如下操作指导与关联性推荐。

1. 录入或复制工作表基本数据

参照图 7-1，创建"环球数码"工作簿，添加工作表，并分别命名"七月""八月""九月"工作表。录入或复制记录数据。建议在 A 列增设一个"序号"字段，以便排序后能够回到原始数据状态。

2. 冻结与隐藏行、列

当一个工作表行号达到数百行、列标超过 50 列时，无论是数据查看还是数据录入都不是很便利。从实际操作效果看，行数超过 30、列标达到 15 个以上，对单元格的操作与控制已经显现出不便了。必要时可选择冻结某些行与列或隐藏部分行与列。

1）隐藏部分列及恢复操作

选中工作表，如"七月"，将鼠标指针移到列字母上，拖动或点选若干列，鼠标指针停留在字母上，右击，在弹出的快捷菜单中选择"隐藏"命令，立即隐藏所选列，列字母是不连续的。

如果要恢复所隐藏的列，用"消除隐藏"是无效的。将光标移动到被隐藏的列字母标线上，例如 D G ，光标移到字母 D 与 G 之间的分隔线上，鼠标指针变成 ◄► （中间 2 竖线左右箭头形状），按下鼠标左键往右边拖动，可将被隐藏的列显现出来。每个被隐藏的列都要这样"拖"出来。

选择被隐藏的列时，以 D G 为例，当鼠标从 D 列拖移到 G 列，实际选中的是 D ~ G 共 4 列，当复制后在表的其他列中粘贴，将是 4 列数据（也会隐藏 2 列）。

2）隐藏部分行及恢复操作

选中工作表，如"七月"，鼠标指针移到行标号上变成右向箭头 ➡，拖动或点选若干行，鼠标指针停留在行标号上，右击，在弹出的快捷菜单中选择"隐藏"命令，立即隐藏所选行，行标号变得不连续。

如果要恢复所隐藏的行，右击，在弹出的快捷菜单中选择"消除隐藏"命令即可；也可用类似列操作的方法，鼠标在行标号上拖动。

同列隐藏性质相同，被隐藏的行在连续选择后，被隐藏的行实际上也被选中（点选除外）。

3）冻结行

选中工作表，如"七月"，鼠标指针在第 6 行上单击，单击"视图"选项卡→（"窗口"选项组）冻结窗格，弹出 3 条命令→冻结拆分窗格。当翻看后面 20 条内容时，前面 5 行仍保留（冻结）可见。当再次单击（"窗口"选项组）"冻结窗格"图标时，可以"取消冻结窗格"。

3. 计算金额、求和、求最大金额值

选中工作表，如"七月"，为快速计算所有的金额，光标定位在 J 列"金额"栏目下方，例如 J8，输入"=H8*I8"（即单价*数量）并按【Enter】键，得到相应金额值，这样只计算了一个结果。如果每一个都这样去输入，效率太低。

选中 J8，鼠标指针移至 J8 粗框线的右下方，鼠标指针变成粗黑十字，按住鼠标左键不放，往下（J 列）拖至 J42（"七月"表数据到此行结束）释放鼠标，立即得到相应的金额值。选中 J8，以相同方式往上拖至 J4，填满所有的结果。

插入光标定位在 E45（可为 42 行后任一位置），输入"金额合计"。光标定位在 F45，输入求和公式：=SUM(J4:J42)，也可以单击 fx （编辑栏左侧）后选择求和函数，并借助"公式选项板"，即"函数参数"对话框达到相同效果。

光标定位在 F46，输入求最大值公式：=MAX(J4:J42)。

4．排序

排序在表格中经常需要的操作，排序的目的是方便人工查找。排序是一种以"行"为记录单位、以"列"作为排序关键字的操作过程。一般地，如果不是特别目的，排序时应将工作表中所有字段纳入排序范围内。以"七月"表（在 L3 输入"名次"）为例，排序操作如下：

选中工作表，选中包含字段在内的要求参与排序的行（A3:L42）→"开始"选项卡→（"编辑"选项组）排序与筛选→ 自定义排序(U)... ，弹出"排序"对话框，选择排序关键字和排序次序即可。体验按"金额"排序后的结果；再选中排序区域 A3:L42，选择物品类和金额两个关键字，设置参见图 7-4，体验排序结果。

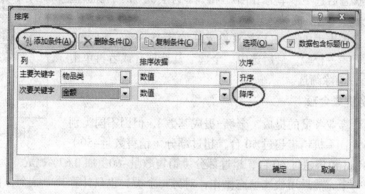

图 7-4　自定义关键字排序

现在分别对 iPad 和手机二种类别按金额的大小标记名次：iPad 名次 1～19，手机名次 1～20。然后按"序号"排序，回到原来的自然顺序，（局部）结果如图 7-5 所示。

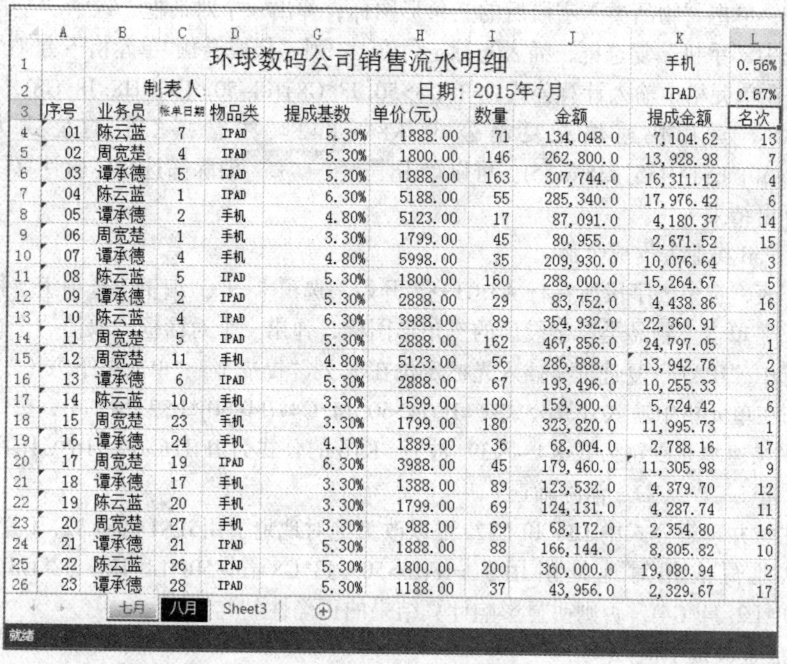

	A	B	C	D		E	F	G	H	I	J		K	L
1		环球数码公司销售流水明细											手机	0.56%
2		制表人					日期：2015年7月						IPAD	0.67%
3	序号	业务员	账单日期	物品类		提成基数		单价(元)	数量	金额	提成金额			名次
4	01	陈云蓝	7	IPAD		5.30%		1888.00	71	134,048.62	7,104.62			13
5	02	周宽楚	4	IPAD		5.30%		1800.00	146	262,800.0	13,928.98			7
6	03	谭承德	5	IPAD		5.30%		1888.00	163	307,744.0	16,311.12			4
7	04	陈云蓝	1	IPAD		6.30%		5188.00	55	285,340.0	17,976.42			6
8	05	谭承德	2	手机		4.80%		5123.00	17	87,091.0	4,180.37			14
9	06	周宽楚	1	手机		3.30%		1799.00	45	80,955.0	2,671.52			15
10	07	谭承德	4	手机		4.80%		5998.00	35	209,930.0	10,076.64			3
11	08	陈云蓝	5	IPAD		5.30%		1800.00	160	288,000.0	15,264.67			5
12	09	谭承德	2	IPAD		5.30%		2888.00	29	83,752.0	4,438.86			16
13	10	陈云蓝	4	IPAD		6.30%		3988.00	89	354,932.0	22,360.91			3
14	11	周宽楚	5	IPAD		5.30%		2888.00	162	467,856.0	24,797.05			1
15	12	周宽楚	11	手机		5.30%		5123.00	56	286,888.0	13,942.76			2
16	13	谭承德	6	IPAD		5.30%		2888.00	67	193,496.0	10,255.33			8
17	14	陈云蓝	10	手机		3.30%		1599.00	100	159,900.0	5,724.42			6
18	15	周宽楚	23	手机		3.30%		1799.00	180	323,820.0	11,995.73			1
19	16	谭承德	24	IPAD		4.10%		1889.00	36	68,004.0	2,788.16			17
20	17	周宽楚	19	IPAD		6.30%		3988.00	45	179,460.0	11,305.98			9
21	18	谭承德	17	手机		3.30%		1388.00	89	123,532.0	4,379.70			12
22	19	陈云蓝	20	手机		3.30%		1799.00	69	124,131.0	4,287.74			11
23	20	周宽楚	27	手机		3.30%		988.00	69	68,172.0	2,354.80			16
24	21	谭承德	21	IPAD		5.30%		1888.00	88	166,144.0	8,805.82			10
25	22	陈云蓝	26	IPAD		5.30%		1800.00	200	360,000.0	19,080.94			2
26	23	谭承德	28	IPAD		5.30%		1188.00	37	43,956.0	2,329.67			17

七月 | 八月 | Sheet3 | ⊕

就绪

图 7-5　通过排序分别确定排名后的结果

5. 筛选

筛选操作在数据管理中使用非常频繁。Excel 提供的筛选工具能够把不满足条件的记录数据暂时隐藏起来，只显示满足条件的记录，从而为快速查询提供服务。下面通过筛选操作完成任务 6 中提出的要求。

选中工作表，选中表字段所在行 A3:L3→"开始"选项卡→（"编辑"选项组）排序与筛选→ ⊽ 筛选(F)，此时，每个表字段名的后面增加了一个小三角形图标，即：

序▾	业务员▾	牌▾	物品类▾	品牌名▾	规格 ▾	提成基数▾	单价(元)▾	数▾	金额 ▾	提成金额▾	名▾

单击"品牌名"字段后的三角形图标，弹出一个对话框，取消"全选复选框的选中状态后选中"华为 IPAD"和"华为手机"两个复选框（参见图 7-6），查看筛选后的结果。

如果只选中"华为手机"，可以校对提成基数是否一致。类似地，选中不同的品牌可一一校验。最后选中"全选"复选框，或者再单击一次 ⊽ 筛选(F)，消除筛选。

图 7-6 筛选条目

6. 计算业务提成金额

原本很容易计算业务员的提成（金额*提成基数），但因不同类别有不同的计算公式：手机销售超过 50 台，超过部分（销售数量-50）加 0.56%提成；iPad 销售超过 60 台，超过部分（销售数量-60）加 0.67%提成。为快速完成计算，先分类计算其中一个，然后用快速填充操作；对另一个类，也只计算其中一个，再用快速填充操作完成全部计算。

1）计算手机类业务提成金额

选中工作表，选中表字段所在行 A3:L3→"开始"选项卡→（"编辑"选项组）排序与筛选→ ⊽ 筛选(F)，单击"物品类"字段后的三角形图标，弹出一个对话框，取消"全选"复选框的选中状态后选中"手机"复选框，插入光标定位在 K 列"提成金额"单元格下方（"七月"表应为 K8 单元格），在单元格中输入计算公式：=IF(I8>50, J8*G8+(I8-50)*L$1*H8, J8*G8)，并按【Enter】键，单击 K8，运用快速填充复制公式 K8 ～ K42。注意，K35 的公式为 =IF(I35>50, J35*G35+(I35-50)*L$1*H35, J35*G35)。可以单击 ⊽ 筛选(F) 消除筛选，体验计算结果（iPad 类物品没有计算出结果）。

2）计算 iPad 类业务提成金额

选中工作表，选中表字段所在行 A3:L3→"开始"选项卡→（"编辑"选项组）排序与筛选→ ⊽ 筛选(F)，单击"物品类"字段后的三角形图标，弹出一个对话框，取消"全选"复选框的选中状态后选中"IPAD"复选框，插入光标定位在 K 列"提成金额"单元格下方（"七月"表应为 K4 单元格），在单元格中输入计算公式：=IF(I4>60, J4*G4+(I4-60)*L$2, J4*G4)，按【Enter】键，单击 K4，运用快速填充复制公式 K4 ～ K39。注意，K16 的公式为 IF(I16>60, J16*G16+(I16-60)*L$2, J16*G16)，单击 ⊽ 筛选(F) 消除筛选。

须特别注意并理解公式中 L$1 和 L$2，可以改为绝对地址引用$L$1 和$L$2，不影响计算结果，但不可简单地写成相对地址引用：=IF(I8>50, J8*G8+(I8-50)*L1*H8, J8*G8) 和 =IF(I4>60, J4*G4+(I4-60)*L2, J4*G4)，否则明显影响计算结果的正确性。

3）求提成金额最小值

在单元格 M4 中输入"提成最少"，光标定位在 M5 单元格单击 ƒ*（编辑栏左侧），在弹出的

"插入函数"对话框选择 MIN 函数，弹出"函数参数"对话框，参数设置 K4:K42。

可以在 M5 单元格直接输入=MIN(K4:K42)。

7．统计个数

在空白单元格中单击，如 M7，在单元格中输入函数：=COUNT(C9:J12)，按【Enter】键后理解其中的结果（共 20 个数值数据）。

单击 M11 单元格，输入函数：=COUNTIF(E4:E42,"联想手机")，按【Enter】键。

理解其中的结果：数值 5 表示在 E4:E42 范围内有 5 个单元格的内容是联想手机。

可以将函数=COUNTIF(E4:E42,"联想手机")替换成=COUNTIF(E4:E42, E21)，因为 E21 单元格中的内容为联想手机。

例如，统计荣耀手机销售单数，可单击 M11 单元格，输入函数"=COUNTIF(F4:F42,"荣耀*")"，结果是 7。

8．透视表和图

数据透视表是以多种用户友好的方式查询大量数据的交互式工具，用于快速汇总大量数据，可以深入分析数值数据。数据透视表主要应用于：

（1）对数值数据进行分类汇总和聚合，按分类和子分类对数据进行汇总。

（2）按要关注结果的数据级别展开或折叠汇总数据。

（3）选择性地将行移动到列或将列移动到行，以查看源数据的不同汇总。

1）创建透视表

选中工作表，选中包含字段在内需要分析数据的范围（B3:K42）→"插入"选项卡→（"表格"选项组）数据透视表，弹出"插入数据透视表"对话框，选择"现有工作表"单选按钮，并指定数据透视表起始位置，参见图 7-7，单击"确定"按钮，弹出透视表点位和数据透视表字段列目，注意移动左右的滑块，使 N ~ Q 列可见，在数据透视表字段中选中业务员、物品类、数量、金额、提成金额等字段，则在 N 列之后生成了一个图 7-3 所示的表格。

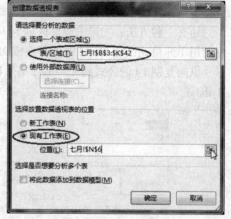

图 7-7　创建数据透视表

2）生成透视图

在透视表范围内单击，Excel 在选项卡右边添加了两个选项卡：数据透视表_分析、数据透视表_设计，选择数据透视表_分析→（"工具"选项组）数据透视图，移动数据透视图到空白区域，调整图表大小。

注意到选项卡右侧又增加了一个选项卡：数据透视表_格式，可以使用"数据透视表_格式"选项卡中的图标命令设置相关属性。

在数据透视图上单击，透视图右边外侧有一小图标➕，单击这个图标可以增删图表元素，例如，添加图表标题等。

9．使用 RANK 函数实现排名

以"七月"表（在 L3 输入"名次"）为例，按数量的多少标记名次。先删除在排序中所得的名次数据。按照"数量"多少排名的操作如下：

在名次的下方单元格（L8）中单击，单击 f_x（编辑栏左侧），在弹出的"插入函数"对话框

中按图 7-8 所示设置，弹出"函数参数"对话框，参数设置如图 7-9 所示，这样在 L4 单元格中得到的是 I4 单元格中的值在 I4:I42 范围内的排名。

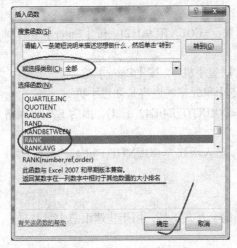

图 7-8　插入 RANK 排名函数

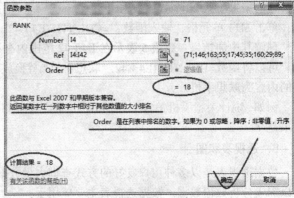

图 7-9　设置函数参数

特别提醒：L4 的公式是=RANK(I4, I4:I42)，但是，当纵向复制 L4 的公式到 L5 ~ L42 单元格时，发现结果明显与实际不符。问题出在单元格地址引用上，单击 L16，编辑栏的公式是=RANK(I16, I16:I54)，数据的地址范围不再是 I4:I42。L4 的结果是正确的，但后面的结果错误。必须将 I4:I42 保持不变，即将 L4 公式更正为：=RANK(I4, I$4:I$42)，或者使用绝对地址引用：=RANK(I4, $I$4:$I$42)。更正后再纵向复制 L4 的公式到 L5 ~ L42 单元格，结果正确。

还有一种方法：先选中地址区域 I4:I42，然后在名称框中命名一个名称，如 Mydata，当在 L4 中使用单元格式区域 I4:I42 时，替换成 Mydata，即=RANK(I4, Mydata)。

纵向复制 L4 的公式到 L5 ~ L42 单元格，从图 7-10 可以看到 L13 单元格的公式为：=RANK(I13, Mydata)。

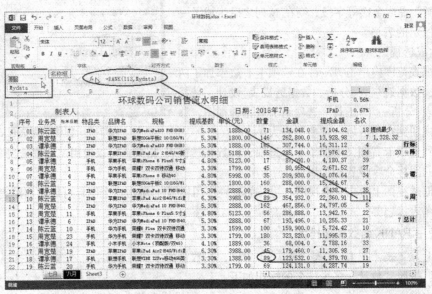

图 7-10　在公式中用名称替代单元格区域

10．多表之间进行统计

录入或复制"环球数码"工作簿中"八月"和 Sheet3（九月）工作表的销售数据，练习多表统计求和操作。

选中工作表，如 Sheet3，选中单元格，如 L6（先在 L5 输入"二季度总额"），单击 f_x（编辑栏左侧），在弹出的"插入函数"对话框选择 SUM 函数，弹出"函数参数"对话框，光标定位在 Number1 文本框，单击 ■，单击金额下方单元格 J4，按住【Shift】键不放单击单元格 J31（9 月的金额到此为止），则在"函数参数"文本框中自动填写了 J4:J31，按【Enter】键或单击■按钮光标新定位到 Number2 文本框；在"七月"表标签上单击，单击 J4，按住【Shift】键不放，单击单元格 J42（7 月的有效金额），光标新定位到 Number3 文本框，在"八月"表标签上单击，单击 J4，按住【Shift】键不放单击单元格 J34，在"函数参数"文本框中自动填写了"八月!J4:J34"，参见图 7-11，按【Enter】键或单击■，活动窗口回到 SUM 函数的"函数参数"对话框，参见图 7-12，完成操作，结果如图 7-13 所示。

如果直接在 Sheet3 表的 L6 单元格内直接输入公式：="SUM(J4:J31，七月!$J$4:$J$42，八月!J4:J34)"，也能得到正确结果，但手工输入容易出错。

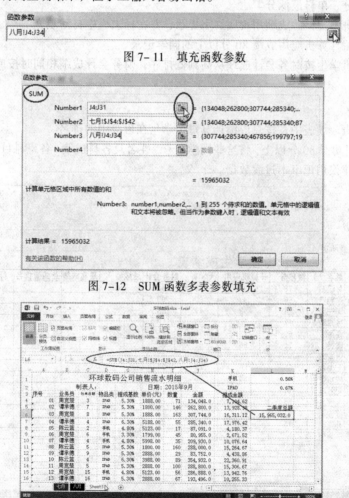

图 7-11　填充函数参数

图 7-12　SUM 函数多表参数填充

图 7-13　SUM 函数多表参数填充

7.5 课后实验

设计一个名为"学生成绩.xlsx"的工作簿，开始时包括 3 张成绩表：会计班、金融班和法学班。其中会计班的部分数据如图 7-14 所示。实验者在 A15 后插入若干行，以增加学生名单（至少 30 人以上）和成绩。在金融班和法学班填充学生数据，每班人数不低于 20 人。微积分、计算机应用和大学英语是各专业班都有的成绩，金融班至少有"金融学"、法学班至少包含"法律基础"课。

1. 基本要求

（1）填充每个学生的总成绩，在最高成绩（H 列，金融班、法学班的最高成绩可能不在 H 列）是填充每个学生的最好成绩。

（2）对每门功课填充本班单科平均成绩。

（3）在图 7-14 的相关位置给出全班单科成绩的最高分、最低分、平均分及不及格人次与不及格人数。

（4）在法学班后添加新表，在新表中存放微积分、计算机应用和大学英语等共同课程单科平均分、单科最高分、单科最低分。

（5）对每个班不及格的成绩用黄底红字提示，并在标志栏中自动填充"?"。

（6）筛选保留计算机应用成绩 80 分以上的同学记录。

（7）对会计班学生按财务会计成绩从高到低排序，财务会计成绩相同时按成绩总分从高到低排序。

2. 扩展要求

（1）在会计班成绩表中，按总成绩计算每个学生在班级中的排名。

（2）筛选每门功课 80 分以上，将这些同学学号、姓名及各科成绩（各班科目不同时只取成绩）汇入一个新表。建议用记事本过渡数据。

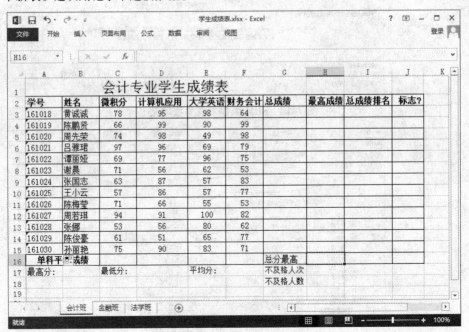

图 7-14 学生成绩工作簿

8.1 实 验 目 的

（1）熟悉 Microsoft PowerPoint 2013 的用户界面。

（2）熟练运用 PowerPoint 中的版式、母版，并对其进行编辑。

（3）熟练掌握演示文稿中各种对象的插入、删除、属性修改等操作，包括文本框、图表、图形、图像、声音、视频、公式、超链接等。

（4）熟练掌握幻灯片的切换、幻灯片中对象的各种动画设计。

（5）熟练掌握演示文稿放映、打印和发布方法。

（6）理解演示文稿在演讲中的地位作用，理解演示文稿设计时的注意事项，能恰当地使用演示文稿辅助演讲。

8.2 实 验 任 务

采用 PowerPoint 2013，设计图 8-1 所示的演示文稿。该演示文稿综合了 PowerPoint 中的典型操作，但由于演示文稿本身包含的动画效果无法在图 8-1 展示出来，因此，在实际实验教学中，可以参照本书配套的实验素材。

详细的任务要求如下：

（1）幻灯片采用主题实验者可自行选择，不一定采用本例中的"暗香扑面"。

（2）需要通过编辑幻灯片母版在页脚处添加页码、作者、时间等信息。

（3）需要通过母版将各页标题设置为"微软雅黑"，或者其他字体。

（4）需要在幻灯片 2 的右下角添加一个"返回"按钮，当该幻灯片播放时，单击"返回"按钮，能返回到刚刚播放的前一张幻灯片上（不一定是第 1 张幻灯片）。

（5）第 3 张幻灯片中的图是通过复制屏幕得到的。

（6）第 4、5、6 张幻灯片中有各种对象，尽量根据图 8-1 中的样子来设置这些对象的位置、内容和属性。

（7）第 9 张幻灯片使用不同的主题，内容与第 8 张相同。

（8）第 11 张幻灯片使用不同的版式。

（9）第 12 张幻灯片为动画设计，要求："动画 1…"文本框用百叶窗动画进入；"动画 2…"文本框和"动画 3…"艺术字同时出现；"动画 4…"心形形状要通过自定义路径进入，并采用"线性"退出；星形形状要设计成不停闪烁。

（10）第 13 张幻灯片中有 3 个超链接，分别链接到本演示文稿中的其他幻灯片（请链接到幻灯片2），网页或其他文件。

（11）为整个演示文稿设计一个背景音乐，要求一开始播放演示文稿，音乐即响起，并且直到幻灯片播放结束。如果音乐文件时间不够长，采用循环播放。

（12）采用排练计时进行排练，要求正式演讲时使用排练计时自动播放幻灯片。

（13）打印演示文稿讲义，每页纸上6张幻灯片。

幻灯片1

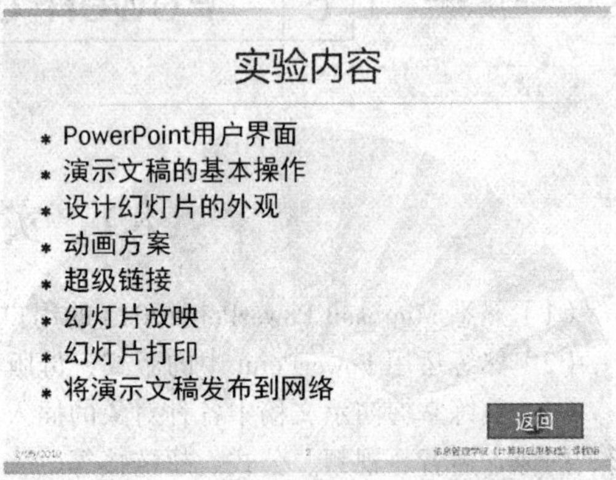

幻灯片2

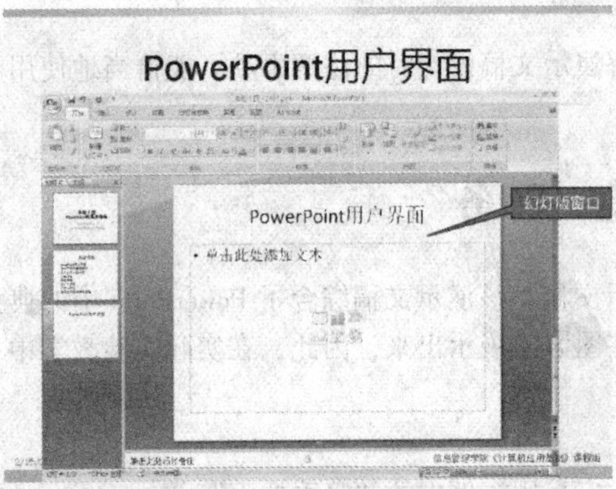

幻灯片3

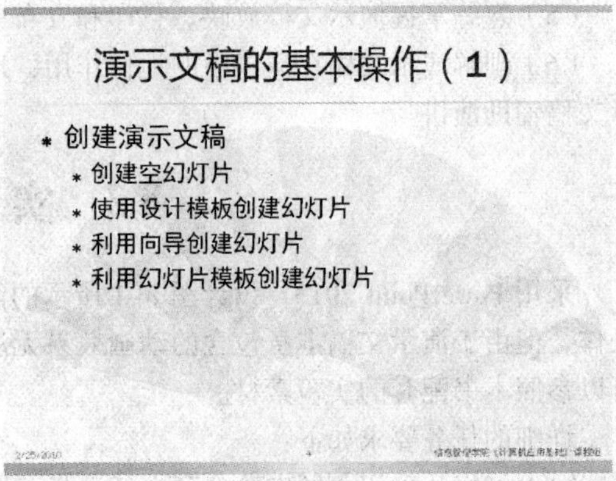

幻灯片4

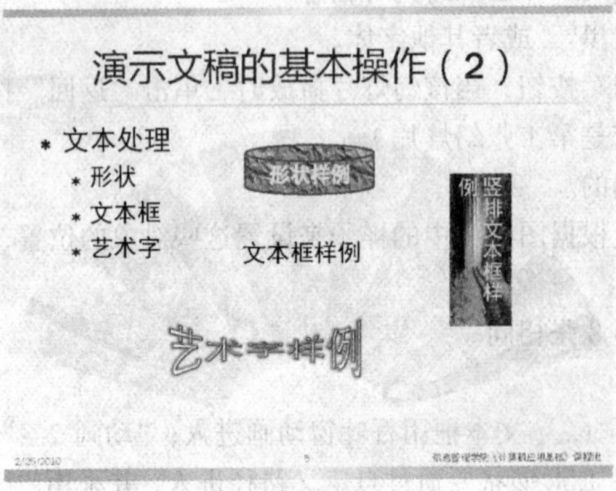

幻灯片5

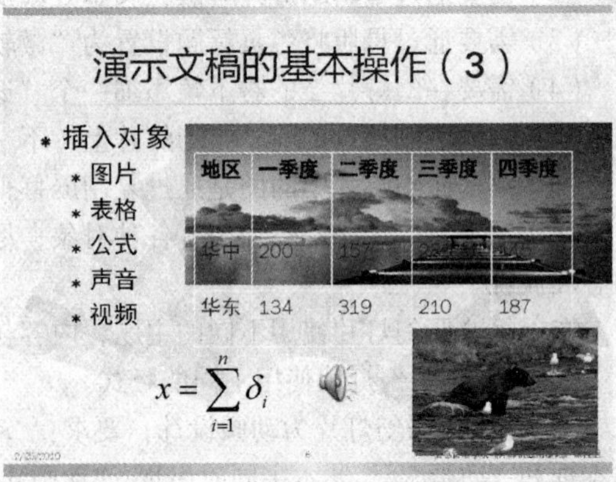

幻灯片6

图8-1　演示文稿示例

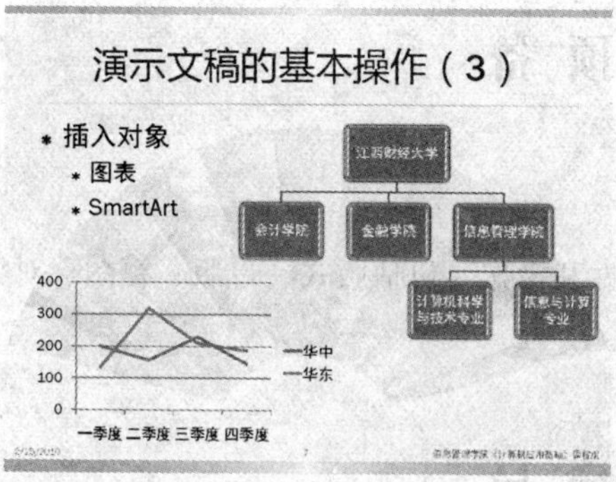
演示文稿的基本操作（3）
插入对象
图表
SmartArt
江西财经大学
会计学院
金融学院
信息管理学院
计算机科学与技术专业
信息与计算专业
400
300
200
100
0
一华中
一华东
一季度 二季度 三季度 四季度

幻灯片 7

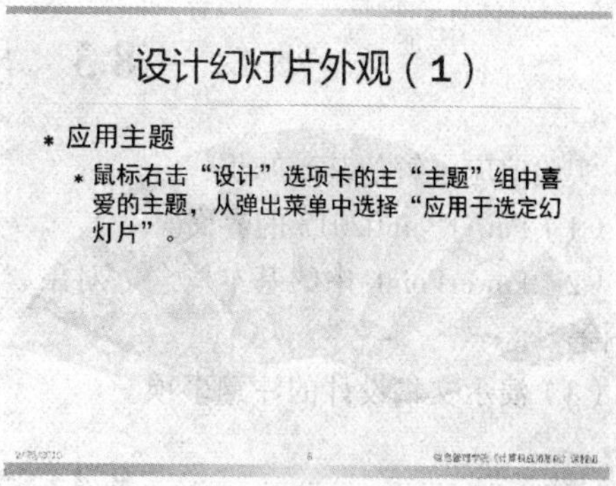
设计幻灯片外观（1）
应用主题
鼠标右击"设计"选项卡的主"主题"组中喜爱的主题，从弹出菜单中选择"应用于选定幻灯片"。

幻灯片 8

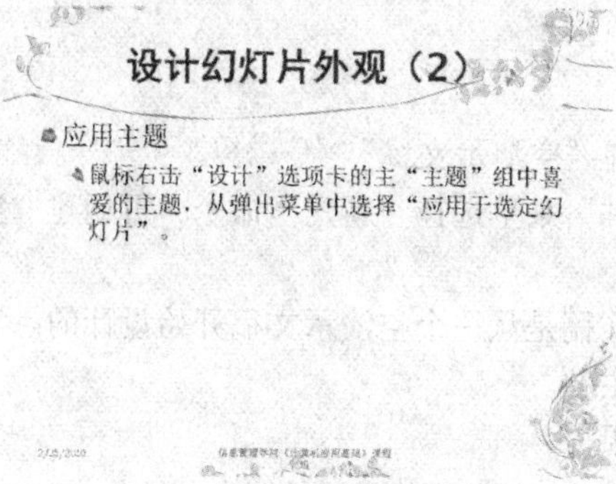
设计幻灯片外观（2）
应用主题
鼠标右击"设计"选项卡的主"主题"组中喜爱的主题，从弹出菜单中选择"应用于选定幻灯片"。

幻灯片 9

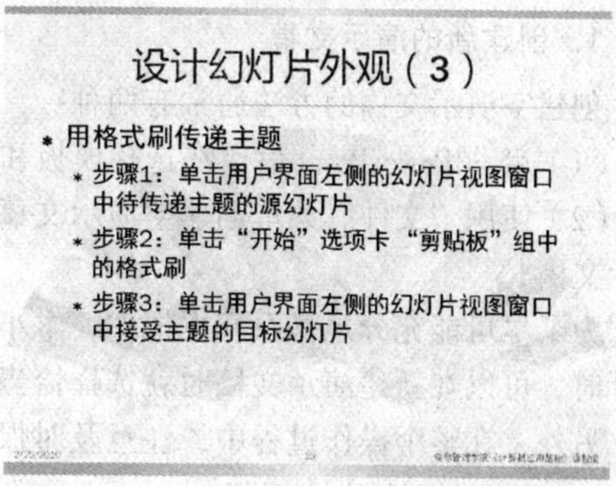
设计幻灯片外观（3）
用格式刷传递主题
步骤1：单击用户界面左侧的幻灯片视图窗口中待传递主题的源幻灯片
步骤2：单击"开始"选项卡"剪贴板"组中的格式刷
步骤3：单击用户界面左侧的幻灯片视图窗口中接受主题的目标幻灯片

幻灯片 10

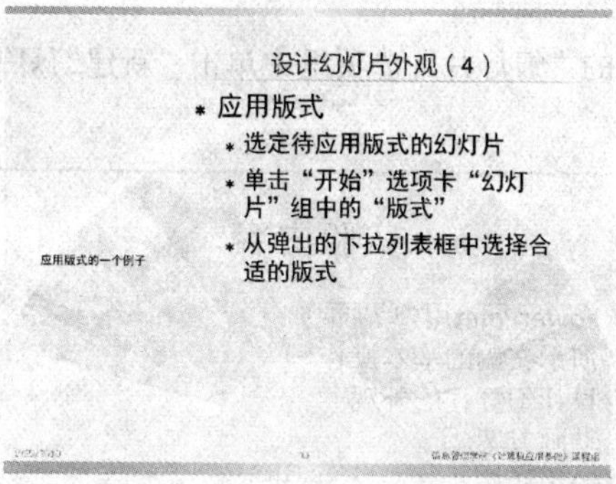
设计幻灯片外观（4）
应用版式
选定待应用版式的幻灯片
单击"开始"选项卡"幻灯片"组中的"版式"
从弹出的下拉列表框中选择合适的版式
应用版式的一个例子

幻灯片 11

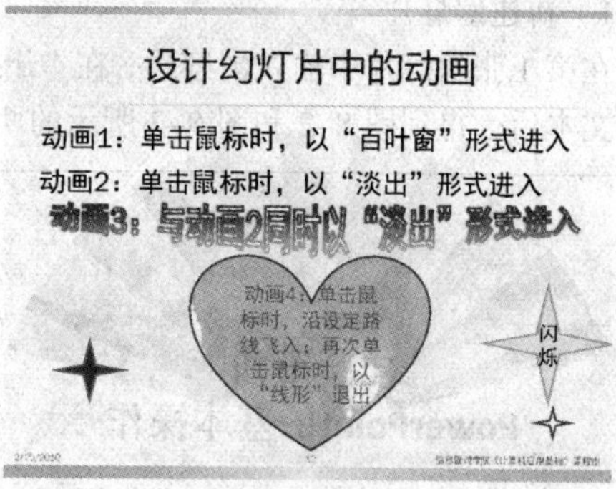
设计幻灯片中的动画
动画1：单击鼠标时，以"百叶窗"形式进入
动画2：单击鼠标时，以"淡出"形式进入
动画3：与动画2同时以"淡出"形式进入
动画4：单击鼠标时，沿设定路线飞入；再次单击鼠标时，以"线形"退出
闪烁

幻灯片 12

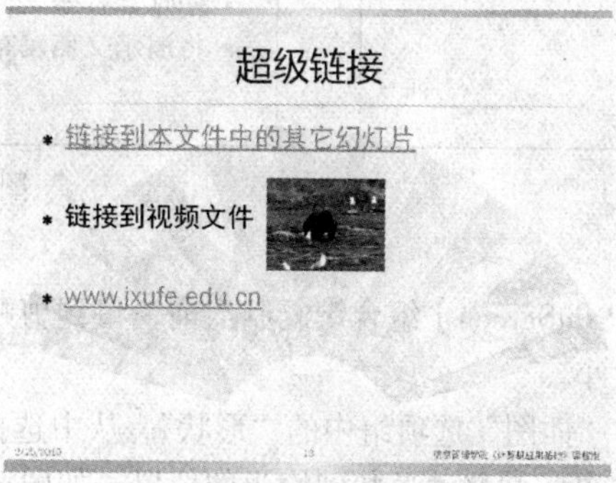
超级链接
链接到本文件中的其它幻灯片
链接到视频文件
www.jxufe.edu.cn

幻灯片 13

图 8-1 演示文稿示例（续）

8.3 实 验 预 备

实验前应了解的基础知识：

（1）PowerPoint 2013 的界面。

（2）PowerPoint 中的基本概念、对象、对象的属性和操作，包括版式、母版、视图、对象、动画等。

（3）演示文稿设计的注意事项。

8.4 实 验 指 导

1．创建新的演示文稿

创建空演示文稿的方法通常有两种：

（1）启动 PowerPoint 后，在选择模板和主题时选择"空演示文稿"。

（2）使用"文件"菜单创建空演示文稿：从"文件"菜单选择"新建"命令，可创建"空白演示文稿"。

为了尽可能充分地练习基本操作，本小节的演示文稿是从一个空演示文稿开始设计的。实际设计时，可以在新建演示文稿时就选择恰当的模板和主题。

另外，在整个操作过程中，注意及时保存操作结果。

2．编辑演示文稿

1）新建幻灯片

在第 1 张幻灯片中输入内容后，在"开始"选项卡的"幻灯片"选项组中单击"新建幻灯片"，输入文本后，得到图 8-2 和图 8-3 所示的两张幻灯片。

实验十四
PowerPoint的基本操作

江西财经大学
《计算机应用基础》课程组

图 8-2 幻灯片 1

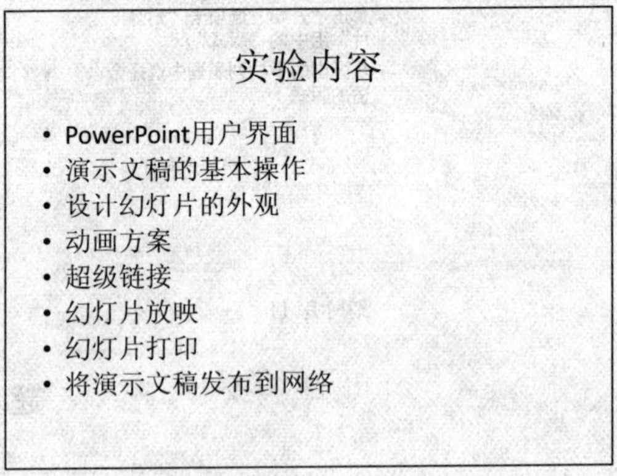

实验内容

- PowerPoint用户界面
- 演示文稿的基本操作
- 设计幻灯片的外观
- 动画方案
- 超级链接
- 幻灯片放映
- 幻灯片打印
- 将演示文稿发布到网络

图 8-3 幻灯片 2

2）插入图片和形状

新建幻灯片 3，按【Alt+PrintScreen】组合键复制当前窗口到剪贴板，并将剪贴板中的内容粘贴到幻灯片 3 中，调节图片大小。

选择"插入"选项卡中的"插图"选项组中的"形状"，从中选择"矩形标注"形状，插入幻灯片 3 中，在该形状中添加文本，并移动形状到恰当的位置，如图 8-4 所示。

3）插入文本框、艺术字等更多对象

通过"插入"选项卡，可以插入图 8-5 所示的各种对象。如果要设置对象的更多属性，比如背景、边框等，通常是右击对象，在弹出的快捷菜单中选择"设置图片格式"命令来完成。

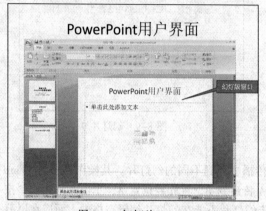

图 8-4 幻灯片 3

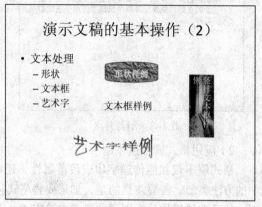

图 8-5 幻灯片 5

同样的方式，可以插入图 8-6 和图 8-7 所示的各种对象，包括文本框、图片、声音、视频、公式、表格、图表、SmartArt 图形等。

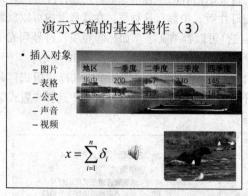

图 8-6 幻灯片 6

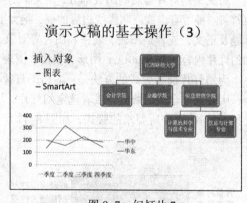

图 8-7 幻灯片 7

3．设计幻灯片外观

1）应用主题

文档主题是一组格式选项，包括一组主题颜色、一组主题字体（包括标题字体和正文字体）和一组主题效果（包括线条和填充效果）。通过应用文档主题（主题：一组统一的设计元素，使用颜色、字体和图形设置文档的外观），用户可以快速而轻松地设置整个文档的格式，赋予它专业和时尚的外观。具体步骤是：单击幻灯片的空白区域，从"设计"选项卡的"主题"组中选择喜爱的主题。

主题可以应用到演示文稿中的所有幻灯片，也可以应用到指定的某一张幻灯片。操作方法是，选定需要应用某种主题的幻灯片，右击"设计"选项卡"主题"选项组中待应用的主题，从弹出菜单中选择"应用于选定幻灯片"命令。同理，可以选择"应用于所有幻灯片"命令。

图 8-8 所示的幻灯片 8 和图 8-9 所示的幻灯片 9 是应用不同主题后的效果。

图 8-8　幻灯片 8

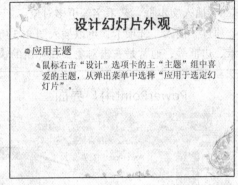

图 8-9　幻灯片 9

2）应用格式刷传递主题

格式刷不仅在能传递字体或段落属性，还可传播主题到不同的幻灯片。其操作方法与 Word 中的方法类似。需要注意的是，如果要将格式从 A 传递到 B，首先要选定 A，单击"格式刷"按钮，然后在鼠标指针为刷子的状态去选定 B。选定幻灯片不能在幻灯片编辑空格中，而应在屏幕左侧的"幻灯片窗格"中（普通视图下）完成。

3）应用幻灯片版式

版式是幻灯片母版的组成部分，定义了幻灯片上待显示内容的位置信息。版式包含占位符（占位符：一种带有虚线或阴影线边缘的框，绝大部分幻灯片版式中都有这种框。在这些框内可以放置标题及正文，或者是图表、表格和图片等对象），占位符可以容纳文字（如标题和项目符号列表）和幻灯片内容（如 SmartArt 图形、表格、图表、图片、形状和剪贴画等），如图 8-10 所示。

为幻灯片选择版式的方法是：右击幻灯片的空白位置，在弹出的快捷菜单中选择"版式"命令，从中选择合适的版式。或者选定幻灯片，从"开始"选项卡"幻灯片"选项组中选择"版式"。选择幻灯片 11 中所要求的版式，如图 8-11 所示。

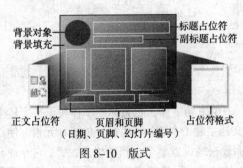

图 8-10　版式

图 8-11　幻灯片 11

4）应用和编辑母版

幻灯片母版是存储模板信息的一个元素，这些信息包括字形、占位符大小和位置、背景设计和配色方案。用户通过更改这些信息，可以更改整个演示文稿中幻灯片的外观。

以下是应用母版为每张幻灯片添加页眉页脚的基本步骤。

（1）通过"视图"选项卡"母版视图"选项组中的"幻灯片母版"，打开图 8-12 所示的母版视图。

（2）通过"插入"选项卡"文本"选项组中的"页眉和页脚"，打开图 8-13 所示的"页眉和页脚"，对话框，根据需要添加日期、页码、自定义的页脚等信息。

如果需要为某个版式中添加一个 logo，则需要在幻灯片母版视图中选定相应的版式，并在该版式上插入图片。这样，所用应用了该版式（也只有应用了该版式）的幻灯片上都会出现 logo。

图 8-12　母版视图

图 8-13　"页眉和页脚"对话框

4．设计动画

1）设计幻灯片切换方式

通过设计幻灯片的切换方式，可以设置在切换到某张幻灯片时的效果，如"溶解" "向上擦除" "百叶窗"等，还可设计切换的方式为"单击鼠标时"切换或经过一段时间后自动切换。具体操作是：选定要设定切换方式的幻灯片，单击"切换"选项卡，在"切换到此幻灯片"中选择切换方式，并从"切换效果"下拉菜单中选择一种效果。

此外，还可通过"切换"选项卡中的"计时"选项组来设计切换时的声效、速度等，如图 8-14 所示。

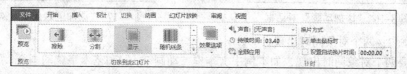

图 8-14　幻灯片切换选项卡

2）设计幻灯片中对象的动画

幻灯片中动画的方式很多，此处通过几个例子来引导读者学习动画设计中的基本操作。在动画设计时，常用的窗格和选项卡如图 8-15 所示。如果窗口右侧的动画窗格没出现，可以通过单击"动画"选项卡"高级动画"选项组中的"动画窗格"来打开。

图 8-15　动画设计时的窗口

（1）动画1：以"百叶窗"动画进入。

在选定了动画的对象（例如文本框或文本框中的文本）后，选择"动画"选项卡，在"动画"选项组中找到一种恰当的动画形式。在本例中，"百叶窗"动画不在"动画"选项组中，因此，需要通过"高级动画"选项组中"添加动画"来打开一个对话框，如图 8-16 所示。单击"更多进入效果"选项打开"添加进入效果"对话框，如图 8-17 所示，从中找到"百叶窗"。

在添加了一个动画后，会在动画窗格中看到该动画出现的顺序序号。

图 8-16　"添加动画"对话框　　　　　图 8-17　"添加进入效果"对话框

（2）动画2：两个对象同时出现。

如果需要两个对象同时出现，如本例中文本框"动画 2…"和艺术字"动画 3…"，则在分别设计好两个动画的效果后，选定"动画 3…"，在"计时"选项组"开始"选项中选择"与上一动画同时"。

（3）动画3：设定动画路径。

为心形形状设定进入时的飞行路径，可以在选择"动画"选项组中的"自定义路径"动画效果，然后在幻灯片编辑窗口上画一个轨迹。

（4）动画4：设定退出方式。

动画 3 是为心形形状设计了进入时的动画，设定退出方式，则是再次单击鼠标时心形形状能按某种动画方式消失。设定退出动画与进入动画类似，选定该对象，通过"高级动画"的"添加动画"对话框，选择退出效果。

（5）动画5：设置强调。

如果需要设计一个星形图案不停地"闪烁"，则需要用到强调动画，并且需要对动画进行更多的设置。在选定星形形状后，先为该形状添加一个"进入"方式为"出现"的动画，再为该形状添加一个"强调"方式为"闪烁"的动画，并且要设定该"闪烁"动画的开始时间为"与上一动画同时"，最后在动画空格中从"闪烁"动画右侧的下拉菜单中选择"效果选项"，打开图 8-18 所示的对话框，并按对话框中的内容来设置动画效果。完成上述操作后，播放动画到该星形状时，星形形状就会不停地闪烁。

进入、强调、退出这 3 种类型的动画可以作用在同一个对象上。

5. 设计超链接

超链接是从一张幻灯片到同一演示文稿中的另一张幻灯片的连接，或是从一张幻灯片到不同演示文稿中的另一张幻灯片、电子邮件地址、网页或文件的连接。

1）为对象设置动作

如果希望鼠标指针移动到某个对象上，或者单击某个对象时有一些响应，或者链接到其他幻灯片，可以在选定对象后，在"插入"选项卡的"链接"选项组中选择"动作"，打开图 8-19 所示的"操作设置"对话框，可以选择"超链接到"单选按钮链接到其他幻灯片或文件，也可选择"运行程序"单击按钮使得单击该对象时打开其他程序。

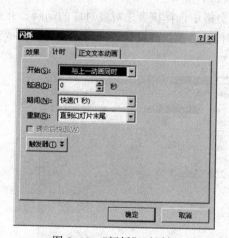

图 8-18 "闪烁"对话框

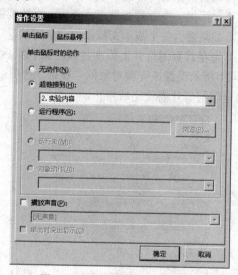

图 8-19 "操作设置"对话框

2）为已有对象添加超链接

在新建幻灯片 13 后，可以根据以下操作为文本或图片添加超链接，链接的目标为本演示文稿中幻灯片、文件或网页。选定文本或对象，在"插入"选项卡的"链接"选项组中选择"超链接"，打开图 8-20 所示的"编辑超链接"对话框。在该对话框中可以选择链接的目标。

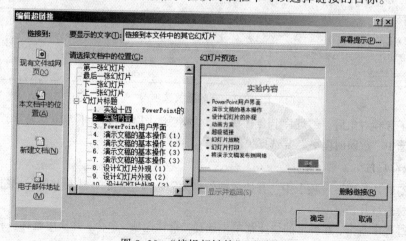

图 8-20 "编辑超链接"对话框

3）添加动作按钮

类似于添加形状的操作，只是在添加形状对话框中选择"动作按钮"组中的一个。将动作按钮形状加入到幻灯片后，会自动弹出图 8-19 所示的"操作设置"对话框。

在设计幻灯片时，经常需要设计导航，比如从幻灯片 A、B、C 都能链接幻灯片 D，浏览完 D 后需要返回前一张刚浏览的幻灯片，即如果是从 A 链接到 D 的，则返回 A；如果是从 B 或者 C 链接到 D 的，则返回 B 或 C。这时，需要在"操作设置"对话框的"超链接到"中为 D 上的返回动作按钮选择"最近观看的幻灯片"。

6. 添加背景音乐

可以为某张幻灯片配一个背景音乐，即在播放该张幻灯时音乐才播放，也可以为整个演示文稿总体上添加一个背景音乐，该音乐一直持续播放直到结束，甚至可以在演示文稿未结束前循环播放。如果要为整个演示文稿添加一个背景音乐，可以如下操作：

首先在首页幻灯片上添加音频对象，然后在动画窗格中选择该音乐对象对应的动画，并按图 8-21 所示设置该音频对象的"效果"选项。其中"停止播放"的设置可以设定在整个演示文稿的全部幻灯片播放完后停止。

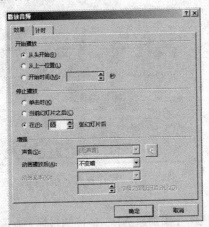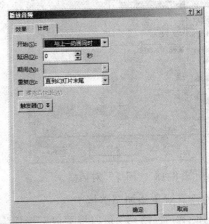

图 8-21　设置音频的效果

也可以选定音频对象后，在图 8-22 所示的"播放"选项卡中设置。

图 8-22　音频播放选项卡

在添加了音频对象后，幻灯片上会有一个小"喇叭"图案，如果不希望它显示，需要在"播放"选项卡选中"放映时隐藏"复选框。

7. 放映幻灯片

单击"幻灯片放映"选项卡中"开始放映幻灯片"选项组中的"从头开始"，或按【F5】键，从头开始放映幻灯片。

在放映过程中右击，在弹出的快捷菜单中选择"指针选项"命令，并从中选择一种笔，如"毡尖笔"，利用该笔，可在放映时向屏幕上做标记。

一般情况下，要放映演示文稿要求计算机上安装相应版本的 PowerPoint 环境。为使演示文稿能在无 PowerPoint 环境时正常放映，可以采用打包的方式，将演示文稿和所需的环境打包到 CD 或用户指定的文件夹中，包括演示文稿中用到的外部资源，如音频文件等。相应的操作方法为：

选择"文件"→"导出"→"将演示文稿打包成 CD"，打开"打包成 CD"对话框，如图 8-23 所示，如果不是制作 CD，而是打包到文件夹，则单击其中的"复制到文件夹"按钮，并按提示输入文件夹的名称。

图 8-23　"打包成 CD"对话框

如果把对幻灯片的讲解预先录制，则可以在没有讲解员的情况下，自动播放并讲解。具体做法是：选定需要讲解的幻灯片，从"幻灯片放映"选项卡中选择"录制幻灯片演示"，在播放时选中"播放旁白"复选框，如图 8-24 所示。

图 8-24　"幻灯片播放"选项卡

如果需要预先排练，则从"幻灯片放映"选项卡中单击"排练计时"按钮，开始排练。在播放时，如果需要幻灯片根据排练时的播放次序和时间自动播放，则选中"使用计时"复选框；如果需要人工控制播放，则不要选中该复选框。

8. 打印幻灯片

多数演示文稿均设计为以彩色模式显示，但幻灯片和讲义通常以黑白或灰度模式打印。以灰度模式打印时，彩色图像将以介于黑色和白色之间的各种灰色色调打印出来。打印幻灯片的操作如下：如果需要修改幻灯片的纸张，在"设计"选项卡"自定义"选项组中选择"幻灯片大小"，然后设计幻灯片的大小或所用的纸张。打印时，通过"文件"菜单的"打印"选项打开打印窗口，如图 8-25 所示，从中选择打印的范围，每页打印多少张幻灯片，是用彩色还是灰度打印等。同时，还可在此处设计打印时页面的页眉或页脚。

图 8-25　打印窗口

8.5 课后实验

设计图 8-26 所示的演示文稿，并注意学习本演示文稿中描述的高质量演示文稿设计的经验。

图 8-26　演示文稿示例

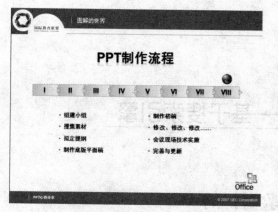　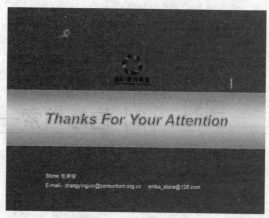

幻灯片 7　　　　　　　　　　　　　幻灯片 8

图 8-26　演示文稿示例（续）

1．基本要求

（1）幻灯片的主题自主选择。

（2）第 2 张幻灯片 4 个箭头要从 4 个方向同时向中心移动。

（3）第 3 张幻灯片要求每个箭头和对应的一个文本框同时出现，3 个文本框依次出现。

（4）第 6 张幻灯片要求各个球按圆形轨道旋转一圈。

（5）为整个演示文稿配上背景音乐。

（6）通过修改母版，在演示文稿的每张幻灯片上添加自己的签名。

（7）通过修改母版，为各幻灯片添加页脚，页脚内容为：自己的姓名学号、页码/总页码数、当前日期。

（8）进行排练计时，并根据该幻灯片的内容进行演讲。

（9）打印演示文稿。

（10）导出演示文稿。

2．扩展要求

（1）对第 7 张幻灯片，要求每次右击，小球向右移动一格，同时出现一个文本框。

（2）从互联网上下载主题，并为该演示文稿更换一个主题。

实验 9 信息检索——基于搜索引擎

9.1 实 验 目 的

（1）熟练使用通用搜索引擎完成各类检索：包括术语、文献、指定网站上的内容、指定文档类型、用"与、或、非"连接的关键词、字符串等。

（2）使用垂直搜索引擎完成特定类型信息的检索，如天气、旅行、购物等。

（3）能够对搜索引擎的检索结果进行分析、组织。

9.2 实 验 任 务

学弟学妹要选购一台计算机（台式计算机或笔记本电脑）用于日常学习或娱乐，请给出选购方案。

详细的任务要求如下：

（1）通过检索了解选购计算机的一般原则或者他人给出的建议。

（2）通过检索了解台式计算机与笔记本电脑各自的特点、优缺点。

（3）通过检索了解选购台式计算机（组装机）时需要选购的主要部件，如 CPU、主板、显卡、内存条、机箱等，了解它们的主要品牌、型号、性能和价格，并给出几个选配方案和报价。

（4）通过检索了解笔记本电脑的主要品牌、型号、性能、价格、用户评价情况等信息。

（5）将以上信息组织成一篇计算机选购报告。

9.3 实 验 预 备

实验者在了解搜索引擎的工作机制的基础上，需要掌握一些常用的检索操作。尽管本节所罗列的常用检索操作不一定在本实验任务中全部会用到，但对其他的检索任务可能会有帮助。

另外，信息检索是在做一个主观题，没有标准的答案，特别是针对一项比较复杂的检索任务时。不同实验者可能会用不同的查询词、选择不同的搜索引擎、从搜索引擎返回的结果中选择不同的网页、从网页中获取不同的信息片段，因此，最终得到的信息也不尽相同，其目的是为用户的决策提供一个参考。

本节介绍的检索操作都是以百度搜索引擎为例的，但这些操作通常也适用于其他搜索引擎。

1. 网页搜索

除了在百度的搜索框中直接输入多个以空格分隔的查询词或者一句话外，此处给出几个其他的查询关键词表示方式。考虑到搜索引擎会对句子进行切词处理，并会去掉如"的"、标点符号等停用词，所以，在使用搜索引擎时，尽量用若干关键词来表示自己的查询，而不要用一个句子。除非想查询一个完整的句子。

（1）查询字符串（完成的句子）。

如果查询词为[江西财经大学　红点奖]（[ ]之内的是输入到搜索框中的内容），或者[江西财经大学红点奖]，则搜索引擎会将它们视为两个查询关键词"江西财经大学"和"红点奖"。如果需要把"江西财经大学红点奖"视为一个查询关键词，可以用["江西财经大学红点奖"]。注意输入的引号为半角状态下输入的引号。

为了更好地验证实验效果，本例中的两个词并不是经常在一起出现的，因此用不同的检索方式，检索结果差异很大。比如，如果用["江西财经大学红点奖"]时，没有任何结果返回。

（2）或运算。用"|"分开的多个关键词，如[江西财经大学 | 红点奖]会查到含有"江西财经大学"或者"红点奖"的网页。注意两个关键词及符号"|"之间是有空格的。

（3）非运算。用-可以排除某些关键词，如[江西财经 -大学]会查到含有"江西财经"但是不含"大学"的网页。

（4）特定类型文件的搜索。一般情况下，百度返回的搜索结果以网页为主，也会包含其他类型的文件。如果要指定只返回某一类型的文档，可以用 filetype 限定符来进行限定。如[filetype:pdf 江西财经大学　红点奖]会找出关于"江西财经大学　红点奖"的 PDF 文档。

（5）对网页标题的搜索。一般情况下，搜索引擎会在网页的标题以及正文中搜索查询词。可以限制只在网页的标题中搜索，这样返回结果的数量会大大减少，返回结果的质量往往也更高。如[title:（江西财经大学　红点奖）]搜索标题中包含"江西财经大学　红点奖"的网页。

（6）对 URL 的搜索。用 inurl 限定符可以限定只对网页的 URL 进行搜索。如[inurl: music]将查找在 URL 中出现了"music"的网页，如 music.baidu.com、bin-music.com 等。

（7）指定网站的搜索。如果知道目标网页所在的域或者网址，可以限制只在特定的网站内搜索。可以用 site 限定符来实现对指定网站的搜索。例如[site:youku.com　刘德华]在所有 youku.com 网站（如 www.youku.com 等）中查找出现了"刘德华"的网页。

（8）指定时间范围网页的搜索。一般来说，网页的历史与其价值成反比。很多时候，用户只对近期的网页感兴趣，这时，可以指定网页的时间。在百度搜索页面右侧上方，找到"设置"，单击"高级搜索"，打开高级搜索页面。其实，前述技巧都可以在高级搜索页面中设置。要限制网页时间，在"限定要搜索的网页的时间是"右侧选择时间范围即可。读者可以比较，如果没有设置时间限制，返回的结果，尤其是第一条会有什么不同。另外，显示的搜索结果并非都满足时间约束，这说明是否满足时间约束只是影响结果的排序。编者在实验时按图 9-1 所示的时间要求搜索"军演"，返回的第一条结果是 22 小时前的一个网页，而如果不设定这个时间限制，返回的第一条结果是 2 天前的网页。

2．百度快照

由于网站的内容都是动态更新的，有时候会发现无法打开某一个搜索结果。这时可以使用"百度快照"。每个被收录的网页，在百度服务器上都有一个纯文本的备份，称为百度快照。当一个搜索结果无法打开时，可以单击搜索结果下方的"百度快照"按钮，这时会显示备份的网页内容。需要注意的是，只有文本内容才被备份，快照中的图片等信息还是链接到原网页。因此，快照打开后，其中的图片可能无法正常显示。

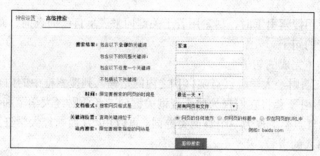

图 9-1　百度高级搜索设置界面

3．百度其他搜索

除了搜索网页外，百度赋予了搜索框很多其他的功能和使命。从用户的角度，可以将百度的搜索框视为一个具有计算功能的黑箱，用户只需要在框中输入需求，系统就可以返回相匹配的结果。百度将这一过程称为"框计算"。下面看几个框计算的具体应用。

（1）货币换算。百度搜索框中可以直接查询汇率。例如输入[1 加元]，百度会直接提供结果。

（2）其他计量单位的换算。百度的搜索框中可以实现常见计算单位的换算，如长度、面积、体积、功率、功/能/热量单位、温度、重量、压力等。

（3）天气查询。在搜索框中输入[北京天气]，将直接出现北京市近几天的天气预报。如果直接输入[天气]，则会出现当地天气。

（4）词典查询。在搜索框中可以查询单词含义，并进行简单的多语言翻译。

（5）日常生活查询。

快递查询：例如输入[圆通　××××××××××(快递单号)]，将直接出现该包裹的物流信息。

万年历：输入[万年历]或者[农历]，将出现万年历工具。

电话区号查询：例如输入[0791]，将显示区号 0791 对应的地区。

假期查询：如输入[2016 年春节]，将显示 2016 年春节的时间。

4．垂直搜索

与通用搜索引擎不同的是，垂直搜索引擎专门提供某一方面的搜索服务。下面是两个示例。

（1）中文图标搜索引擎（www.iconpng.com）。目前收录了 9 万多个图标，可以按照图标系列、分类、色系、关键字、图标标题等搜索。每一张图标都提供 PNG 格式（PNG 格式是透明背景的）下载，大多数图标同时还提供 ICO 格式下载。

（2）金融信息实时搜索引擎（www.macd.cn）。MACD 提供最即时的金融信息搜索，如股票、基金、债券等信息。

使用垂直搜索引擎时，一般需要知道该搜索引擎的网址。当然，也可以利用通用搜索引擎先来找到这些垂直搜索引擎。例如，上面列出的几个垂直搜索引擎就是通过在百度搜索框中输入[垂直搜索]找到的。

5．搜索实例

【搜索实例 1】在平时使用计算机的过程中，我们经常遇到一些错误信息，严重的如 Windows 蓝屏信息，轻微的如一些软件的提示等。很多错误信息都非常专业或者模糊，用户根本无法理解，也无法定位错误。当遇到这些错误信息时，可以将原始错误信息加上引号后在百度里查询。

问题描述：一个用户在打开 Microsoft Word 2010 时，软件响应很慢，同时在状态栏出现提示信息：正在连接到打印机，按 ESC 取消。

要解决这个问题，可以发出这样的一个查询：[Word "正在连接到打印机，按 ESC 取消"]。注意，其中的引号是半角字符。通过这个查询，可以查找到相关描述，以及解决办法。

【搜索实例 2】搜索引擎返回的结果往往太多，我们希望只返回权威的、可信的、高质量的结果。这些结果一般在官方网站或者权威网站可以找到。

问题描述：小明想考某一大学某专业的硕士研究生，为此，他想了解该校明年的招生简章、招生计划等情况。

对于招生信息，一般来说在学校官网找到的比较可靠。比如，想了解北京大学计算机软件与理论专业 2015 年招生信息，可以这样来查：[2015 硕士 招生 site:pku.edu.cn]。注意 pku.edu.cn 是北京大学的域名。如果读者不了解，直接搜索"北京大学"，找到官网即可看到。这里，没有将"计算机软件与理论"专业信息包含进来是因为只要找到了招生信息的入口（如招生简章），自然就可以找到各个专业的招生情况。反过来，如果将该专业信息包含进来，反而会干扰对招生信息入口的查找。而且有些网站中招生信息是存放在附件中，很难直接找到某一专业的招生信息。

【搜索实例 3】查询关键词的选择很重要。很多时候，用一种方式表达的查询搜索结果不满意，这时，不妨转换下思路，换一种表达方式，或者更换一些查询关键词。

问题描述：小明的一个笔记本电脑无法开机。具体表现形式为：在未接通外接电源的情况下，按开机按钮无反应，指示灯都不亮，笔记本电脑无法开机。接通外接电源时，笔记本电脑可以正常启动。

在这个例子中，关键是准确地描述故障。小明尝试这样搜索：

（1）"笔记本无法开机"。这个搜索式过于宽泛。因为笔记本电脑无法开机的原因很多，而且大部分是操作系统的问题，从结果来看，大部分搜索结果与搜索意图无关。

（2）"笔记本无法开机 电源"。加上"电源"后，更接近于搜索意图了。但是浏览结果网页，发现大部分都是描述"笔记本电脑接上电源后无法开机"的故障，而这显然不是想要查找的信息。

（3）"笔记本未接电源时无法开机"。这个搜索式描述更清楚了，但是搜索结果仍然不太理想。比如，排名第一的结果是"笔记本外接电源无法开机，只能用电池开机"。

以上搜索式的问题在于，其用词不能将这一问题与其他问题区分开来。从另外的角度来想，当笔记本电脑未接电源时，是靠电池供电，因此该故障可以表述为"笔记本用电池无法开机"。用这一搜索式，搜索结果就比较理想了。在这里例子中，"电池"就是一个关键的搜索词。

【搜索实例 4】搜索的过程不是一蹴而就的过程，而是一个不断尝试、不断调整的过程。在搜索过程中要观察搜索引擎反馈的结果，善于捕捉其中的关键信息，不断地调整搜索式。

问题描述：电影《白鹿原》中有很多地方戏曲插曲，这些插曲给电影增色不少。在一个场景中，田小娥和白孝天在城里游玩时，有一段女声唱腔，非常婉约动听，但是不知道是什么曲子。在百度里找找，看能不能找出这个曲子。

对这个例子，很容易想到以下搜索式：

（1）"白鹿原 戏曲"。搜索结果中并没有我们想要的内容。分析发现，部分搜索结果是关于《白鹿原》话剧的，另外一部分是关于白鹿原中的一段秦腔（或老腔）。

于是，对搜索式进行改良，得到：

（2）"白鹿原 戏曲 –(话剧 | 秦腔 | 老腔)"。这个式子匹配了"白鹿原 戏曲"，但是不匹配"话剧 | 秦腔 | 老腔"，即不含"话剧""秦腔"或者"老腔"的网页。从结果来看，仍不理想。但是结果中有一条"中国电影的民族文化与审美意境分析——以电影《白鹿原》中的戏曲元素为例"。这是一篇学术论文，打开后，发现有一个段落中提到"在电影《白鹿原》中，融入了碗碗腔

的经典唱段《桃园借水》"。

这时可以尝试下一个搜索式：

（3）"碗碗腔 桃园借水"。这个式子可以查到很多视频片段，点开其中几个，就可以找到该曲子了。

9.4 实 验 指 导

1. 选择搜索工具、设计搜索方案

由于本例中要求使用搜索引擎，所以考虑的重点是各个搜索引擎。但就任务本身而言，像实验任务的要求 1 和要求 2，也可以通过在知网等期刊论文中找到一些介绍。

对于实验任务的要求 1 和要求 2，可以通过通用搜索引擎来完成搜索；而要求 3 和要求 4，选择一些垂直搜索引擎会得到更专业的结果。当然，如果对计算机了解不多，可能不太容易知道该选择什么样的垂直搜索引擎，此时，可以借助通用搜索引擎来找到这些垂直搜索引擎。

在实施搜索过程中，一方面要总结检索结果；另一方面，需要耐心地调整检索关键词。要知道，本实验的实验任务不亚于做一个市场分析报告，工作量是比较大的，要有充分的思想准备，不要因为在数十分钟内还没完成任务就放弃。

本文中的通用搜索引擎选择百度、BING 和搜狗。

2. 检索"选购计算机的一般原则或建议"

直接在百度搜索框中输入[选购计算机的一般原则或建议]，得到图 9-2 所示的搜索结果。其中第一条结果是非常相关的，但过于简单，描述得不详细。每二条结果来自一篇论文，值得参考。而紧跟后面的几条是关于配件的选购，适用于台式计算机。

如果检索关键词为[计算机 选购 建议]，得到图 9-3 所示的搜索结果。其中给出的建议大都是选购台式机计算的建议，并且都非常相关，借得借鉴。对比图 9-2 和图 9-3，会发现尽管我们的检索目标是一致的，但不同的检索关键词会导致差异很大的检索结果。当然，如果检索关键词为[计算机 选购 原则]，或者[电脑 选购 建议]，会得到又不一样的检索结果。这再次说明，检索过程像是在做一道主观题，没有标准答案。

图 9-2 [选购计算机的一般原则或建议]搜索结果

图 9-3 [计算机 选购 建议]搜索结果

上面的检索结果中，主要描述的大都是台式计算机的选购建议。如果想看看笔记本电脑的选

购建议，则需要换一个关键词，即用[笔记本电脑　选购　建议]。

经过这几轮检索，根据检索结果可总结出笔记本电脑、台式计算机两类计算机的选购建议。

3．检索"台式计算机与笔记本电脑的特点、优缺点"

同上一轮检索的实施过程一样，我们可以先试试[台式机与笔记本的特点、优缺点]，然后再试试[台式电脑的特点]、[笔记本电脑的特点]、[台式机　笔记本　比较]等查询关键词。最后根据搜索结果，可以从价格、性能、使用方便、能耗等多个方面进行对比。

4．检索"选购组装台式计算机时的主要部件"

台式计算机有品牌机和组装机两种，品牌机的各个部件是配置好的，一般不可更换，如果需要购买性能较高的品牌机，只需要选择不同的商家和型号即可。而购买组装机时，需要自己来确定构成组装机的各个部件的品牌和型号。例如，可以选择一个 Intel 的 CPU，也可选择 AMD 的；你可以选择一个带显卡的主板，也可以单独再购置一个显卡；等等。

现在先要来确定选购组装机时，到底需要自己决定购买哪些部件。可以用关键词[台式机　部件]、[台式机　配置]、[组装电脑　部件]、[组装电脑　配置]等。从检索结果中可以了解到，一台组装机选购时，需要客户决定的部件包括：CPU、CPU 风扇、主板、显卡（也可以是与主板集成）、内存条、机箱、硬盘、光驱（现在大都用移动硬盘，可以不选）、显示器、键盘、鼠标等。

5．检索"各部件的主要品牌、型号、性能和价格"

这个检索建议不要再使用通用搜索引擎，而使用垂直搜索引擎，因为它的适时性要求很高。但选择什么样的垂直搜索引擎才能检索到这些信息？这时，不妨先试试通用搜索引擎。

如果此时，用[组装机各部件的主要品牌、型号、性能和价格]来搜索，尽管可以找到图 9-4 所示的很多结果，但大都不是想要的，例如其中的第 1 条结果，没有参考价值，其中的第 2 条和第 3 条结果也都是数月前甚至 1 年前的信息了。

可以直接试试检索各个部件的情况，例如，用[CPU　价格]来检索，结果如图 9-5 所示。除了在京东上的报价外，还给出了中关村在线、太平洋产品报价等这样的垂直搜索引擎。当进入中关村在线后，就会看到组装机各个部件的品牌、型号和报价，如图 9-6 所示。当选择 Intel 酷睿 i7 后，可以看到进一步的报价、评测报告、性能描述等信息，如图 9-7 所示。

图 9-4　[组装机各部件…价格]搜索结果

图 9-5　[CPU　价格]的搜索结果

图 9-6 中关村在线

图 9-7 Intel 酷睿 i7 报价

注意到在中关村报价上已经有了一些用户的评价。如果想进一步解用户评价，可以再使用通用搜索引擎。例如，检索[Intel 酷睿i7 4790K 评价]或者[Intel 酷睿i7 4790K 评测]，可以得到更多关于这一款 CPU 的信息。

此外，除了中关村在线外，可以试试其他垂直搜索引擎如太平洋产品报价，或者电商平台。

6. 检索"笔记本电脑主要品牌、型号、性能、价格和用户评价"

与检索组装机中各部件的信息一样，可以通过中关村在线这类垂直搜索引擎来检索笔记本电脑的信息。此处不再赘述。

上述检索过程是通用的检索过程，如果学弟学妹还有一些其他要求，则需要再进一步检索。例如，如果学弟学妹是用计算机进行图像设计，则可能对显示器、显卡的配置有更高的要求。或者其他可能对某一品牌比较青睐，或者对价格上限有限制等。这些都要求在实施检索时，需要更准确地描述信息的需求。

9.5 课 后 实 验

江西财经大学建校以来，为社会培养了大批优秀人才，他们活跃在教育、科研、管理、商业等各个领域。本任务是检索其中的 10 位杰出校友，并撰写检索报告。

1. 基本要求

（1）检索的杰出校友要尽量分布在政界、商界、学界。其中学界的杰出校友要求是 211 或 985 高校的教授、博导、研究员；商界要求是上市公司的高管；政界要求是厅级以上干部。

（2）检索出各个校友的年级、专业。

（3）检索出各个校友的工作履历、业绩。

（4）检索出各个校友相关的新闻报道。

2. 扩展要求

（1）检索出各个校友可能的社会关系，特别是同事关系。

（2）检索出校友的最新职位、最近的相关新闻。

10.1 实 验 目 的

（1）熟练使用中国知网等数据库资源进行信息检索。

（2）了解数据库资源检索文献的常用方法。

（3）能够对来自数据库资源的检索结果进行分析、组织。

10.2 实 验 任 务

"大数据"和"互联网＋"是大家耳熟能详的名词，请读者利用中国知网、维普等数据库资源上的各类文献，撰写一份以"大数据"和"互联网＋"为主题的报告或文献综述。

详细的任务要求如下：

（1）"大数据"和"互联网＋"的概念是什么？

（2）为什么在国家层面反复谈及这两个名词？它们于国家发展的意义是什么？

（3）它们与自己的日常生活有哪些关系？

（4）它们与自己专业有哪些联系？如何在其中找到创新创业的机遇？

（5）"大数据"和"互联网＋"存在什么样的挑战？解决这些挑战可能的途径或方法有哪些？

（6）所参考的期刊文献要求来自 CSSCI 核心库（请读者自行查询哪些期刊属于这个核心库），或者如人民日报这类全国发行的报纸。

（7）撰写的报告要求条理清楚、所有来自其他文献的内容都需要注明清楚该文献信息。参考文献的信息请参照任何一种所参考的文献中所给出的格式（通常包括：作者. 标题. 期刊名，出版年份，第几卷第几期，页码）。

10.3 实 验 预 备

中国国家知识基础设施（China National Knowledge Infrastructure，CNKI）工程是以实现全社会知识资源传播共享与增值利用为目标的信息化建设项目，由清华大学、清华同方发起，始建于 1999 年 6 月。CNKI 工程集团经过多年努力，采用自主开发并具有国际领先水平的数字图书馆技术，建成了世界上全文信息量规模最大的"CNKI 数字图书馆"、《中国知识资源总库》及 CNKI 网格资源共享平台。中国知网的产品分为十大专辑：理工 A、理工 B、理工 C、农业、医药卫生、文史哲、政治军事与法律、教育与社会科学综合、电子技术与信息科学、经济与管理。十大专辑下分为 168 个专题和近 3600 个子栏目。

本小节以中国知网为例，介绍数据库检索时的基本操作。

1．登录知网

中国知网的地址是：http://www.cnki.net/，打开网站后，网站首页如图 10-1 所示。如果没有自动登录，则图 10-1 中首行显示"江西财经大学的朋友"的位置会显示"登录"字样。未登录用户的文献检索和下载是受限的。单击"登录"按钮后，出现登录页面。登录的方法有两种：

（1）账户登录：该方法需要输入正确的账户名和密码，主要适用于个人用户。

（2）IP登录：直接单击 IP登录 ，该方法适用于采用 IP 管理的机构用户，如研究机构或高校等。在通过高校图书馆或在校园网中访问知网时，系统会自动选择 IP 登录方式。

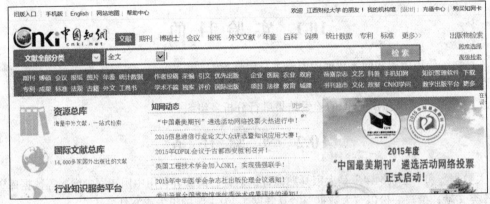

图 10-1 中国知网首页

2．文献种类

知网按照两种分类方式对文献进行分类：

（1）数据库。知网中的文献来自于综合期刊、特色期刊、博士论文、硕士论文、国内会议、国际会议、报纸、年鉴、专利、标准、成果、学术辑刊、商业评论等十余个数据库。

（2）学科。知网的文献被划分到了基础科学、工程科技Ⅰ辑、工程科技Ⅱ辑、农业科技、医药卫生科技、哲学与人文科学、社会科学Ⅰ辑、社会科学Ⅱ辑、信息科技、经济与管理科学等 10 个学科领域，每个学科领域下面还有若干二级分类，每个二级分类下又有若干三级分类。

为了准确、快速地检索到所需要的信息，应尽可能地缩小检索的范围，因此检索时可以指定文献所属的类别。当然，如果不清楚检索的内容所属的领域或者不确定来自哪些文献数据库，可以全部选定，然后从检索结果中再观察其所属的类别，并在检索结果中进行二次检索。

需要注意的是，知网中的资源是需要付费的，而不同的机构或者个人购买的数据库或者学科领域可能是不同的，因此对于某一用户而言，某些数据库或者学科领域下的文献可能是不可用的。

3．简单检索

在知网主界面中可以直接检索。在搜索框中输入检索词，并单击"检索"按钮即可。

如果要对检索的数据库进行选择，或者指定检索信息在文献中的位置，如题名、主题、关键词、摘要、作者、第一作者、作者单位、来源、全文、参考文献、基金等，也可以在主页中直接选择，如图 10-2 所示。

图 10-2 知网"简单检索"界面

在搜索框上面一行中，可切换到某一数据库，如期刊数据库、博硕士论文数据库等。如果不限制数据库，则切换到"文献"；如果限制在某一数据库中检索，则切换到给定数据库；如果要限制在某几个数据库下检索，则需使用跨库检索功能。

最左边可选择某一学科领域，如基础科学、工程科技等。如果要限制在某一学科领域下检索，则单击某一级别的学科领域即可。如果要限制在多个学科领域下检索，则需使用高级检索功能。

以检索"大数据"为例，除计算机领域重点研究大数据的存储与管理技术外，其他领域中也可能会用应用大数据。因此，可以试试看不同领域检索"大数据"会出现什么样的结果。另外，由于大数据是个热词，因此，除了学术期刊中有涉及大数据的论文外，会议、报纸、年鉴中都可能会有"大数据"相关的信息。

图 10-3 是全部不做限定，全文只要包含"大数据"都视为相关的检索结果，共计 310 679 条（这个数据会随时间增加）。31 万余篇文献，数量过大。

图 10-3 "大数据"的检索结果

有些文献尽管文中谈及"大数据"，但我们可能更希望文献的标题中就出现"大数据"，从而使检索的结果与"大数据"更相关。另外，我们不想看太专业的"大数据"研究论文，只想看看报纸上与"大数据"相关的文献。缩小检索范围后，检索的结果如图 10-4 所示。现在，只有 5556 条检索结果，而其中 2015[1] 年的只有 1676 条。从图 10-4 也可以看出，"大数据"一词从 2013 年开始火起来，从 2012 年的 314 篇报纸文献增加到 2013 年的 1176 篇，2014 年的 2295 篇。

如果希望找到同时谈"大数据"与"互联网+"的文献，则需要查询词用"大数据 互联网+"，此时，主题中包含"大数据"和"互联网+"的报纸文献 2014 年和 2015 年共计只有 115 篇，如图 10-5 所示。在这些检索结果中，有很多与某一领域相关的"大数据"和"互联网+"的报道，对理解"大数据"和"互联网+"应该是有帮助的。

由于"大数据"的概念起源于信息技术领域，因此，建议读者限定数据库的领域为"信息技术"的期刊论文，可以得到更专业的文献。

更进一步，如果只想查看如《人民日报》上关于"大数据"的文章，或者设定其他更多的条件，可以再通过高级检索来完成。

---

[1] 截至 2015-08-10。

图 10-4　检索主题有"大数据"的报纸

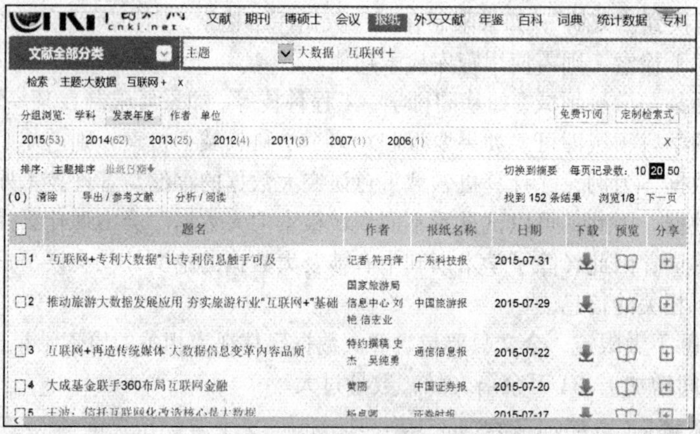

图 10-5　检索主题为"大数据　互联网+"的报纸

4．高级检索

高级检索特有功能如下：多项双词逻辑组合检索、双词频控制。其中，多项是指可选择多个检索项；双词是指一个检索项中可输入两个检索词（在两个输入框中输入），每个检索项中的两个词之间可进行 5 种组合：并且、或者、不包含、同句、同段，每个检索项中的两个检索词可分别使用词频、最近词、扩展词；逻辑是指每一检索项之间可使用逻辑与、逻辑或、逻辑非进行项间组合。

单击图 10-2 中的"高级检索"按钮，得到"高级检索"页面，如图 10-6 所示。

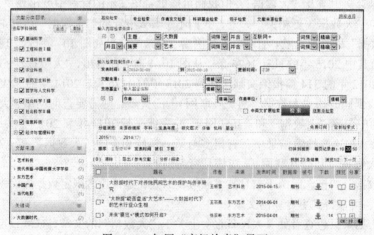

图 10-6　知网"高级检索"界面

如果我们对检索做进一步的限定，比如，想检索"大数据""互联网+"与艺术的相关文献，可以构造图 10-6 所示的查询，并设定文献发表的日期为 2014 年 1 月 1 日至 2015 年 8 月 10 日。

在得到的结果中，共有 23 篇相关文献。

需要说明的是，由于"互联网+"中的"+"号在数据库检索时（搜索引擎检索时如果不在关键词两边加引号）会被自动去除，因此，初级检索和高级检索都无法直接完成"互联网＋"的检索。当然，由于"互联网+"中包含"互联网"，因此，检索词为"互联网"时，也会将"互联网+"相关的信息检索出来。

5. 专业检索

专业检索比高级检索功能更强大，但需要检索人员根据系统的检索语法编制检索表达式进行检索，适用于熟练掌握检索技术的专业检索人员。在图 10-6 所示页面的首行中单击"专业检索"按钮，打开"专业检索"页面，如图 10-7 所示。

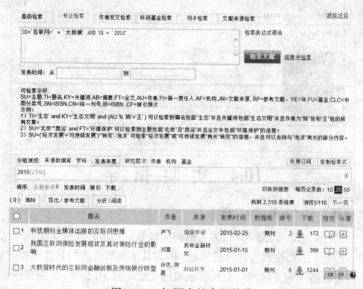

图 10-7 知网中的专业检索

要使用专业检索，需要了解专业检索的检索表达式的语法。一个专业检索表达式是形如

$$SU='互联网+' * '大数据' \ AND \ YE = '2014'$$

的表达式。一个检索表达式是用 AND、OR、NOT 和（）将若干子表达式连接起来形成的表达式，其中每个子表达式都是形如"检索项='检索词'"。

CNKI 中支持对以下检索项的检索：SU（主题）、TI（题名）、KY（关键词）、AB（摘要）、FT（全文）、AU（作者）、FI（第一责任人）、AF（机构）、JN（中英文刊名）、RF（引文）、YE（年）、FU（基金）、CLC（中图分类号）、SN（ISSN）、CN（统一刊号）、IB（ISBN）、CF（被引频次）。

在检索表达式中，还可以使用一系列运算符，如用'str1' * 'str2'表示既包含 str1 也包含 str2，用'str1' + 'str2'表示包含 str1 或者 str2，用'str1' – 'str2'表示包含 str1 但不包含 str2 等。更多的运算符可以参考帮助网页。

从图 10-7 可以看出，尽管在专业检索中使用了"互联网＋"这个检索词，但目前知网检索结果中依然是将其中的"+"号去掉了。

6. 结果中检索

在首次检索时，可能由于检索范围过大，或者检索条件太松，使得检索结果过多。如果需要进一步对检索结果进行过滤，可以再重新限定条件，然后选择"结果中检索"的方式，即实施二次检索。

例如，在上例中如果检索出了"大数据"和"互联网+"相关的文献，但由于结果太多，希望继续检索那些与"艺术"相关的文献，此时可以将检索条件重新设计为检索"艺术"相关的文献，并选择"结果中检索"，此时查过结果就是与"大数据""互联网+"和"艺术"相关的文献了。

7. 下载检索结果

单击检索结果中某一篇文献，得到对该文献信息的详细描述，如图 10-8 所示。单击"CAJ下载"或"PDF下载"，在弹出的对话框中选择保存文献的位置，则可下载该文献的 CAJ 格式或 PDF 格式文件。不同格式的文件需要有相应的阅读器才能打开阅读。

关于软件的下载与安装，我们在前面的实验中已经训练过，不再赘述。

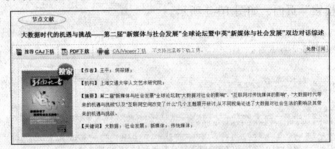

图 10-8　文献信息

10.4　实 验 指 导

1. 检索"大数据"和"互联网+"概念

建议分别以"大数据"和"互联网+"为关键词来检索；要求这些概念出现在文献主题中，至少不是出现在全文中。另外，主要检索信息科技领域，因为其他领域可能只是这些概念在领域中的运用。图 10-9 是检索以"大数据"为主题的信息科技领域的文献（前 10 篇），其中被圈起来的文献是关于大数据的综述性文章，值得参考。由于"互联网+"中的"+"在检索时会被系统去掉，因此用"互联网+"为主题检索出的信息科技领域文献，可以检索出《城市交通难题寄望"互联网+"》《互联网未来：+-×÷》《携手共赢在"互联网+"时代》《"互联网+"时代的国际问题研究》等。

针对这些概念，读者也可以试试知网中的百科。

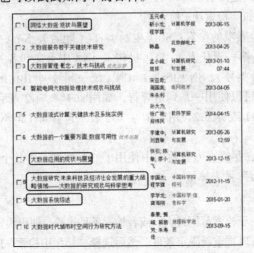

图 10-9　主题为"大数据"的信息科技领域文献

2．检索"大数据"和"互联网+"的意义

期刊文献中主要是研究"大数据"和"互联网+"的技术、应用，当然也会涉及意义，专业性更强。而对于战略意义的描述，报纸等文献可能会更合适。因此，建议检索范围为报纸。检索关键词中可以包含"意义"。例如在，篇名中检索"大数据　意义"，可以得到《农业大数据研究的战略意义与协同机制》《如何理解大数据时代对国际传播的意义？》《大数据思维初探:提出、特征及意义》《大数据技术的战略意义》等。但如果文献不多，可以去掉"意义"这样的关键词。另外，"大数据""互联网+"都是近两年被强调的，因此，可以检索近两年的相关文献。

3．检索"大数据""互联网+"与日常生活的关系

由于日常生活涉及方方面面，因此，这部分的内容比较丰富。在检索时，可以添加一些与日常生活相关的关键词，也可以不加这些关键词，从检索结果的文献标题观察这些技术在某些领域的应用，而这些领域通常都是与日常生活息息相关的。图 10-10 是主题为"大数据　家居"的报纸的检索结果。

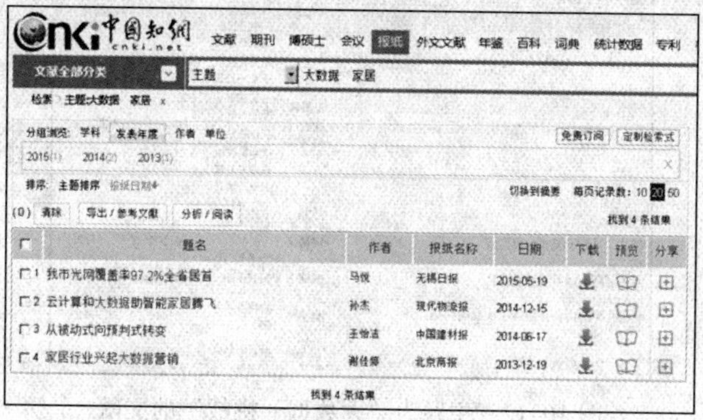

图 10-10　主题为"大数据　家居"的报纸

4．检索"大数据""互联网+"与专业的关系

通过上面几步的检索，读者可能已经发现了某些文献在讨论自己的专业在"大数据""互联网+"环境下的机遇和挑战。读者还可以通过添加关键词，进一步缩小检索范围。另外，在了解自己的专业所属的学科后，通过指定检索数据库，也可以得到那些谈及"大数据"和"互联网+"的本专业的论文。例如，检索以"大数据　文艺"为主题的文献，可以得到图 10-11 所示的结果。

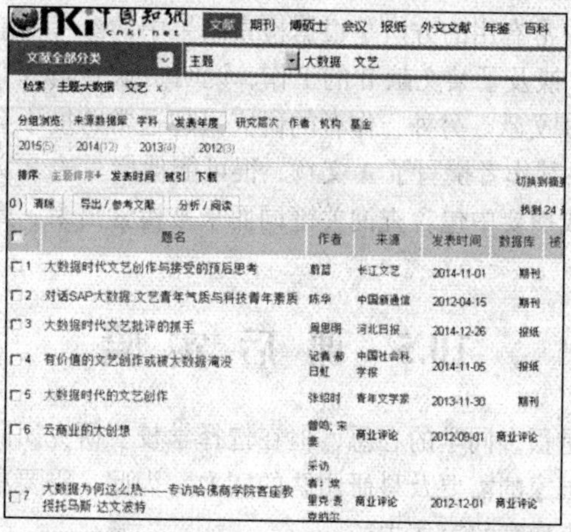

图 10-11　主题为"大数据　文艺"的文献

5. 检索"大数据"和"互联网+"面临的挑战和解决的途径

"大数据"和"互联网+"面临的挑战可以从两个方面来理解。一是技术层面的，比如如何分享大数据而不影响个人隐私、如何快速处理大数据等。这方面的信息需要检索信息技术领域的文献。二是各个领域在"大数据"和"互联互+"的大环境中所面临的挑战。这方面的信息需要检索本领域、本学科相关的文献，读者在完成上面的检索任务中，应该已经观察到了有文献谈到了相关的问题。有些文献可能谈及某个非常具体的应用，而有些可能谈及的比较笼统。图 10-12 是主题为"大数据 挑战"的文献，非常丰富。

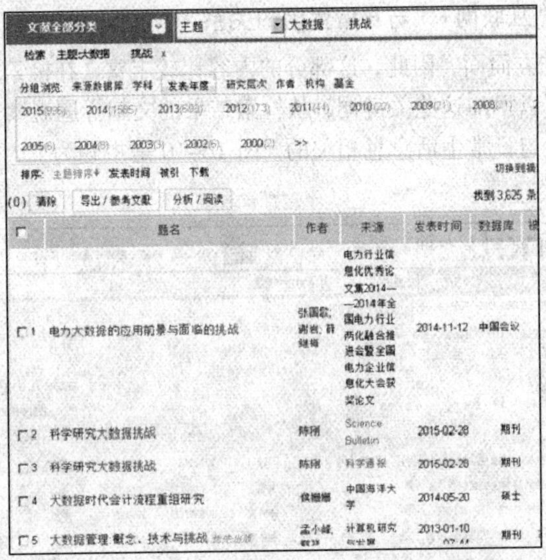

图 10-12 主题为"大数据 挑战"的文献

6. 根据文献中的参考文献或作者进一步检索

通常，为了将一个问题了解得更透彻、描述得更清楚，读者可能需要检索一系列相关的文献。尽管通过关键词检索出来的文献可能都谈及到了与查询关键词相关的信息，但这些文献讨论的内容却不完全相关。例如，同时包含"大数据"这一关键词，A 文章可能是在谈论"大数据"与"法律"，而 B 文章可能是在谈论"大数据"与"体育"。即使都在谈论"大数据"与"体育"，可能谈及的方面也不一致，有些谈论"大数据"与"体育训练"，而有些谈论"大数据"与"体育新闻"。

找到相关文献另一个非常有用的方法是根据检索结果中的参考文献或作者进一步检索。例如，A 文章在谈论问题的时候，谈及了某文献 B 的工作，说明文献 B 与 A 是非常相关的，因而，如果有必要可以进一步去检索 B 文献。另外，作者的研究兴趣通常跨度不会太大，至少在一段时间内跨度不会太大，因此，如果某作者撰写了 A 文章，很可能他撰写的 B 文章也是相关的，尽管 B 文章中可能因为没有在标题或摘要中包含查询关键词而未被检索出来。此时，可以通过检索作者来进一步检索相关文献。

10.5 课后实验

通过研究生继续深造是很多同学的心愿，但在选择学校、研究团队和研究方向时，不仅要考虑个人的兴趣，还要考虑国家的需要及科研团队的实力。为此，需要利用搜索引擎或者数据库检索来了解一个团队的研究方向和研究实力。

本次实验的任务是，某同学想将自己的专业和"大数据""互联网+"结合起来，需要通过数据库检索来了解国内哪些学校院系或科研机构、哪些硕士生或博士生导师在做这方面的研究，近几年的研究成果集中在哪些具体的方向上，发表的论文档次怎么样，从而为自己的报考提供必要的参考信息。

1. 基本要求

（1）检索要结合自己的专业，结合"大数据"和"互联网+"。

（2）选定一个自己感兴趣的主题（或研究方向），并对比几个比较相近的主题，简要描述这些主题。

（3）列出哪些学校院系、科研机构及学者在该主题上做过研究，做的哪些方面的具体研究，这些研究的档次（期刊的档次）怎么样。

（4）综合上述信息，给出报考学校和导师的建议。

（5）撰写检索报告。

2. 扩展要求

（1）有些学者除了在国内的期刊上发表论文外，可能也会在国外期刊上发表一些论文，请通过外文数据库，进一步了解这些学校院系和学者的研究内容。

（2）结合搜索引擎检索，了解这些学校院系、特别是学者个人在国内的影响力。

11.1 实 验 目 的

（1）熟悉 Photoshop 操作界面。

（2）能熟练运用 Photoshop 中选框、套索、磁棒工具准确完成选区；能运用绘图、擦除、图章、文字工具进行图像编辑操作；掌握粘贴、变换、反选等基本菜单命令的用法。

（3）能基于色彩理论对图像的颜色进行简单调整。

（4）理解 Photoshop 图层的作用并掌握图层相关基本操作。

11.2 实 验 任 务

基于图像处理软件 Photoshop 和图 11-1 所示的图片素材，设计一图片，要求如下：

（1）人物图片以若隐若现方式铺满在背景图片上。

（2）人物大头照在背景左上角，而且顺时针旋转约 30°；大头照四周青色边框线环绕。

（3）大头照上叠加一青色浮雕型相框。

（4）画面右下角与白色栏杆处以对齐方式，打上淡淡的"Power by PhotoShop"文字水印。

（5）画面右侧，布置三颗大小不等、颜色不同但与画面主色调协调的五角星图案。

（6）完成后的作品如图 11-2 所示，将其输出为 PSD 文件和 JPG 文件保存。

图 11-1　图片素材　　　　　　　　　　　　　　图 11-2　作品最终效果

11.3 实 验 预 备

1. 基础知识

完成本次实验需要了解的基础知识：

（1）矢量图形与位图图像的区别。

（2）图像大小和分辨率的概念。

（3）颜色的基本属性：色调、饱和度与亮度。

（4）计算机中表示颜色的模型。

（5）常见图像文件格式。

2. Photoshop CS3 操作界面

Adobe Photoshop 是可在多种平台运行的最流行的图形图像编辑程序。Photoshop 因界面美观、操作便捷、功能齐全在图像处理及平面设计领域里独占鳌头。PSD 文件是 Photoshop 的专用文件格式，其中保存了用户进行平面设计的"草稿图"，包括图层、通道、蒙版等设计内容，以便于下次打开时可以修改上一次的设计。

本实验内容基于 Photoshop CS3 中文版制作。启动程序后就进入主操作界面，如图 11-3 所示。系统默认界面包括菜单栏、工具箱、属性栏、工作区和各种调控面板。

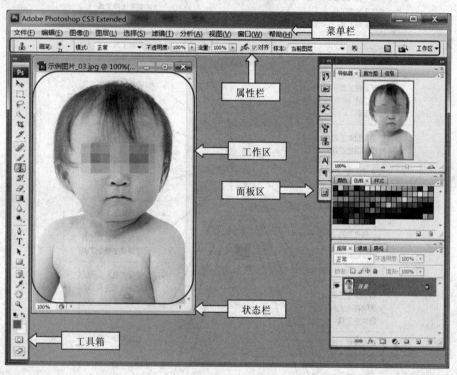

图 11-3　中文版 Photoshop CS3 工作界面

1）菜单栏

菜单栏位于标题栏的下方。包括文件、编辑、图像、图层、选择、滤镜、分析、视图、窗口和帮助 10 项内容，这 10 项内容涵盖了 Photoshop 的全部命令，常用的为以下几项：

（1）"文件"菜单包括常见的文件操作命令。比如打开、存储、导入文件等。

（2）"编辑"菜单包括编辑、修改选定对象和对选择范围本身进行操作的命令。

（3）"图像"菜单包含了各种处理图像颜色、模式的命令。

（4）"图层"菜单提供了丰富的图层管理功能，如图层的创建、复制、删除、合并等。

（5）"选择"菜单提供了选择对象及编辑、修改选择范围的命令。

（6）"滤镜"菜单主要对图像进行特殊处理，使图像产生特殊效果。

（7）"窗口"菜单提供了控制工作环境中窗口的命令。

2）工具箱

工具箱默认位置在桌面的左侧，但可以根据需要随意移动。工具箱中包含了 40 余种工具，若要选择这些工具，只要单击工具箱中的按钮即可。在工具箱中，有的工具图标的右下角有一个黑色的小三角，这表示该工具下还有隐藏工具。用户可以将鼠标指针移到下三角处右击，就会弹出隐藏工具的拉出式菜单，然后拖动光标到需要使用的工具图标上单击就可以选择该工具了。（如果）拉出式菜单中的项目前面有黑点（则）表示当前所选择的项。具体如图 11-4 所示。

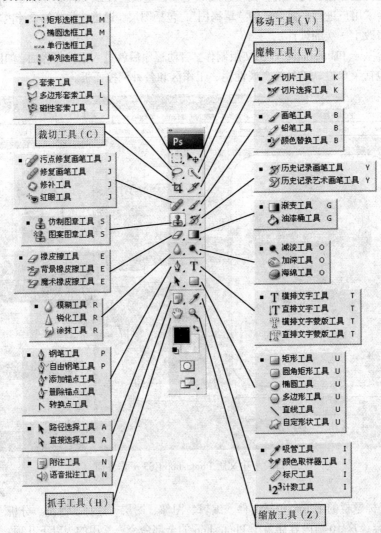

图 11-4　Photoshop CS3 工具箱

3）属性栏

选择工具箱中的任意一个工具后，都会在 Photoshop CS3 的界面中出现该工具的属性栏。例如，选择工具箱中的"磁性套索工具"，将出现磁性套索工具的属性栏，如图 11-5 所示。

图 11-5　"磁性套索工具"属性栏

用户可以通过 Photoshop CS3 的属性栏，对工具属性进行设置以实现期望的效果。

4）调控面板

Photoshop CS3 调控面板是处理图像时的必要工具。为了方便操作，各调控面板还可进行折叠、组合变化。

（1）"导航器"调控面板用于对图形进行缩放显示。对于较大的图形，拖动显示框中的红色方框可以在工作区中显示图像的各个部分，如图 11-6 所示。

（2）"直方图"调控面板用来查看图像的色调和颜色信息。默认情况下，直方图显示整个图像的色调范围。若要显示图像某一部分的直方图数据，必须先选择该部分。

（3）"信息"调控面板用来显示所选部分的色彩信息。

（4）"颜色"调控面板可以通过滑块选择颜色，也可以直接在右边的文本框中输入颜色值，或在面板下方的颜色条中单击所需要的颜色。

（5）"色板"调控面板是一个颜色库，其中保存着一些系统预定义好的颜色样本，直接单击其中的颜色块就可以选择所需颜色。

（6）"样式"调控面板中存放着一些预设的图层样式。单击其中的选项，就会把所选样式加入到当前的操作图层中，如图 11-7 所示。

图 11-6 "导航器"调控面板　　　　　图 11-7 "样式"调控面板

（7）"图层"调控面板可对图像中的各图层进行操作。"图层"在 Photoshop 软件处理图像中占有特殊位置，可以说图层是 Photoshop 图像处理的基础。它将不同图像放在不同层面上分别处理，然后组成一幅合成的图像，对某一层面的图像进行编辑和修改，不会影响到其他层面上的图像，每一个图层就好比一张透明的纸，可以在透明纸上画画，未画的部分保持透明，再将这些透明纸叠加起来就产生完整的图像。"图层"调控面板界面组成如图 11-8 所示。

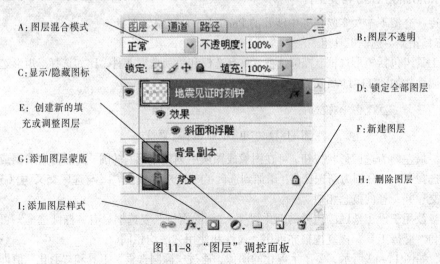

图 11-8 "图层"调控面板

（8）"通道"调控面板用于存放图像中的颜色信息。

（9）"路径"调控面板用于绘制矢量图形。

（10）"历史记录"调控面板非常有用。它所完成的主要功能就是保存历史记录，如图 11-9 所示。"历史记录"调控面板像一部"过去操作"的录像机，可以快退（批量撤销）或快进（批量恢复）。使用"历史记录"调控面板可以切换到当前工作阶段中图像的任何状态。每次对图像进行的更改，其新状态就被添加到"历史记录"调控面板中。单击任何一个状态，图像就恢复到该更改应用时的样子，然后又可以从这一状态开始工作。

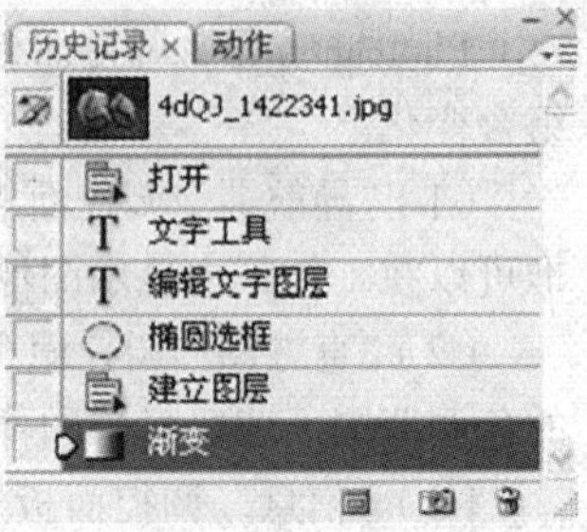

图 11-9 "历史记录"调控面板

5）状态栏

状态栏用于显示一些辅助的信息。左边部分为缩放比例显示栏，显示当前图片的比例。

由于 Photoshop 的"图层"功能非常重要，应用极其广泛，下面举一个例子演示其用法。现在要将图 11-10 中左侧"金鱼"放入中间"鱼缸"中，具体步骤如下：

（1）在 Photoshop CS3 操作界面，分别打开"鱼缸"和"金鱼"两幅素材图片。

（2）在工具箱中选择"移动工具"，按住左键拖动"金鱼"图片到"鱼缸"图像中，并适当调整大小及位置。

（3）由于"金鱼"素材的背景是纯白色的，于是设置图层混合模式为"正片叠底"，稍微减小一些透明度（本例为 70%）。最后得到如图 11-10 中右侧的合成效果。

图 11-10 图层混合示例

3. Photoshop CS3 相关工具

下面逐一介绍下本次实验任务中涉及的 Photoshop CS3 编辑工具。

1）工具箱——选框工具组

选框工具组包括矩形选框、椭圆选框、单行选框和单列选框 4 种。比如选择"矩形选框工具"后，工具属性栏如图 11-11 所示。

图 11-11 "矩形选框工具"属性栏

属性栏最左侧为选区形状按钮，可在图像或图层中创建矩形、椭圆、圆形等虚线围成的选区。其右侧为选择方式，分别为新选区■、添加到选区■、从选区减去■、与选区交叉■（这和数学集合中的交、并、补的概念相似）。

羽化参数用于设定选区的边界的羽化程度。"消除锯齿"复选框只有"椭圆选框"可用。"套索工具"和"魔棒工具"该复选框亦可用，属性和使用方法均相同。

例如，如图 11-12 所示，要产生虚化的图像，通过"椭圆选框"工具和"羽化"值即可实现。

具体操作步骤如下：

（1）选择"文件"→"打开"命令，打开一幅需要产生虚化的图像，如图 11-12（a）所示。

（2）选择"椭圆选框"工具，并在其属性栏中设置羽化值为 30 px，然后在图像中拖动鼠标，绘制椭圆选区。

（3）设置前景色为黑色，背景色为白色。

（4）按【Ctrl+ Shift+I】组合键，将选区反选，然后按【Delete】键将选区填充背景色。

（5）按【Ctrl+D】组合键，取消选区，最后效果如图 11-12（b）所示。

（a）原图　　　　　　　　　　　　　　　（b）最终效果

图 11-12　椭圆选框工具与羽化应用实例

2）工具箱——套索工具组

使用"套索"工具，可以让用户方便地建立一些不规则的选区。

套索工具组包括"套索工具""多边形套索工具"和"磁性套索"工具 3 种。

（1）套索工具：可以在图像中或在一单独的图层中，以自由的手控方式选出不规则的形状选区。

（2）多边形套索工具：该工具用来选取无规则的多边形图像。其工具属性与套索工具内容相同。使用多边形套索工具时，在图像或图层上，按要求的形状单击，所单击的点成为直线的拐点，最后当双击时，会自动封闭多边形，并形成选区。按【Delete】键可以删除拐点。

（3）磁性套索工具：用来选取无规则的，但形状与背景反差大的图像建立选区。磁性套索工具属性栏增加了部分内容，如图 11-13 所示。

🐾 ▾ | ▢▢▢▢ | 羽化: 0 px　☑消除锯齿　宽度: 10 px　对比度: 10%　频率: 57

图 11-13　磁性套索工具属性栏

宽度用于设定检测范围，磁性套索工具将在这个范围内选取反差最大的边缘；数值越大，则要求边缘与背景的反差越大；频率参数用于设定标记关键点的速率，数值越大，标记速率越快，标记点越多。当所选区域界界不太明显时，使用磁性套索工具可能无法精确识别选区边界。这时，可按【Delete】键，删除系统自动定义的节点，然后在选区边界用手工定义节点，从而精确定义选区。当使用磁性套索工具时，按住【Alt】键，磁性套索工具可暂时变为套索工具。

例如，要选取图 11-14（a）中的花朵，其形状极不规则，就可以用"磁性套索工具"，具体操作步骤如下：

（1）打开花朵图片，选择"磁性套索工具"，设置羽化值为 0 px。

（2）在花朵边沿单击，形成一起点，然后沿着花的轮廓拖动鼠标，就会自动形成一条连贯的点阵线，如图 11-14（a）所示。

（3）当鼠标回到起点，单击即可形成选区，如图8-15（b）所示。

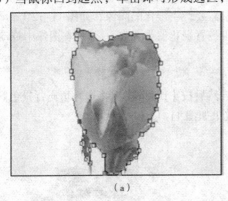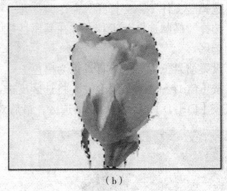

（a）　　　　　　　　　　　　　　　　（b）

图 11-14　磁性套索工具选取过程

3）工具箱——魔棒工具

魔棒工具属于根据色彩范围建立选区的工具。选取工具箱中的魔棒工具，然后在图像编辑窗口中单击所选区域中的一点，图像中与该点颜色相似的区域即被选中。单击点不同，选择区域也不同。

"容差"选项用于设置颜色选取范围，取值范围为 0～255。数值越小，则选取的颜色越接近，选取范围越小。默认选中"连续"选项，表示仅选取与选取点颜色相似的连续区域。如果取消此选项，则系统对整个图像进行分析，选取与选取点相近的全部区域。

魔棒工具是应用非常广泛的选择工具，特别适用于建立背景色彩反差大的选区。

如图 11-15 所示，要将圣诞老人放入另一背景图中，就需要选中圣诞老人，复制并粘贴到别处。由于圣诞老人周围都是淡粉红色，采用魔棒工具就比较容易。对魔棒工具进行如图 11-16 所示设置，然后单击淡粉红色处，最后按【Ctrl + Shift + I】组合键进行反向选择，即可选取圣诞老人将其抠取出来。

图 11-15　应用魔棒工具示例

工具栏：容差：30　☑消除锯齿　☑连续　□对所有图层取样

图 11-16　魔棒工具属性栏

4）工具箱——画笔工具

绘画工具包括"画笔""铅笔"和"颜色替换"3种工具。前两种画笔都可以在图像上用前景色绘画，但产生的效果不同。画笔工具产生柔和描边，而铅笔产生硬且清晰的描边。

使用铅笔和画笔工具的操作步骤如下：

（1）指定前景色和背景色。Photoshop 将使用前景色绘画和描边，使用背景色进行填充或生成渐变填充。用户可以用"吸管工具""颜色调板""色板面板"或"拾色器"中指定前景色或背景色。默认的前景色为黑色，背景色为白色。

（2）选择画笔工具或铅笔工具。

（3）在属性栏中选取预设的画笔，设置混合模式，指定不透明度，如图 11-17 所示。对于铅笔工具，选中"自动抹掉"复选框，可在包含前景色的区域绘制背景色。

（4）在图像中拖动鼠标进行绘画。直线绘制时可在图像中单击起点，然后按住【Shift】键，并单击终点，即得到直线。

图 11-17　"画笔工具"属性设置

例如，在空白文档上绘制一些枫叶，就可采用画笔工具实现。具体操作步骤如下：

（1）新建一空白文档。

（2）选择画笔工具，设置好前景色和背景色，以及画笔的大小、类型（本例选择"散布枫叶"），如图 11-17 所示。

（3）然后在空白文档上单击或拖动鼠标，即可绘制出散乱的枫叶，如图 11-18 所示。

5）工具箱——仿制图章工具

图章工具用于从图像中取样，然后将样本应用到图像其他部分。仿制图章工具属性栏中，"模式"用于设置复制图像与源

图 11-18　最终效果

图像混合的方式。选中"对齐"选项，则每完成一次操作后松开鼠标，当前的取样位置不会丢失，仍能将未复制完成的图像按原取样位置的样本复制完成，并且不会错位。若不选该项，则每次复制时，都是从按住【Alt】键重新取样的位置开始复制。

使用仿制图章工具的操作步骤如下：

（1）选择"仿制图章工具"。

（2）在属性栏中选择笔尖并设置"模式""不透明度"和"流量"等画笔选项。

（3）确定对齐样本像素的方式。

（4）在属性栏中选中"用于所有图层"复选框，可以从所有可视图层取样，取消选择"用于所有图层"复选框，将只从当前的图层取样。

（5）在图像中定位鼠标指针，然后按住【Alt】键单击，设置取样点。

（6）在校正的图像部位单击或拖动鼠标。

如图 11-19 所示，可以利用仿制图章工具来修饰眼袋，具体操作步骤如下：

（1）选择工具箱中"仿制图章工具"。在属性栏上从"画笔选取器"中选择柔角画笔，画笔的宽度要小于等于要修饰区域的一半，硬度 10%左右；将"不透明度"下降到 50%，模式改为"亮度"，如图 11-20 所示。

（2）按住【Alt】键在眼袋附近不受影响的区域内取样。

（3）在眼袋上涂抹，即可去除眼袋，如图 11-19（b）所示。

（a）原图　　　　　　　　　　　　　　　　（b）最终效果

图 11-19　仿制图章工具应用实例

模式：变亮　　不透明度：50%　　流量：100%　　对齐

图 11-20　仿制图章工具属性栏

6）工具箱——橡皮擦工具组

橡皮擦工具组包括橡皮擦工具、背景色橡皮擦工具和魔术橡皮擦工具 3 种。3 种擦除工具都具有擦除图像局部或全部的功能。当用户在图像中拖动鼠标时，橡皮擦工具会更改图像中的像素，如果用户正在背景中或在透明被锁定的图层中工作，像素将被更改为背景色，否则将抹成透明。如果选中"抹到历史记录"选项，用户还可以使用橡皮擦，使受影响的区域恢复到"历史记录"调控面板中选中的状态。

下面利用橡皮擦工具来实现两张图片的融合，如图 11-21 所示。具体操作步骤如下：

（1）将风景和荷花两幅图片素材复制到不同图层上。将荷花图层置于风景图层上方。由于大小一致，风景图层完全被覆盖。

（2）如图 11-22 所示，选择"魔术橡皮擦工具"之后，在其属性栏中设置容差 40，选中"连续"，不透明度为 100%，然后单击花朵周围的青色。于是相应部分的风景图片内容就显示出来了。

（3）将荷花图层的不透明度设置为 50%，最终形成虚幻的效果。

图 11-21　风景与荷花透视效果

容差：40　　消除锯齿　　连续　　对所有图层取样　　不透明度：100%

图 11-22　"魔术橡皮擦工具"属性栏

7）工具箱——文字工具

该组工具包括横排文字工具、直排文字工具、横排文字蒙版和直排文字蒙版 4 种。

选择文字工具后，然后在图像中单击，将进入文字编辑模式，此时用户可以输入并编辑字符，还可以从各个菜单中执行某些命令。要确定文字工具是否处于编辑模式下，可查看属性栏，如图 11-23 所示。如果看到"提交"按钮和"取消"按钮，则说明文字工具处于编辑模式下。

图 11-23　"文字工具"属性栏

使用横排文字蒙版或直排文字蒙版工具时，可以创建一个文字形状的选区。文字选区出现在当前图层中，并可以像任何其他选区一样被移动、复制、填充或描边。

例如，在一张图片上写上部分文字，具体操作步骤如下：

（1）打开相应的图片，选择横排文字工具。

（2）设置好字体颜色、大小、字形。

（3）在图片合适的位置单击，出现光标闪动点，即可输入文字。当然输入完后，还可以对文字进行位置、大小、字形、颜色的修改，如图 11-24 所示。

图 11-24　文字输入效果

8）编辑菜单——填充、自由变换与变换、贴入命令

编辑菜单下主要用来进行复制粘贴、区域填充与描边、变换、画笔颜色图案预定义等操作。编辑菜单下的很多命令都容易直接理解。这里就实验相关命令作简要说明。

（1）描边命令——这是非常实用的一个前景色绘图工具，主要用来给选定的区域加边框。无选区时默认给整个画面加边框。使用时可设定描边的宽度、颜色、位置。不管选区是什么形状，都可绘制出指定颜色、宽度的边框，如图 11-25 所示。

图 11-25　描边示例

（2）填充命令——在当前图层已绘制的选区上（若无选区，则对整幅图像），按指定的方式填充颜色，如图 11-26 所示。该功能支持任意形状的选区。

（3）贴入命令——贴入命令的用法是将最近拷贝的图像显示在当前图层选区内，当前图层选区以外的图像会自动出现图层蒙版。如图 11-27 所示，更换计算机屏幕图像的操作步骤如下：

① 首先准备两张图像，计算机图像和美女图像。

② 选择美女图像，按【Ctrl+A】组合键全选，之后按【Ctrl+C】组合键复制。

图 11-26　填充命令属性

③ 切换到电脑图像文件，使用多边形套索工具将电脑屏幕部分绘制为选区。

④ 选择"编辑"→"贴入"菜单下命令，或者按【Shift+Ctrl+V】组合键。如果位置不合适，可以使用移动工具继续调整美女图片的位置。此时，"图层"调控面板如图 11-27 所示。

图 11-27　贴入应用示例

（4）变换命令——实现对整幅图像进行"缩放""扭曲""变形""翻转"等处理，如图 11-28 所示。编辑菜单下"自由变换"命令结合功能键【Ctrl】或【Alt】或【Shift】快速实现以上处理。

原图　　　　　　　　　　扭曲　　　　　　　　　　变形

图 11-28　变换应用示例

9）图像菜单——调整命令

调整菜单下相关命令主要用来调整图片色彩，包括图片的颜色、明暗关系和色彩饱和度等，调整菜单也是实际操作中最为常用的一个菜单，如图 11-29 所示。要充分掌握这些命令，需要熟悉颜色模型和颜色特性。

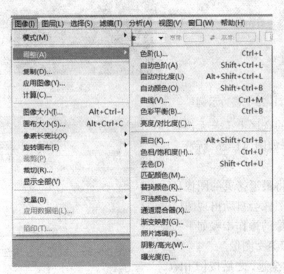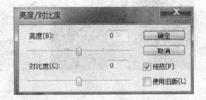

图 11-29　调整命令内容（左）与部分命令属性（右）

　　实验中涉及的相关命令主要是调整图像明暗关系。对于色调灰暗、层次不分明的图像，可使用针对色调、明暗关系的命令进行调整，增强图像色彩层次。这些命令是：

　　（1）亮度/对比度：使用"亮度/对比度"命令可以直观地调整图像的明暗程度，还可以通过调整图像亮部区域与暗部区域之间的比例来调节图像的层次感。

　　（2）阴影/高光：能够使照片内的阴影区域变亮或变暗，常用于校正照片内因光线过暗而形成的暗部区域，也可校正因过于接近光源而产生的发白焦点。"阴影/高光"命令不是简单地使图像变亮或变暗，它基于阴影或高光中的周围像素（局部相邻像素）增亮或变暗。正因为如此，阴影和高光都有各自的控制选项。"阴影"选项组中的"数量"参数值越大，图像中的阴影区域越亮；而"高光"选项组中的"数量"参数值越大，图像中的高光区域越暗。

　　10）选择菜单——反向命令

　　Photoshop 中创建选区最基本的操作。"反向"命令的作用是对已经选好的选区进行反向选择，常常用于抠出图像。如图 11-30 所示，左边图片上用"磁棒工具"选择了黑色部分为选区，再用"反向"命令获得花朵选区。"反向"命令对应的快捷键为【Shift+Ctrl+I】。

图 11-30　反向命令应用示例

　　11）图层——图层样式

　　图层样式是 Photoshop 中实现各种效果的强大工具。利用图层预设样式，可以简单快捷地制作出各种立体投影、各种质感以及光景效果的图像特效。与其他实现方法相比较，图层样式具有速度更快、效果更精确、更强的可编辑性等无法比拟的优势。除了直接应用图层预设样式外，用户还可以应使用"图层样式"对话框来创建自定义样式。

　　通常来讲，图层样式可以应用到任何种类的图层上，比如普通图层、文本图层、形状图层等，而应用图层样式的操作也相对简单，具体步骤如下：

　　（1）选中要添加样式的图层。

　　（2）单击"图层"调控面板上的"添加图层样式"按钮或选择"图层"→"图层样式"命令。

　　（3）从列表中选择图层样式，然后根据需要修改参数。如果需要，可以将修改保存为预设，以便日后再次需要时使用。

　　使用图层样式时的注意事项：

　　（1）应用的图层效果与图层紧密结合，即如果移动或变换图层对象文本或形状，图层效果就会自动随着图层对象文本或形状移动或变换。

　　（2）图层效果可以应用于标准图层、形状图层和文本图层。

　　（3）可以为一个图层应用多种效果。

　　（4）可以从一个图层复制效果，然后粘贴到另一个图层中。

　　如图 11-31 所示，Photoshop 支持自定义 10 种不同的图层样式：投影、内阴影、外发光、内发光、斜面和浮雕、光泽、颜色叠加、渐变叠加、图案叠加、描边。用户可更加需要选择使用。

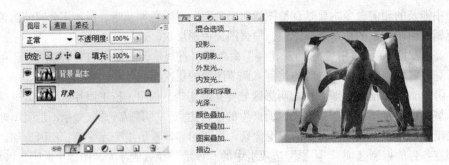

图 11-31 应用图层样式按钮及浮雕效果示例

12）图层——图层蒙版

图层蒙版可以理解为在当前图层上面覆盖了一层玻璃片，如图 11-32 所示。然后用各种绘图工具在蒙版上（即玻璃片上）涂色（只能涂黑、白、灰 3 种颜色），涂黑色的地方蒙版变为不透明的，看不见当前图层的图像。涂白色则使涂色部分变为透明的，可看到当前图层上的图像，而涂灰色则使蒙版变为半透明，透明的程度由涂色的灰度深浅决定。

 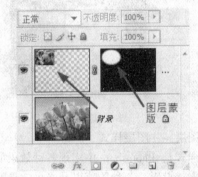

图 11-32 图层蒙版使用示例

Photoshop 中使用图层蒙版有两种方法/步骤：

（1）"图层"调控面板方法："图层"调控面板最下面有一排小按钮，其中从左到右数第 3 个（长方形里边有个圆形的图案 □）就是添加图层蒙版按钮，单击就可以为当前图层添加图层蒙版。

（2）菜单命令方法：选择"图层"→"图层蒙版"→"显示全部或者隐藏全部"命令，也可以为当前图层添加图层蒙版。其中，"隐藏全部"对应的是为图层添加全黑色蒙版，效果为图层完全不透明；而"显示全部"就是完全透明。

上面介绍了两种添加图层蒙版的方式，相对于菜单命令方式而言，"图层"调控面板操作更为便利、快捷。

13）滤镜菜单

滤镜主要是用来实现图像的各种特殊效果。所有的 Photoshop 滤镜都按类别放置在"滤镜"菜单中，使用时只需要从"滤镜"菜单中选择对应命令即可。

虽然应用滤镜的操作简单易学，但是运用到恰到好处则很难。滤镜通常需要同通道、图层等联合使用，才能获得最佳艺术效果。如果想在最适当的时间运用滤镜到最恰当的位置，除了自身的美术功底之外，还需要用户熟练运用滤镜的技能，更需要具有很丰富的想象力。具备上述条件，用户才能有的放矢的综合运用滤镜各项功能，制作出优秀的作品。

Photoshop 滤镜分为以下几种类型：

（1）杂色滤镜：共分 4 种，分别为蒙尘与划痕、去斑、添加杂色、中间值滤镜，主要用于较正图像处理过程中的瑕疵。

（2）扭曲滤镜（Distort）：是 Photoshop "滤镜" 菜单下的一组滤镜，共分 12 种。该系列滤镜都是运用几何学的原理，将一副影像进行变形，从而创造出三维效果或其他的整体变化。虽然每一个滤镜都能产生一种或数种特殊效果，但终究可以归结为一个特点即对影像中所选择的区域进行变形、扭曲。

（3）抽出滤镜：抽出滤镜是 Photoshop 的御用抠图工具。它本身具有简单易用的特点，所以多数用户可以轻松地运用掌握。如果运用抽出滤镜得当，抠出的图像效果会令人十分满意，既可以从繁杂背景图中抠出散乱发丝，也可以从色泽丰富的图片中抠出透明物体和婚纱。

（4）渲染滤镜：可以在图像中创建云彩图案、折射图案和模拟的光反射。同时也可在 3D 空间中操纵对象，并从灰度文件中创建纹理填充以产生类似 3D 的光照效果。

（5）CSS 滤镜：CSS 滤镜可分为基本滤镜和高级滤镜两种。直接作用在对象上的并且立即生效的滤镜称为基本滤镜；而要配合 JavaScript 等脚本语言，能产生更多变幻效果的则称为高级滤镜。

（6）风格化滤镜：风格化滤镜可以通过置换像素和通过查找并增加图像的对比度，在选区中生成绘画或印象派的效果。它是完全模拟真实艺术手法进行创作的。

（7）液化滤镜：可用于推、拉、旋转、反射、折叠和膨胀图像的任意区域。该滤镜创建的扭曲可以是细微的或剧烈的，这就使得 "液化" 命令成为修饰图像和创建艺术效果的必要工具，更值得一提的是，"液化" 滤镜还可以运用于 8 位/通道或 16 位/通道图像。

（8）模糊滤镜：在 Photoshop 中模糊滤镜效果共包括 6 种。运用模糊滤镜可以使图像中过于清晰或对比度过于强烈的区域，产生模糊效果。它主要通过平衡图像中已定义的线条和遮蔽区域的清晰边缘旁边的像素，使变化显得柔和。

11.4 实 验 指 导

以下为本次实验任务的参考操作步骤：

1. 导入素材

启动 Photoshop，分别打开图片文件 "2-背景.jpg" 和 "3-人物.jpg"，如图 11-33 所示。

图 11-33　打开素材

2. 人物素材与背景素材叠加

全选人物图片，先复制后粘贴到背景图片上，产生新的图层（图层1），如图11-34所示。

图11-34　复制人物图片到背景上

然后，放大人物图片，使人物图片在背景上铺满，如图11-35所示。

提示：在图层1（人物图片所在图层）上，组合使用"自由变换"编辑工具和移动工具，实现上述要求，完成后【Enter】键确认。

图11-35　铺满人物图片

最后再设置背景图层与人物图层的合成效果，如图11-36所示。

提示：降低图层1的不透明度即可。

图11-36　人物与背景的合成效果

3. 复制人物大头照到背景

如图 11-37 所示，在原"人物"素材图片上，先取消选择；用矩形选框工具重新选择大头照并复制粘贴到"背景"图片的左上方位置。

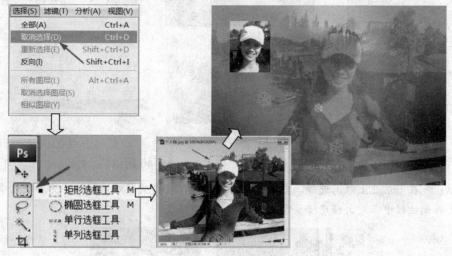

图 11-37　复制大头照到主画面

4. 美化人物大头照

如图 11-38 所示，对大头照所在图层，应用"图像"→"调整"下的适当命令进行美化。

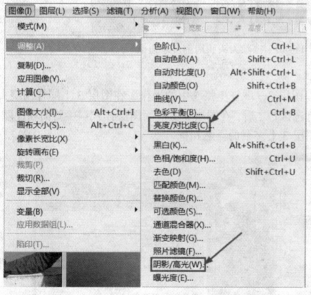

图 11-38　调整大头照颜色

5. 为大头照添加青色边框

如图 11-39 所示，先在"大头照"所在的图层 2 上，用"单行选框工具"和"单列选框工具"，在大头照四周确定上下两行和左右两列共 4 个选区，注意在增加选区时需要按住【Shift】键；之后，用青色填充所有选区。

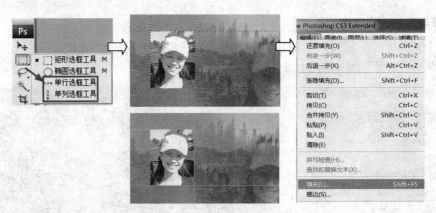

图 11-39　给大头照加边框线

最后，擦除掉图层 2 上大头照周围多余的相框，如图 11-40 所示。

提示： 先在图层 2 上取消选择，然后用橡皮擦工具，在大头照四周擦除。为加快效率，可在橡皮擦工具属性栏中，增大橡皮擦直径。

图 11-40　擦除大头照周围多余边框

6. 创建青色浮雕相框

如图 11-41 所示。先新建空白图层 3；重复步骤 5 中的操作，在图层 3 上同样围绕大头像四周确定 4 个选区并用青色填充所有选区；之后，在图层 3 上应用图层样式——斜面和浮雕、描边，使出现浮雕相框效果；最后擦除图层 3 上多余的浮雕相框。

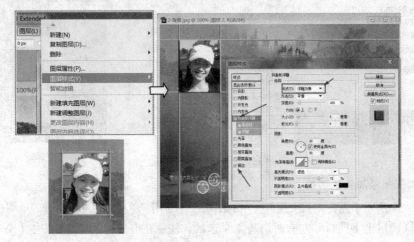

图 11-41　添加浮雕相框

7. 旋转大头照

如图 11-42 所示，用自由变换工具旋转图层 2，注意旋转中心要设置在大头照中间。

图 11-42　旋转大头照

8. 添加文字"Power by PhotoShop"

如图 11-43 所示，在工具箱选择文字工具后，在属性栏上设置颜色为白色，Arial 字体，18 号字，并使用文字变形选项；之后在画面右下角适当位置输入文字产生新的图层；最后在文字图层上，应用图层样式完成最终效果。

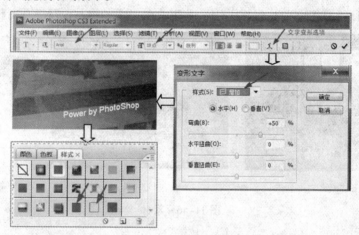

图 11-43　设置文字水印

9. 添加五角星图案

在画面右侧添加五角星图案进行点缀，如图 11-44 所示，先新建空白图层（图层 4）；在图层 4 上启用工具箱中画笔工具，在属性栏画笔选项中选择五角星图案，确定每次作画时的图案大小和颜色，分别在图片右侧绘制 3 个五角星。

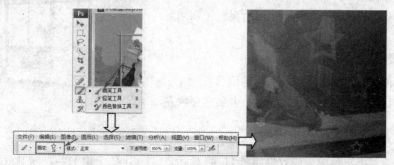

图 11-44　绘制五角星图案

最终效果及图层构成如图 11-45 所示。

图 11-45   最终效果

11.5   课 后 实 验

基于图 11-46 所示的图片素材——客厅实景、海边风景、盆景植物，完成对客厅实景图的美化任务。

客厅实景   海边风景   盆景植物

图 11-46   素材

1. 基本要求

（1）打开各素材文件，对客厅实景进行复制产生副本作为背景，关闭原图像。

（2）调整背景图像大小为 1024×768 像素。

（3）调整背景颜色，使阴影部分增亮，使背景画面增亮。

（4）将绿色盆景从图片中抠出叠加到背景画面上，适当调整大小和位置。

（5）将背景上窗户外风景替换为海边风景（利用海边风景素材）。

2. 扩展要求

（1）在室内地板上，产生绿色盆景的倒影。

（2）擦除窗台下白色墙壁上的污点，并美白屋内左右墙壁。

（3）对窗户上的玻璃区域使用玻璃滤镜效果。

（4）完成全部要求后的最终效果如图 11-47 所示。

图 11-47   完成效果

12.1 实 验 目 的

（1）了解软件 AVS Video Editor 的功能特点，熟悉其操作界面。

（2）了解在 AVS Video Editor 中媒体素材管理方法和基础编辑功能。

（3）掌握 AVS Video Editor 视频剪辑一般操作，包括视频裁剪与拼接、视频叠加、字幕设计、转场特效设计、配音合成等操作。

（4）掌握在 AVS Video Editor 输出视频文件的操作要领。

（5）了解素材准备、素材剪辑、合成输出三段式视频制作一般流程。

（6）理解基于时间线的多轨合成视频机制。

12.2 实 验 任 务

基于实验中提供的音频、视频、图像（以下简称音视像）素材，通过视频编辑软件 AVS Video Editor 剪辑合成一部简短的旅行纪录片。素材包括：9 个视频片段、1 幅图片、1 段背景音乐，如图 12-1 所示。

| 1-出海了.avi | 2-好多鱼.avi | 3-继续赶路.avi | 4-到达目的赶快下海.avi | 5-终于下海了.avi | 6-近距离看鱼.avi |

| 7-看大鱼.avi | 8-船要走了.avi | 9-不得不上船走了.avi | 10.就是这种鱼.png | 背景音乐.mp3 |

图 12-1 音视像基础素材

具体要求：

（1）按标号顺序将 9 个视频片段串接起来形成主视频，主题是描述一次愉悦的出海赏鱼过程。

（2）对主视频轨上标号 6 的视频片段进行裁剪，剪去前面一半的内容。

（3）在上述 9 个视频片段之间增加动态切换效果（即转场），动态效果的类型自定。

（4）在上述主视频前后增加深蓝色背景图片分别作为开始镜头和结束镜头，也即最终主视频共由 11 个镜头构成。

（5）在开始镜头、第 2 个、第 3 个和结束镜头上按要求创建字幕；这 4 个字幕的制作要求如表 12-1 所示。其他镜头上的字幕可自定。

（6）在主视频第 7 个镜头上叠加素材中的鱼图片，设置图片在主画面上进行上下波浪式运动，以增加画面活泼气氛。

（7）在第 2 镜头开始到第 10 个镜头结束这一时间段内同步添加背景音乐素材作为配乐。

（8）将视频剪辑设计保存为软件专用文档格式 VEP；并按要求输出为 FLV 流媒体文件。（输出参数：视频编码 H.264/AVC，分辨率 512×384 像素，帧率 25，码率 1200 kbit/s；音频编码 MP3，立体声，16 位量化位数，采样率 22.05 kHz，码率 64 kbit/s）

表 12-1　字幕内容及其设计要求

字 幕 内 容	字 幕 位 置	持 续 时 间	动 画 设 计
"出海深潜赏鱼" "教学示例"	镜头 1	约 3 s	自定义→ 整体淡入，整体淡出
"出发了""好开心"	镜头 2	约 1.5 s	Title→cosmics balloons 3 （标题→浪漫气球 3）
"哇！看到两只海豚！"	镜头 3	约 3 s	自定义→ 缩小淡入，从下降落淡出
"制作人员/编剧：××/导演：××/谢谢观赏" （注意：斜杠仅表示编辑字幕时这里换行）	镜头 11	约 5 s	Title→Credits (black) （标题→制作人员(黑)）

12.3　实 验 预 备

1. 基础知识

完成本次实验，需要了解的相关基础概念与操作技能如下：

（1）音频编码与音频文件格式。

（2）音频采样指标：采样频率、量化位数与声道数。

（3）可以运用音频编辑软件进行音频裁剪操作。

（4）视频的基本属性：分辨率、帧速与码率。

（5）视频编码与视频文件格式。

（6）掌握 1～2 种视频采集方法。

2. AVS Video Editor 软件界面

AVS Video Editor 是一款功能强大的非线性视频编辑软件，可以将影片、图片、声音等素材合成为一部影片，并能添加多达 300 个绚丽的转场过渡、动态字幕和视频特效，功能上已全面超越会声会影。AVS Video Editor 软件的主要特点有：

（1）集中了视频录制、编辑、特效、视频叠加、字幕设计、音频合成多种功能于一体。

（2）操作非常直观简单，在可视化方式下完全支持鼠标拖放操作方式进行视频剪辑。

（3）能导入多种格式的素材文件；支持外接数码摄像设备拍摄；支持屏幕录像功能；内置录音功能。

（4）视频输出功能强大，支持多种视频文件格式输出和各种 DVD 刻录，且完全支持自定义输出参数。

以下实验教程基于 AVS Video Editor 6.2 中文汉化版。启动程序后，其主界面如图 12-2 所示。整个程序窗口主要分为三大部分，分别是功能区、编辑器、预览区。

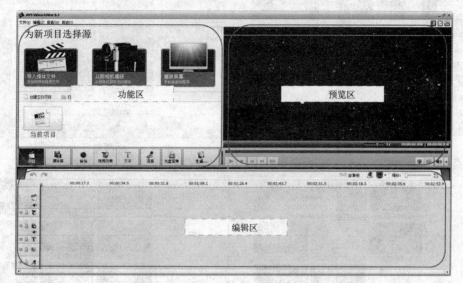

图 12-2　AVS Video Editor 主界面

1）功能区

功能区分类管理了视频编辑中需要调用的各类对象（视频片段、音频片段、图片、转场、视频效果、文字等）。可通过下方功能按钮切换功能区面板，从左到右依次为项目管理、媒体库管理、转场设计、视频效果设计、文字设计、语音录制、光盘菜单设计与视频输出（生成）功能，分别如图 12-3 至图 12-10 所示。

（1）项目管理——用于创建项目、打开项目或删除项目。项目是 AVS Video Editor 用于保存用户视频剪辑方案的专用文档，扩展名为 .vep。

（2）媒体库管理——用于导入各类音视像素材，可通过选择本地文件、外设摄像或屏幕录像 3 种方式导入。导入后的素材在媒体库中被分类列表，必要时可查看各种素材基本属性。可直接用"鼠标拖放操作"将媒体库中的各类素材添加到时间线视图或故事板视图中。

（3）转场设计——转场是指在视频剪辑之间的动态切换效果。在转场面板上，转场被分组管理，便于用户选择。选定转场类型后，可直接用鼠标拖放对应的转场图标到故事板视图中创建转场对象，之后再设置该转场的播放时长、开始播放位置和其他参数。

（4）视频效果设计——视频效果面板上列出了所有的内置效果，按分组管理，选定视频效果类型后，可直接用鼠标拖放到时间线视图中的对应轨道上，即完成添加操作。

（5）文字设计——文字面板允许用户在要编辑的视频剪辑上添加标题、注释、制作人员、字幕等文字内容。各种文字模板分类列出，用鼠标拖放选定的文字模板到时间线视图中的文字轨上，即完成添加文字对象的操作，之后可根据需要，更改文字属性及其动画效果。

（6）语音录制——语音面板用来将通过计算机录制的语音添加到影片中形成声音录制轨。录制声音时可选择录音来源和录制参数。

（7）光盘菜单设计——用于创建 DVD 光盘的交互式菜单。

（8）视频输出——用于将设计好的视频剪辑最终转换成一个电影文件，并存储到硬盘上。单击该功能按钮，将打开帮助向导，引导用户完成视频输出操作。

图 12-3 项目管理功能面板

图 12-4 媒体库管理功能面板

图 12-5 转场功能面板

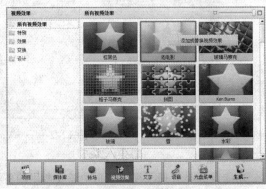

图 12-6 视频效果功能面板

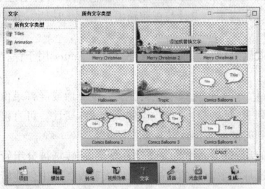

图 12-7 文字功能面板

图 12-8 语音功能面板

图 12-9 光盘菜单功能面板

图 12-10 视频输出向导

2）编辑区

编辑区是 AVS Video Editor 中进行视频剪辑的主要场所。为了便于操作，编辑区提供了两种操作视图，时间线视图和故事板视图。

时间线视图采用基于时间轴的多轨道合成机制来组织各类素材。如图 12-11 所示，上方横向排列的数字表示时间进度，从上到下排列的则是不同类型素材的轨道。根据素材的种类，软件中设置了 6 类轨道，从上到下依次为主视频轨、视屏效果轨、视频重叠轨、文字轨道、音频混合轨、声音录制轨，其中主视频轨道只允许一个，其他类型的轨道可根据实际需要通过右键快捷菜单或菜单命令进行增加或减少。注意同类轨道是排列在一起。

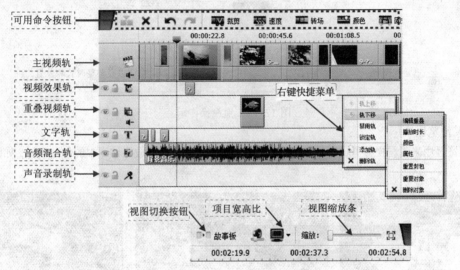

图 12-11　编辑区时间线视图

故事板视图是专门用来编辑主视频及其转场（动态切换）效果。如图 12-12 所示，在故事板视图上通过大小不同方框和指示箭头即可按时间顺序将主视频中的所有片段排列起来。

编辑区上进行视频剪辑时，主要操作方式有 3 种：

（1）鼠标右键快捷菜单操作：编辑区上大量的操作可以通过"鼠标右键快捷菜单"实现。对于时间线或故事板视图下可见的各种对象，右击对象时将弹出与其相关的菜单命令。如图 12-11 所示。

（2）命令按钮操作：编辑区左上角还会出现与当前选择对象有关联的"可用命令按钮"，方便用户操作。例如设置播放时长、播放速度、对象裁剪和编辑等，如图 12-11 和图 12-12 中所示。

图 12-12　编辑区故事板视图

（3）鼠标拖放操作：另外，编辑区上大量的操作还可直接通过"鼠标拖放操作"实现。首先，在各类轨道中添加对象时，只需要用鼠标将选定的对象从对应的功能区面板上拖下来，然后在轨道上释放即可创建该对象。其次，轨道中对象的位置和对象的播放时长也都可以通过拖放操作进行调整，如图 12-13 所示。同样，拖放操作也可作用于故事板视图，用于添加视频片段和转场效果。

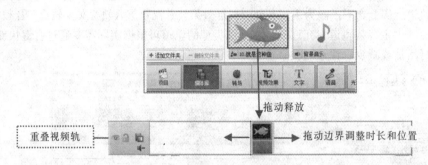

图 12-13　拖放操作示意

3）预览区

预览区用来观看视频剪辑后最终的效果，也可以用来查看或播放媒体库中的各类素材，如图 12-14 所示。

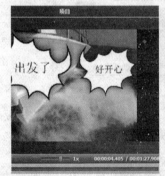

图 12-14　预览窗口示意

3. AVS Video Editor 主要操作

1）编辑区操作

各类素材导入媒体库后，接下来需要在编辑区上进行剪辑合成。根据主题需要把各类素材对象或效果对象放置到不同轨道上；设置好各个对象的播放位置与时长；使得他们适得其所，在"时间"的指挥下，联合起来共同演绎出一部影片。

大部分编辑操作需要在时间线视图下进行。默认情况下，时间线视图上有主视频轨、视屏效果轨、视频重叠轨、文字轨道、音频混合轨、声音录制轨各一个。除主视频外，其他轨道的数量可以增加或减少，方法是先单击已存在的同类轨道，再通过菜单"编辑"→"轨"命令完成，或通过右击已存在的同类轨道，从弹出的快捷菜单上选择对应命令完成，如图 12-15 所示。

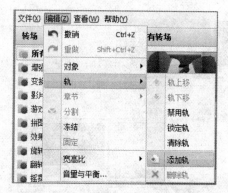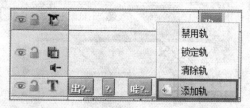

图 12-15　轨道增加操作

各类对象允许放置的轨道类型如图 12-16 所示，注意声音来源有两种，即来自本地文件或程序录制获得。图中有箭头链接的表示允许放置，可直接用鼠标拖放对象将其放置到对应轨道的合适位置上。轨道上添加对象如同写下了一行剧本，用来记录该对象从什么位置开始播放和播放多长时间，并不是把该对象所有数据复制到轨道上，所以在完成视频输出之前，相关媒体素材必须保存在硬盘上。

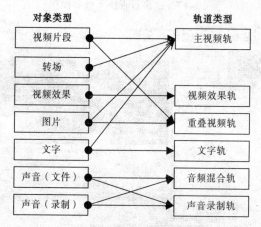

图 12-16　轨道及其允许放置的对象类型

轨道上添加对象后，需通过鼠标拖放或视图左上角处命令按钮，调整其播放位置和播放时长，具体方法前面已经说明了，这里不再赘述。

2）主视频编辑操作

为提高工作效率，AVS Video Editor 提供了故事板视图。在故事板视图下，依据方框提示和简单的拖放操作，很快就能完成片段拼接和在片段之间添加转场的编辑任务，如图 12-17 所示。

要特别注意的是主视频中各片段之间是紧密衔接的，不允许有空隙时间段；为了实现影片播放时不同镜头之间的动态切换效果（也即转场），需要转场的前、后主视频片段之间允许部分重叠。这意味着转场的播放时长是前后两个视频的重叠区间，所以在时间线视图下，可以看到前后镜头有叠加的时间段，如图 12-18 所示。在时间线视图下，可以通过拖动前后片段设置重叠区间（即转场时长），也可以直接在故事板视图下设置转场的播放时长。

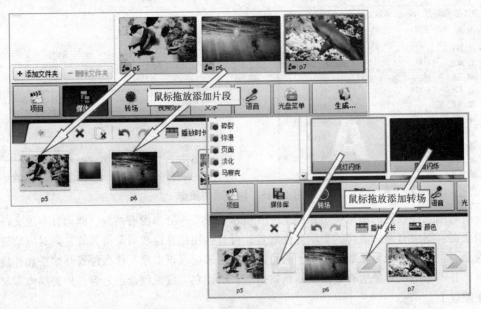

图 12-17　故事板视图下拖放操作

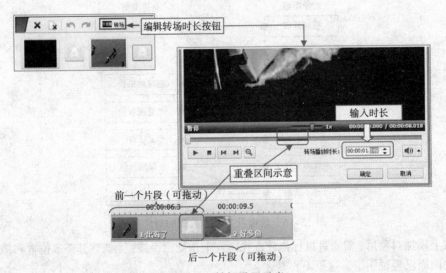

图 12-18　转场设置示意

在主视频轨道上添加媒体对象后，往往还需要进一步调整以便获得合理的播放效果，例如调整视频片段的长度、播放速度、转场时长、叠加动画等，相关操作通过编辑区左上角命令按钮或右键快捷菜单即可进行。例如，如果媒体库中导入的原视频片段过长，可以在轨道上添加相应对象后，直接对该对象进行裁剪，如图 12-19 所示。

3）重叠视频编辑

电影播放中，可以在主视频之上可以叠加多个视频或图片，以丰富画面内容。视频叠加是通过将视频片段或静态图片添加到重叠视频轨道上实现的。除了可以设置播放时长外，还可以指定运动轨迹让叠加的视频或图片在主画面上进行移动，如图 12-20 所示。通过菜单命令或命令按钮可启动重叠对象的编辑窗口。

图 12-19　视频片段裁剪操作示意

在重叠对象的编辑窗口上，通过移动、旋转或缩放控制点调整对象形态，还可以通过路径模板来设定对象运动轨迹。添加运动轨迹后，窗口上将显示运动轨迹所有可控制的节点，通过节点移动可改变轨迹的大小和形态。运动轨迹产生后，在播放时间内，对象将沿轨迹完成运动过程。为了让对象运动过程更自然，可通过选择播放进度条上对应的设置点，调整对象姿态，如图 12-20所示。乌龟图片做上下起伏运动，指定轨迹上有 3 个节点，对应的在播放进度条上也存在 3 个设置点，可分别进行编辑操作。

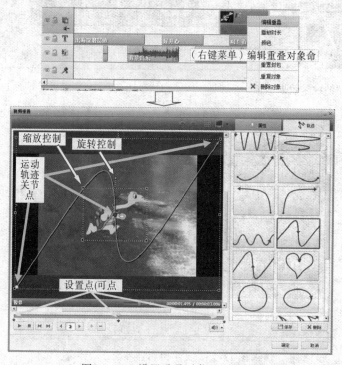

图 12-20　设置重叠对象的运动轨迹

4）添加视频效果

从视频效果功能区上将选定的效果类型直接拖到视图中的效果轨道上，即完成视频效果添加操作。已添加的效果可设置播放位置、时长以及影响效果等属性参数，如图 12-21 所示。

5）添加文字

文字功能区提供了若干文字模板（含背景、字体格式、填充色、轮廓样式、阴影以及动画设置）。将选定的文字模板从功能区面板直接拖放到对应轨道上，即完成添加文字对象的操作。

文字对象添加后，同样可以根据需要调整其播放位置和播放时长。

文字编辑器可用来对文字对象的内容、格式以及动画进行设置。选择需要编辑的文字对象，通过菜单命令或命令按钮打开文字编辑器，如图 12-22 和图 12-23 所示。编辑器左边为文字内容编辑区，双击可进入输入状态。在"预设"面板上有很多预设的文字格式和预设的文字动画，通过双击直接应用到当前对象上（参考图 12-22）。想要自己定制文字格式和文字动画效果的用户可选择在"对象"面板（参考图 12-23）进行具体编辑。

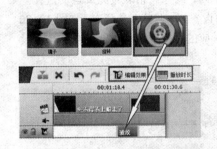

图 12-21　添加"波纹"效果示意

图 12-22　文字编辑器界面 1

图 12-23　文字编辑器界面 2

6）添加语音

这里的语音指的是通过录制获得的声音，一般是指影片中人物对话或旁白需要的语音，这类语音可以直接在程序中利用自带的录音机功能完成，如图 12-24 所示。注意在录音前，先要选定录音来源以区分外录（来自播放器）、内录（来自麦克风）和声音采集参数（数据格式、采样平率、码率、声道数等）。

图 12-24　语音录制参数设置

7）视频输出

视频剪辑完成后，只是获得了"演出剧本"。要想获得最终的影片文件，还需要在软件中进行视频数据输出操作。单击"生成"按钮启动输出向导。在向导帮助下，首先，选择视频分类（相当于视频用途），分为 File（硬盘文件）、Disc（DVD 影碟格式）、Device（移动设备）和 Web（网络应用）4 种类型；其次，是选择对应类别下的文件格式；然后选择该文件格式下高、中、低不同视频质量的参数配置文件；最后，根据个人需要自定义各项具体的输出参数，全部完成后单击"下一步"按钮，选择保存位置和文件名，由软件自动处理，生成最终的视频文件，如图 12-25所示。

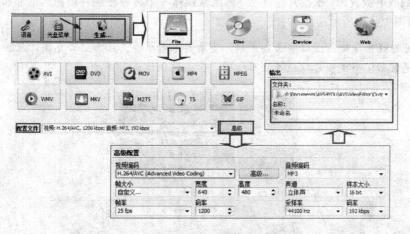

图 12-25　视频输出设置过程

视频输出向导为每种视频格式内置了不同质量的参数配置文件，必要时可利用"高级"按钮定制其中各项输出参数。除非特别需要，否则设置视频格式输出参数时应以不降低片源质量为基础；当然由于片源质量已事先确定，参数过高的输出格式也徒劳无益。

12.4　实验指导

要成功完成一次视频剪辑，前期的素材准备非常重要。素材准备是基于事先设计好的剧本来逐一采集媒体数据，是一项涉及声音、视频、图像等不同媒体的多媒体处理工作。本次实验任务是建立在已经完成前期素材准备工作的基础之上，主要的操作过程如下：

1. 启动软件、导入素材

启动软件后，在项目区单击"创建空白项目"，直接进入媒体库，通过"导入"按钮将素材添加到实验项目中。未保存前，新建项目称为"当前项目"，如图 12-26 所示。

提示：导入时，可一次性选择同一目录下的所有素材。

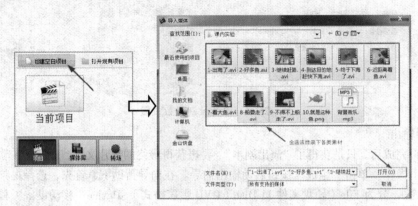

图 12-26　导入素材到新建项目中

2. 拼接主视频片段

先了解各视频片段的基本属性：分辨率为 512×384 像素，宽高比为 4:3，帧速为 30 fps。将编辑区切换到故事板视图。根据片段序号，依次从媒体库中将各视频片段拖入故事板编辑区（大方框内），如图 12-27 所示。

提示：可在媒体库中，通过右击各素材，查看其基本属性。注意项目宽高比应按视频片段素材来设置。通常第 1 个视频片段拖入故事板时，会出现操作提示。

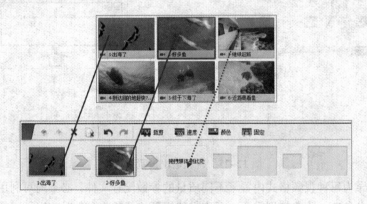

图 12-27　视频片段拼接操作示意

3. 裁剪 6 号视频片段

原视频片段长度约 36 s。选中视图编辑区中已添加到轨道上的 6 号视频片段对象后，单击裁剪命令，启动视频裁剪窗口。通过进度条和标记按钮或直接输入起止时间确定要留下的部分是原视频片段后面一半。裁剪过程请参考图 12-19。

提示：裁剪对象一般是针对轨道上已添加的片段对象，而不是媒体库中的原视频素材。

4. 镜头之间添加动态切换效果

在故事板视图下，从"转场"库中选择合适的动态效果拖入到故事板镜头之间的小方框中。特效类型这里不作要求，操作者自定，如图 12-28 所示。

提示：根据前后视频片段的时长，中间的转场播放时长可以增加或减少。

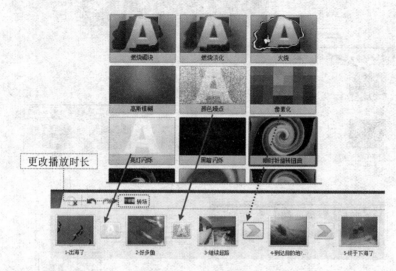

图 12-28 转场设置

5. 增加开始镜头和结束镜头

到目前为止，主视频轨道上已经添加了 9 个视频片段。下面继续在主视频轨道最前面和最后面增加两个静态图片对象，后期再添加一些文字形成开始镜头和结束镜头，如图 12-29 所示，完整的主视频轨上共有 11 个镜头。

图 12-29 已完成的主视频

如图 12-30 所示，要添加开始镜头，从媒体库中选择深蓝色背景图片，拖入故事板中释放到当前第一个视频片段之前；设置背景图片播放时长为 4 s；并在其后增加转场效果"亮灯闪烁"。同样选择深蓝色背景图片，拖入故事板视图中当前最后一个视频片段之后，作为结束镜头；设置背景图片播放时长为 7.5 s；并在其之前增加转场效果"黑暗闪烁"。

提示：先要选中轨道上的背景图片对象，之后方可设置时长。

6. 增加各镜头中的字幕

AVS Video Editor 提供了很多预设的文字模板作为字幕设计的基础。各字幕的颜色设计是根据所在镜头的色调、亮度来决定，这里不作要求，操作者自定。

以添加开始镜头中的字幕为例。首先将程序编辑区切换到时间线视图，缩放视图使得开始镜头放大到易于操作的宽度。从文字库中先任选一预设文字类型，例如"Simple"下的"Simple 04"，拖入到编辑区文字轨上释放，产生初始文字对象。设置其播放时长为 3 s。调整该对象的播放位置，与第 1 个视频片段对齐，如图 12-31 所示。

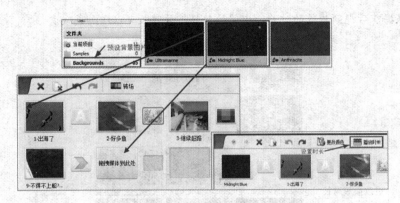

图 12-30　增加开始镜头和结束镜头

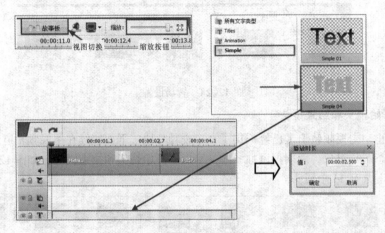

图 12-31　调整对象播放位置

双击文字轨上的文字对象，即可启动文字编辑器。在文字编辑器上完成文字添加、内容编辑、格式设置、动画设计等任务，如图 12-32 所示。

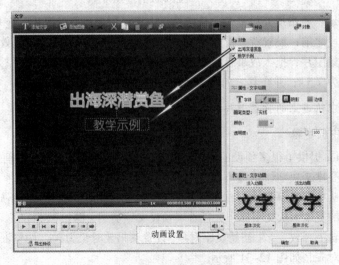

图 12-32　开始字幕设计

其他镜头上的字幕设计按类似方法进行，其中第 2 个镜头和结束镜头上的字幕是从"标题"

类别下选择了对应的文字模板创建，然后修改了文字内容即可，如图 12-33 所示。

　　提示： 只能在时间线视图下添加字幕。字幕的播放时长应参考所在镜头的播放过程。

第 2 字幕　　　　　　　第 3 字幕　　　　　　　结束字幕

图 12-33　其他字幕效果示例

7. 为第 7 个镜头增加图片动画

　　首先从媒体库中将图片素材拖入时间线视图的重叠视频轨道上，产生叠加视频。设置其播放时长为 8 s，如图 12-34 所示。

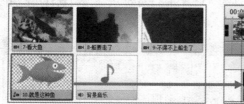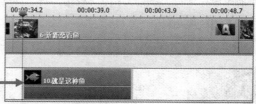

图 12-34　添加重叠视频

　　双击叠加的图片对象，打开重叠视频编辑器。从轨迹面板中双击从左向右上下波浪式运动轨迹，为图片对象创建运动路线。并通过图片的控制点和运动轨迹的控制节点，具体设置鱼图片的运动过程，如图 12-35 所示。

　　提示： 为了表现自然，设置时尽量使得图片上鱼前进的姿态和运动轨迹的方向保持一致。

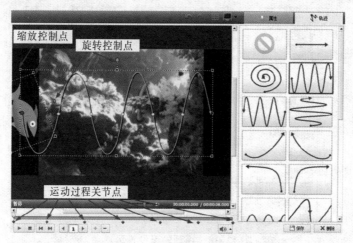

图 12-35　鱼图片运动轨迹设计

8. 添加背景音乐

　　从媒体库中将音乐素材拖入视图中的音频轨道上，产生音频对象。在音频轨道上，拖动此音频对象，使其开始播放位置与第 1 个镜头中转场效果的开始时刻对齐，由于其播放时长事先经过裁剪，所以其播放结束位置将刚好与结束镜头的最后时刻对齐，如图 12-36 所示。

提示：背景音乐一般都事先进行编辑裁剪，使其长度满足视频中的设置要求。在 AVS Video Editor 中若音频素材时长不足时，可拉伸其在音频轨道中的覆盖区间，实现重复播放。

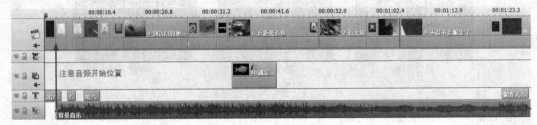

图 12-36　背景音乐设置

9. 视频输出

按要求先保存项目，项目文档扩展名为.vep，即为 AVS Video Editor 视频编辑软件的专用文件格式，如图 12-37 所示。

图 12-37　保存项目

要想获得最终的视频文件，单击功能区中的"生成"按钮启动输出向导，在向导帮助下，先选视频分类"Web"，之后选"Flash 文件类型"，从对应的配置文件中选择"高品质—Flv"，最后按实验要求定制输出参数，如图 12-38 所示。最终确定后，将生成指定格式的视频文件。

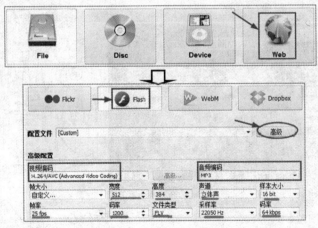

图 12-38　视频输出设置示意

提示：在确定文件输出参数时，一般以主视频中的片段质量为依据。本实验中构成主视频的视频片段属性可以在媒体库中进行查看。

12.5　课后实验

　　围绕叛逆、梦想、游戏、青春、爱情、友情、励志、悬疑、冲突与公益等主题词确定一个易于在校园拍摄的视频主题，通过网络下载和数码设备拍摄相结合的方式，收集相关音、视、像素材若干，利用视频编辑软件剪辑一段主题微电影。

　　1. 基本要求

　　（1）文件格式：FLV 格式，分辨率在高度和宽度上不低于 480 像素，图像清晰，播放流畅。

　　（2）总时间长 2～5 mim 左右；镜头数量不低于 5 个；镜头之间需要动态切换效果。

　　（3）内容上必须有个人原创片段，例如在校园内拍摄的视频片段。

　　（4）有背景音乐和字幕支持。

　　2. 扩展要求

　　（1）有人物对话或主持片段，除字幕外，加入解说和旁白声音。

　　（2）在 1～2 个镜头上使用"视频效果"，例如下雪、老照片、玻璃、波纹等效果用来烘托场景气氛。

13.1 实验目的

（1）综合运用本课程各个实验中的操作技能，解决学习和工作中的实际问题。
（2）熟练使用搜索引擎、数据库资源进行信息检索，并对检索结果进行分析组织。
（3）熟练使用 Word 软件对文档进行编辑。
（4）熟练使用 Excel 软件进行简单的表单处理。
（5）能使用图像编辑软件和视频编辑的基本操作进行简单的图像编辑和视频编辑。
（6）熟练使用 PowerPoint 软件制作演示文稿，能较好地利用演示文稿进行演讲。

13.2 实验任务

实验任务由任课老师根据学生的专业特点来设计一项或多项有针对性的综合实验，要求实验内容能达到 13.1 节的实验目的。

以下是针对艺术专业的学生设计的综合实验内容（其他专业可以此为参考）。

1. 总体要求

要求学生以个人或小组为单位，模拟某文化公司，独立（或组团）策划一场毕业晚会，设计并撰写详细完整的实施方案，并参与投标。

2. 实验形式

辅导、讨论、演示、答辩。

3. 实验组织

1）任务布置

甲方：江西财经大学艺术学院。

乙方：×××文化公司。

主题：××届毕业晚会。

参会人：校相关部门领导、学院领导、老师、××届毕业生（200人）、其他（100人）。

其中，参加演出的演员、器乐和工作人员全部来自学院，不付人工费用；场地为学校礼堂，不付费用，但需要提交申请报告。

实验人员需要：

（1）充分利用各类资源，如互联网、专业老师等，独立（或组团）策划一场毕业晚会，晚会实施方案尽可能详尽；整个过程中遇到的问题、需要的素材，要借助搜索引擎来检索。

（2）设计各类文档材料例如，申请报告、场地申请书、宣传海报、宣传视频、邀请函、节目单、主持人稿件、费用预算（Excel）、工作流程（图）等。

（3）准备 PPT 文档，参与投标答辩。

2）文档要求

每组按要求完成并提交以下文档（可根据情况进行筛选）：

（1）活动申请报告：

内容：主管单位、活动目的、时间、人数、场地需求、经费需求等。

要求：使用样式、字体、段落、页面等设置。

（2）场地申请报告：

内容：主管单位、活动目的、时间、人数、场地需求、设备需求等。

要求：使用样式、字体、段落、页面等设置。

（3）邀请函：

内容：邀请对象、时间、地点、活动内容、邀请人等。

要求：利用文本框、图文、艺术字等。

（4）节目单：

内容：2 份，一份用于观众，要求简洁、美观；一份用于后台，要求丰富、具体、可行、落实到负责人、设备、时间等。

要求：使用样式、插入表格、设置纸张方向。

（5）主持人手稿：

内容：2 份，一份总的，男女共 2 人或 4 人主持，要求标注各人的主持内容，时间等；一份用于各个主持人，做成卡片形式。

要求：使用页面设置、文本框等。

（6）费用预算

内容：服装租用、文印等各类费用。

要求：使用 Excel 的基本运算（如单价*数量，求和等）和分类汇总。

（7）工作流程：

内容：详细的实施计划、流程、负责人、时间点。

要求：使用各种形状、文本框、smartArt 图、绘图画布等。

（8）标书：

内容：汇总以上设计的各个文档的内容，并设计封面、目录、页码等。

要求：使用样式，设计封面、目录、页码、分节、分页、页眉、页脚、脚注等。

（9）宣传海报：

内容：供张贴宣传用，包括时间、地点、主题、主办方，以及吸引观众的其他内容。

要求：图文混排，使用 Photoshop 编辑图片。

（10）宣传视频：

内容：活动本身的宣传，如请"知名人士"为活动做广告；整个实验完成过程中的花絮等。

要求：聘请大牌明星如刘德华等（对声音、字幕等进行视频编辑）为晚会做宣传。

（11）演示文稿：

内容：展示自己的策划，包括活动计划、特色、预算、可行性等，以及团队为活动所设计的各种文档和视频材料。

要求：使用演示文稿的基本操作，使用母版、动画、声音、视频等

3）答辩

各组结合演示文稿进行答辩，展示对活动的策划内容和所设计的各种文档、视频等。

13.3　案　例

以下是从学生作业中选择并略加修改的案例，仅供参考。

1. 活动申请书

活动申请书示例如图 13-1 所示。

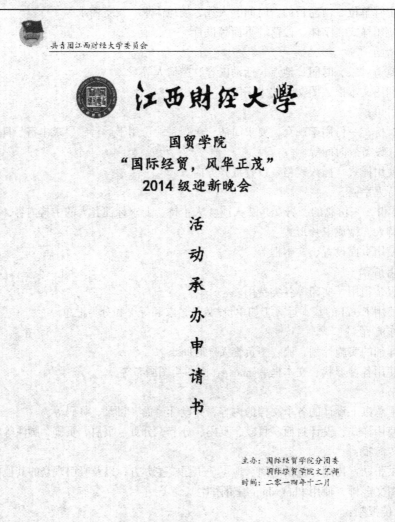

图 13-1　活动申请书示例

共青团江西财经大学委员会

尊敬的国际经贸学院领导：

首先感谢您能够在百忙之中抽出时间来阅读我的活动申请书。

国际经贸专业作为江西财经大学的重点专业为我国的实际经济与贸易领域输送了大量的人才在办学方面拥有良好的口碑好丰富的经验，同时国际经贸学院拥有多元化、创新化的学院文化，自由而活跃的氛围为学生展开丰富多彩的文体生活奠定基础。

为了迎接 2014 级新同学加入国际经贸学院的大家庭，促进国际经贸学院学生之间的交流与合作，增强学生对于学院的归属感，增强国际经贸学院学生之间的凝聚力。同时更突出的贯彻更鲜明的传承国际经贸学院"爱是我们的原动力"的宗旨，为广大新生提供展示自我，发展自我，成就自我的良好平台。

国际经贸学院分团委对承办本次国际经贸学院 2014 级迎新晚会提出申请，希望得到国际经贸学院领导的支持。国际经贸学院分团委与学生的成长与发展思想相关密不可分，在学生工作和承办活动方面均有丰富的经验，此次活动由国际经贸学院分团委承办必定能够最大限度的实现晚会承办的目的。

以下是活动承办申请的明细事项：

申请日期： 2014 年 12 月 31 日 18:00—20:30

申请对象： 国际经贸学院分团委

申请活动参与人数： 300 人左右

附：人员组成： 1. 校相关部门领导共 10 人。
　　　　　　　　2. 学院领导和老师老师共 20 人
　　　　　　　　3. 2014 届新生共 270 人。

场地需求： 1. 场地容纳人数可以达到 300 人～350 人。
　　　　　　　 场地参考规格：20 米×30 米=600 平方米
　　　　　　 2. 为表演者提供舞台，舞台距离观众不宜太远，增强互动性。
　　　　　　　 舞台参考规格：宽 15 米×长 26 米×高 8 米=376 立方米
　　　　　　 3. 拥有多媒体显示频幕。
　　　　　　 4. 拥有较好的灯光效果，便于达成较好的舞美效果。
　　　　　　　 灯光基础规格：追光，顶光，电脑光。

设备需求： 1. 音响设备（音响，话筒，无线话筒 2 支）
　　　　　　 2. 舞台布置道具，舞台幕布
　　　　　　 3. 数码照相机以及摄影器材
　　　　　　 4. 表演者所需的乐器。
　　　　　　 5. 演员化妆室和排练室各一间。

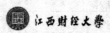

江西财经大学

图 13-1　活动申请书示例（续）

2. 邀请函

邀请函示例如图 13-2 所示。

图 13-2　邀请函示例

3. 节目单（分别为后台工作人员和观众设计）

节目单示例如图 13-3 和图 13-4 所示。

江西财经大学国际经贸学院 2014 级迎新会

工作人员节目单

活动时间：2014 年 12 月 31 日　18：00—20：20

活动地点：江西财经大学学校礼堂

时间	事项	备注
18:00—18:05	主持人开场词	使用追光，使主持人位于灯光之中。
18:05—18:10	主持人介绍与会嘉宾	电脑灯使用暖色灯在与会观众中进行慢速移动，突出舞美效果，保持关注对于晚会的新鲜感和热情
18:10—18:18	开场表演《星耀国贸，风华正茂》	时长:8分钟 顶光给以暖色光（红色主打），电脑灯给以橙色光，在随着歌曲的进行，顶光红色由慢慢变化为紫色，面灯亮，侧光亮，天排亮，光照强度给高，使舞台看起来非常明亮，追光给表演者，使表演者位于追光里面，烟雾起，电脑灯有两台对着观众扫，音频给补声。更加衬托出改节目的欢快之情，以红橙为主烟雾为辅，增强舞台需要的氛围。
18:18—18:24	主持人串词	1.场务更换舞台背景，做好大合唱PPT播放准备。 2.歌曲开始二十秒（和声出）幕布升起。灯光亮度调制最大亮度。
18:24—18:34	大合唱《香格里拉》	10分钟

图 13-3　节目单示例

图 13-4　节目单示例

4. 主持人手稿

主持人手稿示例如图 13-5 所示。

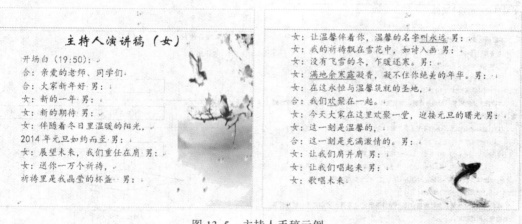

图 13-5　主持人手稿示例

5. 经费预算

经费预算示例如图 13-6 所示。

6. 工作流程（两种形式）

工作流程示例如图 13-7 所示。

经费预算明细

项目名称	物品名称	数量	单价（元）	总价（元）	备注
宣传	宣传横幅1	5	50	250	悬挂在大礼堂内部
	宣传横幅2	5	50	250	悬挂在校区内
	宣传海报A	5	5	25	
	宣传海报B	3	5	15	
	宣传海报C	2	5	10	
	门票	1450	0.5	725	
	邀请函	1450	1	1450	
宣传汇总				2725	
服装	主持人服装	2	300	600	到学子服饰租赁
	节目1演出服装	10	50	500	到学子服饰租赁
	节目2演出服装	1	80	80	到学子服饰租赁
	节目4演出服装	2	100	200	到学子服饰租赁
	节目5演出服装	2	60	120	到学子服饰租赁
	节目6演出服装	1	80	80	到学子服饰租赁
	节目12演出服装	1	80	80	到学子服饰租赁
服装汇总				1660	
工作消耗	水	50	1	50	
	工作餐	50	8	100	
	机动消耗	1	500	500	
工作消耗汇总				950	
舞台布置	彩带	15	1	15	包含彩带的所有颜色
	鲜花	10	20	200	采选新鲜且色彩艳丽的花
	气球	20	1	20	准备5种颜色
舞台布置汇总				235	
舞台道具	桌子	4	30	120	
	椅子	4	20	80	
	泡沫板	1	5	5	
舞台道具汇总				205	
总计				5775	

图 13-6 经费预算示例

1 节目流程的四个阶段

(1) 节目策划及准备期(4月15——5月10日)

本阶段主要完成宣传、节目收集、主持人确定。

①节目收集：由节目组负责，采集各个班级提供节目并整理组织筛选；确定主持人。

②赞助确定：筹备委员会向内外提出赞助申请。

③前期宣传：由宣传组负责。

(2) 节目调度进展期(5月10日-6月10日)

本阶段主要完成节目筛选及排练、中期宣传、礼仪小姐确定、舞台灯光、音响确定、物品购买。

①节目筛选及排练：由节目组负责，策划组监督，地点暂定大学生活动中心。选取优秀节目，并进行排练。

②中期宣传：由宣传组负责，该阶段开展海报宣传、广播宣传。

③舞台确定：由舞台组负责，结合节目组舞台要求和宣传部的设计要求。

④物品购买及礼仪小姐确定：由礼仪组负责，物品需要情况征求各部。

(3) 节目倒计时期(6月10日-6月14日)

本阶段主要完成节目全过程确定(包括节目单确定)、彩排、末期宣传、领导邀请、场地确定、时间确定。

①节目全过程确定及彩排：由策划组、节目组负责，节目单确定交由各部门，加紧排练节目，并进行彩排，时间暂定6月14日;地点：大学生活动中心。

②领导邀请、场地确定及媒体报道确定：由礼仪组负责。

③由策划组负责节目策划。

④节目开始时所有工作人员(礼仪、纪检组除外)全部退出节目场地，工作人员可以在节目座位的最后面。

(4) 节目后期工作：

①为演员分发小礼品。

②书面总结。

③节目结束前十五分钟纪检组进入疏导岗位，维持散场秩序。

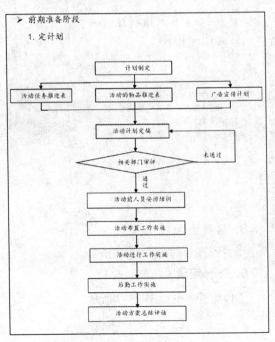

图 13-7 工作流程示例

7．宣传海报

宣传海报示例如图 13-8 所示。

图 13-8　宣传海报示例

8．标书（部分）

标书示例如图 13-9 所示。

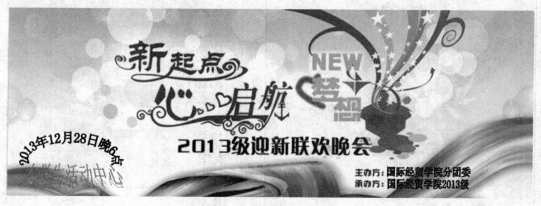

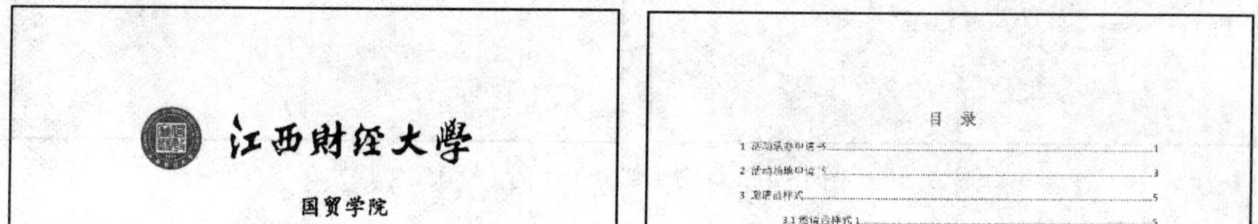

江西财经大學

国贸学院
“国际经贸，风华正茂”
2014 届迎新晚会

活动策划标书

主办：国际经贸学院分团委
国际经贸学院文艺部
时间：二零一四年十二月

目 录

1 活动承办申请书……1
2 活动场地申请书……3
3 邀请函样式……5
3.1 邀请函样式 1……5
3.2 邀请函样式 2……6
4 节目单……7
4.1 后台工作人员节目单……7
4.2 观众节目单……8
5 主持人手稿……9
5.1 主持人手稿（汇总）……9
5.2 主持人 A 手稿……10
5.3 主持人 B 手稿……11
7 费用预算……12
8 工作安排……13
9 宣传海报……15

图 13-9　标书（部分）示例

图 13-9　标书（部分）示例（续）

9. 演示文稿

演示文稿示例如图 13-10 所示。

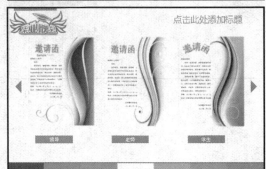

图 13-10　演示文稿示例

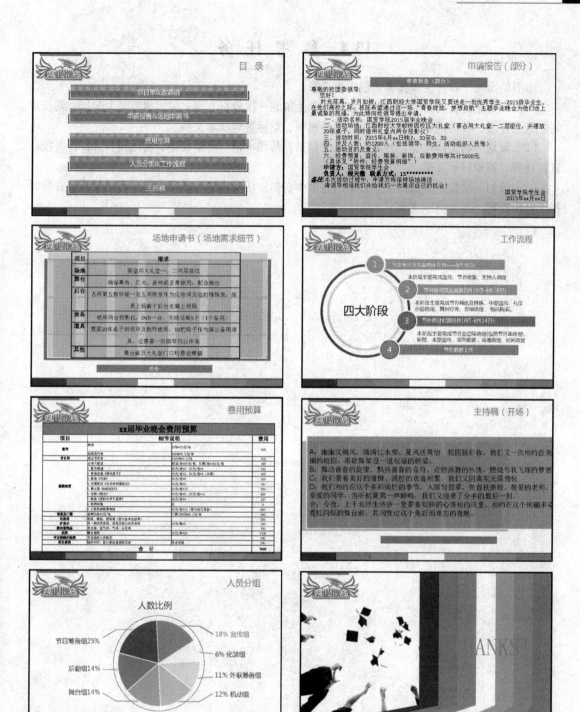

图 13-10　演示文稿示例（续）

13.4　参　考　任　务

本节给出几个参考实验任务，供学生选择。

（1）作为旅游公司，假期准备为在校大学生策划一次旅行方案。方案内容至少包括：路线规划、景点介绍、费用预算、宣传海报、宣传视频、竞标答辩演示文稿。

（2）策划一场文体比赛。方案内容至少包括：活动申请、赛事规则、费用预算、宣传海报、宣传视频、答辩演示文稿。

（3）策划一次校园普法活动。方案内容至少包括：活动申请、活动内容、费用预算、宣传海报、宣传视频、答辩演示文稿。